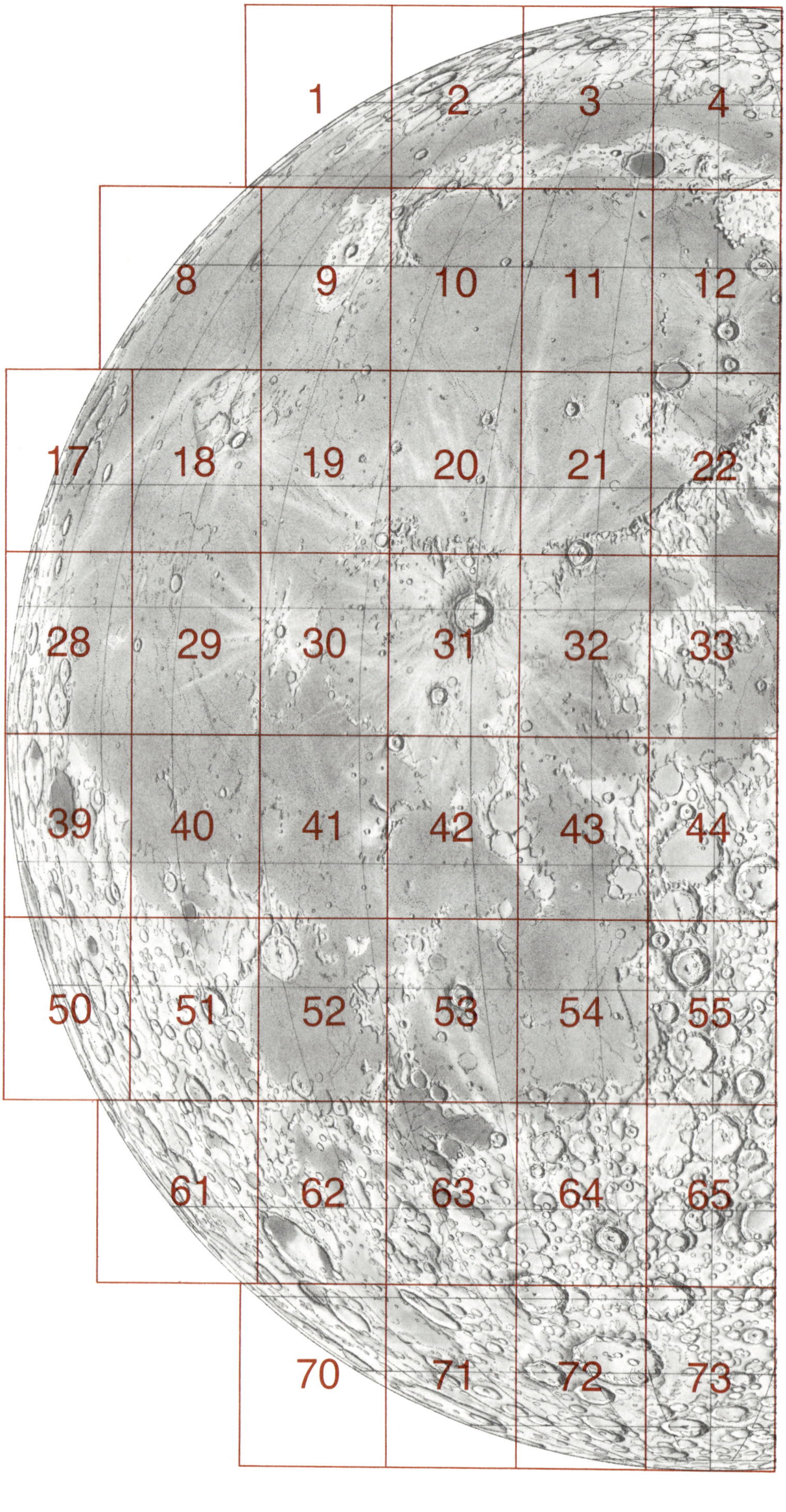
1
2
3
4
8
9
10
11
12
17
18
19
20
21
22
28
29
30
31
32
33
39
40
41
42
43
44
50
51
52
53
54
55
61
62
63
64
65
70
71
72
73

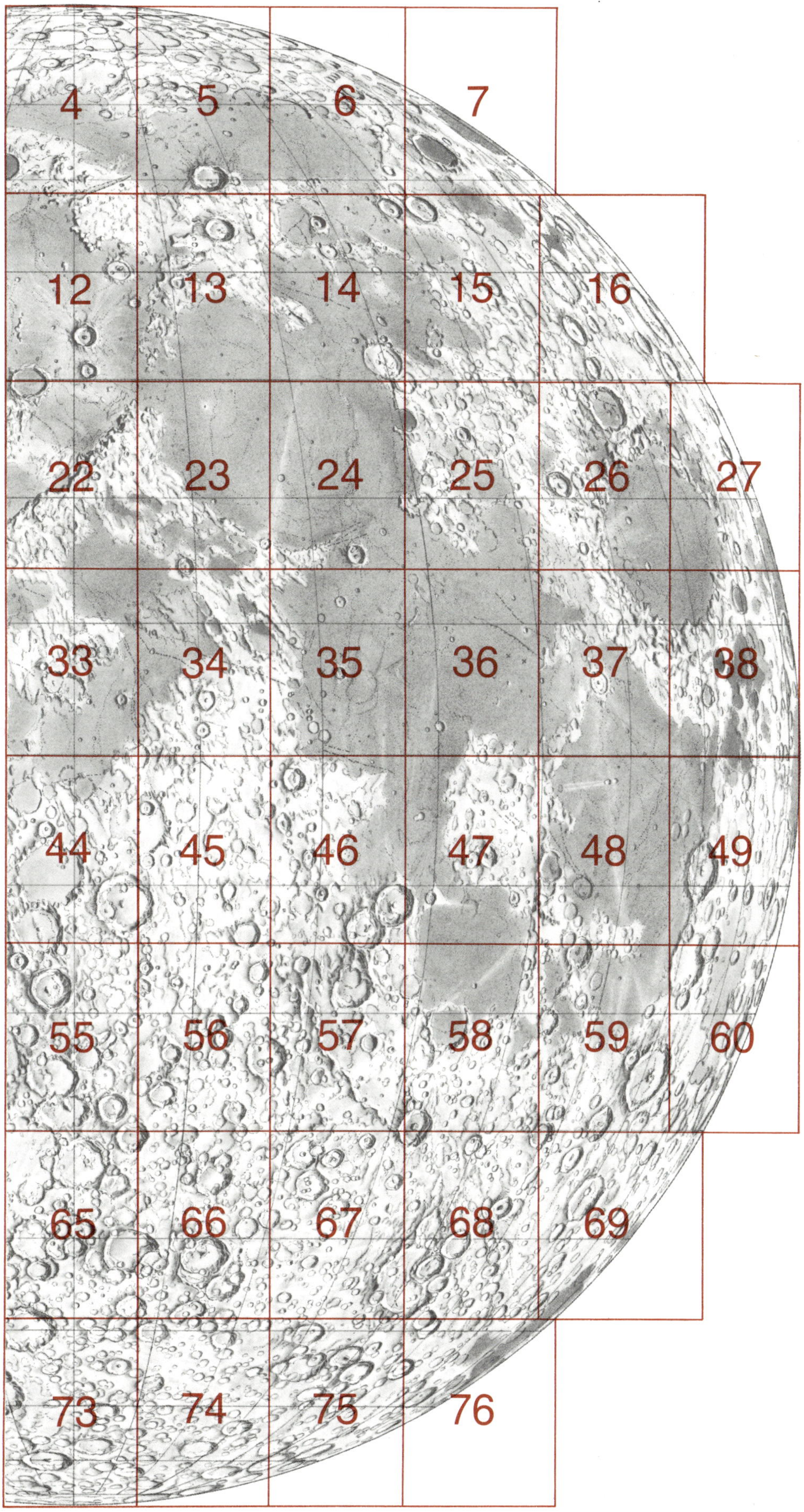
4
5
6
7
12
13
14
15
16
22
23
24
25
26
27
33
34
35
36
37
38
44
45
46
47
48
49
55
56
57
58
59
60
65
66
67
68
69
73
74
75
76

ATLAS OF THE MOON

Antonín Rükl

Translated by
Takashi Yamada

ATLAS OF THE MOON
by Antonín Rükl

Copyright © 1990 AVENTINUM NAKLADATELSTVÍ, s.r.o.,
Nikoly Vapcarova 3274, Praha 4 — Modrany, Czeck Republic.

Japanese translation rights arranged with
AVENTINUM NAKLADATELSTVÍ, s.r.o., Praha
through Tuttle-Mori Agency, Inc., Tokyo.

エリア別ガイドマップ
月面ウォッチング
ATLAS OF THE MOON

Antonín Rükl
A. ルークル 著

Takashi Yamada
山田 卓 訳

地人書館

凡　　例

① 本書は，Antonín Rükl 著 *Atlas Měsíce* (Aventinum, Praha, 1991)の日本語版である．翻訳にあたっては，英語版 *Atlas of the Moon* (Kalmbach, 1992)を底本として用いた．なお，日本語版刊行にあたって，著者自身による訂正・変更が加わっている．

② 月面上のクレーターなどの地形名は，本書の主要部分である76に区分された月面図(p.28-p.179)および秤動ゾーンの月面図(p.180-p.189)の図版中においては原著の通りラテン語による表記をそのまま使用し，個々の地形の解説文中では見出し語としてラテン語表記と和名表記を併記した．その他のページの本文中では，原則として和名で表記している．

③ 地形の和名表記にあたって，クレーター以外の地形に対しては，日本におけるこれまでの慣用を考慮し，また，本書が月・惑星の地質学を専攻する専門家向けではなく，一般的な読者を対象としていることを念頭において，基本的には下記の日本語をあてた．これは各地形の固有名を簡潔に表記するための便宜的なもので，地質学的な意味の術語とは多少異なっている場合もある（たとえば「尾根」は，いわゆる「リンクルリッジ」で，地球の山岳の「尾根」とは意味合いが異なっている）．

Catena	クレーターチェーン
Dorsa, Dorsum	尾根
Lacus	湖
Mare	海
Mons	山
Montes	山脈
Oceanus	大洋
Palus	沼
Promontorium	岬
Rima, Rimae, Vallis	谷
Rupes	壁
Sinus	入江

④ クレーター名については，由来となっている歴史上の人物（一部現存する人物を含む）の出身国や，活躍した国・地域などを考慮して決定した．原則として出身国の発音に近いと思われる片仮名で表記したが，すでに慣用的に表記が固まっていると考えられる著名人については，各種の人名辞典などを参考にして，その慣用にしたがった．なお，クレーターに関しては，特に必要のない限り，「クレーター」の表記を省略し，人物名のみを用いてクレーター名を表記している（つまり，「コペルニクス・クレーター」を「コペルニクス」とする）．

⑤ 地形名以外の天文用語については，原則として現在学術用語として通用しているものにしたがっている．

目　　　次

はじめに	6
地球の衛星	7
月の位相	9
月の位相（1997年-2008年）	10
空にのぼる月	11
月の表面	12
月の起源とその歴史	15
月の地図学	16
月に関する数値	19
月をもっとよく知るために	20
上弦の月	20
下弦の月	22
満月	24
月食観測計測ポイント50	25
表側の月面図について	26
月面図（1～76）	28
秤動ゾーンの月面図	180
秤動ゾーンの月面図について	181
月の全面マップ	190
月への旅	192
月50景	194
月の観測	208
月の撮影	210
月の観測の楽しみ	211
太陽の月面余経度表	212
月食	214
用語解説	216
参考資料	219
参考資料について	220
謝辞	220
訳者あとがき──月にはロマンがいっぱいある	221
索引（地形名）	223
索引（項目名）	233

はじめに

　「月」は，地球にもっとも近い天の隣人です．太陽と共に古くから人の心を引きつけ，人々に親しまれてきました．人類が，初めての暦づくりに利用した月の満ち欠けは，今でも私たちに時のうつろいを感じさせます．

　明るい月面の様子は，小望遠鏡でもかなり詳細な観察が可能です．近くて観測が容易な月は，1950年代の終わりまでに膨大な知識が蓄積され，人類最初の宇宙旅行の目標になりました．今のところ，月は人類が足跡を残した唯一の天体でもあります．

　1960年代から1970年代にかけての集中的な宇宙探査の成果と，それに続く1990年代までのロボット宇宙探査機の成果によって，月の研究はさらに飛躍的に前進しました．それによって，太陽系誕生の謎を解くための多くの知識を得ることができ，地球誕生の歴史に光を当てることにもなりました．20世紀後半の科学技術によって，人々は15世紀の航海者たちが遠くの大陸の探検に思いを巡らせたのと同じように，月に魅せられてしまったのです．

　本書の月面図は，観測者やアマチュア天文家だけでなく，月の探索を楽しもうとするすべての人のために作成しました．この月面図の主要部分は，地球に向けられた表側の月面（near-side of the Moon）の詳細図によって構成されています．月面を76のエリアに区分し，各地形の名称は，IAU（国際天文学連合）によって認められた命名法に従いました．

　各エリアごとの月面図には，「月面人名録」を記載し，月面の地形に名前を残した人物について，あるいはその地形そのものや月面図の活用法などについて簡単に解説しています．

　地球から見え隠れする月面の表側と裏側の境界付近については，「秤動ゾーンの月面図」を参照してください．

　いろいろな月面地形のモデルとなる代表的な地形は「月50景」にとりあげました．それぞれの月面上の位置は，裏見返しにあるガイドマップを参照してください．そしてその地形を含む月面図については，表見返しにあるガイドマップが参考になります．

　この月面図の初版は1989年に出版されました．その後，IAUによっていくつかのクレーター名が追加承認され，新しくガリレオ探査機とクレメンタイン衛星の成果も追加されて改訂の必要が生じました．この日本語版は，それらを改訂した初めての版になります．

　この日本語版が出版される1997年は，宇宙時代の幕開け40周年という記念すべき年で，日本の LUNAR-A（ルナA)計画を含む新しい世代の月探査機の打ち上げ計画がいくつかあって，大いに期待されています．

地球の衛星

　太陽系の惑星は，それぞれ衛星を伴って，太陽の周りを楕円軌道で回っています．そして，衛星もまた，惑星の周りを楕円軌道で回っているのです．月は，地球の周りを楕円軌道で回る地球の衛星です．したがって，月と地球との距離は常に変化しています．
　月がその軌道上でもっとも地球に近づいたとき，月は「近地点」にいるといい，もっとも遠く離れるところを「遠地点」といいます．近地点の月までの距離は 35万6400km ですが，遠地点の月は 40万6700km の彼方にあります．見かけの大きさを比べると，近地点の月の視直径が 33.5′あるのに対して，遠地点の月は 29.4′しかありません．
　月の見かけの大きさ（視直径）の違いは，同一の望遠鏡（レンズ）を使って撮影したフィルム上の月の大きさを比較することで簡単に確認できます．ということは，近地点にある月の方が，遠地点の月に比べて，より詳細な観測が可能なはずですが，実際には必ずそうなるとは限りません．望遠鏡の視野内では，大気の動きの影響を受けて月の像が絶えず変化しているからです．観測精度は，月までの距離の差以上に，観測者の経験と技術の差に大きく左右されるのです．
　太陽は地球から月までの距離の約400倍も遠くにあります．ところが，見かけの太陽の大きさ（視直径）は，月とほぼ同じで約 0.5°(30′) になります．これはとても不思議な偶然です．
　月の軌道は，地球だけでなく，太陽の重力的な影響も常に受けています．それは軌道上の月の速度を変化させると共に，軌道の形や軌道面の傾きをも変化させます．したがって，月の運動を明確にすることは，天文学においてもっとも難しい作業の一つになっています．
　月が地球の周りを回る軌道面と，地球が太陽の周りを回る軌道面は 5°9′ だけ傾いて交差しています．月の軌道面がこの角度を保ちながら交点を移動させるのも，月の軌道自身が回転して交点に対する近地点や遠地点の位置を変えるのも，摂動といわれる太陽の重力効果によるものです．
　地球を回りながら太陽を回るという二つの運動を合成した月の軌道が，地球が単独で太陽を回るときの軌道とほとんど変わらないことには驚かされます．それは，地球から太陽までの距離が，月までの距離に比べてきわめて大きいからです．
　月と地球の距離は地球の直径の30倍もあるのに，地球に対する月の重力の影響がけっこう大きいのも，ちょっとした驚きです．それは潮の満ち引きにはっきり表れます．
　地球と月の大きさの比は，他の惑星と衛星の場合と少し違っています．惑星に対する一般的な衛星の大きさは，ほとんど無視できるほど小さいのですが，地球と月の場合は，そのどちらもが惑星クラスの大きさを持ち，互いにその共通重心を回っています．二重惑星といえるほど，月は衛星として例外的に大きいのです．月と地球の共通重心は，二つの天体の中心を結んだ線上の，地球の中心から 4700km 離れたところ（地球内部）にあります．
　地球から見る月は，輝く部分が満ち欠けをして形を変えますが，表面の模様は変わりません．月は常に同じ面を地球に向けているのです．それは衛星（月）が持つ力学的特性の一つで，月の自転と公転の周期が一致してしまったからです．
　月が常に同じ面を見せることは，月がまったく自転をしていないということではありません．もし，月が自転をしていなかったら，地球の周りを 図2a のように回るでしょう．クレーターAは，1 の位置では地球に向けられた面の中心にありますが，2 の位置では月面の端にあり，3 では地球から見えない裏側にあるということになります．
　実際には，図2b のように，月は公転と同時に自転もしているので，1 から 2 に移動するとき，月は 4分の1 だけ公転して，同時に 4分の1 だけ自転します．したがって，クレーターAは常に地球に向けられた月面の中心にあり続けることになるのです．
　月全体は，太陽によってまんべんなく照らされるのですが，地球に背を向けた月面は，永遠に地球から見ることはできません．一般的に，私たちは地球に向けられた面を「月の表側」，地球に背を向けた面を「月の裏側」と呼んでいます．
　自転と公転の周期が同調した月は，地球から月面の半分しか見えないはずですが，実際には私たちをもう少し楽しませてくれます．月は，南北方向あるいは東西方向に少しだけ首振り運動をするからです．こういった現象を月の秤動といいます．

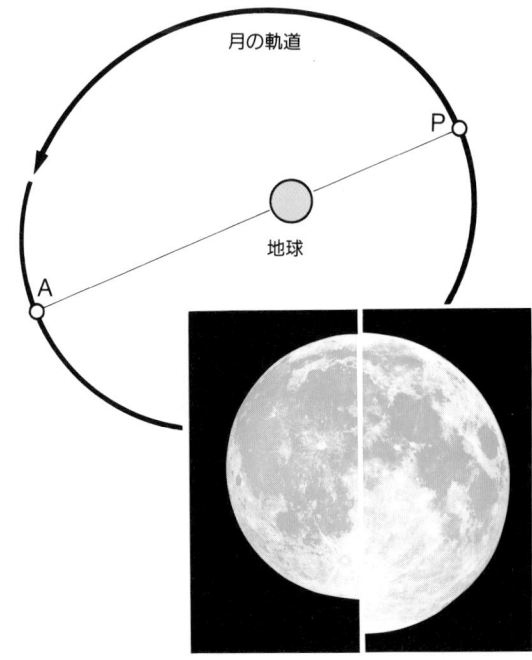

図1　月の軌道．近地点（右）と遠地点（左）での月の視直径の比較．

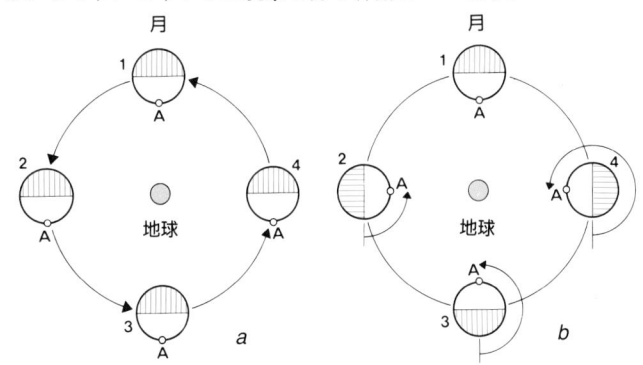

図2　月の公転と自転の関係．

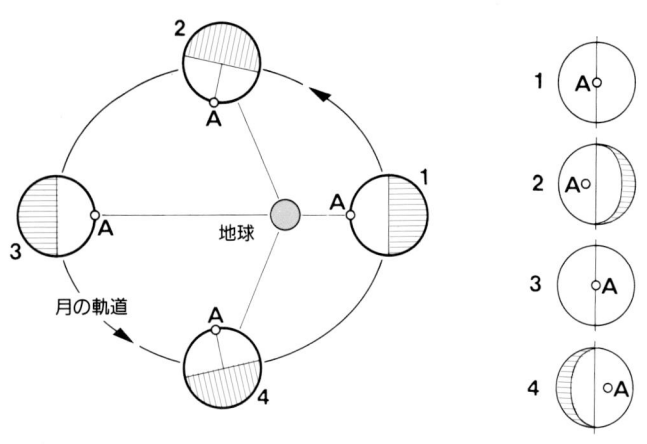

図3　経度の秤動.

　私たちはけっして一度に月面の 50% 以上を見ることはできませんが，月の秤動によって，裏側の一部分（細長い三日月形の部分）を見ることができるのです．その結果，地上の観測者は月面全体の 59% を見ることができます．41%は常に見えている月面で，18% が見え隠れする部分です．

　月の秤動の原因はいくつかあります．その効果がもっとも大きいのは，月の見かけ上の経度の秤動あるいは緯度の秤動で，光学秤動といいます．

　経度の秤動は，月が地球を回るとき，軌道上の公転速度が常に変化するのに対して自転速度が一定であることによって起こり，東西方向に±7°54′の範囲で変化します．楕円軌道を回る月の公転速度は，近地点でもっとも速く，遠地点でもっとも遅くなるという変化を繰り返しているのです．

　たとえば，図3 の 1 のように近地点にある月が，公転軌道の 4 分の1 を移動するのに必要な時間は，月が 4分の1（90°）だけ自転する時間より短くてすみます．このことは地球から見た月面を左向きに「振る」ことになり，私たちは月の右端に隠れていた一部分を見ることになるのです．同じように 3 の遠地点にある月は，4分の1 自転するより長い時間をかけて 4分の1 だけ公転して 4 に到達します．この場合は月の左側の隠れている部分を見ることになるのです．

　緯度の秤動は，月の赤道が，軌道面に対して 6°41′傾いているという事実によって起こります．月は軌道上のどの場所にいても，巨大なジャイロスコープのように，空間での自転軸の向く方向を一定に保ち続けています．したがって地球に対する月の自転軸の傾きは，月が公転することによって常に変化することになるのです．

　月の自転軸の傾きは，図4 のように，一方の極をもっとも地球に傾けると，その軌道上の反対側ではもう一方の極が地球に傾くことになります．そのことで変化する緯度秤動は，南北に±6°50′の範囲で起こります．

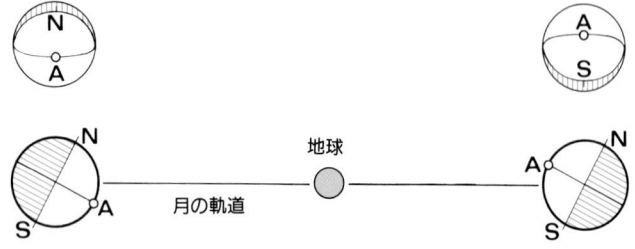

図4　緯度の秤動.

　経度秤動と緯度秤動は同時に連続的に起こり，それを総合した結果として，秤動ゾーンと呼ばれる周辺部分が見られるのです．

　もう一つ，日周秤動といって，月の運動とは関係なく，観測者が自転する地球の表面から月を見ることによって起こる秤動があります．地球の自転によって月に対する観測者の位置が変化して，少しずつ違う角度から月を見ることになるからです．日周秤動は，図5 のように，東西方向に±1°の範囲で変化します．

　光学秤動に対して，月自身の物理的な秤動もあります．

　物理秤動は，月自身の重力的な不安定さが原因で，自転速度や自転軸の方向がわずかに変化することによって起こります．きわめて小さな変動ですが，月の形や内部構造についての研究者にとって見逃せない重要な変化です．

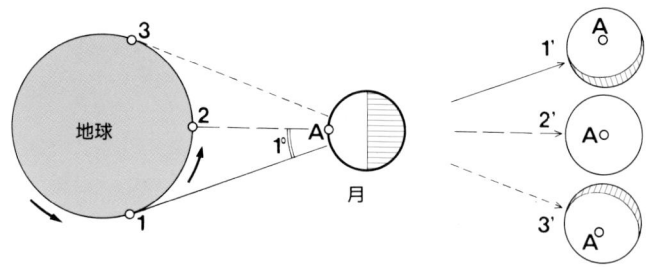

図5　日周秤動.

　経度秤動(L)と緯度秤動(B)は，月の観測者にとって基本的な重要事項ですから，その値は天文関係の年表や年鑑に記載されています．

図6（右ページ）　月の位相と公転軌道.
月は地球の周りを回りながら太陽の周りを回っている．a では地球の軌道を実線で描き，月の軌道を点線で描いている．月と地球の距離は，地球・太陽間に比べるときわめて小さいので，太陽を回る月の軌道は地球の軌道とほとんど変わらないように見える．

月の位相

　地球から見る月のもっとも著しい変化は，「位相」の変化，つまり満ち欠けによる形の変化です．地球から見た太陽と月の位相角の変化によって，月はそれぞれ特定の部分が太陽に照らされて輝くのです．

　太陽と月の位相角は，見かけの太陽と月がどれくらい離れているかを黄経差で表現したものです．黄経とは，見かけの太陽が星空を移動する黄道を基準にした黄道座標の経度のことです．太陽と月の黄経差が，0度なら新月，90度なら上弦の月あるいは下弦の月，そして180度のときは満月になります．

　図6のbは太陽と月の位相角の変化を示し，dではそれに対応した月の姿，つまり月の位相が描かれています．1では月が太陽と同じ方向にあるので，地球から輝く月を見ることはできません．それを「新月」と呼びます．ここを出発点にして，新月からの日数で位相の変化を表したのが「月齢」です．cは月齢を示しています．

　月の位相角が大きくなるにしたがって，地球から見える月面の輝く部分が増えて，約3.7日後に，軌道の8分の1（45°）を回って2に到達します．地球からは，太陽に照らされた月面の一部が細い三日月形に見えます．この頃までは，月の輝いていない部分もかすかに見ることができ，「地球照」と呼ばれています．地球が太陽光を反射して月面を照らすからです．

　3では月齢が7.4になり，ちょうど月面の半分が輝きます．この新月の後の半月は「上弦の月」と呼ばれています．月の昼と夜との境界は「明暗境界線」といいますが，半月の明暗境界線は月面の中央にあります．

　5の月は太陽の反対側にあって，輝く月面のすべてを見ることができるので「満月」といいます．満月を過ぎると，月はふたたび欠け始めます．7の「下弦の月」から「新月」に至るまで，三日月形がだんだん細くなって，やがて糸のようになります．

　地球の中心と太陽の中心を結ぶ直線を想像してみましょう．その直線を太陽を突き抜けてどこまでも伸ばすと，天球上のある1点を指します．地球が太陽の周りを回ると，その線は宇宙空間で方向を変え，天球上の1点は星空の中を移動するように見えます．

　月が1にあるとき，この想像上の直線が 恒星A に向けられていたとしましょう．いいかえれば，月は，地球と太陽の中心と 恒星A を結んだ直線上にあるといえます．この状態から 27.3日経過すると，月はその間に空を 1周してふたたび地球と 恒星Aを結ぶ直線上に戻ってきます．このように月が恒星に対して 1周する周期を「恒星月」といいます．

　ところが1恒星月後の月は，その間に太陽が恒星に対しての位置を変えてしまうので新月にはなりません．移動した太陽に月が追いついて，ふたたび新月になるためには，さらに 2日が必要です．したがって，新月（朔）から出発して次の新月までに約 29.5日かかることになります．この周期を朔望月とか，太陰月といいます．

　1923年に朔望月を整理番号で整頓することを定め，1923年の1月17日の満月（望）を含む朔望月をNo.1としてスタートさせました．したがって天文関係の年鑑には，主要な月の位相と，それぞれの日に対する世界時（UT）0時の月齢とともに，朔望月番号を記載しているものもあります．

月の位相（1997年-2008年）

この表では，1997年から2008年までの 新月，上弦の月，満月，下弦の月 の日付と時刻を0.1日の精度（UT, 世界時）で知ることができます．太字で印刷されているのが満月のデータで，その上は上弦，下は下弦です．

たとえば，2000年8月の上弦の月はこの表から7.0が得られるので，8月7日の0時(UT)であることがわかります．同様に，満月は15.2ですから，8月15日の朝方（0.2×24時=4.8時UT），下弦の月は22.8から，8月22日の夕方（0.8×24時=19.2時UT），そして新月は，29.4から，8月29日の午前中（0.4×24時=9.6時）だとわかります〔訳注：日本標準時はUT（世界時）に 9時間を加える〕．

月\年	1997	1998	1999	2000	2001	2002	2003	2004	2005	2006	2007	2008
1月	2.1	5.6	**2.1**	6.8	2.9	6.2	2.8	**7.6**	3.7	6.8	**3.6**	8.5
	9.2	**12.7**	9.6	14.6	**9.8**	13.6	10.6	15.2	10.5	**14.4**	11.5	15.8
	15.8	20.8	17.7	**21.2**	16.5	21.7	**18.4**	21.9	17.3	22.6	19.2	**22.6**
	23.6	28.2	24.8	28.3	24.6	**29.0**	25.4	29.2	**25.4**	29.6	26.0	30.2
	31.8		**31.7**									
2月	7.6	4.0	8.5	5.5	1.6	4.6	1.4	**6.4**	2.3	5.3	**2.2**	7.2
	14.4	**11.4**	16.3	13.0	**8.3**	12.3	9.5	13.6	8.9	**13.2**	10.4	14.2
	22.4	19.6	23.1	**19.7**	15.1	20.5	17.0	20.4	16.0	21.3	17.7	**21.2**
		26.7		27.2	23.4	**27.4**	23.7	28.1	**24.2**	28.0	24.3	29.1
3月	2.4	5.4	**2.3**	6.2	3.1	6.1	3.1	**7.0**	3.7	6.8	**4.0**	7.7
	9.0	**13.2**	10.4	13.3	**9.7**	14.1	11.3	13.9	10.4	**15.0**	12.2	14.4
	16.0	21.3	17.8	**20.2**	16.9	22.1	**18.4**	21.0	17.8	22.8	19.1	**21.8**
	24.2	28.1	24.4	28.0	23.6	**28.8**	25.1	29.0	**25.9**	29.4	25.8	29.9
	31.8		**31.9**									
4月	7.5	3.8	9.1	4.8	1.4	4.6	1.8	**5.5**	2.0	5.5	**2.7**	6.2
	14.7	**11.9**	16.2	11.6	**8.1**	12.8	10.0	12.2	8.9	**13.7**	10.8	12.8
	22.9	19.8	22.8	**18.7**	15.6	20.5	**16.8**	19.6	16.6	21.2	17.5	**20.4**
	30.1	26.5	**30.6**	26.8	23.6	**27.1**	23.5	27.7	**24.4**	27.8	24.3	28.6
					30.7							
5月	6.9	3.4	8.7	4.2	**7.6**	4.3	1.5	**4.9**	1.3	5.2	**2.4**	5.5
	14.5	**11.6**	15.5	10.8	15.4	12.4	9.5	11.5	8.4	**13.3**	10.2	12.2
	22.4	19.2	22.2	**18.3**	23.1	19.8	**16.2**	19.2	16.4	20.4	16.8	**20.1**
	29.3	25.8	**30.3**	26.5	29.9	**26.5**	23.0	27.3	**23.8**	27.2	23.9	28.1
							31.2		30.5			
6月	5.3	2.1	7.2	2.5	**6.1**	3.0	7.8	**3.2**	6.9	4.0	**1.0**	3.8
	13.2	**10.2**	13.8	9.2	14.2	11.0	14.5	9.8	15.1	**11.8**	8.5	10.6
	20.8	17.4	20.8	**16.9**	21.5	18.0	21.6	17.8	**22.2**	18.6	15.1	**18.7**
	27.5	24.2	**28.9**	25.0	28.1	**24.9**	29.8	25.8	28.8	25.7	22.6	26.5
											30.6	
7月	4.8	1.8	6.5	1.8	**5.6**	2.7	7.1	**2.5**	6.5	3.7	7.7	3.1
	12.9	**9.7**	13.1	8.5	13.8	10.4	**13.8**	9.3	14.6	**11.1**	14.5	10.2
	20.1	16.6	20.4	**16.6**	20.8	17.2	21.3	17.5	**21.5**	17.8	22.3	**18.3**
	26.8	23.6	28.5	24.5	27.4	**24.4**	29.3	25.2	28.1	25.2	**30.0**	25.8
		31.5		31.1				31.8				
8月	3.3	**8.1**	4.7	7.0	**4.2**	1.4	5.3	7.9	5.1	2.4	5.9	1.4
	11.5	14.8	11.5	15.2	12.3	8.8	**12.2**	16.1	13.1	**9.5**	13.0	8.8
	18.5	22.1	19.1	22.8	19.1	15.4	20.0	23.4	**19.8**	16.1	21.0	**16.9**
	25.1	30.2	**27.0**	29.4	25.8	**22.9**	27.7	**30.1**	26.6	23.8	**28.4**	24.0
						31.1						30.8
9月	2.0	**6.5**	2.9	5.7	**2.9**	7.1	3.5	6.6	3.8	1.0	4.1	7.6
	10.1	13.1	9.9	13.8	10.8	13.8	**10.7**	14.6	11.5	**7.8**	11.5	15.4
	16.8	20.7	17.8	21.1	17.4	21.6	18.8	21.7	**18.1**	14.5	19.7	22.2
	23.6	28.9	**25.4**	27.8	24.4	29.7	26.1	**28.6**	25.3	22.5	**26.8**	29.3
										30.5		
10月	1.7	**5.8**	2.2	5.5	**2.6**	6.5	2.8	6.4	3.4	**7.1**	3.4	7.4
	9.5	12.5	9.5	**13.4**	10.2	13.2	**10.3**	14.1	10.8	14.0	11.2	**14.8**
	16.1	20.4	17.6	20.3	16.8	21.3	18.5	20.9	**17.5**	22.2	19.4	21.5
	23.2	28.5	**24.9**	27.3	24.1	29.2	25.5	**28.1**	25.0	29.9	**26.2**	29.0
	31.4		31.5									
11月	7.9	**4.2**	8.2	4.3	**1.2**	4.9	1.2	5.2	2.1	5.5	1.9	6.2
	14.6	11.0	16.4	**11.9**	8.5	11.9	**9.0**	12.6	9.1	12.7	10.0	**13.3**
	22.0	19.2	**23.3**	18.6	15.3	**20.1**	17.2	19.2	**16.0**	20.9	17.9	19.9
	30.1	27.0	30.0	26.0	23.0	27.7	24.0	**26.8**	23.9	28.3	**24.6**	27.7
					30.9		30.7					
12月	7.3	**3.6**	7.9	4.2	7.8	4.3	**8.9**	5.0	1.6	**5.0**	1.5	5.3
	14.1	10.8	16.0	**11.4**	14.9	11.7	16.7	12.1	8.4	12.6	9.7	**12.7**
	21.9	18.9	**22.7**	18.0	22.9	**19.8**	23.4	18.7	**15.7**	20.6	17.4	19.4
	29.7	26.4	29.6	25.7	**30.4**	27.0	30.4	**26.6**	23.8	27.6	**24.0**	27.5
									31.1		31.3	

Meeus, J.: *Phases of the Moon 1801-2010, Memoirs 2*, Vereniging voor Sterrenkunde, Brussels, 1976. より．

空にのぼる月

　空にのぼった月を毎日観察すると，少しずつ変化していることに気がつきます．「月の出」や「月の入り」の時刻も，東の地平線からのぼって西に沈むまでの月の通り道（日周弧）も，星空の中の月の位置も常に変化しているのです．毎日の月の位置のデータは，毎年発行される天文関係の年鑑に記載されています．

　星空の中を移動する見かけの月の通り道を「白道(はくどう)」といい，見かけの太陽の通り道を「黄道(こうどう)」といいます．白道は黄道に対して約5°の傾きをもって交差しています．したがって地球から見た月は，黄道から約5°まで離れることもありますがそれ以上離れることはありません．

　月は天の日周運動（地球の自転による見かけの動き）にしたがって，毎日，東から西に向かって動きますが，月が地球を回る公転運動の方向は逆に西から東に向かっています．そのために，月は星空に対して1日に約13°ずつ，太陽に対して約12°ずつ東に移動して現れるのです．

　太陽に対して，東に90°（位相角）離れた月は，「上弦の月」となって夕暮れ時の南の空にのぼります．「満月」は月と太陽が互いに天球の反対側にあって，日没と共に東の地平線からのぼり，日の出の頃に西に沈みます．つまり満月は一晩中夜空で輝いているのです．月が太陽の西に90°離れた位置にやってくると「下弦の月」となり，真夜中に東からのぼり，早朝の南の空で白く輝きます．

　空にのぼった月が，日周運動でどのような弧を描くかは，図7で見当をつけることができます．簡略化のため，黄道に対する白道の傾きなどについては省略しましたが，年間を通しての太陽高度の変化と，空にのぼる月の主な位相を示しています．

　たとえば，3月（春分の頃）は，満月と太陽が天の赤道上か，あるいはそのごく近くにあるので，ほぼ真東からのぼって真西に沈みます．したがって，月も太陽も地平線上に約12時間姿を見せることになります．同じ頃の上弦の月は夏の太陽のように高くのぼり，下弦の月は冬の太陽のように低いコースを選びます．

　日周運動による月の地平線からの高度変化は，太陽のそれと同じですが，月の方が季節による高度変化が著しいのは，太陽が黄道上を1年で1周するのに対して，月は白道の旅を27.3日（1恒星月）で完了するからです．月が1恒星月の間に星空を1周する動きは，太陽が1年間で星空を1周する動きとほぼ同じ軌道を同じ方向に向かっていますが，スピードが12倍以上も速いのです．

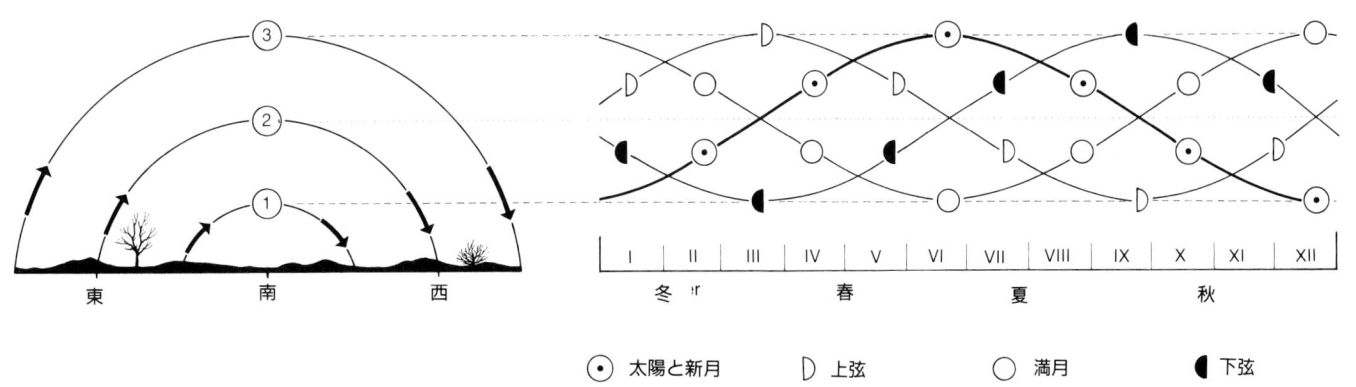

図7　月の高度がどのように変化するか．
① 冬至の頃の太陽が日周運動で描く弧は，夏至の頃の満月や，秋分の頃の上弦の月が描く弧と似ている．② 春分や秋分の頃の太陽が日周運動で描く弧は，同じ頃の満月や夏至や冬至の頃の上弦あるいは下弦の月が描く弧と似ている．この頃は太陽も月も，12時間地平線上に出ている．③ 夏至の頃の太陽が日周運動で描く弧は，冬至の頃の満月や，春分の頃の上弦の月が描く弧に似ている．（注：この図は北半球で観察する月を表現している．また，この図は黄道に対する月の軌道の傾きの影響は省略してある）

月の表面

1610年，ガリレオ・ガリレイは，初めて月に望遠鏡を向けてその表面に山やクレーターがあることを発見しました．

17世紀中頃の天文学者たちは，さらに改良された望遠鏡で，直径10kmという小さなクレーターまで観測することを可能にしました．それから350年以上たった今，飛躍的に進歩した光学技術は，直径300mという微小クレーターですら識別を可能にしました．それはおそらく地球上に設置された望遠鏡のほぼ限界の能力だと考えられます．

20世紀の前半，人々の月への興味は失われつつあったのですが，1950年代の後半になって少し様子が変わりました．人工衛星の打ち上げ成功を機に，月は新しい天文学的興味の対象となったのです．1959年の10月，探査機ルナ3号が月面の裏側を撮影しました．1964年7月のレインジャー7号が撮影した月面写真では，直径50cm程度の小さなクレーターや岩石が確認できましたし，1966年1月のルナ9号が送ってきた映像では，ミリメートルサイズの小さな粒や破片まで認めることができました．そしてついに，1969年の夏，地球科学者たちは月の石を地球上の顕微鏡でのぞくことになり，わずか10年間で，遠い月はその距離を失ってしまったのです．

1960年代から1970年代にかけての集中的な月探査によって，月の物理的な謎のいくつかがベールをはがされ，そしていくつかの新しい謎が誕生しました．

月は直径3476kmの球体で，その表面は大気に守られておらず，真空の宇宙空間に身をさらしています．月の表面をおおう「レゴリス（regolith, 表土）」は，塵とか岩石やその小さな破片など，さまざまな混合物で構成された堅く固まっていない層です．この浅い層が，ベールのように月の地殻をおおっています．

月の地殻は砕かれた岩石の層でできており，その深さは約60kmあります．そしてその下のマントルは約1000kmの深さに達し，さらに下の温度約1300°の核を包み込んでいます．月の磁場は非常に弱く，地球の磁場のおよそ1万分の1程度しかありません．

月の地震活動は，地球に比べるとはるかに少なく，震度もリヒター・スケールで表すと，1か2程度にしかなりません．月面の探検家たちが地震に出会ったとしても，おそらく気づくことはないでしょう．

地球の衛星「月」は，どうやら事実上「死んだ天体」で，月の内部に地質学的な活動が現れることは，ごくまれで目立ちません．月は微生物の痕跡すら存在しない無愛想な死の世界です．しかし人間は，そんな月面でも，宇宙服を身につけることで生き延びることができるのです．

月の極地域はたいへん興味深いところです．特に南極付近の永久に影になっている地域には，理論的に氷の沈積が起こりうるからです．1994年のクレメンタイン衛星のレーダー観測は，この仮説に応えたものでしたが，最終的な確認のためにはさらなる調査が必要でしょう．

海と陸地

さて，40万kmも離れた地球から，私たちは月の表面に何を見ることができるのでしょう．望遠鏡がなくても，私たちはまず月の表面の暗い部分に気がつきます．

初めて月に望遠鏡を向けた17世紀の観測者たちは，その部分を誤って「海（mare）」と判断し，同じように明るい部分を「陸地（terra）」と呼ぶことにしました．この習慣は，月に水が見つかっていないのに今もそのまま残っています．

小望遠鏡で見た「陸地」は月面の高地にあたり，あらゆるサイズのクレーターでおおわれています．「陸地」に比べて「海」は，低い山脈や流れ出た溶岩の固形化した部分などで少し波打つ様子が見られますが，ほとんどがなめらかな平面です．

直径1km以上のクレーターに限定すると，「陸地」には「海」の30倍も多くのクレーターがあります．

無人月探査機による綿密な調査と，月面に着陸した宇宙飛行士たちの調査によって，「陸地」も「海」も，月面全体が直径数十kmから顕微鏡サイズのものまで数え切れないほどの小クレーターでおおわれていることが分かりました．

「海」は地球に向けられた月面の31.2%を占めていますが，奇妙なことに，地球に背を向けた裏側にはわずか2.6%しかありません．「海」の暗い色は，化学組成の違いによるものです．

明るく見える「陸地」の岩石がカルシウムやアルミニウムを豊

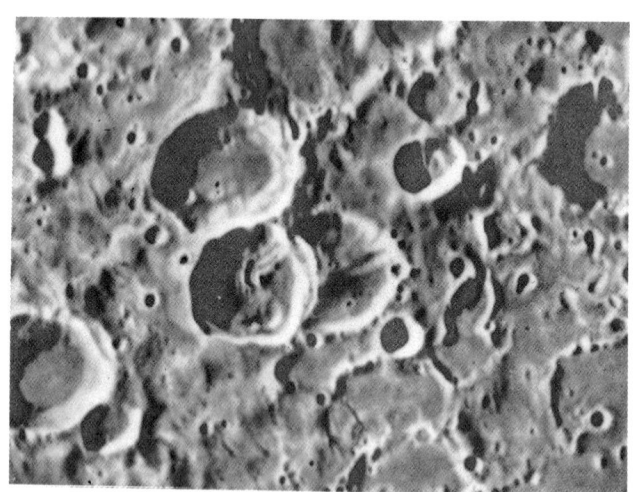

図8 月の「海」の表面．

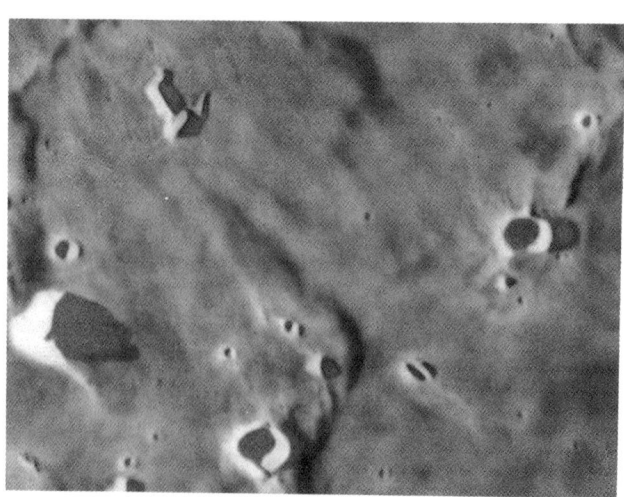

図9 月の高地．ジーベル（月面図56参照）付近．

富に含んでいるのに対し，暗い「海」の岩石は大量のマグネシウム，鉄，チタン等を含んだ玄武岩から成っています．また月の「海」の表面は，月の形に沿った「水平な平面」ではなく，かなり不規則に波打っています．

クレーターのいろいろ

クレーターは，月面だけでなく，太陽系の他の天体にも多く見られる地形です．地球に向けられた側の月面には，直径100km以上のクレーター234個を含めて，直径1km以上のクレーターがおよそ30万個あります．

「クレーター」という呼び名は，その姿や形によって大まかな分類が必要なほど広い意味を持っています．その分類法はいろいろありますが，一例として，月に関する多くの専門書で見られる分類は次のようなものです．

直径が約60kmから300kmの大クレーターは，「壁平原（walled plain）」と呼ばれます．通常，周壁は大きく，ところどころ凸凹になっていますが，その多くは小クレーターや谷や地滑りなどによって形が乱れたものです．もともと鋭かった周壁の峰は，降り続く微小隕石の雨や，他のクレーターができたときの大衝突で飛び出した破片によって浸食されています．

典型的な「壁平原」の中央平原は，小さなクレーターや丘や細粒におおわれて，図10の1のように月の基準球面に沿う傾向が見られます．

「壁平原」の例として，クラヴィウス，シッカルト，ポセイドニオス，プトレマイオス等があります．プトレマイオスの直径は153 km，その深さ，つまりクレーターの中央平原からの周壁の高さは2400mあります．深さに対するクレーターの直径の比は1：64となります．プトレマイオスは驚くほど浅い皿のような地形なのです．

もっとも美しく均整のとれたクレーターは「環状山（ring mountain）」と呼ばれる直径20kmから100kmのクレーターでしょう．典型的な例として，コペルニクス，ティコ，テオフィルス，アルザケル等があります．

これらのクレーターの特徴は，はっきりした鋭い頂上のある整った円形壁があることです．壁の内側の斜面には段丘があり，接近すると壁の連続的な地滑りによって段丘化した様子がわかります．壁の外側の斜面は5度から15度といったなだらかな傾斜ですが，内側の斜面は20度～30度と傾斜が強く絶壁になっているところもあります．中央平原は周囲の地面より低くなっているのが一般的です．

いわゆるシュレーターの法則によれば，周囲の地面よりも上にある周壁の体積は，クレーターのくぼみの容積に等しくなるのですが，多くの「環状山」は，中央平原の中心に一つあるいは一群の中央丘の集まりがかなりの高さに盛り上がっていて，必ずしも法則通りというわけではありません．

図10の2のように典型的な「環状山」の断面を見ると，クレーターが思ったより浅いくぼみであることがわかります．たとえばコペルニクスの場合，その深さに対する外壁の直径の比率は1：25となります．

直径が5kmから60kmの円形のくぼみは，単純に「クレーター（crater）」と呼ばれます．この種のクレーターは比較的鋭い円形壁を持ち，中央丘はありません．

ケプラーは，深さ2570mに対して直径が32kmで，その比率は1：12になりますが，ホルテンシウスは深さ2860mに対して直径が14.6km，その比率は1：5です．後者は比較的深いクレーターですが，その断面図は図10の4のようになります．私たちは4aに描かれているような深い断面図を想像しがちですが，クレーターはいずれも想像よりはるかに浅いのです．

月の明暗境界線（欠けぎわ）近くのクレーターには長い影ができます．クレーターの円形壁の中にできるコントラストの強い影が，その深さの印象を強くしているのです．太陽光のあたり方によってクレーターの印象がすっかり変わってしまう様子を図11に示しています．

直径5km以下の小さなクレーターは「小クレーター（craterlets, あるいは crater pits）」と呼ばれています．それらは地球から見えるもっとも小さなクレーターです．

一見同じように見えるクレーターも，けっして一様ではありません．その周壁も必ずしも円形ではなく，多くのクレーターの周壁は多角形ですし，珍しい例では二重になった円形壁もあります．たとえばヘシオドスAやマルトは，大きいクレーターの中に，そ

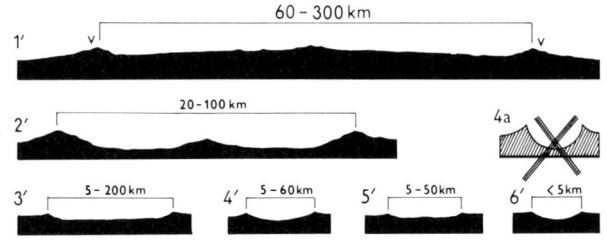

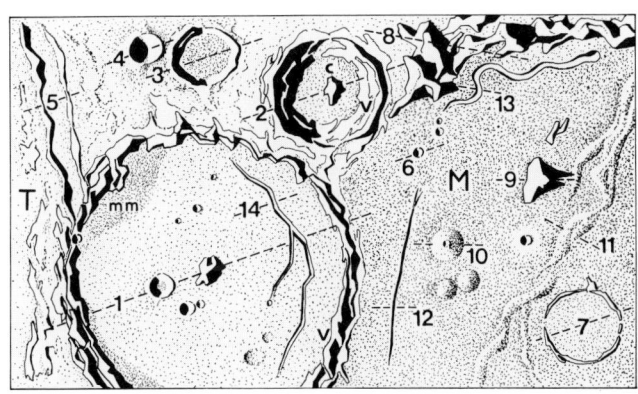

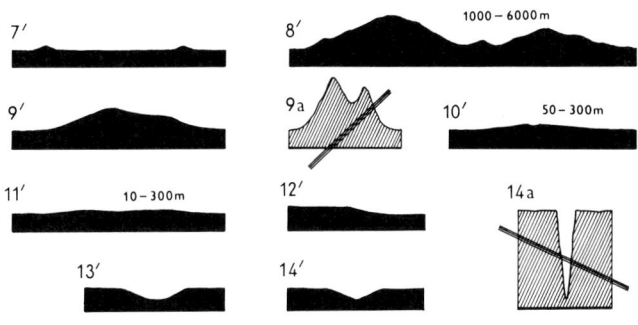

図10 典型的な月の地形の見え方の例．
T:陸地，M:海，mm:海の物質，c:クレーターの中央丘，v:クレーターの周壁，1:壁平原，2:環状山，3:溶岩で満たされたクレーター，4:鋭い周壁を持つクレーター，5:谷，6:小クレーター，7:あふれた溶岩に埋もれたクレーター，8:山脈，9:山，10:ドーム，11:リンクルリッジ（しわ状尾根），12:断層，13:曲がりくねった細溝（蛇行谷），14:細溝，裂け目，1´,2´,……,14´:代表的な地形の断面図．各クレーターの直径はkm，地形の高さはmで表した．

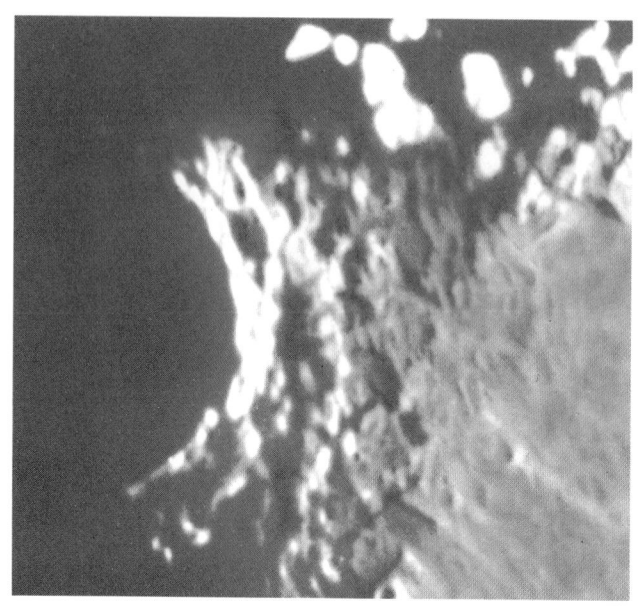

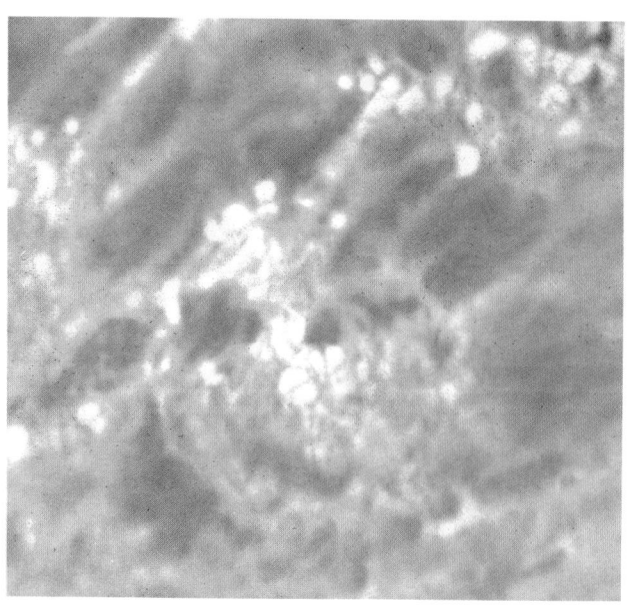

れよりほんの少しだけ小さなクレーターがあります．
　クレーターの深さについても，シュレーターの法則に従わないクレーターが数多くあります．いくつかのクレーターは，あふれでた溶岩で周壁の外側の面と同じ高さにまで埋まっていますし，まれな例では，地下から噴出したマグマがクレーターの周壁内を完全に埋めて，周辺面より中央平原が高くなったものもあります．この種のクレーターでよく知られているものにワーゲンチンがあります．
　月のクレーターは，混み合っているところでは密接した外壁が互いに結合しているものもあります．たとえばテオフィルスとキリルスは，明らかに外壁を共有しているように見えます．こういった複合クレーターはいくつも見つかっています．
　少しだけずれて重なった一対のクレーターは，お互いを分ける外壁がなく，メシエのように卵形になるか，あるいはトリチェリのような西洋ナシ形のクレーターになります．
　こういったクレーターの重なりは，さらに多くのバリエーションがあって結合してできた形はとても複雑です．しかし，新しいクレーターがそれ以前の地形をどのように破壊したかという研究によって，クレーター生成の相対的な年代を見積もることも可能になりました．

いろいろな地形

　月面には，地球上で見られるような山脈より，クレーターの方がはるかに多くあります．数少ない月面上の山脈には，地球上の山脈と同じ呼び名が与えられています．望遠鏡があれば，アルプス，コーカサス，アペニンといった有名な山脈をほんの2～3分で探索することができます．
　月の山脈は，対応する地球上の山脈との共通点は少なく，その特徴はやはり月独特の山脈のものというべきでしょう．地球の山脈に共通する氷や水に削られてできた谷が月の山脈にはありません．月の山脈のほとんどは海の境界線に沿っています．おそらく巨大なクレーターの周壁の残りでしょう．
　図10の8は月の山脈の断面図で，9はピトンとかピコのような独立した山の断面図を描いたものです．
　かつて私たちが想像した9aのようなとげとげしい山と違って，月の山や山脈は15度から20度程度の緩やかな斜面をもっています．急斜面といっても，せいぜい30度から35度程度の傾斜で，登山家たちが興味をそそられるような急峻な山はありません．
　まったく違ったタイプの「ドーム(dome)」と呼ばれる地形があります．直径10kmから20kmくらいの地域が，数百メートルの高さに盛り上がっているドームは，変わった地形の代表的な一つです．これらの丸いドームの斜面は，傾斜がたいへん緩やかで，約1度から3度くらいしかありません．その中のいくつかには，頂上に「小クレーター」があります．
　月のドームの傾斜と高さは「リンクルリッジ（wrinkle ridges）」

図11　エラトステネス（直径58km,深さ3570mのクレーター）は，太陽の照射角度の違いで姿をいろいろ変える．
1.クレーターの周壁の東側から太陽が昇る．クレーターの内側はまだ暗い．
2.日の出から16時間後，クレーターの中央の山塊（中央丘）にも日が当たっている．
3.満月の頃の太陽はエラトステネスを頭上から照らす．影がなくなるのでクレーターを確認するのが難しい．

と呼ばれる「しわ」のような隆起構造によく似ています．リンクルリッジ（しわ状尾根）は月の海の周辺部に多く見られますが，くねくねと曲がった「しわ状尾根」は，皮膚の下から浮き出た静脈と似ていることから，「脈(veins)」と呼ばれることもあります．

月の海に見られるリンクルリッジやドームは，月面を形成するのに，内因性の力の働きもあったことを物語っています．こういった例には，他にも小川のように曲がりくねった「細溝(rilles)」とか，「裂け目（clefts）」と呼ばれる谷や断層があります．

20世紀の初めまで，私たちは「細溝」や「裂け目」を垂直な絶壁や深い峡谷だと考えていました．これもまた月の明暗境界付近で見られるハイライトと影の強いコントラストによる錯覚だったのです．

曲がりくねった「細溝」は，何百キロも伸びた乾いた川のように見えます．月の海が形成された頃，活発だった溶岩の流れがつくった跡だろうと考えられる興味深い地形の一つです．

月の起源とその歴史

月面の地形や地質などから見つかったいくつかの証拠は，月が地球とまるで異なった物理的プロセスによってつくられたことを物語っています．1960年～1970年代にかけて，地球に運ばれた多くの月の石が分析されたのですが，その化学的な組成にも地球との違いが見つかっています．

月や地球は，今から46億年ほど前に太陽系の他の天体と同時に誕生したと考えられています．では，なぜこのような違いが生まれたのでしょう．

大気におおわれた地球は，風や水が地形の形成に大きな役割を果たしています．私たちはそれを当然のこととしていますが，月面には大気も水もありません．月には地表を浸食する「天候」がないので，私たちが観察する月面は地球とは比べものにならないほど古い時代のものなのです．もっとも古い月の石は45億年前のものでした．

原始の月面には，大小さまざまな数え切れないほどの天体が超高速で激突したのでしょう．衝突によって解放された巨大なエネルギーは，外層を約 100km の深さまで溶かし，溶けた岩石は，分化作用で重いものが下に沈みました．

激しい衝突がおさまると，表面の冷却と固体化が始まったのですが，衝突がまったくなくなったわけではありません．太陽系の星々が誕生した後にも，残った小天体の衝突は続き，現在，月面に残されているあらゆるサイズのクレーターをつくりあげたのです．

雨の海や東の海を含む巨大盆地は，今から40億年ほど前にかなり大きな一連の衝突があって生まれたようです．

今から31億年～38億年ほど前，放射性元素の自然崩壊に伴う発熱によって溶けたマグマが，深さ 100km から 250km あたりから溶岩となって地表に噴出したのでしょう．流れ出た溶岩流は暗い盆地の上に広がって，それぞれ 2～3 年後には固体化しました．それは何度も繰り返されて，厚さ 20cm から 30cm 程度の玄武岩を塗り重ねていったのです．

放射性元素の発熱効果は何億年にもわたって続き，頻繁に火山噴火が起こって，何百回もの溶岩流を生み出すこととなったのです．新しい溶岩流はその前のものをおおい隠し，積み重なった層の厚さは 1km を越えるほどになりました．

火山や地殻構造上のプロセスは，曲がりくねった細溝（蛇行谷），断層，ドーム，リンクルリッジ（しわ状尾根），あるいはいくつかのクレーターやクレーターチェーン（クレーターの連なり）といった地形に，その証拠を残しています．

およそ 30億年前，月の内部活動は事実上終わったのですが，月の表面は大気に守られていないため，その後も小隕石や微小隕石の衝突による浸食は続きました．表面の岩石は衝突によって粉々に砕けて塵や岩石の小片となり，30億年以上の時を経て，およそ 20m の厚みにまで堆積することになったのです．月面をおおうレゴリスと呼ばれる土壌がそれです．

この物語はこれで終わりではありません．その後も巨大隕石の衝突が何度かあって，もっと新しいクレーターをつくりました．新しいクレーターは粉々になった噴出物によってできた明るい光

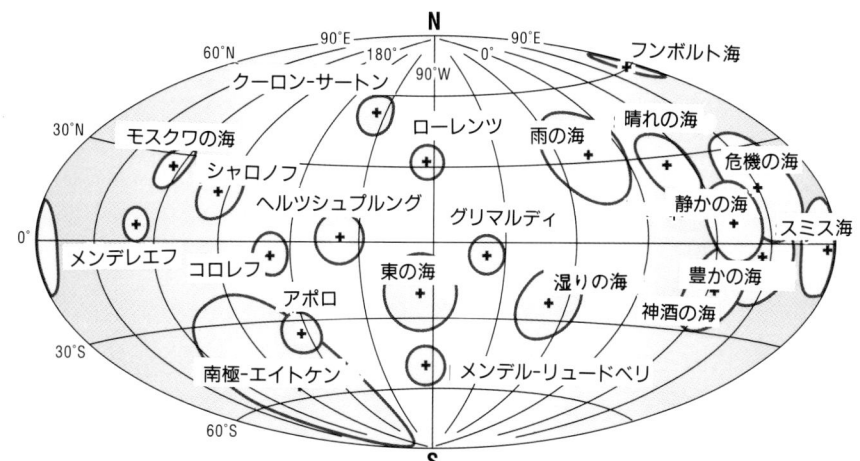

図12 衝突によってできた巨大盆地の分布．

条の中心にあります．たとえばコペルニクスは 8億年ほど前に生まれ，明るいティコは 10億年前の衝突によって誕生したクレーターです．

月面を直接探査することができたことで，月の歴史はかなり理解されたのですが，最初の 5億年間の月の全体像は依然謎です．つまり「月がどこでどのようにして生まれたのか」という昔からの素朴な疑問に，まだ満足のいく説明ができないのです．

月は，地球と同じ場所で同じように原始惑星雲から誕生したのかもしれませんし，太陽系の別の場所で生まれて，その後，地球の重力に捕らえられたという可能性も考えられます．あるいは原始地球から分裂して生まれたのかもしれません．

しかし，こういった昔からの仮説は，いずれも私たちが知ることのできたいくつかの事実に対して，納得のいく明解な解答になっていないのです．特に地球と異なった化学組成については，まったくお手上げです．

このパズルを解くために，火星サイズの天体が原始地球と衝突して，両天体のマントルの混合物質を近くの空間に放り出し，その塊が月として誕生したという「ジャイアント・インパクト仮説」が登場しました．今，もっとも有力な仮説の一つとして注目されています．

月の地殻の化学組成について，クレメンタイン衛星（1994年）によって得られた信頼できるデータは，このシナリオに沿ったものでした．はたして，月は本当にそのような衝突によって地球から分裂したのでしょうか．

もっとも新しく，簡単に識別できるのは東の海か雨の海です．もっとも古く，またもっとも大きな盆地は南極-エイトケン盆地です．おそらく太陽系最大の盆地でしょう．古いせいでほぼ消えかかっていますが，クレメンタイン衛星の観測では，直径 2500km，深さが 12km 以上あることがわかりました．

月の地図学

月面図の作成は，17世紀の前半から始まっています．1959年までの月面図は，地球に向けられた月面，つまり表側に限られ，ほとんどの月面図が地球から見たままを表現しています．

1959年の10月に，ソビエトの月探査機ルナ3号が初めて月面の裏側の撮影に成功して，月の地図学の新時代を迎えました．1966年から1967年にかけて，アメリカの月衛星は南極地方のわずか1%未満の地域を残して月面のほとんどを測量しました．アポロ宇宙船の月面探査も，月面図の精度の向上に大きく貢献しています．

詳細な月面図は，地球からの観測者にとって不可欠なだけでなく，科学的な研究の根拠としても，あるいは将来の月世界旅行でも役立つのです．

月面図の作成は，まず，月の実際の形や，球体としてのサイズを決定することから始まります．こういった作業は月面測地学(selenodesy)の役割です．月面測地学による測定値から，実際の月面は完全な球体ではなく±4kmの範囲で高低があることがわかりました．月面図は月を半径1738kmの完全な球体と見なして作成するので，それは絶対的な高度差ということになります．

「地理学」が地球の地図の作成に関与しているように，「月理学(selenography)」は月図の作成に関わっています．月理学は，クレーターの深さ，山と周辺の月面との高度差の表現方法，月の地形の正確な位置の決定などに関わります．

もっとも重要なのは，適切な地図投影法を選択することです．地図の縮尺率をどうするか，月面図をいくつのエリアに分けるべきかなど，いくつかの作業を系統的に進めます．最後にもっとも重要な作業の一つとして地形の命名システムの決定があります．

月理学的な座標，つまり月面座標もまた月面図の作成に欠かせない重要な要素の一つです．月面座標は私たちになじみ深い地球の緯度と経度に対応するもので，月面のそれぞれの位置を明確に示すことができます．特に正確さを必要とするときには，緯度・経度に加えて，月の中心からそのポイントまでの距離を示すこともありますが，それは通常の月面図には表示されません．

月面座標の基本格子グラフは図13に描かれています．月面座標の基本は月の赤道です．地球から見た月面上では，月の自転軸に垂直な東西を結ぶ直線になります．月の自転軸は北極点と南極点で月の表面と交わっています．

地球の北半球から見た場合，月の北極点は月面の上になります．月の北半球には有名な「雨の海」があります．南極点は月面の下になり，南半球には明るいクレーターで知られる「ティコ」の光条が目立っています．

1961年のIAU（国際天文学連合，International Astronomical Union）の総会で，月面上の方位について，従来の慣習を改めて地球上で東西方向を決定するのと同じシステムを採用することにしました．つまり月面上で日の出を迎える方向を東としたのです．

これまでの月面図は，地球から月を見るためのものだったのですが，今後は，月世界への旅行者や月で生活をする人たちに役立つ月面図が必要だと考えたからです．この改正によって，月面上の人たちは東からのぼって西に沈む太陽を見ることになりました．

その結果，私たちが北半球から南の空にのぼった月を仰いだとき，危機の海のある月面の右側が東で，嵐の大洋が見られる左側が西になりました．現在は，すべての月面図がこの方位を採用しています．それ以前に使われていた月面図の方位は，地球から月を見る人にとってわかりやすいように，地上の東西と月面の東西を見かけの上で一致させていたのです．

月面座標の緯度は，地球と同じように赤道と平行な直線（緯線）で表します．月面座標の経度は，南極と北極を結んだ赤道に対して垂直に交わる子午線（経線）で表します．基準になる中心の子午線（中央子午線）は，月の秤動がゼロのときに月面の中心を通る子午線です．

月面経度は中心の子午線から東向きに0°〜360°まで，あるいは中心の子午線から東向きに 0°から+180°，西向きに0°から−180°まで測り，東西を分けて表します．月面経度 180°の経線は，裏側

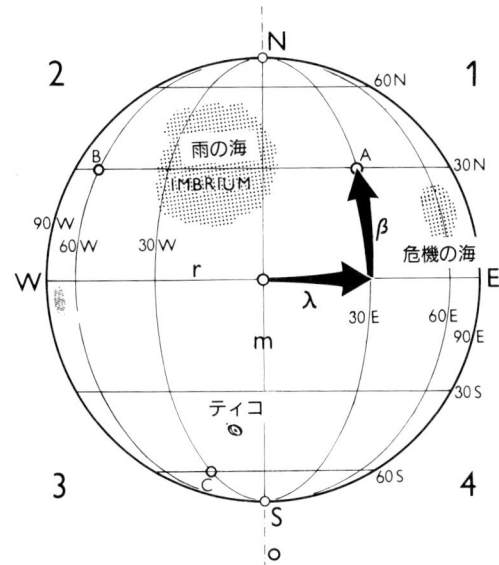

図13　月面の座標．赤道rと中央子午線mで1,2,3,4の四つの象限に分けられる．図の3点の座標はそれぞれA(30°N,30°E),B(30°N,60°W),C(60°S,30°W).

の月面の中心を通る子午線です．

　月面上のある1点の経度λは，その1点を含む子午線の経度を読みとればいいのです．それは，その1点を含む子午線が中央子午線から何度離れているかを赤道に沿って測ったものです．本書では，+と-の記号の代わりにE(東)とW(西)を使いました．たとえば「30°W」は月面座標の「西経30°」で，「λ=-30°」と書くこともあります．

　ある1点の月面緯度βは，月の赤道からの角距離をいいます．緯度はそれぞれの経度に応じた子午線に沿って測られ，北半球は0°から+90°(北極)まで，南半球は0°から-90°(南極)までとしました．本書では+と-の代わりにN(北)とS(南)を使いました．たとえば「60°S」は「南緯60°」であり，「β=-60°」と書き表すこともあります．

　月面図は，月面上に設定した多くの基準点のネットワークに基づいて作成されます．通常，基準点には正確に測定された小さな円形クレーターの座標を使いますが，このネットワークによって月面上の特定の位置が正しく測定できるのです．

　昔から地図の製作者が悩まされたのは，三次元の球体から，いかにわかりやすい二次元の地図を作成するかという点です．これまで多くの地図投影法が試されてきました．

　「正射投影図法」は，月面図にもっとも多く使われる図法で，月の秤動がゼロのときの月面を描きます．本書の主要な月面図はこの投影法を使っています．「等角図法」で描かれた月面図は，月の地形がゆがみなく描かれるので，科学的な目的を持つ人や月世界の旅行者には便利です．この月面図では地球から楕円に見える周辺のクレーターも，常に円形に描かれます．

　月面の地図表現は，線を使ったものから細部までリアルに描かれた絵画的なものまでいろいろあります．前者はクレーターを単純な輪郭線だけで表し，後者はまるで写真のように描くこともあります．

　1960年代の初期に，立体感を表現するためにエアブラシを使うテクニックが開発されました．1960-1967年に，NASAのアメリカ空軍地図情報センターが作成した100万分の1の LAC(Lunar Astronautical Charts)シリーズに使われたテクニックは，もっとも優れているといわれています．

　月面上の傾斜面は，月齢によって影の中に埋もれてしまうのですが，本書の月面図では太陽の光をわずかに受ける斜面として描かれています．つまり，各地形の傾斜が同等に描かれるように太陽高度を調整しているのです．

　この技法が写真月面図と比較して優れている点は，影を描かないので細部のすべてが隠されることなく表現できることです．そして，質的には最高の写真に匹敵させることも可能です．月面の凹凸を判断するとき，太陽がどちらから照らしているかをいつも考慮に入れる必要があります．影の落ちたクレーターが，錯覚によって逆に凸面のドームに見えてしまうこともあるからです．

　特定の地点の比較高度といった数量データも，地図の解釈をより正しくするために必要です．影の長さを測定して山の高さを決定することは18世紀から始まりました．影の長さとそれに対応する地平線からの太陽高度がわかれば，影を落としている山頂と周辺の月面との高度差が簡単な計算で求められます．

　日の出，日の入りの頃は，山頂から落ちる影の長さが山の高さの100倍近くにもなるので，かなり正確な測定方法だといえます．このテクニックは，月衛星が撮影した映像にも応用され，誤差2m〜3mという正確さで比較高度の測定ができました．

　地図作成になくてはならない構成要素の一つに，地形の命名システムがあります．地名は，ある特定の場所を指定するのに，長い補足説明をすることもなく容易に確認できるようにします．これは覚えやすい短縮コード法の一つです．

　初めて望遠鏡を月に向けたガリレオのスケッチ以後，本格的な月面図へのとりくみが始まり，17世紀の中頃までにいくつかの月面図が生まれました．初めて月面の地形に名前がつけられたのは，1645年にラングレヌスが作成した月面図です．その2年後，ヘヴェリウスの月面図では，月の山脈にアルプス，カルパチア，アペニンなど，地上の山脈と同じ名前がつけられました．

　現在の命名法の基礎になったのは，ボローニャ(イタリア)の哲学，神学，天文学の教授だったリッチョーリの作成した月面図です．1651年に出版された彼の月面図には，海，山脈，クレーターなどに名前がつけられています．リッチョーリは，月面の地形につけられた名称を，人名，地球上の地名，そして象徴的な名称という三つのカテゴリーに分類しています．ヘヴェリウスが命名した名称のほとんどを捨てて，大きな暗い地形を「海」と呼び，雨の海，晴れの海，嵐の大洋など，ロマンチックな名称を与えました．

　クレーターについては，ラングレヌスが命名した王侯や貴族の名前を無視しましたが，個人名をつけるというアイデアはそのまま採用しました．一部にギリシャの神々の名前を使うという例外もありますが，基本的には功績のあった学者の名前をつけるという方法で統一し，月面の北から南に向かって歴史的順序で配置しました．

　その後，月の命名法は，ドイツの月理学者シュレーターの月面図 *Selenotopographical Fragments* (1791年,1802年)や，ベーアとメドラーが作成した月面図 *Mappa Selenographica* (1837年)によってさらに進歩しました．

　ベーアとメドラーの月面図は，427の地形に命名しています．427のうち200はリッチョーリの月面図の名称を採用し，60はシ

ュレーターの命名によるものです．メドラーは，さらに145の地形に航海者や地理学者の名前を加えました．また，ベーアとメドラーは，小さな二次的なクレーターにローマ字のアルファベットの大文字を与えて整理したり，山やドームなどにギリシャ文字の小文字を使うという命名システムを採用しました．

その後，月面地形の名称は，多くの月理学者たちによって，さらに加えられたり削除されたり，勝手な変更が繰り返されてしだいに混乱と矛盾を招くことになりました．この増大した矛盾をとりのぞくために，IAU（国際天文学連合）が採用した命名法で，その整理にあたることになりました．IAUの月面図の作成には，特にブラッグやミュラー，イギリスの画家ウエスレーが貢献しました．そして，1935年，IAUとして初めての月面図が出版され，681の地形に命名されました．

以後，月面の命名に関するすべてをIAUが統括することになりました．その結果として，各時代の多くの月理学者の努力が実を結び，月面にユニークな科学の殿堂が築かれ，科学の発展に貢献した多くの人々の名前（原則として故人）が，その業績を記念して月面に残されることになったのです．

月面図作りは1960年代に急速に発展し，命名は月の裏側にまで至ることとなりました．1959年にソビエトのルナ3号が初めて月の裏側の撮影に成功し，月面全体の月面図の作成が可能になり，裏側にも命名の必要が生じたのです．

1970年にイギリスのブライトンで開催された第14回 IAU 総会で，513の命名が新しく認められましたが，ほとんどが月の裏側の地名でした．珍しいところでは 6人のアメリカ人宇宙飛行士と，6人のソビエト人宇宙飛行士の名前が選ばれています．

1973年にオーストラリアのシドニーで開催された第15回 IAU 総会では，ふたたび月に関する命名法の改正が議論されました．1935年以来，たとえば「メスティングA」は，それよりも大きな「メスティング」というクレーターに従属したクレーターであるというように，いわゆる従属クレーターは，ローマ字のアルファベットの大文字を使って命名してきました．また，山やドームなどはギリシャ文字の小文字で表し，細溝は，その付近にある主要な地形名を伴ったローマ数字で確認できるようにしてきました．

シドニーの IAU 総会では，こういった文字記号や数字で命名されたクレーターに，それぞれ個々の名前を与えようという提案が採用されたのです．加えて，いくつかの小クレーターには，男性，あるいは女性の一般的なファースト・ネームを与えることにしました．

こういったことは，NASAで 25万分の1 という詳細月面図が企画されたとき，すでに同じような必要が生じています．詳細な月面図は，全体のサイズが大きくなるので扱いやすい大きさに分割して使用することになります．そのために，分割された 1枚の月面図に含まれる範囲はかなり狭く，それが月面図のどの部分なのかを確認することがたいへん難しくなります．したがって，分割されたそれぞれの月面図に，少なくとも 1カ所は命名された地形がほしいのです．将来は，同じ目的でさらにより多くの新しい名前が必要になるでしょう．

1976年IAUは，命名法改正の過渡期ということで，新しく発行する月面図には，改名された名称の下に元の文字記号をカッコでくくって併記することを認めました．近代月面図に従属クレーターの文字記号が残されていることは，昔の月理学に関する文献とのつながりを持たせることにもなってたいへん便利です．

1996年までに，今まで文字記号で命名されていた144のクレーターに名前が与えられました．たとえば「マニリウスA(Manilius A)」は「ボーエン(Bowen)」になったのです．

1996年現在，月の表側だけで 6233のクレーターに命名されていますが，そのうち 807が名前を持ち，残りの5426は，近くの主要なクレーターの名前に文字記号を加えることで表現しています．

クレーター以外の各種の地形には，通常，ラテン名が使われています．

CATENA	カテナ	クレーターチェーン
DORSA	ドルサ	尾根群，尾根の組織
DORSUM	ドルスム	尾根,海嶺，リンクルリッジ(しわ状尾根)
LACUS	ラクス	湖
MARE	マレ	海
MONS	モンス	山
MONTES	モンテス	山脈，山塊群
OCEANUS	オケアヌス	大洋
PALUS	パルス	沼
PLANITIA	プラニティア	平原
PROMONTORIUM	プロモントリウム	岬
RIMA	リマ	細溝，溝，谷，蛇行谷，細流，裂け目
RIMAE	リマエ	細溝群，細溝の組織
RUPES	ルペス	壁，断崖，急坂
SINUS	シヌス	入江（湾）
VALLIS	ヴァリス	谷

カテナ(Catena)，リマ(Rima)，リマエ(Rimae)，ルペス(Rupes)，ヴァリス(Vallis)の地名は，通常，その付近の地形そのものの呼び名が使われ，アルタイ壁，直線壁，ブヴァール谷，シュレーター谷などは例外です．その他の地形は，付近の地形に関係なく個々の名前が選ばれています．

月に関する命名法は，長く複雑な歴史を持ち，多くの誤りと不正確さ，そして修正と変更を繰り返してきました．近い将来，月面に名前を残したすべての人々の業績をその歴史の順に並べることで，私たちは現代の宇宙観を築き上げた人間の偉業を再認識することになるでしょう．

月に関する数値

地球から月までの距離	平均距離 384 401km
	（赤道半径×60.2682）
	最近距離 356 400km
	最遠距離 406 700km
月の光が地球に届くのに必要な時間	1.3秒
月の公転軌道の離心率	0.0549
月と地球の共通重心の位置	地球の中心から4670km
見かけの月の視直径	平均距離 31′05.2″
	最近距離 33′28.8″
	最遠距離 29′23.2″
満月の明るさ（等級）	－12.55等
月の軌道の傾き（黄道面に対する傾斜角）	5°8′43.4″
恒星月（星空の中を1周する）	27.321661日
	（27日7時間43分11.5秒）
朔望月（新月から新月まで）	29.530588日
	（29日12時間44分2.8秒）
近点月（近地点から近地点まで）	27.554550日
	（27日13時間18分33.1秒）
交点逆行周期	18.61年
近地点順行周期	8.85年
平均公転速度	3681km/h (1.023km/s)
星空の中の月の動き（平均角速度）	33′/h
星空の中の月の動き（1日）	13.176358°
月の日周運動（南中から南中まで）	24時間50.47分
経度の秤動	7°54′
緯度の秤動	6°50′
地球から見られる月面	59%
月の赤道と黄道との平均傾斜角	1°32.5′
月の赤道と月の公転軌道の平均傾斜角	6°41′
月の直径	3476km
月の円周（赤道）	10920km
月の表面積	$37.96×10^6 km^2$（地球の0.074倍）
月の体積	$21.99×10^9 km^3$（地球の2.03%）
月の質量	$7.352×10^{25}g$（地球の1/81.3）
月の表面重力	$162.2 cm\ s^{-2}$（地球の16.5%）
月面からの脱出速度	秒速 $2.38 km\ s^{-1}$（地球は $11.2 km\ s^{-1}$）
満月に照らされた地球表面の明るさ	0.25 lux
満地球に照らされた月面の明るさ	16 lux
月面の夜（影の部分）の温度	－170℃～－185℃
月面の昼間（日照部分）の最高温度	130℃
月面の地下 1m の温度	－35℃
海の面積	月面全体の 16.9%
	表半球月面の 31.2%
	裏半球月面の 2.6%

月をもっとよく知るために
上弦の月

　月面の地形をよく知るためにもっとも適した月は、明暗境界線付近（欠けぎわ）がドラマチックに照らされる上弦の月か、その前後の月です．

　明暗境界線から離れるにしたがって、山やクレーターの影がだんだん短くなり、さらに遠く離れると影は見えません．そこでは見かけの凹凸がなくなって、まるですべすべした表面のように錯覚させます．

　月面を観察するときに迷わないために、まず、暗く見える海や湾の形や、その位置と名前を知ることが必要です．少し慣れれば、大きなクレーターやクレーターチェーン、光条の中心にあるクレーター、大きな山脈など、目立つ地形を見分けることができるようになります．

　右ページの月面図には、月面の探索ガイドとして必要な主な地形に名称を記入しました．これらは、すべて双眼鏡やフィールド・スコープで簡単に認めることができるものです．

　知っていてほしいことは、周辺部の地形の位置や見かけの形は、

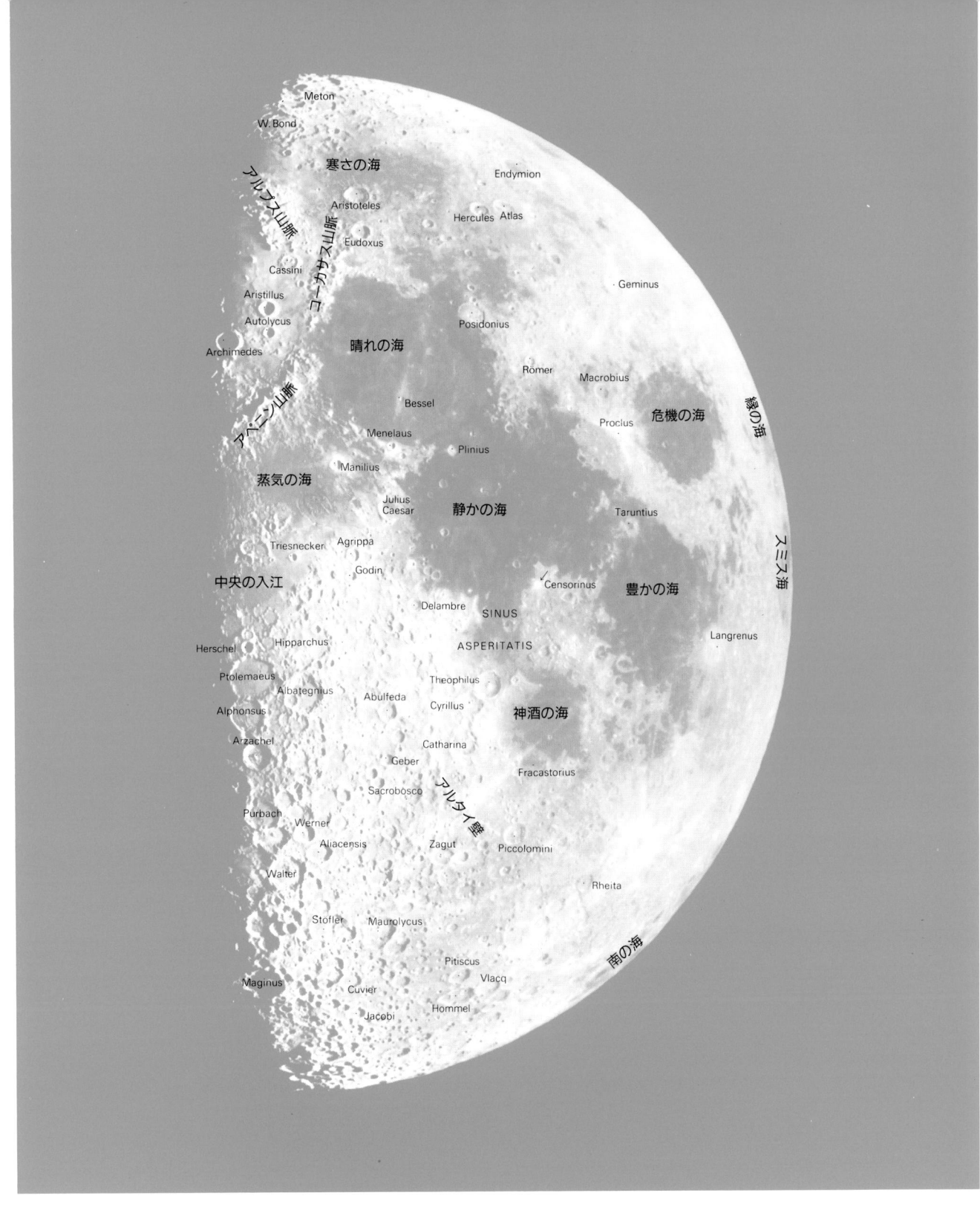

月の秤動によってこの月面図と違って見えるときがあるということです．経度の秤動が大きいときには，「危機の海」の変身ぶりに驚かされるでしょう．

　クレーターの中から特に，テオフィルス(Theophilus)，キリルス(Cyrilus)，カタリナ(Catharina)のトリオと，アトラス(Atlas)とヘラクレス(Hercules)，そしてアリストテレス (Aristoteles)とエウドクソス(Eudoxus)という二つのペアは覚えておくべきでしょう．

　その他に，危機の海の西側で光条の中心にある明るいプロクロス(Proclus)，大クレーター・ポセイドニオス(Posidonius)の壁平原，カタリナ(Catharina)とピッコローミニ(Piccolomini)という二つのクレーターを結ぶ巨大な「アルタイ壁」も月面探索の指標になります．

下弦の月

　「月が満ちると天気が良くなり，欠けると雨や嵐になる」というように，かつて地球の天気が月の影響を受けると信じられたこともあったようです．おそらく，そのことによって，これから満ちていく「上弦の月」の海に「晴れの海」「静かの海」など好天にちなんだ名前をつけ，これから欠けていく「下弦の月」の海には「雨の海」「雲の海」「嵐の大洋」というように悪天候にちなんだ名前がつけられたのでしょう．

　月面の西側は大きな海の暗い面と，コペルニクス(Copernicus)，ケプラー(Kepler)，アリスタルコス(Aristarchus) といった若いクレーターの明るい光条が目立ち，そのコントラストが見事です．

　光条がもっとも目立つクレーターはティコ(Tycho)です．ティコの光条は月の南半球のほとんどをおおい，もっとも長い光条は北半球の晴れの海を横切っています．ティコの南には，巨大な壁平原を持つクラヴィウス(Clavius)があります．

　その他，月面探索のポイントとして，暗い底面が目立つプラトン(Plato)やグリマルディ(Grimaldi)，あるいはアルキメデス

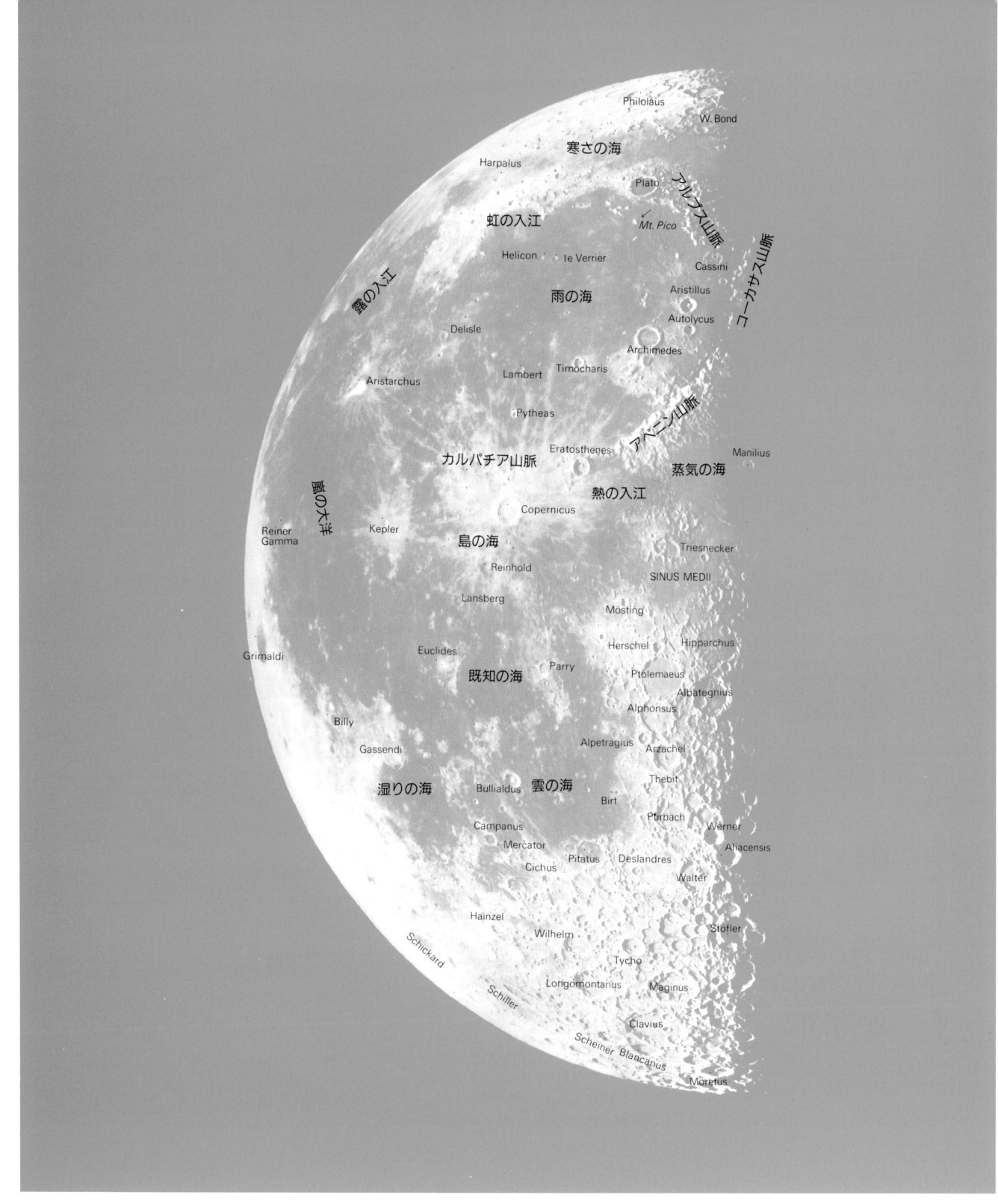

(Archimedes), エラトステネス(Eratosthenes), ブリアルドス(Bulliardus)といった大クレーター, それからプトレマイオス(Ptolemaeus), アルフォンスス(Alphonsus), アルザケル (Arzachel)というクレーター・トリオもあります.

雨の海の周壁をつくっているカルパチア(Carpathians), アペニン(Apennines), コーカサス(Caucasus), アルプス(Alps)といった山脈もわかりやすいポイントです. 欠けていく弓状の月の明暗境界線近くでよく目立つのは, 雨の海の「虹の入江」です.

満月

　満月は，月面上の地形に影ができません．その代わり，明るさや反射率の違うエリアのコントラストが，複雑な模様をつくります．それは，暗い海，明るい陸地（高地），光条を持つクレーターなどによるものです．

　影ができないので，地形の高低のコントラストがなくなって，かなり大きなクレーターでもすっかり姿を消してしまいます．逆に，通常は小さくて目立たないが反射率は大きいというクレータが，明るく輝いて目立つようになるのです．満月は，こういった一見矛盾しているような現象が楽しめるのです．

　満月のときに目立つクレーターは，月食の際，月面上を移動する地球の影をモニターする計測ポイントとして使われます．

　計測ポイントになったクレーターの光度を観測することで，そのクレーターが，いつ地球の影に入って，いつ出たかを明確に知ることができるのです．

　月食のパターンは，影の接触方向や進行状態がそれぞれの月食独自の形で起こり，一定ではありません．右ページは計測ポイントに適した50カ所の地形リストと，それぞれの位置をプロットした月面図です．リスト番号は月面の西から東に向かって順につけられています．

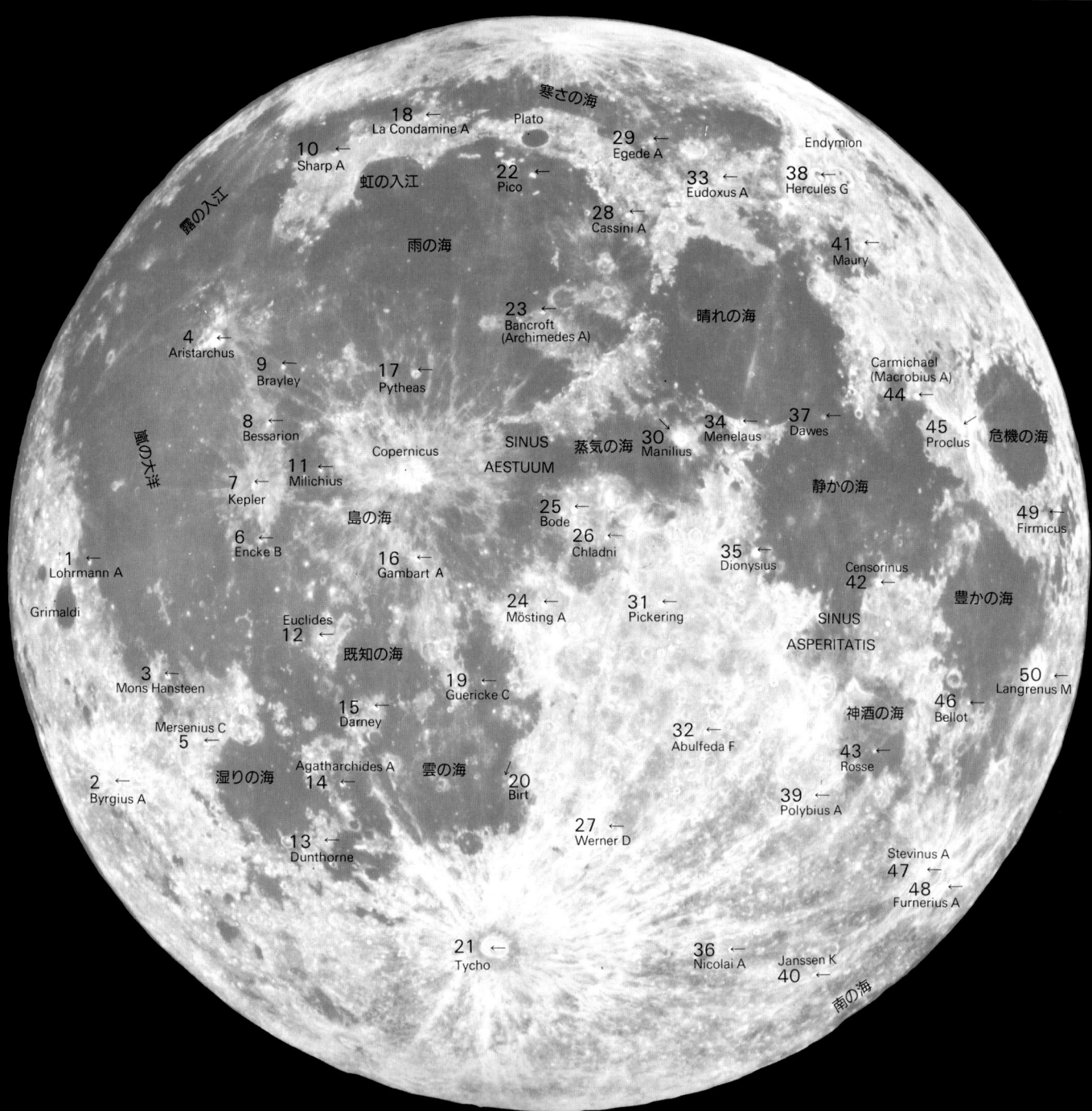

月食観測計測ポイント50

1. ロールマンA (Lohrmann A)
2. ビュルギウスA (Byrgius A)
3. ハンスティーン山 (Hansteen, Mons)
4. アリスタルコス (Aristarchus)
5. メルセニウスC (Mersenius C)
6. エンケB (Encke B)
7. ケプラー (Kepler)
8. ベッサリオン (Bessarion)
9. ブレーリー (Brayley)
10. シャープA (Sharp A)
11. ミリキウス (Milichius)
12. ユークリッド (Euclides)
13. ダンソーン (Dunthorne)
14. アガタルキデスA (Agatharchides A)
15. ダルネー (Darney)
16. ガンバールA (Gambart A)
17. ピュテアス (Pytheas)
18. ラ・コンダミン A (la Condamine A)
19. ゲーリッケC (Guericke C)
20. バート (Birt)
21. ティコ (Tycho)
22. ピコ山 (Pico, Mons)
23. バンクロフト (Bancroft)
24. メスティングA (Mösting A)
25. ボーデ (Bode)
26. クラドニ (Chladni)
27. ヴェルナーD (Werner D)
28. カシニA (Cassini A)
29. エーゲデA (Egede A)
30. マニリウス (Manilius)
31. ピッカリング (Pickering)
32. アブールフィダーF (Abulfeda F)
33. エウドクソスA (Eudoxus A)
34. メネラオス (Menelaus)
35. ディオニュシオス (Dionysius)
36. ニコライA (Nicolai A)
37. ドーズ (Dawes)
38. ヘラクレスG (Hercules G)
39. ポリュビオスA (Polybius A)
40. ジャンサンK (Janssen K)
41. モーリー (Maury)
42. ケンソリヌス (Censorinus)
43. ロッス (Rosse)
44. カーマイケル (Carmichael)
45. プロクロス (Proclus)
46. ベロー (Bellot)
47. ステヴィヌスA (Stevinus A)
48. フルネリウス A (Furnerius A)
49. フィルミクス (Firmicus)
50. ラングレヌス M (Langrenus M)

表側の月面図について
―月面図1～76―

　この月面図は，地球に向けられた側の月面を76のエリアに分割した詳細な月面図です．秤動0のときの月面を，正射投影図法で地球から見たままに描いているので，クレーターやその他の特徴のある地形のアウトラインは望遠鏡で見た姿と変わりません．

　月面図と実際の姿との比較に問題はありませんが，この月面図の両端は，90°Eと90°Wの子午線となり，秤動ゾーンの月面を見ることはできません．秤動ゾーンの月面図は別に作成してp.182～p.189に掲載しました．

　月面図には，すべて月面座標の経線・緯線が重ねて描き加えてあります．経線は子午線と重なり，緯線は赤道と平行な直線です．方位は北を上にして東が右側になっていますが，これは北半球で南中した月を見るときと同じです．

　月面の中心付近にある円形クレーターは円に見えますが，周辺の円形クレーターは楕円に変形して見えます．周辺部のつぶれて見えるクレーターは，楕円の長軸の長さが直径に相当します．中心が月面の中心と一致している円弧の長さには，基本的にスケールのひずみはありません．

　各エリアの月面図のスケールは，月の直径を1448mmとした240万分の1の縮尺で統一しました．

　右ページの月面エリアマップは，全体のレイアウトを示しています．エリア番号は，特定の月面図を速やかに選択するのに便利です．同じエリアマップが表見返しにも掲載してあります．各エリアごとの月面図にはそれぞれにエリア番号がつけられ，エリアマップの番号と一致しています．月面図の上下左右にある赤文字の番号は隣接する月面のエリア番号です．下の月面ミニマップにはエリアの位置が示されています．

　月面図の月面は，朝方の太陽光が東側（右）から照らしているように描かれています．表面の凹凸の特徴を強調するために，西側のスロープに影を描いているので，山やクレーターの壁のように盛り上がった地形と，くぼんだ地形の区別がつきやすくなっています．表面の反射率の違いは影の明暗で表現しました．

　月面の地形の名称は，1996年の終わりまでにIAUによって承認された正式な学名を記載しました．そして，過去の月理学の文献とのつながりを持たせるために，伝統的な（ただし非公式な）文字記号も記載しました．

　地形の名称と文字記号の対応を明確にするために，ベーアとメドラーによるルールに従いました．名称の由来となった主要クレーターに近い従属クレーターには，その脇に文字記号を記載しました．従属クレーターの中心には黒い点が記入してあります．ルールに従って，それらの黒い点と親クレーターを結んだ線上に文字記号が記載されています．そして混乱が起こりそうな場所には，関連のある名称を指し示す矢印が文字記号に加えられています．

　月面図のいくつかのエリアには，無人の軟着陸月探査機とアポロ計画による有人月着陸船の着陸場所が記入してあります．

　各月面図には，エリア内に見られる主要な地形とその特徴の簡単な解説を記載しました．クレーターやその他の地形の名称にとりあげられた人物名をアルファベット順にリストアップして，氏名，生没年，国籍，職業など，参考になる簡単な情報も記載してあります．

　リストアップされた特徴のある地形には，月面図上で探しやすいように月面座標を［カッコ内］に記載し，クレーターについては，簡単な分類や解説と共に直径や底面までの最大の深さも記載しました．たとえば（12km/2440m）は，クレーターの直径が12kmで深さが2440mということです．

　小クレーターのデータを見ると，その直径と深さの比率がかなり多様であることに気がつくでしょう．そして天体望遠鏡の持ち主にとっては，より小さなクレーターが望遠鏡の解像力テストに使える便利な目標となります．

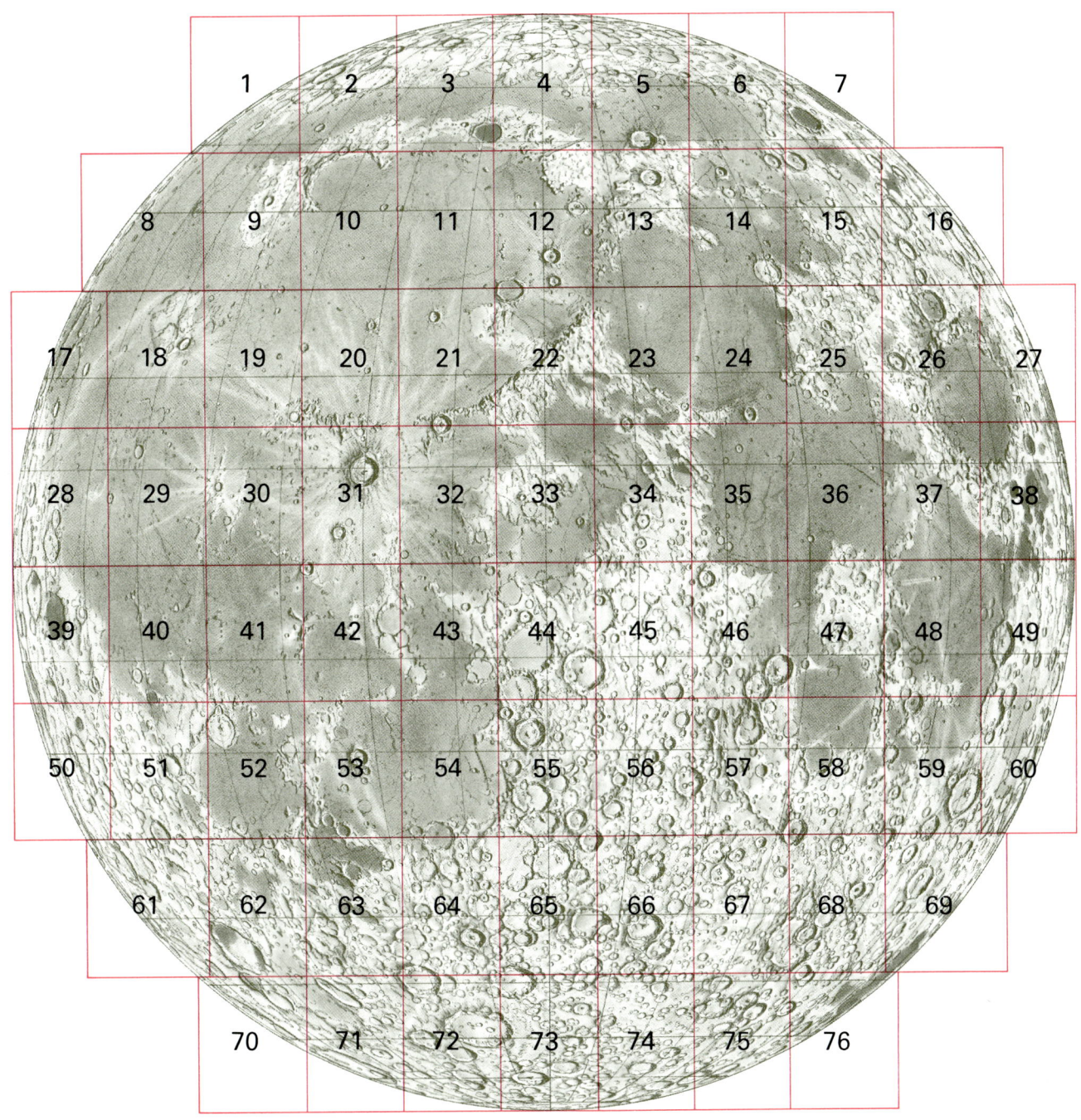

76の月面図のレイアウトとエリア番号

1.MARKOV マルコフ

月の地球側（表側）の北西部，露の入江 Sinus Roris を含んでいる．月の秤動ゾーンにある周縁部のクレーターは，満月の少し前にもっともよく見える．

Cleostratus クレオストラトス [60.4N,77.0W]
Cleostratus(前500頃) ギリシャの哲学者，天文学者．8年間に3回閏月をおく「8年法」を導入して，アテネ暦(太陰・太陽暦)を改良した．
クレーター(63km)．

Galvani ガルヴァーニ [49.6N,84.6W]
Luigi Galvani(1737-1798) イタリアの物理学者，医師で，比較解剖学の専門家．
クレーター(80km)．

Langley ラングリー [51.1N,86.3W]
Samuel P.Langley(1834-1906) アメリカの天文学者，物理学者．太陽のスペクトル中で波長による大気の透過性の違いを決定した．
クレーター(60km)．

Markov マルコフ [53.4N,62.7W]
(1) Andrei A.Markov(1856-1922) ロシアの数学者．確率理論の専門家．(2) Alexander V.Markov(1897-1968) ソ連の天体物理学者．月の光度測定を行った．
鋭い周壁を持つクレーター(40km)．

Oenopides オイノピデス [57.0N,64.1W]
Oenopides of Chios(前500頃-前430頃) ギリシャの天文学者，幾何学者．黄道と天の赤道との傾斜角を見つけた．
壁平原(67km)．

Regnault ルニョー [54.1N,88.0W]
Henri Victor Regnault(1810-1878) フランスの化学者，物理学者．蒸気機関を開発した．
クレーター(47km)．

Repsold レプソルト [51.4N,78.5W]
Johann G.Repsold(1751-1830) ドイツの精密光学や機械装置関係の製作者，特に天文測定機器を開発した．
崩壊したクレーター(107km)．

Repsold,Rimae レプソルト谷 [51N,80W]
谷．長さ130km．

Roris,Sinus 露の入江
寒さの海と嵐の大洋をつなぐ地域にリッチョーリがつけた名称．

Stokes ストークス [52.5N,88.1W]
Sir George G.Stokes(1819-1903) イギリスの数学者，物理学者．流体力学とスペクトル解析を基礎づけた．地球の形状と重力場についても研究．
クレーター(51km)．

Volta ヴォルタ [54.0N,84.9W]
Count Allessandro G.A.A.Volta(1745-1827) イタリアの物理学者．1800年に最初の電池を発明．
クレーター(113km)．

Xenophanes クセノファネス [57.6N,81.4W]
Xenophanes of Colophon(前570頃-前478頃) ギリシャの哲学者，風刺家，詩人．地球が平らであると信じていた．
クレーター(120km)．

Cleostratus
Xenophanes
Oenopides
Régnault
Volta
Stokes
Langley
Repsold
Rimae
Repsold
Galvani
Markov
SINUS RORIS
B
R
U
E
R
H
G
E
T
62°
60° N
58°
56°
54°
52°
50° N
90° W
80° W
75°
70° W
60° W
50° W
45°

2

9

0
50
KM
100

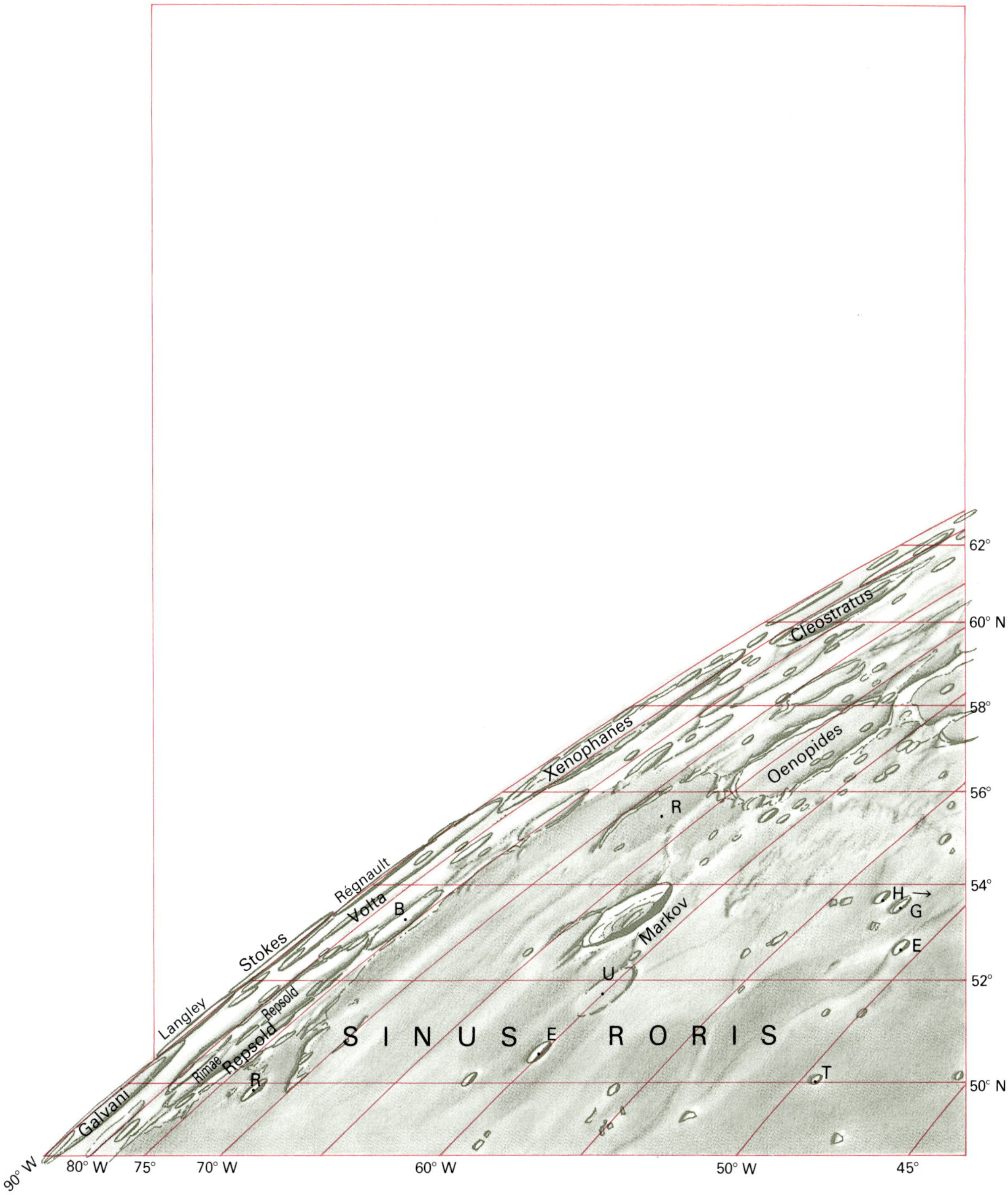

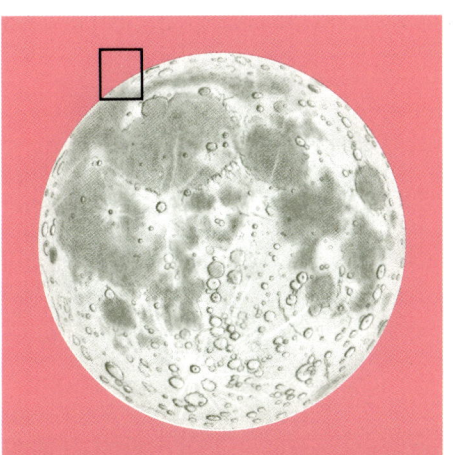

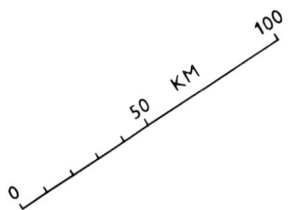

2.PYTHAGORAS ピタゴラス

月面の北の端の近く,寒さの海 Mare Frigoris が見える.ピタゴラス Pythagoras が,中心の山と高台になった壁が周りを見おろしている.

Anaximander アナクシマンドロス [66.9N,51.3W]
Anaximander(前610頃-前546頃) ギリシャ,ミレトスの哲学者.
クレーター(68km).

Babbage バベジ [59.5N,56.8W]
Charles Babbage(1792-1871) イギリスの数学者で計算機の発明者.
壁平原(144km).

Bianchini ビアーンキーニ [48.7N,34.3W]
Francesco Bianchini(1662-1729) イタリアの天文学者.
クレーター(38km).

Boole ブール [63.7N,87.4W]
George Boole(1815-1864) イギリスの数学者.
クレーター(63km).

Bouguer ブゲール [52.3N,35.8W]
Pierre Bouguer(1698-1758) フランスの水路学者,測地学者,天文学者.
クレーター(23km).

Carpenter カーペンター [69.4N,50.9W]
James Carpenter(1840-1899) イギリスの天文学者.
クレーター(60km).

Cremona クレモーナ [67.5N,90.6W]
Luigi Cremona(1830-1903) イタリアの数学者.
クレーター(85km).

Desargues デザルグ [70.2N,73.3W]
Gerard Desargues(1593-1662) フランスの数学者,エンジニア.
クレーター(85km).

Foucault フーコー [50.4N,39.7W]
Léon Foucault(1819-1868) フランスの物理学者.地球が地軸を軸として回転していることを最初に明らかにした(フーコーの振り子).
クレーター(23km).

Harpalus ハルパルス [52.6N,43.4W]
Harpalus(前460頃) ギリシャの天文学者.
明るく輝くクレーター(39km).

Horrebow ホレボー [58.7N,40.8W]
Peder Horrebow(1679-1764) デンマークの数学者,物理学者.
クレーター(24km).

J.Herschel ジョン・ハーシェル [62.1N,41.2W]
John Herschel(1792-1871) イギリスの天文学者,ウィリアム・ハーシェルの息子.
崩壊した壁平原(156km).

la Condamine ラ・コンダミン [53.4N,28.2W]
Charles M. de la Condamine(1701-1774) フランスの物理学者,天文学者.
クレーター(37km).

Maupertuis モーペルチュイ [49.6N,27.3W]
Pierre Louis de Maupertuis(1698-1759) フランスの数学者,天文学者.
崩壊したクレーター(46km).

Pythagoras ピタゴラス [63.5N,62.8W]
Pythagoras(前580頃-前500頃) ギリシャにおける哲学と科学の学派の創始者.地球は平らであるという考えを丸いという考えに変えた.
非常に目立つクレーター(130km).

Robinson ロビンソン [59.0N,45.9W]
John T.R.Robinson(1792-1882) アイルランドの天文学者,物理学者.
クレーター(24km).

South サウス [57.7N,50.8W]
James South(1785-1867) イギリスの天文学者.
崩壊した壁平原(108km).

Brianchon
Desargues
A
70° N
Carpenter
Cremona
68°
B
Anaximander
66°
G
D
Boole
D
Pythagoras
64°
90° W
80° W
T
J. Herschel
C
E
62°
70° W
Babbage
60° N
Robinson
C
A
A
F
B
Horrebow
58°
60° W
B
South
B
M
E
F
M A R E
3
56°
B
1
C
F R I G O R I S
A
54°
Harpalus
la Condamine
50° W
B
Bouguer
A
C
52°
B
Foucault
A
P
50° N
Maupertuis
Bianchini
40° W
30° W
10

0
50
KM
100

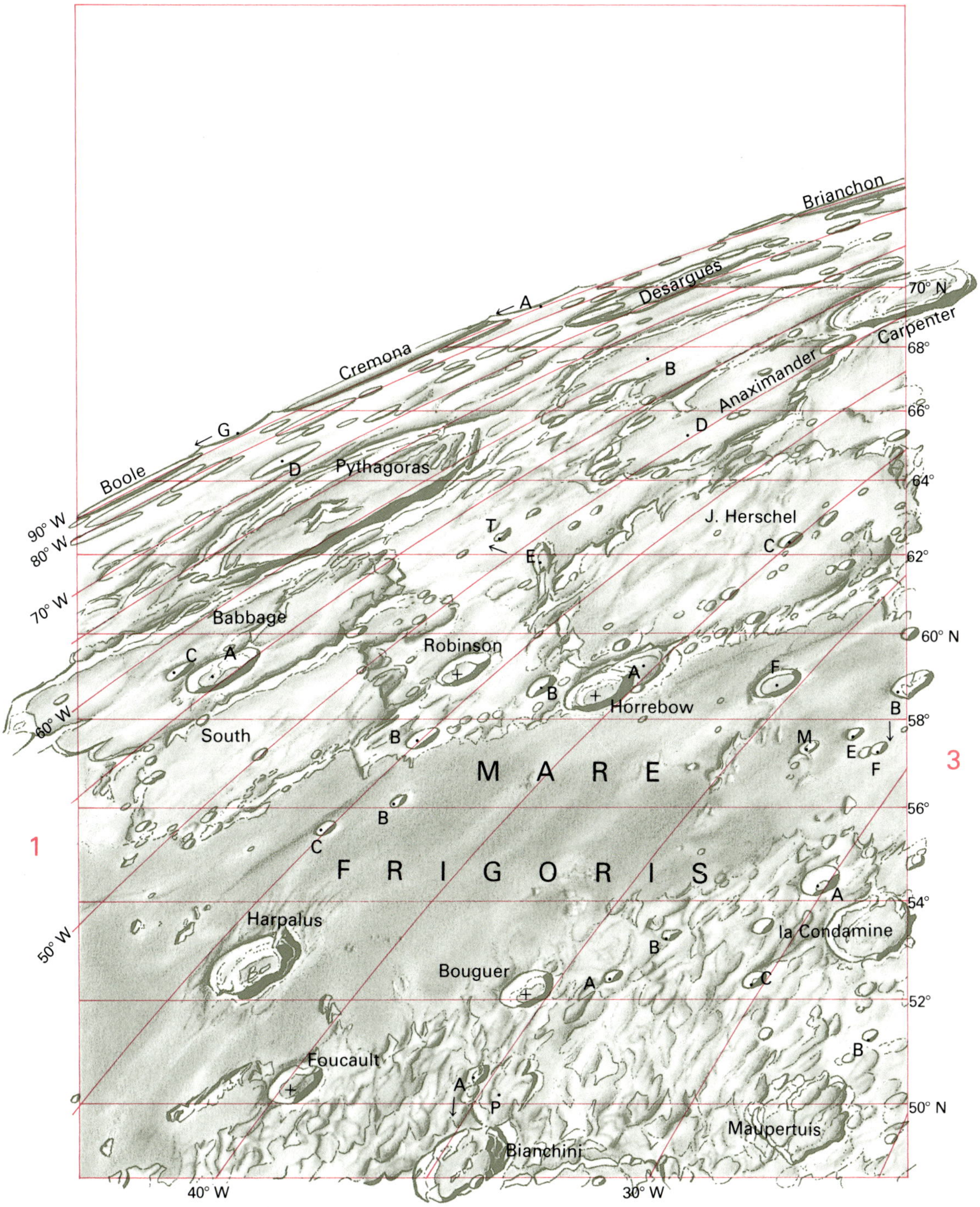

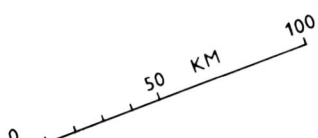

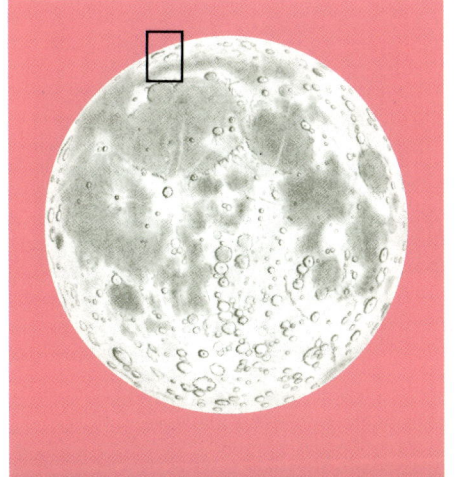

3.PLATO プラトン（プラトー）

寒さの海 Mare Frigoris の西の部分が見える．月面図の下部は，壁平原プラトン Plato のかなり暗い底面が目立つ．寒さの海と雨の海との境界は，細い「陸地」で分けられている．

Anaximenes アナクシメネス [72.5N,44.5W]
Anaximenes(前585-前528) ギリシャ，ミレトスの哲学者．地球は平らで，太陽は地球の周りを回る速度のために熱いと説いた．
クレーター(80km)．

Brianchon ブリアンション [74.8N,86.5W]
Charles J.Brianchon(1785-1864) フランスの数学者．
秤動ゾーンにあるクレーター(145km)．

Fontenelle フォントネル [63.4N,18.9W]
Bernard Le Bovier de Fontenelle(1657-1757) フランスの文学者，思想家，科学的思想の普及者．フランス科学アカデミーの初期のメンバーの一人．
クレーター(38km)．

Frigoris,Mare 寒さの海（氷の海）
北極地方にある長く伸びた海にリッチョーリが命名した．
寒さの海の表面積は436,000km²にも達し（死の湖とヘラクレスの西側も含まれる．月面図14を参照），大きさは地球の黒海とほぼ同じである．

Maupertuis,Rimae モーペルチュイ谷 [51N,22W]
長さ100kmの溝．

Mouchez ムーシェ [78.3N,26.6W]
Ernest A.B.Mouchez(1821-1892) フランス海軍将校，のちにパリ天文台の台長．
クレーターの跡(82km)．

Pascal パスカル [74.3N,70.1W]
Blaise Pascal(1623-1662) フランスの数学者，物理学者，哲学者．計算器を発明した．
クレーター(106km)．

Philolaus フィロラオス [72.1N,32.4W]
Philolaus 前5世紀末期のギリシャの哲学者，ピタゴラス天文学の支持者．地球は動いていると説く．宇宙の中心には「中央の火」があると信じていた．
クレーター(71km)．

Plato プラトン（プラトー）[51.6N,9.3W]
Platon(前427頃-前347頃) ギリシャの有名な哲学者，ソクラテスの弟子．彼の天文学はピタゴラス派に属し，地球は惑星球と恒星に取り巻かれた球体であると考えていた．
壁平原(101km)．

Poncelet ポンスレ [75.8N,54.1W]
Jean V.Poncelet(1788-1867) フランスの数学者．
クレーター(69km)．

Sylvester シルヴェスター [82.7N,79.6W]
James J.Sylvester(1814-1897) イギリスの数学者で，整数論と解析幾何学を研究する．
秤動ゾーンにあるクレーター(58km)．

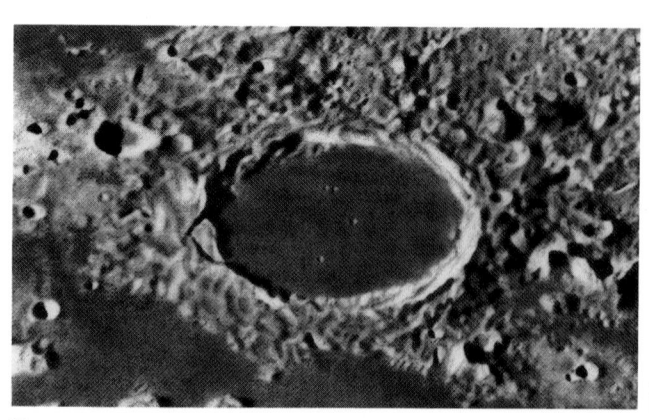

中央のクレーターはプラトン（プラトー）．興味深いのは，周壁の西側の一部が三角形に切り取られたように見えるところだ．おそらく地滑りによるものだろう．暗い底面の上には，直径1.7km～2.2kmの4個の小クレーターがある．

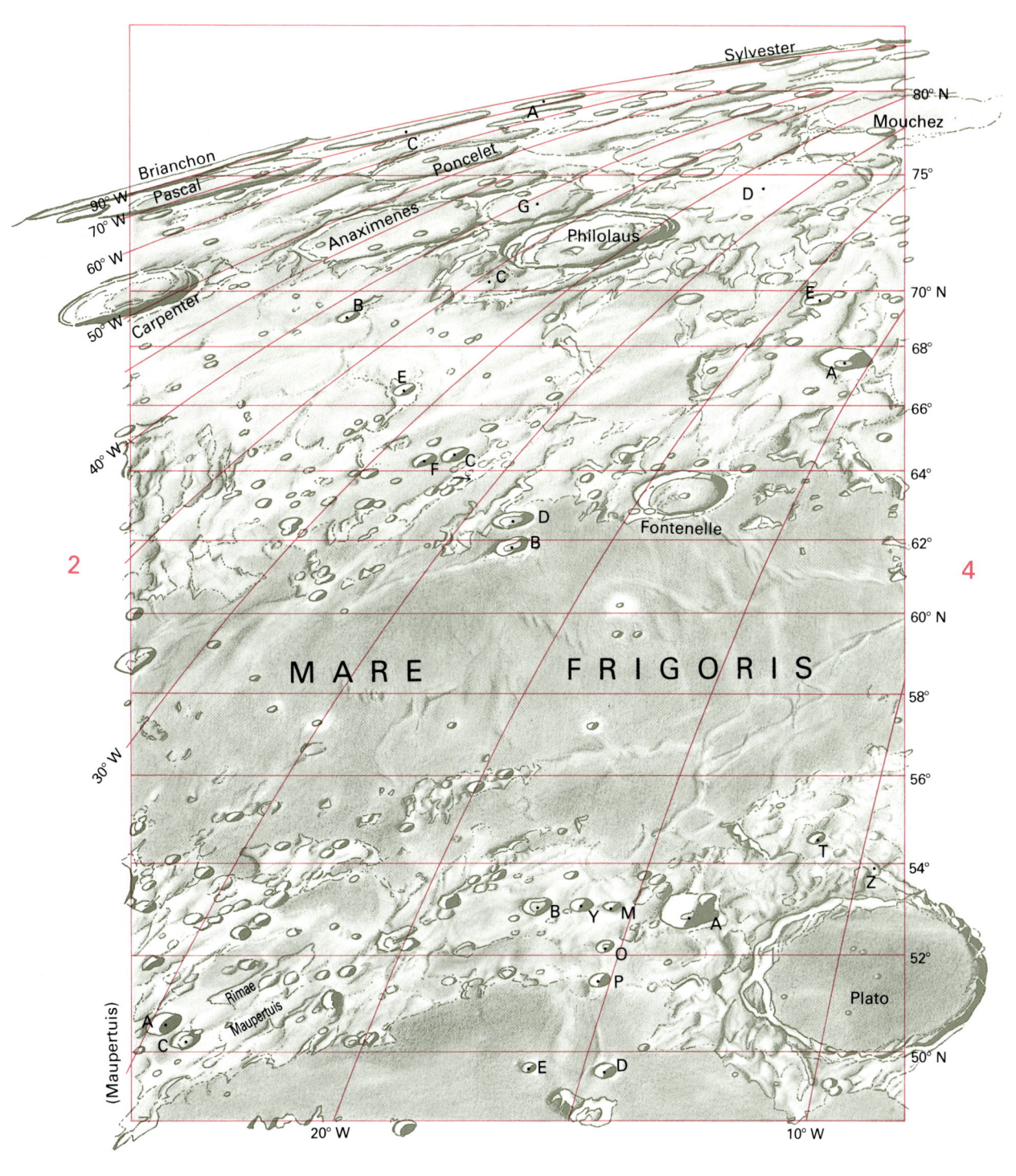

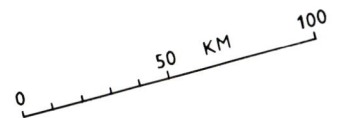

MARE FRIGORIS

4.ARCHYTAS アルキタス

北極点を囲むエリアで，寒さの海 Mare Frigoris の中心部とアルプス山脈の北部がある．

Alpes,Vallis アルプス谷 [49N,3E]
長さ180kmの裂け目．

Anaxagoras アナクサゴラス [73.4N,10.1W]
Anaxagoras(前500-前428) ギリシャの哲学者．
  光条が見られるクレーター(51km)．

Archytas アルキタス [58.7N,5.0E]
Archytas(前428頃-前347頃) ギリシャの哲学者，政治家，幾何学者．
  クレーター(32km)．

Archytas,Rima アルキタス谷 [53N,5E]
長さ90kmの溝．

Barrow バロー [71.3N,7.7E]
Isaac Barrow(1630-1677) イギリスの数学者，物理学者，アイザック・ニュートンの先生．
  クレーター(93km)．

Birmingham バーミンガム [65.1N,10.5W]
John Birmingham(1829-1884) アイルランドの月理学者．
  クレーターの跡(92km)．

Byrd バード [85.3N,9.8E]
Richard E.Byrd(1888-1957) アメリカの極地探検家，パイロット．
  壁平原(94km)．

Challis チャリス [79.5N,9.2E]
James Challis(1803-1862) イギリスの天文学者．
  クレーター(56km)．

Epigenes エピゲネス [67.5N,4.6W]
Epigenes 前3世紀のギリシャの天文学者．
  クレーター(55km)．

Gioja ジョーヤ [83.3N,2.0E]
Flavio Gioja(1302頃) イタリアの航海者．
  クレーター(42km)．

Goldschmidt ゴルトシュミット [73.0N,2.9W]
Hermann Goldschmidt(1802-1866) ドイツのアマチュア天文家．
  壁平原(120km)．

Hermite エルミート [86.4N,87.3W]
Charles Hermite(1822-1901) フランスの数学者．
  クレーター(110km)．

Main メイン [80.8N,10.1E]
Robert Main(1808-1878) イギリスの天文学者．
  クレーター(46km)．

Meton メトン [73.8N,19.2E]
Meton(前432頃) ギリシャの天文学者，数学者．
  壁平原の跡(122km)．

Peary ピアリ [88.6N,33.0E]
Robert E.Peary(1856-1920) アメリカの極地探検家．
  壁平原(74km)．

Plato,Rimae プラトン谷（プラトー谷） [51N,2W]
プラトンの東にある孤立した溝．

Protagoras プロタゴラス [56.0N,7.3E]
Protagoras(前485頃-前410頃) ギリシャの哲学者．
  クレーター(22km)．

Scoresby スコールズビー [77.7N,14.1E]
William Scoresby(1789-1857) イギリスの航海者，海洋学者．
  クレーター(56km)．

Timaeus ティマイオス [62.8N,0.5W]
Timaeus(前400頃) ピタゴラス派の哲学者，プラトンの友人．
  クレーター(33km)．

Trouvelot トルヴェロ [49.3N,5.8E]
Étienne L.Trouvelot(1827-1895) フランスの天文学者．
  クレーター(9km)．

W.Bond ウィリアム・ボンド [65.3N,3.7E]
William C.Bond(1789-1859) アメリカの天文学者．
  壁平原(158km)．

4

Hermite	Peary
	Byrd
	Gioja
Mouchez	Main
	Challis
	Scoresby
Anaxagoras	Meton
Goldschmidt	Barrow
	Meton
Epigenes	
Birmingham	W. Bond
	Timaeus

MARE FRIGORIS

Archytas

Protagoras

Rima Archytas

Rimae

Plato

MONTES ALPES

Plato

Vallis Alpes

Trouvelot

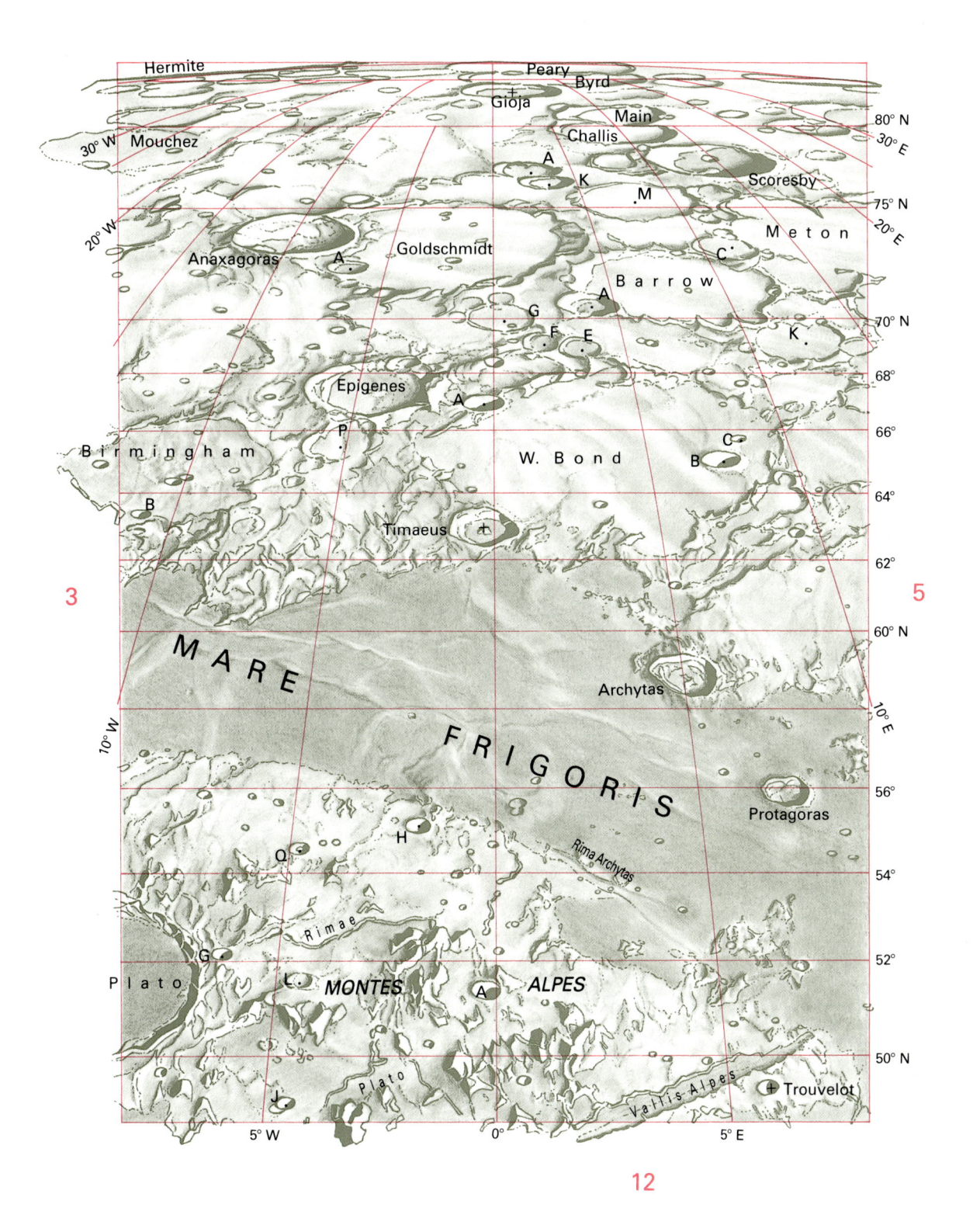

3   5

12

0   50 KM   100

35

5.ARISTOTELES アリストテレス

寒さの海 Mare Frigoris の東部が見られる．このエリアでもっとも興味深い地形はアリストテレス Aristoteles だ．

Aristoteles アリストテレス [50.2N,17.4E]
Aristoteles(前384頃-前322頃) ギリシャの哲学者．彼の教えはヨーロッパに何世紀もの間影響を与えた．
周壁に段丘のあるクレーター(87km)．

Arnold アーノルト [66.8N,35.9E]
Christoph Arnold(1650-1695) ドイツのアマチュア天文家．
クレーター(95km)．

Baillaud バイヨー [74.6N,37.5E]
Benjamin Baillaud(1848-1934) フランスの天文学者．
溶岩で満たされたクレーター(90km)．

C.Mayer クリスチャン・マイアー [63.2N,17.3E]
Christian Mayer(1719-1783) オーストリアの天文学者．
目立つクレーター(38km)．

Democritus デモクリトス [62.3N,35.0E]
Democritus(前460頃-前370頃) ギリシャの哲学者．
目立つクレーター(39km)．

de Sitter デ・シッテル（ド・ジッター） [80.1N,39.6E]
Willem de Sitter(1872-1934) オランダの有名な天文学者．
クレーター(65km)．

Euctemon エウクテモン [76.4N,31.3E]
Euctemon(前432頃) メトンと同時代のアテネの天文学者．
クレーター(62km)．

Galle ガレ [55.9N,22.3E]
Johann G.Galle(1812-1910) ドイツの天文学者．1846年9月23日，ル・ヴェリエの計算に基づいて海王星を発見．
クレーター(21km)．

Kane ケーン [63.1N,26.1E]
Elisha K.Kane(1820-1857) アメリカの旅行家，探検家．
溶岩で満たされたクレーター(55km)．

Mitchell ミッチェル [49.7N,20.2E]
Maria Mitchell(1818-1889) アメリカの天文学者．
クレーター(30km)．

Moigno モアニョー [66.4N,28.9E]
François N.M.Moigno(1804-1884) フランスの数学者，物理学者．
クレーター(37km)．

Nansen ナンセン [81.3N,95.3E]
Fridtjof Nansen(1861-1930) ノルウェーの極地探検家．
秤動ゾーンにあるクレーター(122km)．

Neison ネイソン [68.3N,25.1E]
Edmund Neison(1851-1940) イギリスの月理学者．
クレーター(53km)．

Petermann ペーテルマン [74.2N,66.3E]
August Petermann(1822-1878) ドイツの地理学者．
クレーター(73km)．

Peters ペーテルス [68.1N,29.5E]
Christian A.F.Peters(1806-1880) ドイツの天文学者．
クレーター(15km)．

Sheepshanks シープシャンクス [59.2N,16.9E]
Anne Sheepshanks(1789-1876) イギリスの天文学者と親交の深かった女性．天文学の支援者．
クレーター(25km)．

Sheepshanks,Rima シープシャンクス谷 [58N,24E]
長さ200kmの溝．

5

Nansen
de Sitter
Euctemon
Meton
Baillaud
Petermann
Neison
Peters
Moigno
Arnold
C. Mayer
Kane
Democritus
Sheepshanks
Rima Sheepshanks
MARE FRIGORIS
Galle
Aristoteles
Mitchell
Egede

0 — 50 KM — 100

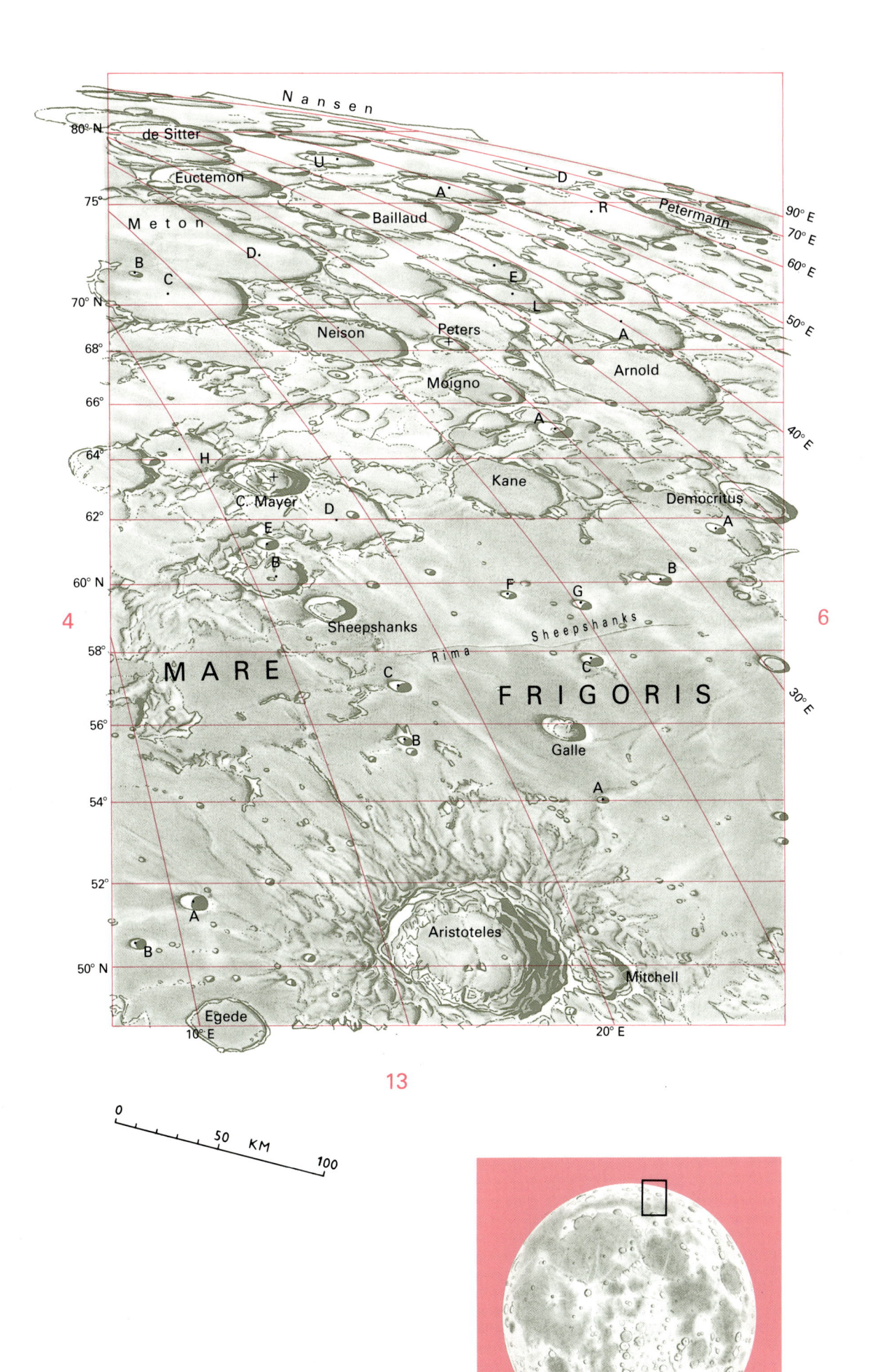

37

6.STRABO ストラボ(ストラボン)

寒さの海 Mare Frigoris の東岸を囲むエリア．ストラボン Strabo とタレス Thales のペア・クレーターと，ストラボンN, ストラボンB，ストラボンLのクレーター・トリオが目立つ．

Baily ベイリー [49.7N,30.4E]
Francis Baily(1774-1844) イギリスの実業家で1825年から天文学に専念する．1836年の皆既日食を観察した際，最初に「ベイリー・ビーズ」と呼ばれる現象を記録した．
周壁が崩壊したクレーター(27km)．

Cusanus クサヌス [72.0N,70.8E]
Nikolaus Krebs Cusanus(1401-1464) ドイツ生まれの数学者，枢機卿．地球中心説に反対した．
溶岩で満たされたクレーター(63km)．

de la Rue デ・ラ・ルー [59.1N,53.0E]
Warren de la Rue(1815-1889) イギリス人で，天体写真のパイオニアの一人．
崩壊した壁平原(136km)．

Frigoris,Mare 寒さの海 月面図3(p.32)参照．

Gärtner ゲルトナー [59.1N,34.6E]
Christian Gärtner(1750頃-1813頃) ドイツの鉱物学者，地質学者．
壁平原の跡(102km)．

Gärtner,Rima ゲルトナー谷
クレーター中にある細溝．長さ30km．

Hayn ハイン [64.7N,85.2E]
Friedrich Hayn(1863-1928) ドイツの天文学者．月の自転に関する既存の理論を進歩させ，月の周縁部の地図を作成した．
クレーター(87km)．

Keldysh ケルディシュ [51.2N,43.6E]
Mstislav V.Keldysh(1911-1978) ソ連の数学者，機械技術者およびエンジニア．ソ連の宇宙航行学における傑出した理論家であり中心人物でもあった．
鋭い周壁のある典型的なクレーター(33km)．

Schwabe シュヴァーベ [65.1N,45.6E]
Heinrich Schwabe(1789-1875) ドイツの天文学者．太陽活動の11年周期を発見した．
溶岩で満たされたクレーター(25km)．

Strabo ストラボン [61.9N,54.3E]
Strabon(前64頃-後24頃) ギリシャの地理学者，歴史学者．著書 *Geography* は，この分野の中で最も重要な著作として名を留めている．
溶岩に満たされた底面と段丘のある周壁を持つクレーター(55km)．

Thales タレス [61.8N,50.3E]
Thales of Miletus(前624頃-前543頃) ギリシャ幾何学の創始者，哲学者．水は万物の源であると説いた．
鋭い周壁のある標準クレーター(32km)．

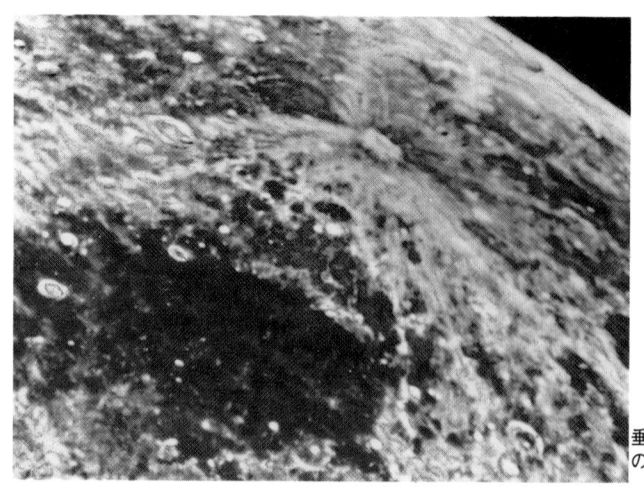

垂直に近い太陽光に照らされたとき、明るい光条が広がるタレス Thales が、寒さの海の東岸近くではっきり見える。

6

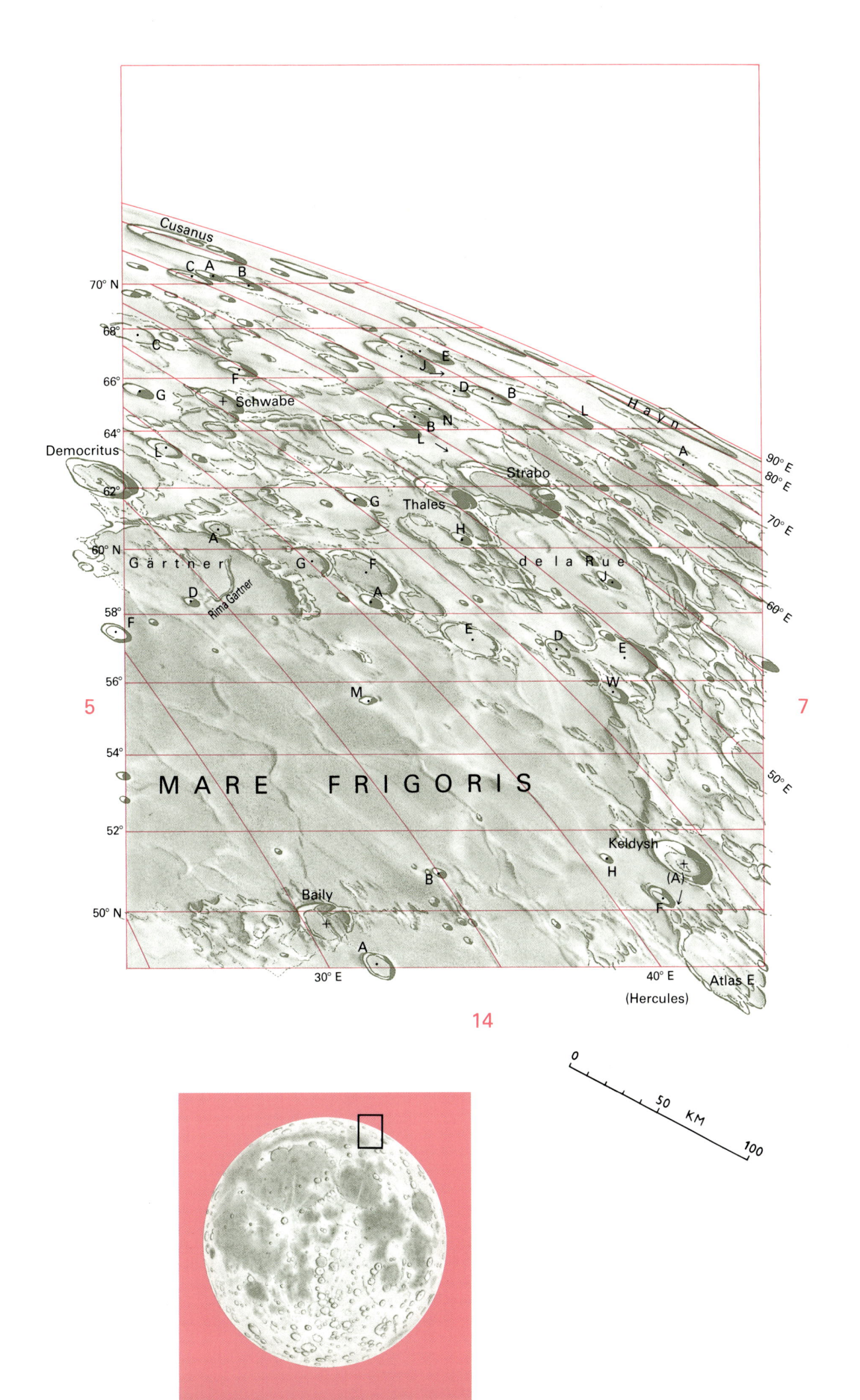

Cusanus

70° N

C A B

68° C

J E

66° F D B L Hayn

G Schwabe B N A

64° L L

Democritus Strabo 90° E

62° Thales 80° E

G

H 70° E

60° N A

Gärtner G F de la Rue

D A J 60° E

58° Rima Gärtner

F E D E

56° W 50° E

M

54°

MARE FRIGORIS

52° Keldysh

H

B (A) 50° E

Baily F

50° N

A 40° E Atlas E

30° E (Hercules)

5 7

14

0 50 100 KM

39

7.ENDYMION エンデュミオン

月の北東の端にはとてもよく目立つ暗いスポットが二つある．一つは溶岩があふれたエンデュミオン Endymion，もう一つはフンボルト海 Mare Humboldtianum の底面だ．斜めからの太陽光で照らされたとき，フンボルト海の周壁が山脈としてはっきり見える．この周壁は秤動ゾーンにあるベルコヴィチ Belkovich の壁で一部分割されている．

Belkovich ベルコヴィチ [61.5N, 90.0E]

Igor V.Belkovich(1904-1949) ソ連の天文学者，月測量学の専門家．月の形状と自転要素を観測により算出した．

中央丘のある底面と，周壁の円周上に二つの大きなクレーターがある壁平原(198km)．

Endymion エンデュミオン [53.6N, 56.5E]

Endymion ギリシャ伝説に登場する若い羊飼い．彼がラトモス山で眠りにつくと，その美貌は月の女神セレーネーの冷たい心を引きつけた．地上に降りてきて女神がエンデュミオンにキスをすると，彼は永遠の眠りについてしまった．

かなり大きな壁と溶岩で満たされた暗い底面を持つ非常に目立つクレーター(125km)．

Humboldtianum, Mare　フンボルト海 [57N, 80E]

Alexander von Humboldt(1769-1859) ドイツの自然研究家，探検家．1799年に南アメリカでしし座の流星雨を観測．オリノコ川，アマゾン川，アンデス，メキシコ，シベリアを探検．メドラーがこの地形にフンボルトの名前をつけたのは，彼が地球上でまだ知られていない大陸を探検したことと，この月の海が，月の半球の知られている表側と知られていない裏側をつないでいるように見えることとの間に象徴的な相似点を見出したからなのだろう．

海の東側の縁は東経90°まで伸びているため，秤動によって見え方が大きく影響を受ける．フンボルト海は，直径640kmの同心の外壁を持つ月の盆地の暗い底面の中心部分．外壁は，ストラボン（月面図6を参照）からエンデュミオンの東部，それから南東の方角へ走り，メルクリウスEのあたりで東へ向きを変えて裏側に到達する．フンボルト海の直径は約160kmで面積は22,000km^2．

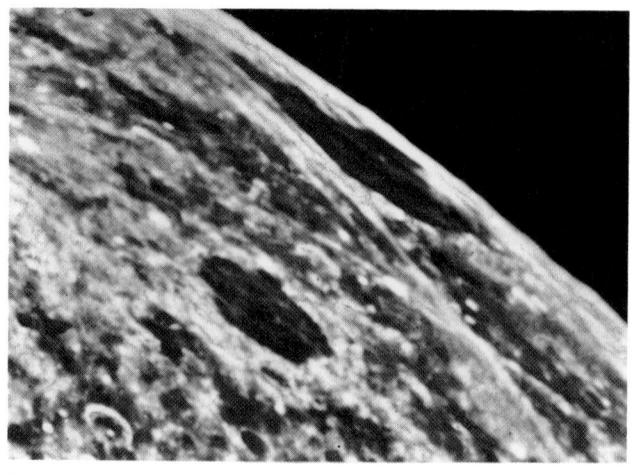

秤動によって，月の北東周縁部のフンボルト海がよく見える．縁から離れたところに見える暗い底面はエンデュミオン．

Belkovich

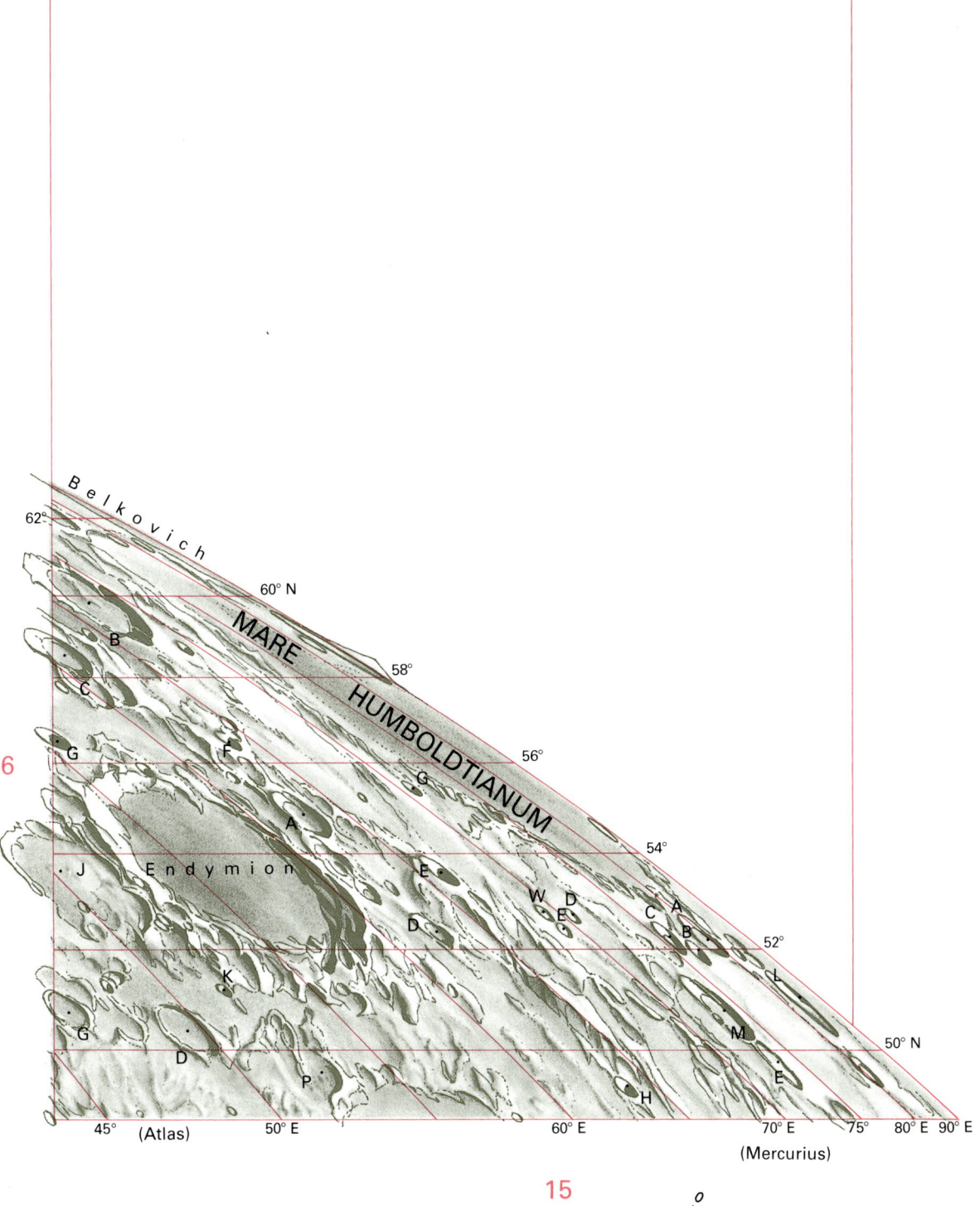

MARE HUMBOLDTIANUM

Endymion

(Atlas) (Mercurius)

0 50 100 KM

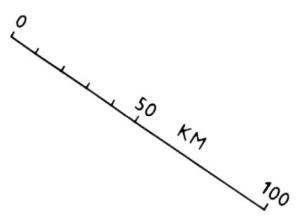

8.RÜMKER リュンカー

このエリアはほとんど嵐の大洋 Oceanus Procellarum の暗い表面で占められている．右端の異常に盛り上がった地形は，リュンカー山 Mons Rümkerだ．

Aston アストン [32.9N,87.7W]
Francis W.Aston(1877-1945) イギリスの化学者，物理学者．1922年のノーベル化学賞受賞者．212種の同位体を発見した．
　クレーター(43km)．

Bunsen ブンゼン [41.4N,85.3W]
Robert W.Bunsen(1811-1899) ドイツの化学者．スペクトル分析を化学に応用した先駆者．
　崩壊したクレーター(52km)．

Dechen デヒェン [46.1N,68.2W]
Ernst H.Karl von Dechen(1800-1889) ドイツの鉱物学者および地質学者．
　環状クレーター(12km)．

Gerard ジェラード [44.5N,80.0W]
Alexander Gerard(1792-1839) イギリスの探検家．ヒマラヤとチベットへの遠征で知られる．
　クレーターの跡(90km)．

Harding ハーディング [43.5N,71.7W]
Karl Ludwig Harding(1765-1834) ドイツの天文学者．1804年に小惑星ジュノーを発見．
　鋭い周壁のあるクレーター(23km)．

Humason ヒューメーソン [30.7N,56.6W]
Milton L.Humason(1891-1972) アメリカの天文学者．
　小クレーター(4km)．

Lavoisier ラヴォアジェ [38.2N,81.2W]
Antoine Laurent Lavoisier(1743-1794) フランスの化学者．現代化学の創始者の一人．
　クレーター(70km)．

Lichtenberg リヒテンベルク [31.8N,67.7W]
Georg Christoph Lichtenberg(1742-1799) ドイツの物理学者．静電気の分野に携わる．風刺家としても知られる．
　クレーター(20km)．

Naumann ナウマン [35.4N,62.0W]
Karl Friedrich Naumann(1797-1873) ドイツの地質学者．
　小クレーター(9.6km)．

Nielsen ニールセン [31.8N,51.8W]
(1) Axel V.Nielsen(1902-1970) デンマークの天文学者．
(2) Harald H.Nielsen(1903-1973) アメリカの物理学者．
　小クレーター(10km)．

Procellarum Oceanus 嵐の大洋 月面図29(p.84)を参照．

Rümker,Mons リュンカー山 [41N,58W]
Karl Ludwig Christian Rümker(1788-1862) ドイツの天文学者．ハンブルクの海軍学校長．
　月のドームが独特の形で組み合わさっている．直径約70km．

Scilla,Dorsum スキラ尾根 [32N,60W]
Agostino Scilla(1639-1700) イタリアの地質学者．
　リンクルリッジ．長さ約120km．

Ulugh Beigh ウルグ・ベグ [32.7N,81.9W]
Muhammad Taragaj Ulug-bek(1394-1449) ウズベクの天文学者，数学者，征服者チムールの孫．サマルカンドの近くに40mの四分儀を備えた天文学校を開設．
　崩壊したクレーター(54km)．

von Braun フォン・ブラウン（ラヴォアジェD）
[41.1N,78.0W] Werner von Braun(1912-1977) ドイツ生まれでアメリカのロケット分野のパイオニア．
　クレーター(60km)．

Whiston,Dorsa ウィストン尾根 [30N,57W]
William Whiston(1667-1752) イギリスの数学者．
　リンクルリッジ群．長さは約120km．

8

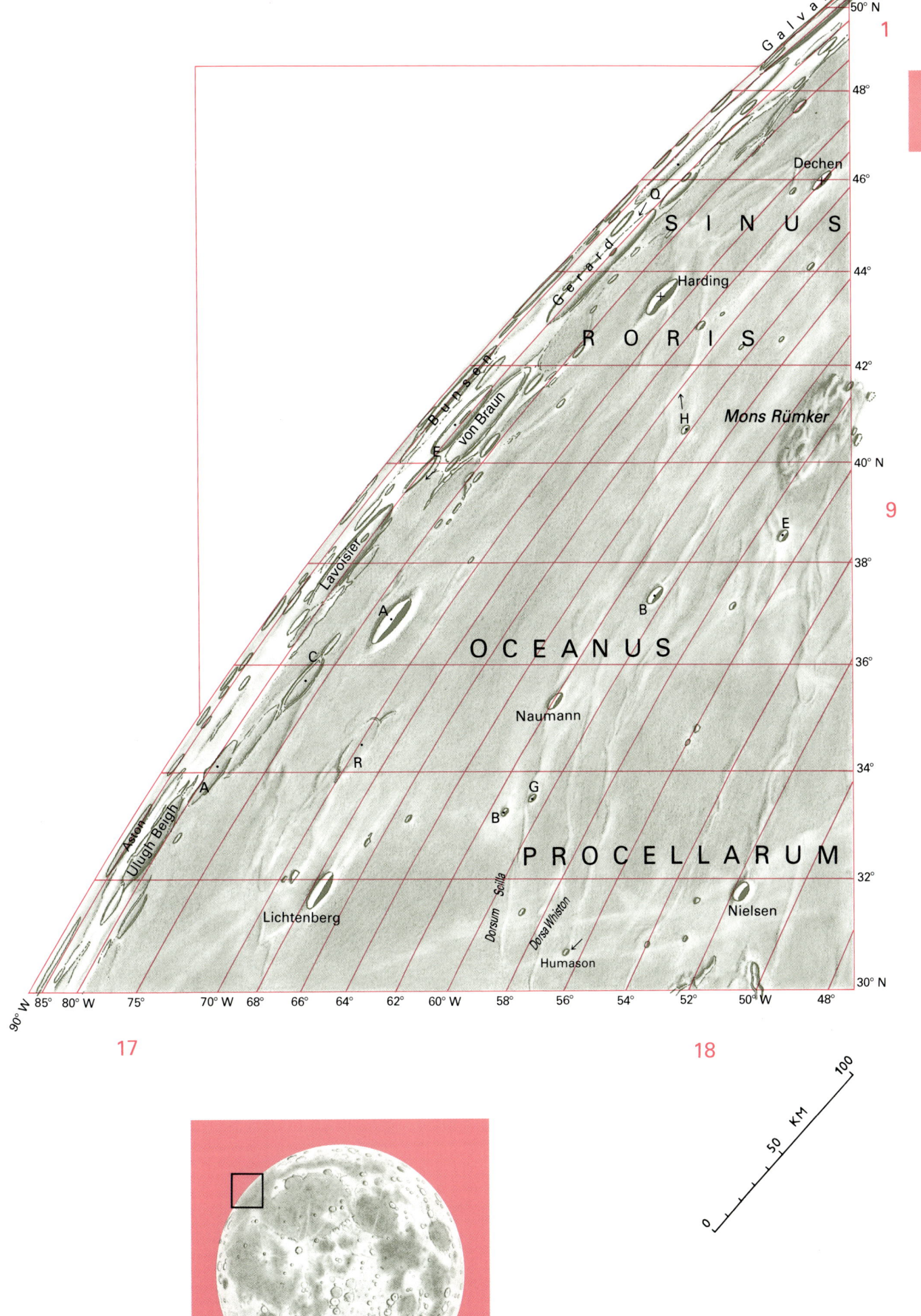

Galvani
Dechen
SINUS
Gerard
Q
Harding
RORIS
Bunsen
von Braun
Mons Rümker
E
H
Lavoisier
E
A
B
OCEANUS
C
Naumann
R
G
B
PROCELLARUM
Aston
Ulugh Beigh
A
Lichtenberg
Dorsum Scilla
Dorsa Whiston
Nielsen
Humason

17   18

9.MAIRAN メラン

虹の入江 Sinus Iridum の周辺から伸びた「陸」のエリアが見える．興味深いのはグルイテュイゼン Gruithuisen の北側にある山のグループだ．グルイテュイゼン・ガンマ Gruithuisen Gamma はひっくり返したバスタブのように見える．実際に背の高いドームのような大山塊で，直径が約20km ある円形の土台があり，山頂に直径 900m の微小クレーターがある．

Bucher,Dorsum ブッチャー尾根 [31N,39W]
W.H.Bucher(1889-1965) スイスの地球物理学者．
　リンクルリッジ．長さは約90km．

Delisle ドリール [29.9N,34.6W]
Joseph N.Delisle(1688-1768) フランスの天文学者．ロシアのカテリーナ女王1世に招かれ，サンクトペテルブルクの新しい天文台の責任者(1726-47年)となった．水星と金星の子午線通過の観測から太陽までの距離を求める方式を提唱した．
　クレーター(25km/2550m)．

Delisle,Rima ドリール谷 [31N,33W]
　細溝．長さ50km．

Gruithuisen グルイテュイゼン [32.9N,39.7W]
Franz von Gruithuisen(1774-1852) ドイツの医師，天文学者．熱心だが風変わりな観測者．月の住人の建築物の発見や月の住人の証拠について記した著書がある．
　クレーター(16km/1860m)．

Gruithuisen Delta,Mons グルイテュイゼン・デルタ山 [36.0N,39.5W]
　大山塊．山麓の直径は20km．

Gruithuisen Gamma,Mons グルイテュイゼン・ガンマ山 [36.6N,40.5W]
　ドーム状の大山塊．山麓の直径は20km．

Imbrium,Mare 雨の海 月面図11(p.48)を参照．

Louville ルヴィル [44.0N,46.0W]
Jacques E.d'Allonville,Chevalier de Louville(1671-1732) フランスの数学者および天文学者．日食の詳細を正確に計算する方式を発見した．
　侵食されたクレーター(36km)．

Mairan メラン [41.6N,43.4W]
Jean J.Dortous de Mairan(1678-1771) フランスの天文学者．オーロラの研究を行った．
　鋭い周壁を持つクレーター(40km)．

Mairan T メランT [41.7N,48.2W]
　頂上にクレーターがあるドーム(3km)．

Mairan,Rima メラン谷 [38N,47W]
　細溝．長さ100km．

Procellarum,Oceanus 嵐の大洋 月面図29 (p.84)を参照．

Roris,Sinus 露の入江
リッチョーリが命名した嵐の大洋の北の岬．シャープ谷(長さ210km)の狭い裂け目は湾外へ向かって走る．ルナー・オービターが撮影した写真ではメランTとGの間までたどることができる．

Wollaston ウラストン [30.6N,46.9W]
William Hyde Wollaston(1766-1828) 医学，化学，鉱物学，天文学分野におけるイギリスの科学者．パラジウムとロジウムを発見し，結晶などの角度を測定する測角器を開発した．また，1802年にフラウンホーファー線を観測したが，太陽スペクトル中の異なる色との境界だと誤解した．
　鋭い周壁のあるクレーター(10.2km)．

9

70° W 68° 66° 64° 62° 60° W 58° 56° 54° 52° 50° W 48° 46° 44°

SINUS RORIS

OCEANUS PROCELLARUM

MARE IMBRIUM

Sharp
Rima Sharp
Louville
Mairan
Rima Mairan
Mons Gruithuisen Delta
Mons Gruithuisen Gamma
Gruithuisen
Dorsum Bucher
Wollaston
Ångström
Delisle
Rima Delisle

8 · 10 · 1 · 19

0 – 50 – 100 KM

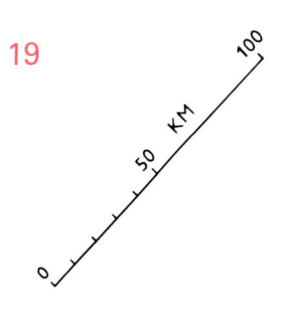

45

10.SINUS IRIDUM 虹の入江

　雨の海の北西部に美しい虹の入江 Sinus Iridum がある．入江の周縁部はジュラ山脈 Montes Jura によって形づくられ，入り口はリンクルリッジ（しわ状尾根）によって区切られている．ヘラクレイデス岬 Promontorium Heraclides の南に着陸したルナ17号は，月面車ルノホート1号を月におろした．

C.Herschel キャロライン・ハーシェル [34.5N,31.2W]
Caroline Herschel(1750-1848) ウィリアム・ハーシェルの妹．兄の献身的な助手として50年間一緒に働く．彼女自身も8個の彗星を発見した．
　クレーター(13.4km/1850m)．

Carlini カルリーニ [33.7N,24.1W]
Francesco Carlini(1783-1862) イタリアの天文学者．天体力学の分野で活動し，月の運行に関する理論を押し進めた．
　鋭い周壁のあるクレーター(11.4km/2200m)．

Heim,Dorsum ハイム尾根 [31N,29W]
Albert Heim(1849-1937) スイスの地球物理学者．
　リンクルリッジ．長さ130km．

Heis ハイス [32.4N,31.9W]
Eduard Heis(1806-1877) ドイツの天文学者．変光星の観測者．
　クレーター(14km/1910m)，すぐとなりに**ハイスA**(6.1km/650m)がある．

Helicon ヘリコン [40.4N,23.1W]
Helicon 前4世紀のギリシャの数学者および天文学者．
　クレーター(25km/1910m)，近くに**ヘリコンE**(2.4km/470m)がある．

Heraclides,Promontorium ヘラクレイデス岬 [41N,34W]
Heraclides Ponticus(前390頃-前310頃) プラトンの弟子．地球は軸を中心に回転すると主張した．

Imbrium,Mare 雨の海 月面図11(p.48)を参照．

Iridum,Sinus 虹の入江 [45N,32W]
リッチョーリによる名称．
　クレーター状の地形．直径260km．

Jura,Montes ジュラ山脈 [47N,37W]
デベスによって命名された．
　この山脈は溶岩があふれたクレーターの周壁として，虹の入江の境界を形づくっている．

Laplace,Promontorium ラプラス岬 [46N,26W]
Pierre Simon Laplace(1749-1827) フランスの著名な数学者，天文学者．天体力学の分野で活躍した．太陽系の起源として「星雲仮説」を提唱した．

McDonald マクドナルド [30.4N,20.9W]
(1) William J.McDonald(1844-1926) アメリカの慈善家．
(2) Thomas L.MacDonald(1973没) スコットランドの月理学者．
　小クレーター(8km/1470m)．

Sharp シャープ [45.7N,40.2W]
Abraham Sharp(1651-1742) イギリスの天文学者．グリニッジ天文台のフラムスティードの助手．
　クレーター(40km)．

Zirkel,Dorsum ツィルケル尾根 [29N,24W]
Ferdinand Zirkel(1838-1912) ドイツの地質学者および鉱物学者．
　リンクルリッジ．長さ210km（月面図20に続く）．

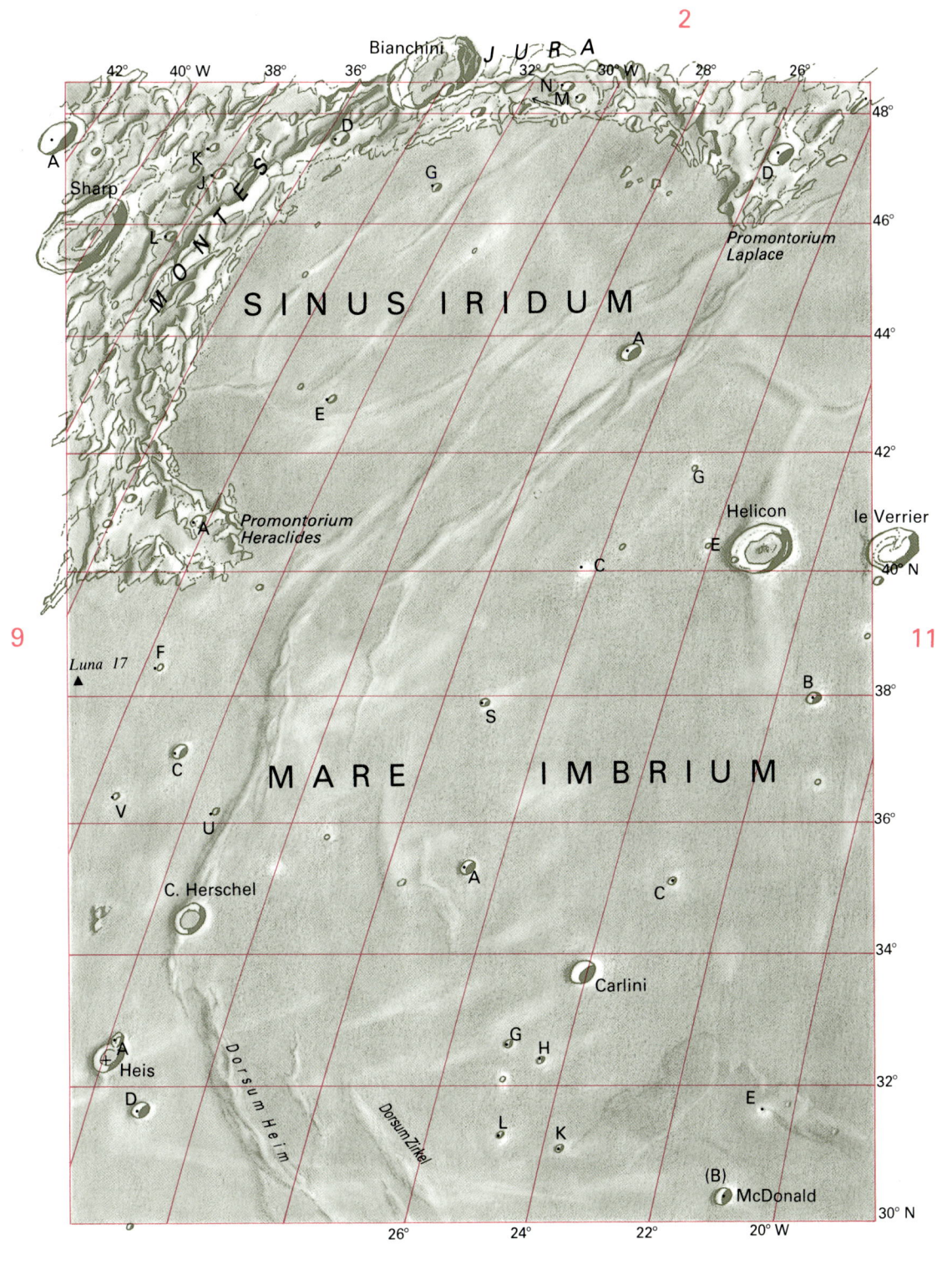

10

Bianchini JURA
42° 40°W 38° 36° 32° 30°W 28° 26°
48°
A   D   N M   D
            K   46°
Sharp   J   G
            L
         MONTES   Promontorium
                                   Laplace

SINUS IRIDUM
                                              44°
                                   A

                    E   42°

         Promontorium   G
         Heraclides   Helicon le Verrier
            A   E   40°N
                              C

Luna 17   F   38°
                                         B

            C   MARE   IMBRIUM

            V   36°
                U
         C. Herschel   A   C

                                              34°
                                 Carlini

            A   G H   32°
         Heis   E
            D   Dorsum   L K
                    Dorsum Zirkel
                    Heim   (B)
                                  McDonald   30°N
                  26°   24°   22°   20°W

9 · · · 11
2 · · · 20

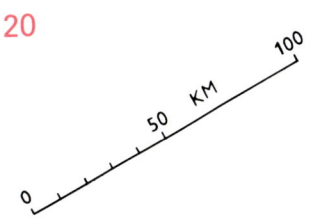

0 50 KM 100

47

11.LE VERRIER ル・ヴェリエ

北の端に沿ったエリアに望遠鏡を向けると，日の出と日の入りの頃には，大きなクレーターはないが孤立した山頂の長く尖った影が鮮明に見える．このような影が"月の山がノコギリの歯のように切り立った急斜面である"という間違った印象を与えるのだろう．

Grabau,Dorsum グレーボー尾根 [30N,14W]
Amadeus W.Grabau(1870-1946) アメリカの地球物理学者．
　リンクルリッジ，長さ約120km．

Imbrium,Mare 雨の海
リッチョーリによって命名された（p.17参照）．
　830,000km² という表面積を持つ雨の海は，嵐の大洋に次ぐ2番目に大きい海であると同時に，最大の月面盆地である．雨の海は環状の山脈に周囲を囲まれているが，西側は嵐の大洋とつながるところで開かれている．雨の海の境界線は，ジュラ，アルプス，コーカサス，アペニン，カルパチア山脈によって形づくられている．この盆地ができたとき生じた構造上の裂け目は，はるか南から南東部までたどることができる．盆地の直径は1250km．内壁の跡は直線山列，テネリッフェ山脈，ピコ山，スピッツベルゲン山脈によって形成されている．この盆地の中心部で初めてマスコンが発見された．

Landsteiner ランドシュタイナー [31.3N,14.8W]
Karl Landsteiner(1868-1943) オーストリア生まれのアメリカ人病理学者．ノーベル賞受賞者．
　小クレーター(6km/1350m)．

le Verrier ル・ヴェリエ [40.3N,20.6W]
Urbain Jean le Verrier(1811-1877) フランスの数学者，天文学者．アダムズとは別に海王星の軌道と位置を計算した．
　クレーター(20km/2100m)．

Pico,Mons ピコ山 [46N,9W]
シュレーターによって命名されたが，彼が月の山の高さと比較した"テネリッフェのピコ（訳注：ピコはスペイン語で山頂のこと）"を意識したのだろう．
　高さは2400mで，山麓の大きさは15km×25kmである．

Recti,Montes 直線山列（直列山脈） [48N,20W]
まっすぐな山脈．その形状からバートによって命名された．
　長さは約90km，高さは1800m．

Teneriffe,Montes テネリッフェ山脈 [48N,13W]
ピアッツィ・スミスが，高地で望遠鏡の観測条件を最初にテストしたテネリッフェの山々にちなんでつけられた名称．
　長さは約110km，高さは2400m．

小クレーター：**le Verrier B**　ル・ヴェリエB
　　　　　(5.1km/980m)
　　　　　le Verrier D　ル・ヴェリエD
　　　　　(9.1km/1830m)
　　　　　le Verrier W　ル・ヴェリエW
　　　　　(3.3km/620m)．

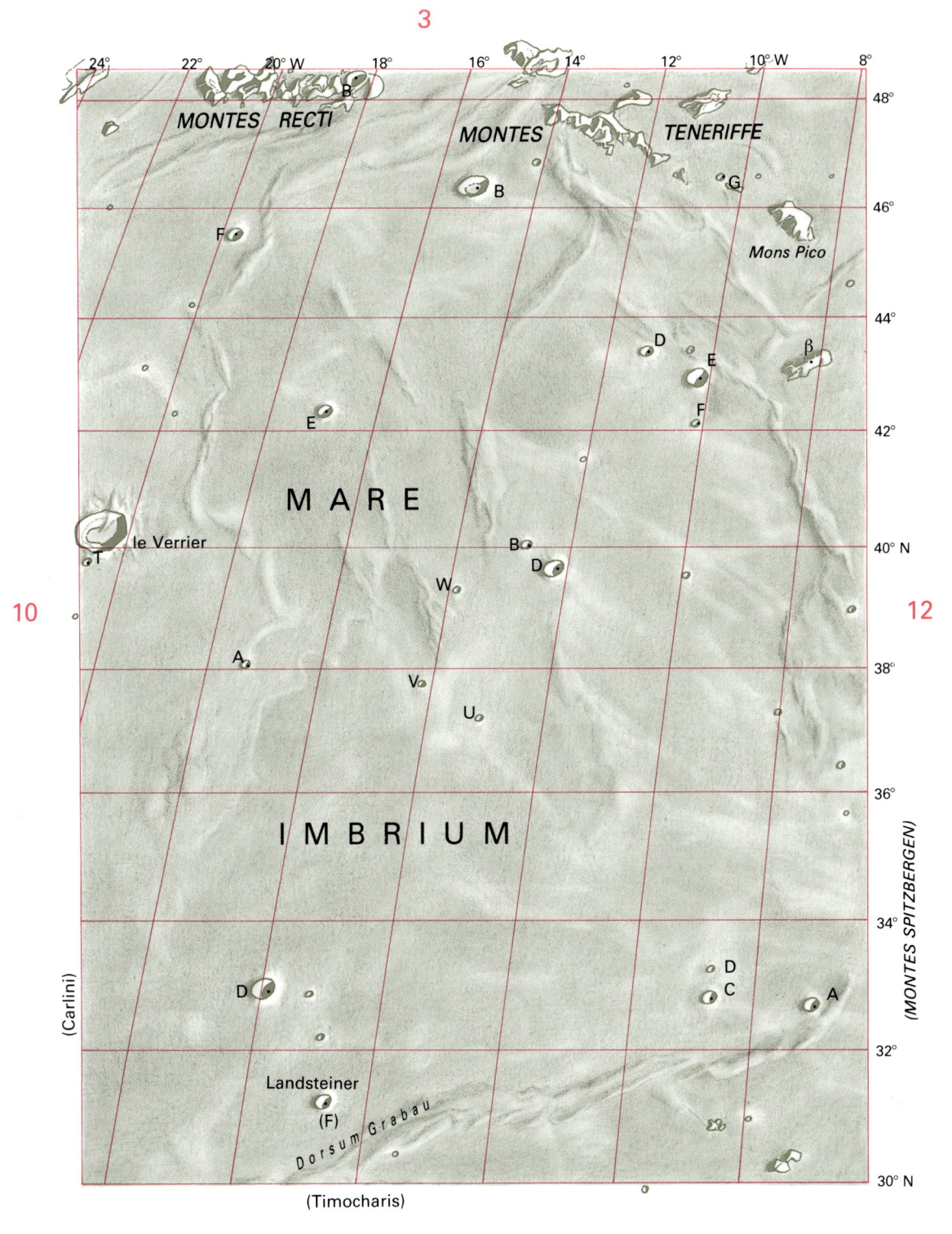

MONTES RECTI MONTES TENERIFFE

Mons Pico

MARE

le Verrier

IMBRIUM

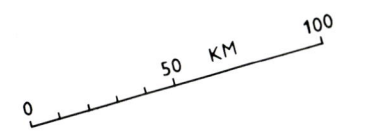

(Carlini)

Landsteiner
(F)
Dorsum Grabau

(Timocharis)

(MONTES SPITZBERGEN)

12.ARISTILLUS アリスティルス

　雨の海の東端は月面でもっとも興味深い部分である．月のアルプス山脈 Montes Alpes，有名なアルプス谷 Vallis Alpes，ポツンと一つそびえるピトン山 Mons Piton，そして，アルキメデス Archimedes，アウトリュコス Autolycus，アリスティルス Aristillus の三つのクレーター・グループなど，いずれも小望遠鏡で十分楽しめる．ルナ2号はアウトリュコスの近くに衝突した．

Alpes, Montes アルプス山脈
ヘヴェリウスによって名づけられた山脈（長さ約250km）．山頂の高さは1800mから2400mほどある．次のような特徴的な地形にも名前がつけられている．

Mons Blanc ブラン山（モン・ブラン）[45N,1E]
Mont Blanc，高さ3600m，山麓の直径が25kmの山．

Promontorium Agassiz アガシ岬 [42N,2E]
Louis J.R.Agassiz(1807-1873) スイスの自然学者．

Promontorium Deville ドヴィル岬 [43N,1E]
Sainte-Claire Charles Deville(1814-1876) フランスの地質学者．

Aristillus アリスティルス [33.9N,1.2E]
Aristillus(前280頃) ギリシャのアレキサンドリア学派のもっとも初期の天文学者の一人．
　中央の山塊に三つの山頂がある，光条が見られるクレーター(55km/3650m)．

Autolycus アウトリュコス [30.7N,1.5E]
Autolycus(前330頃) ギリシャの天文学者および数学者．
　クレーター(39km/3430m)．

Cassini カシニ [40.2N,4.6E]
(1) Giovanni-Domenico Cassini(1625-1712) イタリア生まれのフランス人天文学者．土星の衛星のうちの四つと，土星の環にあるいわゆる「カシニの間隙」を発見した．(2) Jacques J.Cassini(1677-1756) ジョバンニ-ドミニコ・カシニの息子で，パリ天文台長として後を継いだ．
　あふれた溶岩に満たされたクレーター(57km/1240m); カシニの中に**カシニA**(17km/2830m)がある．

Kirch キルヒ [39.2N,5.6W]
Gottfried Kirch(1639-1710) ドイツの天文学者．1680年に大彗星を発見した．
　クレーター(11.7km/1830m)．

Lunicus, Sinus ルーニク（ルナ）湾（月の入江）[32N,1W]
宇宙探査機が最初に月面着陸した地点（ルナ2号，1959年）．この名前は1970年にIAUによって命名された．

Piazzi Smyth ピアッツィ・スミス [41.9N,3.2W]
Charles Piazzi Smyth(1819-1900) スコットランドの王立天文台長であるイギリス人．クフ王の大ピラミッドに関する数字の神秘論の著者．
　クレーター(12.8km/2530m)．

Piton, Mons ピトン山 [41N,1W]
テネリッフェの山々の高峰にちなんで名づけられた山．
　高さ2250mの独立峰で，山裾の直径は25km．

Spitzbergen, Montes スピッツベルゲン山脈 [35N,5W]
地球上のスピッツベルゲンと形が似ていることからM.ブラッグによってこの名がつけられた．
　山の連なりは長さ60kmで，高さは1500mに達する．

Theaetetus テアエテトス [37.0N,6.0E]
Theaetetus(前415-前369) アテネの哲学者でプラトンの友人．月面上でこのクレーターはプラトンの近くにある．
　クレーター(25km/2830m)．

Theaetetus, Rimae テアエテトス谷 [33N,6E]
細溝の集まり．長さは約50km．

12

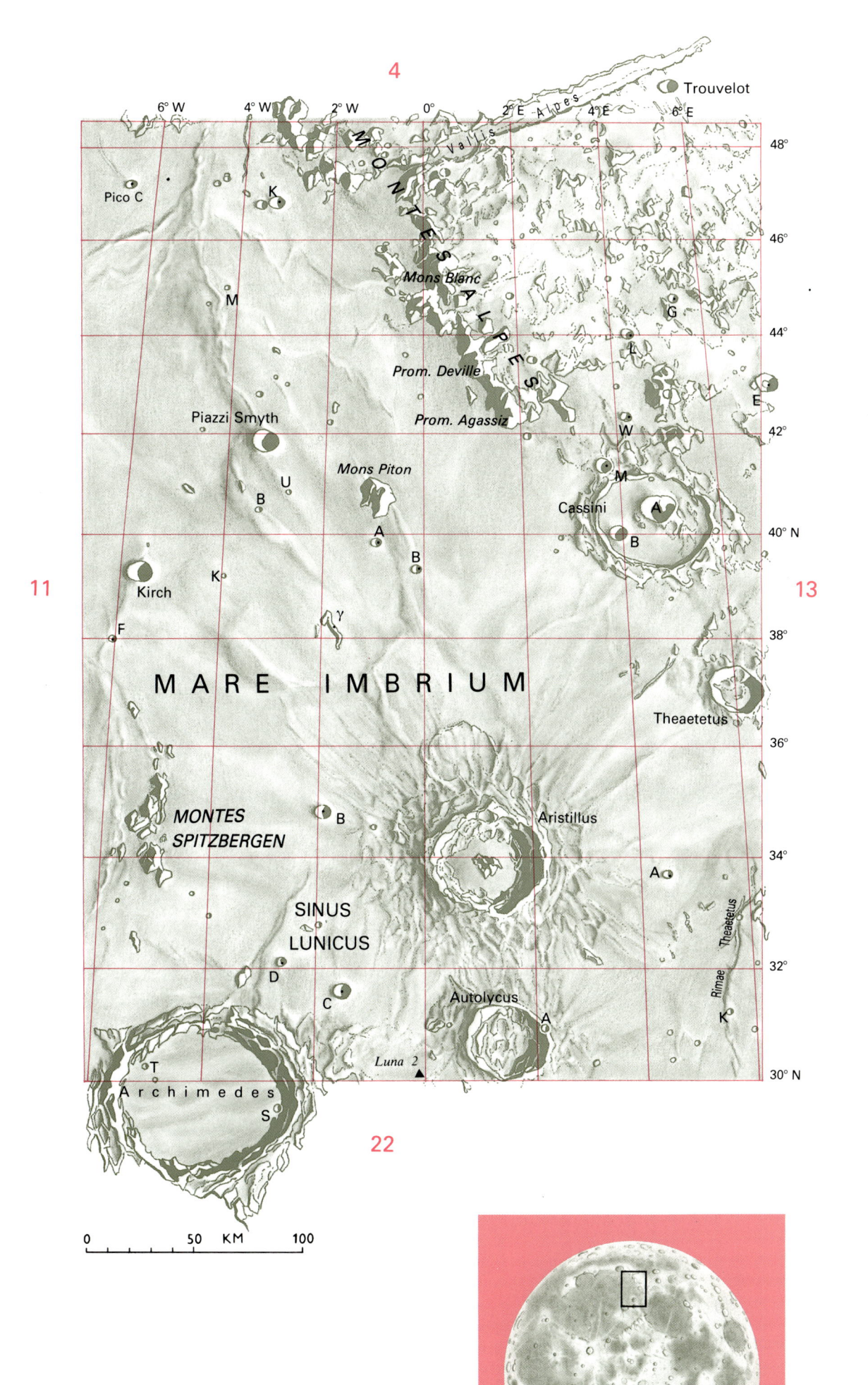

6° W	4° W	2° W	0°	2° E	4° E	6° E

Trouvelot

MONTES ALPES
Vallis Alpes
Pico C
K
48°
Mons Blanc
46°
M
G
44°
Prom. Deville
L
Piazzi Smyth
Prom. Agassiz
E
42°
W
Mons Piton
M
U
Cassini
B
A
40° N
A
B
B
Kirch
K
γ
F
38°
MARE IMBRIUM
Theaetetus
36°
MONTES SPITZBERGEN
B
Aristillus
34°
A
SINUS LUNICUS
Theaetetus
32°
D
C
Autolycus
Rimae
A
K
Luna 2
30° N
T
Archimedes
S

0   50   KM   100

51

13.EUDOXUS エウドクソス

　左の部分は，雨の海 Mare Imbrium と晴れの海 Mare Serenitatis の境界にあるコーカサス山脈 Montes Caucasusで占められている．この月面図の下半分は静かの海の北西部で，アリスティルス Aristillus（月面図12）の光条も見られる．大クレーター・エウドクソス Eudoxus は，アリストテレス Aristoteles（月面図5）と共にたいへんよく目立つ．

Alexander アレキサンダー [40.3N,13.5E]
Alexander the Great of Macedon(前356-前323) 政治家，指揮官．彼の遠征によって地球に関してのギリシャの知識が広められた．エジプトのアレキサンドリア市は彼にちなんでつけられた名前で，科学の中心地となった．
　かなり侵食された壁平原(82km)．

Calippus カリッポス [38.9N,10.7E]
Calippus(前330頃) ギリシャの天文学者，エウドクソスの弟子．同心球形の宇宙体系を理論的に発展させた．
　クレーター(33km/2690m)．

Calippus,Rima カリッポス谷 [37N,13E]
　細溝．長さ40km．

Caucasus,Montes コーカサス山脈 [39N,9E]
　メドラーによって命名されたこの山脈は，月面上のアペニン山脈から直接続いており，この位置で雨の海と晴れの海の間を走る幅 50km の"海峡"（図左下）によって分断されている．コーカサス山脈の長さは約520kmで，図左下からエウドクソスに向かって伸びている．コーカサス山脈の山頂は，隣接する"海"からの標高が6000mにも達する．したがって，この山頂から見る地平線は110kmの彼方にあって，両方の海の一部が見られるはず．

Egede エーゲデ [48.7N,10.6E]
Hans Egede(1686-1758) デンマークの宣教師．グリーンランドで15年間働いた．
　低い周壁を持つ溶岩に満たされたクレーター(37km)．

Eudoxus エウドクソス [44.3N,16.3E]
Eudoxus(前400頃-前347頃) ギリシャの有名な天文学者．プラトンの弟子で優れた幾何学者．天体の動きを説明するため，地球の周りを同心球が回るというシステムを考案した．
　段丘のある周壁を持つ目立つクレーター(67km)．

Lamèch ラメーク [42.7N,13.1E]
Felix Chemla Lamèch(1894-1962) フランスの天文学者および月理学者．
　クレーター(13km/1460m)．

Serenitatis,Mare 晴れの海
　303,000km^{2}の表面積を持つ円形の平原．月面上の"海"の中で 6 番目に大きいが，地球上で370,000km^{2}の表面積を持つカスピ海より小さい．晴れの海の東部は一連のリンクルリッジ群によって占められている（月面図24参照）．

　小クレーター：**Cassini C** カシニ C(13.7km/2420m)
　　　　　　　　Eudoxus D エウドクソス D(9.6km/1300m)
　　　　　　　　Linné F リンネ F(5.0km/1050m)
　　　　　　　　Linné H リンネ H(3.2km/730m)

13

(Aristoteles)

Egede

Eudoxus

Lamèch

MONTES CAUCASUS

Alexander

Calippus

Rima Calippus

MARE
SERENITATIS

(Cassini)

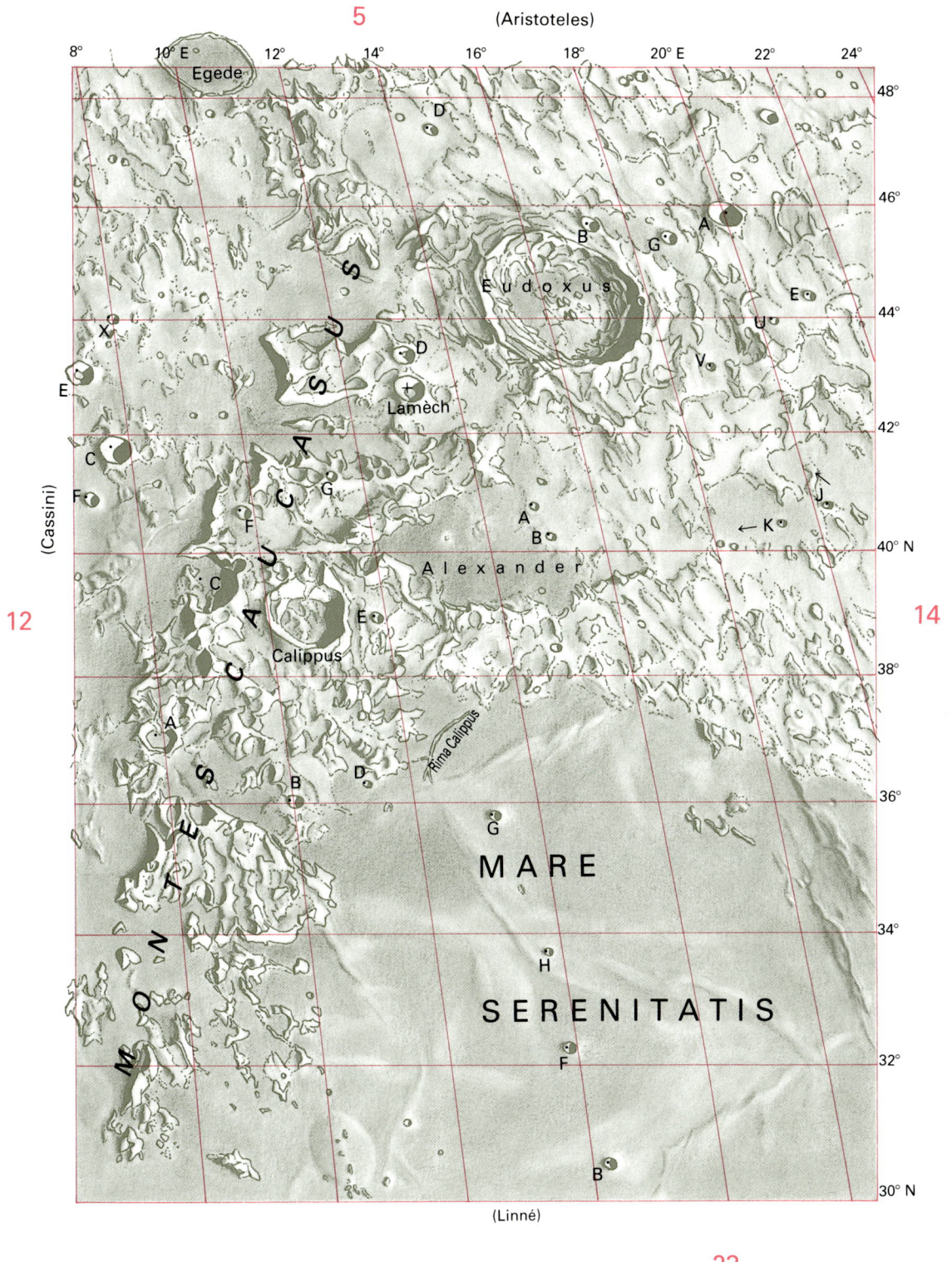

(Linné)

12 · 14

5 · 23

0 50 100 KM

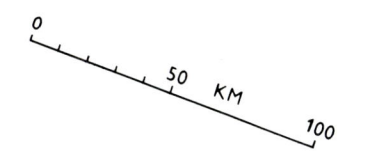

53

14.HERCULES ヘラクレス

変化に富んだ地形で，たいへん興味深いエリアだ．ビュルク Bürg の周壁の内側やポセイドニオス Posidonius の底面に見られる複雑な細溝，ダニエル谷 Rimae Daniell など，いずれも注目したい場所である．暗いエリアには，死の湖 Lacus Mortis や夢の湖 Lacus Somniorum，晴れの海 Mare Serenitatis の北東の端が見られる．

Bürg ビュルク [45.0N,28.2E]
Johann Tobias Bürg(1766-1834) オーストリアの天文学者．月の動きに関する理論を発表した．
死の湖にある目立つクレーター(40km)．

Bürg,Rimae ビュルク谷 [45N,26E]
ビュルクの西にある細溝．長さは100km．

Chacornac シャコルナク [29.8N,31.7E]
Jean Chacornac(1823-1873) フランスの天文学者．6個の小惑星を発見した．
崩壊した周壁を持つクレーター(51km)．

Chacornac,Rimae シャコルナク谷
シャコルナクの周壁の内側にある細溝の集まり．長さは120kmに達する（月面図25参照）．

Daniell ダニエル [35.3N,31.1E]
John Frederick Daniell(1790-1845) イギリスの物理学者および気象学者．湿度計の発明者．
楕円形の周壁を持つクレーター(30×23km/2070m)．

Daniell,Rimae ダニエル谷 [37N,26E]
細溝の集まり．長さは200kmに達する．

Grove グローヴ [40.3N,32.9E]
Sir William Robert Grove(1811-1896) イギリスの法律学者で，物理学の分野で価値ある研究を行った．
クレーター(28km)．

Hercules ヘラクレス [46.7N,39.1E]
超人的な力を備えたギリシャ神話の英雄．リッチョーリは，ヘラクレスが紀元前 1560 年頃の実在の天文学者であったと考えた．
底面に暗い地域を持つ目立つクレーター(69km)．

Luther ルター [33.2N,24.1E]
Robert Luther(1822-1900) ドイツの天文学者．24個の小惑星を発見した．
クレーター(9.5km/1900m)．

Mason メイスン [42.6N,30.5E]
Charles Mason(1730-1787) イギリスの天文学者．グリニッジ天文台の助手．
あふれた溶岩で部分的に崩壊したクレーター(33×43km)．

Mortis,Lacus 死の湖 [45N,27E]
リッチョーリにより命名された．
溶岩のあふれたクレーターに似た直径150kmの地形で，表面積は21,000km^{2}ある．表面にはビュルク谷のほか，リンクルリッジ，断層などがある．

Plana プラーナ [42.2N,28.2E]
Giovanni A.A.Plana(1781-1864) イタリアの天文学者および数学者．
中央丘のあるクレーター(44km)．

Posidonius ポセイドニオス [31.8N,29.9E]
Posidonius(前135-前51) ギリシャの哲学者，地理学者，天文学者．
目立つ壁平原(95km/2300m)．

Posidonius,Rimae ポセイドニオス谷
クレーターの内側にある細溝群．

Serenitatis,Mare 晴れの海 月面図13(p.52)を参照．

Somniorum,Lacus 夢の湖
リッチョーリによる命名．
不規則な輪郭で境界ははっきりしない．表面積は約70,000km^2．

Williams ウィリアムズ [42.0N,37.2E]
Arthur Stanley Williams(1861-1938) イギリスの法律学者．惑星，特に木星の熱心な観測者．
崩壊したクレーター(36km)．

14

Baily A · LACUS MORTIS · Bürg · Rimae Bürg · Hercules · Mason · Plana · Williams · Grove · LACUS SOMNIORUM · Rimae Daniell · Daniell · Luther · MARE SERENITATIS · Posidonius · Rimae Posidonius · Chacornac · Rimae Chacornac

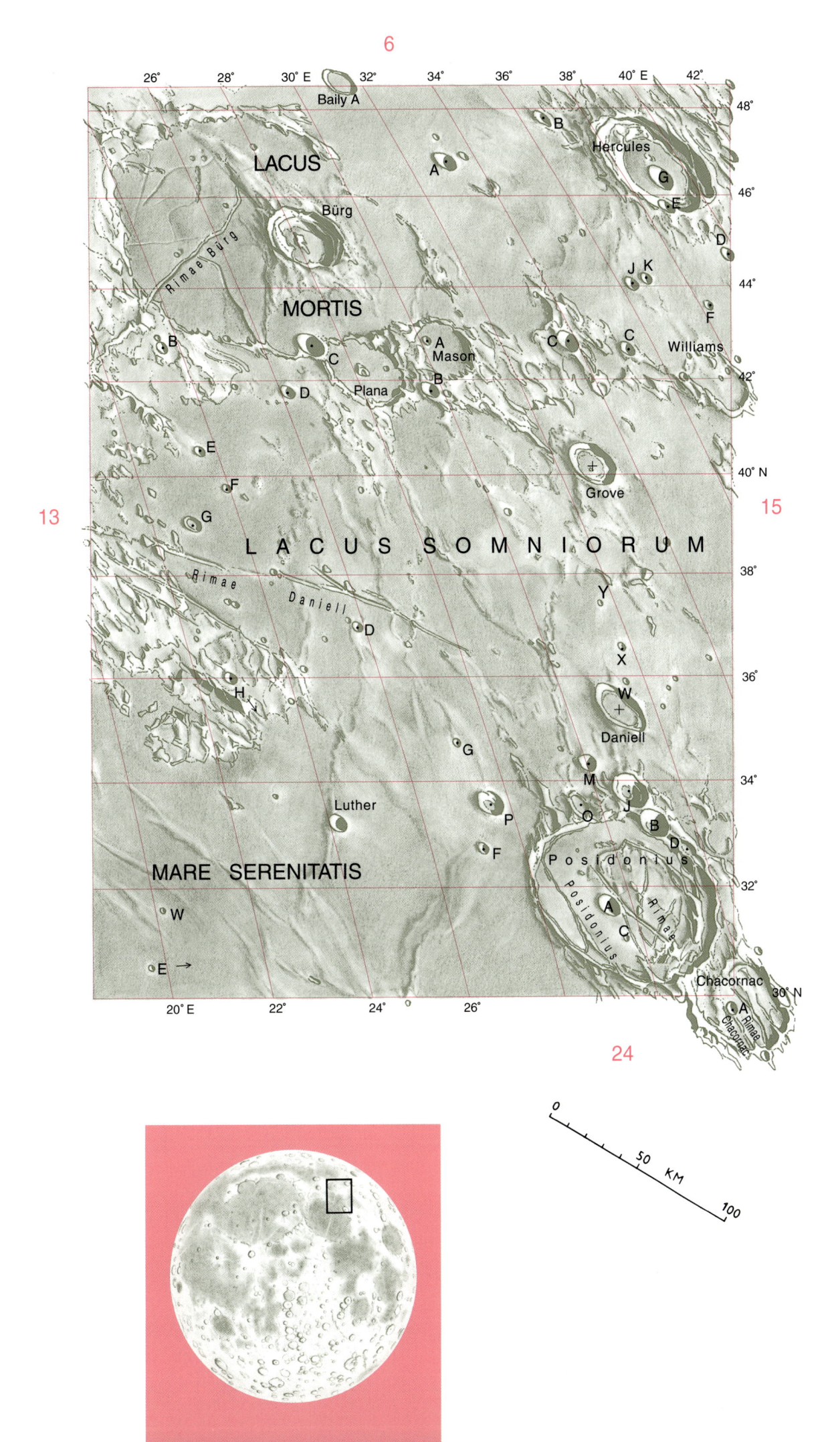

55

15.ATLAS アトラス

夢の湖 Lacus Somniorum の東の岬近くに，ジョージ.ボンド谷 Rima G.Bondと呼ばれる幅の広い溝がある．図下部に見られる多くの丘がタウルス山脈 Montes Taurus をつないでいる．

Atlas アトラス [46.7N,44.4E]
Atlas ギリシャ神話に登場する巨人タイタン族の一人．地球の西の果てに立ち，肩で天空を支えているという．リッチョーリによると，アトラスは紀元前1580年に実在したモロッコ王で，天文学に興味を持っていたという．
　　クレーター(87km)．

Atlas,Rimae アトラス谷
アトラスの底面にある細溝群．

Berzelius ベルツェリウス [36.6N,50.9E]
Jöns J.Berzelius(1779-1848) スウェーデンの化学者．現代化学の命名法についてまとめた．
　　クレーター(51km)．

Carrington カリントン [44.0N,62.1E]
Richard C.Carrington(1826-1875) イギリスの天文学者．太陽の自転周期を決定した．
　　クレーター(30km)．

Cepheus ケフェウス [40.8N,45.8E]
Cepheus ギリシャ神話の中のエチオピアの王．彼の名は星座にもつけられている．
　　クレーター(40km)．

Chevallier シュヴァリエ [44.9N,51.2E]
Temple Chevallier(1794-1873) フランス人であるが，イギリスのダーハム天文台の台長を務めた．
　　崩壊している溶岩のあふれたクレーター(52km)．

Franklin フランクリン [38.8N,47.7E]
Benjamin Franklin(1706-1790) アメリカの政治家，外交官，物理学者．避雷針を発明した．
　　目立つクレーター(56km)．

G.Bond ジョージ・ボンド [32.4N,36.2E]
George P.Bond(1826-1865) アメリカの天文学者．土星の環は液体のはずであると主張した．
　　クレーター(20km/2780m)．

G.Bond,Rima ジョージ・ボンド谷 [33N,35E]
裂け目．長さ150km．

Hall ホール [33.7N,37.0E]
Asaph Hall(1829-1907) アメリカの天文学者．火星の衛星を発見した．
　　溶岩で満たされた，崩壊したクレーター(39km/1140m)．

Hooke フック [41.2N,54.9E]
Robert Hooke(1635-1703) イギリスの有名な物理学者，実験科学者，発明家．
　　溶岩で満たされたクレーター(37km)．

Kirchhoff キルヒホフ [30.3N,38.8E]
Gustav R.Kirchhoff(1824-1887) ドイツの物理学者．スペクトル分析の基本原則を発見した．
　　クレーター(25km/2590m)．

Maury モーリー [37.1N,39.6E]
(1) Matthew F.Maury(1806-1873) アメリカの海洋学者．
(2) Antonia C.Maury(1866-1952) アメリカの天文学者．恒星のスペクトル分類の草分け．
　　クレーター(17.6km/3270m)．

Mercurius メルクリウス [46.6N,66.2E]
Mercury 伝説上の神の使者．ローマ神話の商業の神ヘルメスにあたる．英名マーキュリー．
　　クレーター(68km)．

Oersted エルステッド [43.1N,47.2E]
Hans C.Oersted(1777-1851) デンマークの物理学者および哲学者．電磁気学の基礎を固めた．
　　溶岩で満たされたクレーター(42km)．

Shuckburgh シュックバラ [42.6N,52.8E]
Sir George Shuckburgh(1751-1804) イギリスの天文学者．
　　クレーター(39km)．

Temporis,Lacus 時の湖 [46N,57E]
直径約250km．

15

LACUS TEMPORIS

Atlas, Rimae Atlas, Williams, Mercurius, B, C, F, L, F, G, M, A, B, Chevallier, Carrington, P, K, A, C, A, Oersted, Shuckburgh, Hooke, D, A, Cepheus, Franklin, K, N, N, E, J, W, F, Berzelius, D, Maury, C, H, A, (Geminus), LACUS SOMNIORUM, Y, X, A, B, C, E, K, J, Rima G. Bond, Hall, G, G. Bond, F, F, M, A, K, F, F, Z, D, Kirchhoff, C, Newcomb

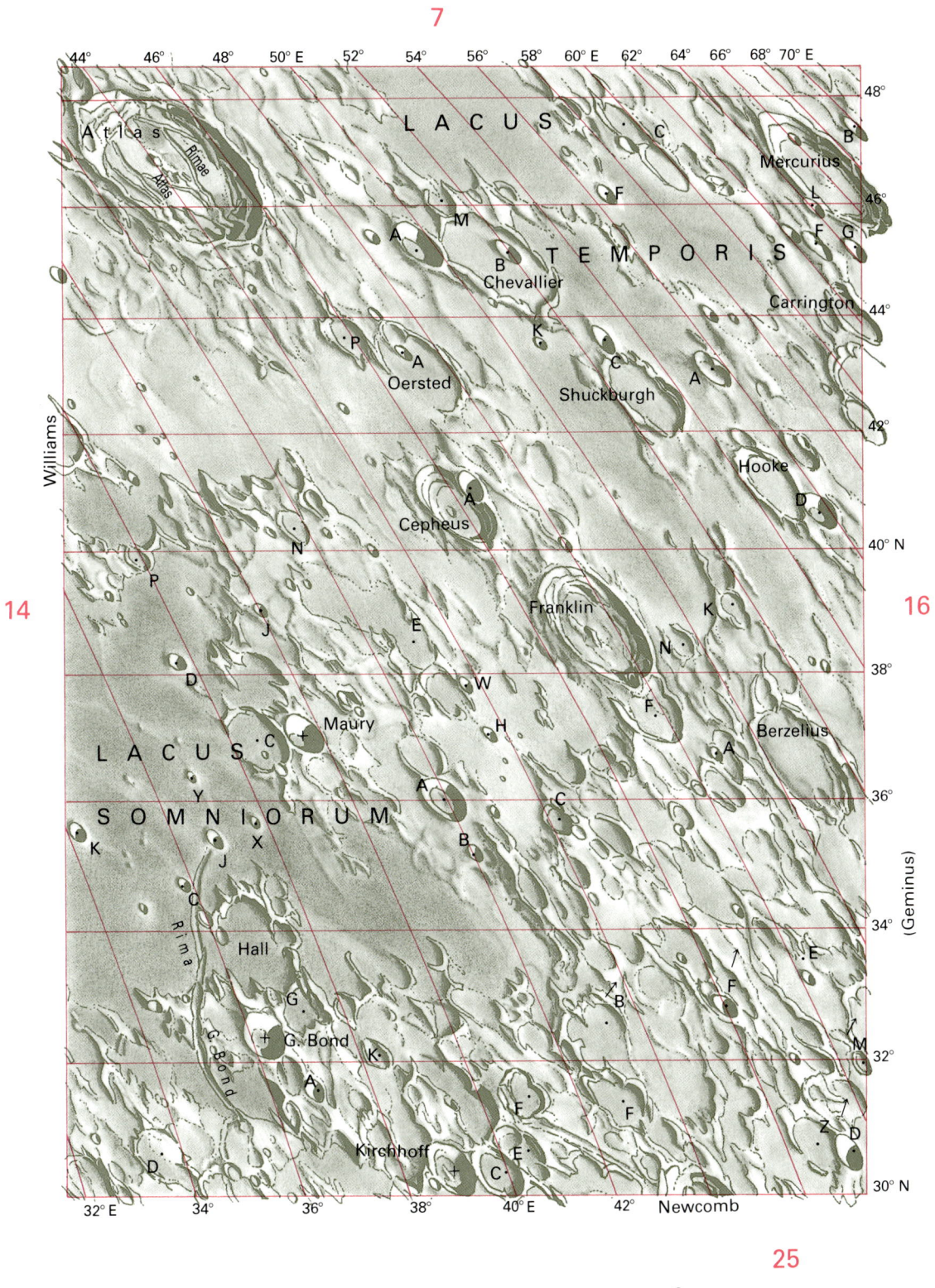

14   16

7

25

0 — 50 — 100 KM

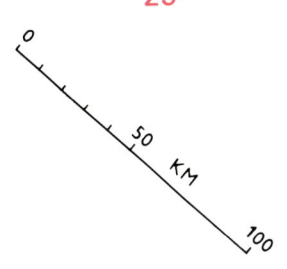

57

16.GAUSS ガウス

大きな壁平原ガウス Gauss と，ゲミヌス Geminus，ベロッソス Berosus，ハーン Hahn など，目立つクレーターがいくつかある．左上のシューマッハー Schumacher の北東には，希望の湖 Lacus Spei の暗いスポットがある．

Beals ビールズ [37.3N,86.5E]
Carlyle S.Beals(1899-1979) カナダの天文学者．
クレーター(48km)．

Bernoulli ベルヌーイ [35.0N,60.7E]
(1) Jacques Bernoulli (1654-1705). (2) Jean Bernoulli(1667-1748) 2人は兄弟でともにスイスの数学者．オランダ生まれ．
クレーター(47km)．

Berosus ベロッソス [33.5N,69.9E]
Berosus of Chaldea(前3世紀) バビロンの神ベロスの神官，歴史学者，天文学者．月が地球と同調して回転していることに気づいた．
溶岩で満たされたクレーター(74km)．

Boss ボス [45.8N,89.2E]
Lewis Boss(1846-1912) アメリカの天文学者．恒星の位置カタログの編纂者．
クレーター(47km)．

Burckhardt ブルクハルト [31.1N,56.5E]
Johann K.Burckhardt(1773-1825) ドイツの天文学者で，時刻に関する仕事に従事した．
クレーター(57km)．

Gauss ガウス [35.9N,79.1E]
Karl Friedrich Gauss(1777-1855) ドイツの有名な数学者，物理学者，測地学者，理論天文学者．ゲッチンゲン天文台の台長．磁力計を発明した．
壁平原(177km)．

Geminus ゲミヌス [34.5N,56.7E]
Geminus(前70頃) ギリシャの天文学者．
目立つクレーター(86km)．

Hahn ハーン [31.3N,73.6E]
Friedrich,Graf von Hahn(1741-1805) ドイツのアマチュア天文家で熱心な観測者．
クレーター(84km)．

Messala メッサラ [39.2N,59.9E]
Ma-sa-Allah(or Mashalla)(815頃没) ユダヤ人の天文学者で占星術者．中世ヨーロッパで使われていたテキストの著者．
壁平原(124km)．

Riemann リーマン [39.5N,87.2E]
Georg Bernhard Riemann(1826-1866) ドイツの数学者で，現代物理学で使われる幾何学のための計算法や，"リーマン幾何学"をまとめあげた．
壁平原の跡(110km)．

Schumacher シューマッハー [42.4N,60.7E]
Heinrich Christian Schumacher(1780-1850) デンマーク生まれのドイツ人天文学者．専門家向けの論文雑誌 Astronomische Nachrichten の創刊者．
あふれた溶岩で浸食されたクレーター(61km)．

Spei,Lacus 希望の湖 [43N,65E]
直径80km．

Zeno ゼノン [45.2N,72.9E]
Zeno(前335頃-前263頃) ギリシャの哲学者および天文学者．日食と月食の原理を正しく説明した．
クレーター(65km)．

16

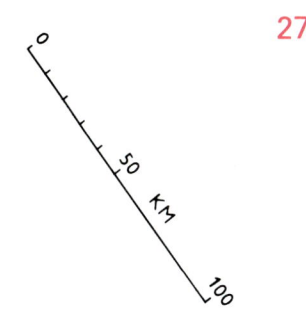

50° N
48°
46° Boss
Mercurius
Zeno
D. A. B.
44°
LACUS SPEI
P. K. V.
Schumacher
42°
K. J.
D.
40° N
E.
Riemann
15
Messala
G. C.
F. D.
38°
B.
Gauss
Beals
A.
A
B. B.
36°
A.
E
D.
C.
Geminus
Bernoulli
C.
34°
F.
Berosus
A.
EA
F.
H. A.
32°
G.
Burckhardt F.
B.
Hahn
30° N
48° 50° E 52° 54° 56° 58° 60° E 62° 64° 66° 68° 70° E 75° 80° E 85° 90° E

26   27

0
50 KM
100

59

17.STRUVE シュトルーヴェ

月面の西の縁は，嵐の大洋 Oceanus Procellarum の西部で，月面図28のオルベルス Olbers から明るい光条が伸びている．このエリアにはソ連の月探査機ルナ13号の軟着陸地点がある．

Balboa バルボア [19.1N,83.2W]
Vasco N.de Balboa(1475頃-1517頃) スペインの探検家および征服者．ヨーロッパ人として最初に太平洋に到達した．
　溶岩のあふれたクレーター(70km)．

Bartels バルテルス [24.5N,89.8W]
Julius Bartels(1899-1964) ドイツの地球物理学者．
　クレーター(55km)．

Briggs ブリッグズ [26.5N,69.1W]
Henry Briggs(1556-1630) イギリスの数学者，ネーピアの対数の使用法を発展させた．
　クレーター(37km)．

Dalton ドルトン [17.1N,84.3W]
John Dalton(1766-1844) イギリスの化学者および物理学者．
　クレーター(61km)．

Eddington エディントン [21.5N,71.8W]
Sir Arthur S.Eddington(1882-1944) イギリスの有名な天体物理学者および数学者．恒星の内部構造と相対論を研究した．
　溶岩のあふれた壁平原の跡(125km)．

Einstein アインシュタイン [16.6N,88.5W]
Albert Einstein(1879-1955) ドイツ生まれ．世界でもっとも偉大な理論物理学者の一人．特殊相対論および一般相対論を生み出した．
　中央に直径45kmのクレーターを持つ壁平原(170km)で，一部は西経90°を越えて秤動ゾーンにある．

Krafft クラフト [16.6N,72.6W]
Wolfgang Ludwig Krafft(1743-1814) ドイツ生まれの天文学者，物理学者．生涯をサンクトペテルブルクで過ごし，研究した．
　溶岩で満たされた底面を持つクレーター(51km)．

Krafft,Catena クラフト・クレーターチェーン [15N,72W]
溝のように並んだクレーターチェーン．長さは60km．

Russell ラッセル [26.5N,75.4W]
(1) John Russell(1745-1806) イギリスの画家，アマチュア天文家，月理学者．
(2) Henry Norris Russell(1877-1957) アメリカの天文学者．ヘルツシュプルング‐ラッセル図の共著者．
　壁平原の跡(103km)．

Seleucus セレウコス [21.0N,66.6W]
Seleucus(前150頃) バビロンの天文学者で，太陽中心説（地動説）を支持した．
　目立つクレーター(43km)．

Struve シュトルーヴェ [23.0N,76.6W]
(1) Friedrich G.Wilhelm von Struve(1793-1864) ドイツ系ロシア人の天文学者．プルコボ天文台の台長．二重星の観測を行い，恒星の視差を測定した．
(2) Otto von Struve(1819-1905) (1)のシュトルーヴェの息子で，プルコボ天文台の台長．
(3) Otto Struve(1897-1963) ロシア生まれのアメリカ人，天体物理学者，フリードリッヒの曾孫．
　溶岩で満たされた壁平原の跡(170km)．

Voskresenskiy ヴォスクレセンスキ [28.0N,88.1W]
Leonid A.Voskresenskiy(1913-1965) ソ連のロケット工学分野での有名な専門家．
　溶岩で満たされたクレーター(50km)．

8

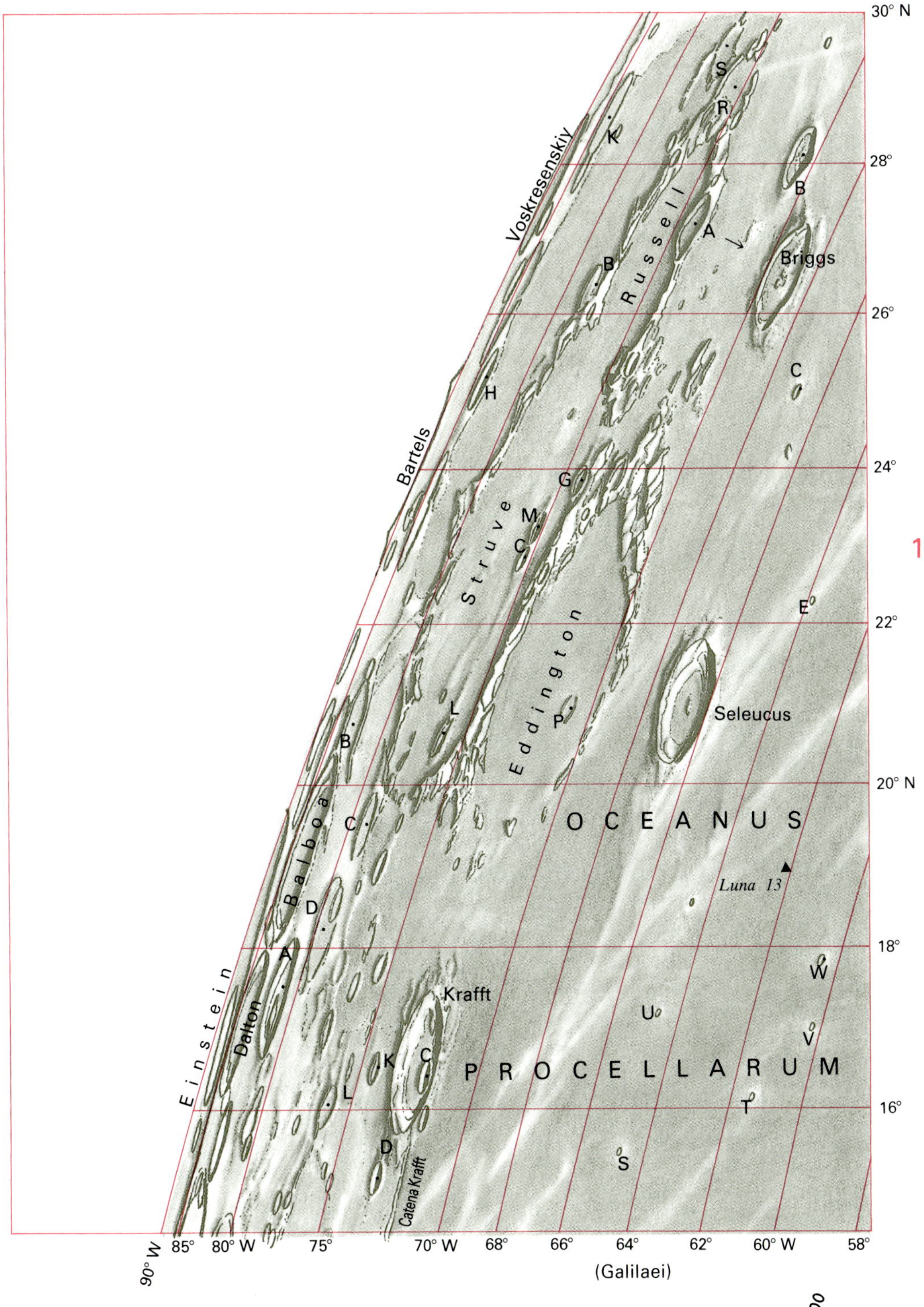
30° N
28°
26°
24°
22°
20° N
18°
16°
Voskresenskiy
Bartels
Einstein
Dalton
Balboa
Struve
Eddington
Russell
Briggs
Seleucus
Krafft
Catena Krafft
OCEANUS
PROCELLARUM
Luna 13
S
R
K
B
A
C
H
G
M
E
L
P
D
U
W
V
T
90° W
85°
80° W
75°
70° W
68°
66°
64°
62°
60° W
58°
(Galilaei)

18

28

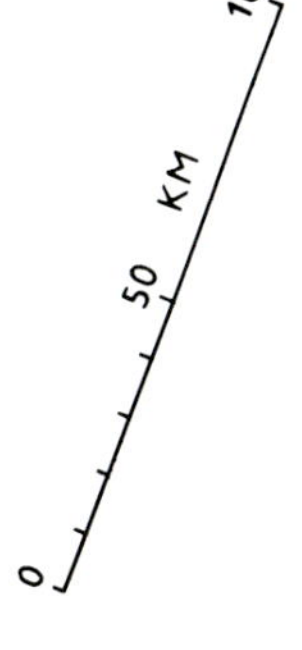
0
50
KM
100

18.ARISTARCHUS アリスタルコス

嵐の大洋 Oceanus Procellarum のこの部分には興味深い地形がある．もっとも目立つのはアリスタルコス Aristarchus だが，シュレーター谷 Vallis Schröteri や，長く曲がりくねったマリウス谷 Rima Marius, アリスタルコス谷 Rimae Aristarchus なども小望遠鏡で認められる．ヘロドトス・オメガ Herodotus ω はいわゆる月のドームで，月面図29のマリウスの周辺に多く見られる．

Agricola, Montes アグリコラ山脈 [29N,54W]
Georgius Agricola(1494-1555) ドイツの医師で博物学者．
　長く伸びた山脈で全長160km．

Aristarchus アリスタルコス [23.7N,47.4W]
Aristarchus(前310頃-前230頃) ギリシャ，サモスの天文学者．地球は太陽の周りを回転し，地軸を中心に自転すると最初に説いた．
　明るいクレーターで，夜の部分にあるときも地球照によって見える．明るい光条システムの中心にある．このクレーターは約 4億5000 万年前にできたと考えられている(40km/3000m)．

Aristarchus, Rimae アリスタルコス谷 [28N,47W]
　細溝の集まりで，長さは120km．

Burnet, Dorsa バーネット尾根 [27N,57W]
Thomas Burnet(1635-1715) イギリスの博物学者．
　リンクルリッジの集まり．長さ200km．

Freud フロイト [25.8N,52.3W]
Sigmund Freud(1856-1939) オーストリアの医師および精神分析学者．
　クレーター(3km)．

Golgi ゴルジ（スキアパレリD）[27.8N,60.0W]
Camillo Golgi(1843-1926) イタリアの医師，ノーベル賞受賞者．
　小クレーター(5km)．

Herodotus ヘロドトス [23.2N,49.7W]
Herodotus(前485頃-前425頃) ギリシャ，ハリカルナッソス（小アジア）の歴史学者で「歴史学の父」と呼ばれる．
　溶岩のあふれたクレーター(35km)．

Herodotus, Mons ヘロドトス山 [27N,53W]
　山麓の直径は5km．

Marius, Rima マリウス谷 [17N,49W]
典型的な曲がりくねった溝（蛇行谷）で，近くにあるマリウス（月面図29）にちなんで名づけられた．この溝はマリウスCの約25km北西から幅約2kmでスタートし，そこから北の方へ曲がり，マリウスBまで進んで西へ向きを変える．そこでは幅は1kmと狭くなる．溝はマリウスPの約40km西で終わり，そこの幅はわずかに500mである．全長はおよそ 250km．

Niggli, Dorsum ニグリ尾根 [29N,52W]
Paul Niggli(1888-1953) スイスの博物学者．
　長さ50kmのリンクルリッジ．

Raman ラーマン（ヘロドトスD）[27.0N,55.1W]
Chandrasekhara V.Raman(1888-1970) インドの物理学者．
　クレーター(11km)．

Schiaparelli スキアパレリ [23.4N,58.8W]
Giovanni V.Schiaparelli(1835-1910) イタリアの天文学者．流星雨と彗星との関係を発見した．1877年に火星の canali（いわゆる"運河"）を発見．火星図のための用語を整理した．
　クレーター(24km)．

Schröteri, Vallis シュレーター谷 [26N,51W]
月面上でもっとも大きい曲がりくねった谷（蛇行谷）で，ドイツの月理学者シュレーターにちなんで名づけられた（クレーターは月面図32を参照）．この谷はヘロドトスの 25km 北からスタートし，何回も蛇行する乾いた川底に似ている．直径 6km のクレーターから始まった谷は幅10kmに広がって，観測者に"コブラの頭"と呼ばれた形になる．ここから徐々に幅を 500m にまで狭め，さらに細くなったところで"大陸"と呼ばれる四角形の地形の端に達し，高さ1000mの断崖で終わる．この平らな底面を持つ谷の全長は160km，最大の深さは約1000mある．この谷の底面にある曲がりくねった細溝は地球から見ることはできない．

Toscanelli トスカネリ（アリスタルコスC）[27.9N,47.5W]
Paolo Dal Pozzo Toscanelli(1397-1482) イタリアの医師で地図の作成者．
　クレーター(7km)．

Toscanelli, Rupes トスカネリ壁 [27N,47W]
　断層の長さは70km．

Väisälä ヴァイサラ（アリスタルコスA）[25.9N,47.8W]
Yrjo Väisälä(1891-1971) フィンランドの天文学者．
　クレーター(8km)．

Zinner ツィンナー（スキアパレリB）[26.6N,58.8W]
Ernst Zinner(1886-1970) ドイツの天文学者．
　クレーター(4km)．

18

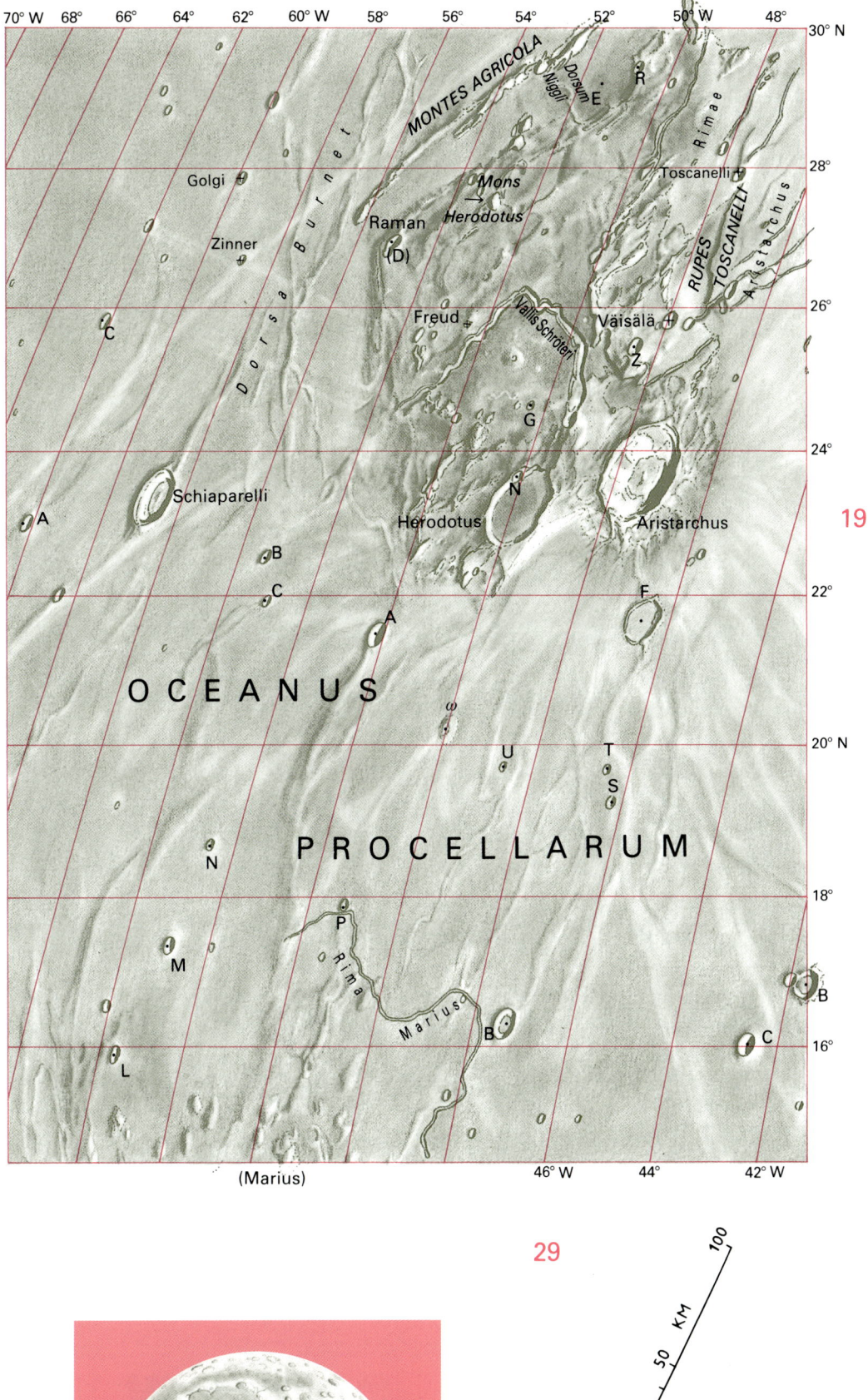

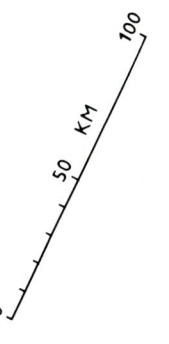

Labels on map:
- 70°W–48°W longitude; 16°–30°N latitude
- MONTES AGRICOLA
- Dorsum Niggli
- Rimae Toscanelli
- RUPES TOSCANELLI
- Golgi
- Zinner
- Raman (D)
- Mons Herodotus
- Toscanelli
- Aristarchus
- Freud
- Vallis Schröteri
- Väisälä
- Dorsa Burnet
- Schiaparelli
- Herodotus
- Aristarchus
- OCEANUS PROCELLARUM
- Rima Marius
- (Marius)

Scale: 0–100 KM

19.BRAYLEY ブレーリー

　雨の海の南西部は，たくさんのリンクルリッジ（しわ状の尾根），コペルニクス Copernicus（月面図31）やアリスタルコス Aristarchus（月面図18）から放たれた明るい光条が見られる．中～大型望遠鏡で興味深いのは，左上のプリンツ Prinz の近くにある曲がりくねった溝（蛇行谷）だ．

Ångström オングストローム [29.9N,41.6W]
Anders J.Ångström(1814-1874) スウェーデンの物理学者．
　クレーター(9.8km/2030m)．

Arduino,Dorsum アルドゥイーノ尾根 [26N,36W]
Giovanni Arduino(1713-1795) イタリアの博物学者．
　リンクルリッジ，長さ110km．

Argand,Dorsa アルガン尾根 [28N,40W]
Emile Argand(1879-1940) スイスの自然研究家．
　リンクルリッジの集まり，長さ150km．

Aristarchus,Rimae アリスタルコス谷 月面図18を参照．

Artsimovich アルツィモヴィチ（ディオファントスA）
[27.6N,36.6W] Lev A.Artsimovich(1909-1973) ソ連の物理学者．
　クレーター(9km/860m)．

Bessarion ベッサリオン [14.9N,37.3W]
Johannes Bessarion(1389-1472) ギリシャの聖職者，哲学者．
　クレーター(10.2km/2000m)．

Brayley ブレーリー [20.9N,36.9W]
Edward W.Brayley(1801-1870) イギリス人で，ロンドンの王立研究所の地球物理学および気象学の教授．
　クレーター(14.5km/2840m)．

Brayley,Rima ブレーリー谷 [23N,36W]
小望遠鏡では見ることのできない幅の狭い溝．長さ240km．

Delisle ドリール 月面図9を参照．

Delisle,Mons ドリール山 [29N,36W]
山麓は直径30km．

Diophantus ディオファントス [27.6N,34.3W]
Diophantus 4世紀頃のギリシャ，アレキサンドリアの数学者．方程式を解くための定理を確立した．
　クレーター(18.5km/2970m)．

Diophantus,Rima ディオファントス谷 [29N,33W]
細溝．長さ140km．

Fedorov フェドロフ [28.2N,37.0W]
A.P.Fiodorov(1872-1920) ロシアのロケット工学の専門家．
　クレーター(7km)．

Harbinger,Montes ハービンガー山脈 [27N,41W]
雨の海の縁に孤立して立つ一群の山々．面積は約90km²．

Imbrium,Mare 雨の海 月面図11（p.48）を参照．

Ivan イヴァン（プリンツB） [26.9N,43.3W]
ロシアの男性の名前．クレーター(4km)．

Jehan ジェアン（オイラーK） [20.7N,31.9W]
トルコの女性の名前．クレーター(4.8km/730m)．

Krieger クリーガー [29.0N,45.6W]
Johann N.Krieger(1865-1902) ドイツの月理学者．引き伸ばされた写真上に，月面地形の詳細を描いた．
　溶岩で満たされたクレーター(22km)．

Louise ルイーズ [28.5N,34.2W]
フランスの女性の名前．クレーター(1.5km)．

Natasha ナターシャ（オイラーP） [20.0N,31.3W]
ロシアの女性の名前．クレーター(12km/290m)．

Prinz プリンツ [25.5N,44.1W]
Wilhelm Prinz(1857-1910) ドイツの月理学者．月面と地球の表面の比較研究を行った．
　溶岩で満たされたクレーターの跡(47km/1010m)．

Prinz,Rimae プリンツ谷 [27N,43W]
曲がりくねった細溝の集まり．大きい望遠鏡で見ることができる（長さは80kmに達する）．

Procellarum,Oceanus 嵐の大洋 月面図29（p.84）を参照．

Rocco ロッコ（クリーガーD） [28.9N,45.0W]
イタリアの男性の名前．クレーター(4.4km/880m)．

Ruth ルース [28.7N,45.1W] ユダヤの女性の名前．
　クレーター(3km)．

T.Mayer トビアス・マイアー [15.6N,29.1W]
Tobias Mayer(1723-1762) ドイツの月理学者．詳細な月面図を作成した．クレーター(33km/2920m)．

Van Biesbroeck ヴァン・ビエスブロック（クリーガーB）
[28.7N,45.6W] George A.Van Biesbroeck(1880-1974) ベルギー生まれのアメリカ人天文学者．クレーター(10km)．

Vera ヴェラ（プリンツA） [26.3N,43.7W]
ラテン語の女性の名前．クレーター(4.9km/180m)．長いプリンツ谷はこのクレーターから始まっている．

Vinogradov,Mons ヴィノグラードフ山（オイラー山）
[22.4N,43.4W] Alexander P.Vinogradov(1895-1975) ソ連の地球化学者．山の集まりで，山麓の直径は25km．

19

Krieger • Angström • Delisle
(B) Rocco • Mons Delisle • Rima Diophantus
Ruth • K • B
Van Biesbroeck • Fedorov • Louise
G • Artsimovich • (A) • C • Diophantus
Rimae Prinz • D
Ivan
(B) • MONTES HARBINGER
Vera
(A)
Prinz • MARE IMBRIUM
Dorsum Arduino
S • E
G
D • Euler
N • Mons Vinogradov • J
Rima Brayley
K • E C • F • Jehan (K)
L • Brayley • B • (P) Natasha
D • D

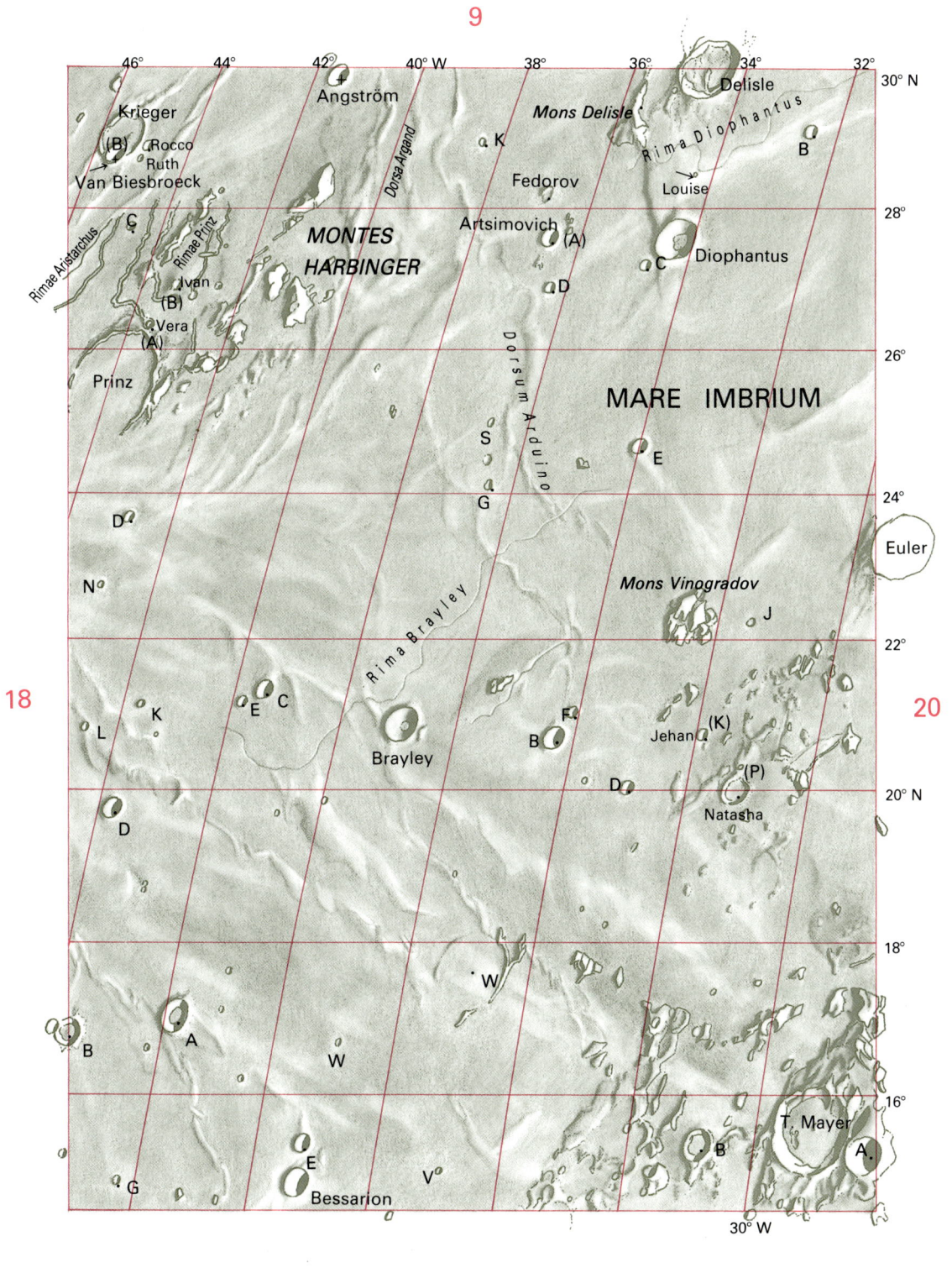

W

B • A • W • T. Mayer
E • B • A
G • Bessarion • V

18   20

30

0 — 50 — 100 KM

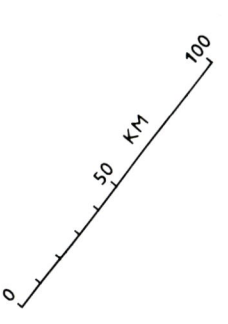

65

20.PYTHEAS ピュテアス

　雨の海の南部は，カルパチア山脈 Carpathian Montes で区切られている．このエリアの複雑な光条は，コペルニクス Copernicus から放射されたものだ．興味深い観測対象として，明暗境界線に近いときだけ見られる"ゴースト・クレーター"ランバート R Lambert R がある．

Artemis アルテミス [25.0N,25.4W]
ギリシャ神話の女神でアポロンの双子の妹．
　クレーター(2km)．

Carpatus,Montes カルパチア山脈 [15N,25W]
雨の海の南の境界に沿っている月の山脈にメドラーが命名した．
　長さ約400km．

Caventou カヴァントゥー（ラ・イールD）[29.8N,29.4W]
Joseph B.Caventou(1795-1877) フランスの化学者，薬学者．
　クレーター(3km/400m)．

Draper ドレーパー [17.6N,21.7W]
Henry Draper(1837-1882) アメリカの天文学者で，天体写真と分光学の創始者の一人．月の写真と恒星のスペクトル写真を撮る．オリオン大星雲の写真を最初に撮影．
　クレーター(8.8km/1740m)．

Euler オイラー [23.3N,29.2W]
Leonhard Euler(1707-1783) スイスの数学者で，純粋数学と応用数学，そして天体力学の分野で活躍した．
　クレーター(28km/2240m)．

Imbrium,Mare 雨の海 月面図11(p.48)を参照．

La Hire,Mons ラ・イール山 [28N,25W]
Philippe de La Hire(1640-1718) フランスの数学者，測量士，および天文学者．
　単独でそびえる大山塊(10×20km)．

Lambert ランバート [25.8N,21.0W]
Johann H.Lambert(1728-1777) ドイツの数学者，天文学者．
　段丘のある周壁を持った目立つクレーター(30km/2690m)．

Pytheas ピュテアス [20.5N,20.6W]
Pytheas of Massalia(前350頃) 遠くイギリスの北部まで渡ったギリシャの航海士．潮汐と月を関連づけた最初のギリシャ人．
　鋭い周壁と，起伏のある底面を持つクレーター(20km/2530m)．

Stille,Dorsa シュティレ尾根 [27N,19W]
Hans Stille(1876-1966) ドイツの博物学者．
　リンクルリッジの集まり．長さ80km．

Verne ヴェルヌ [24.9N,25.3W]
ラテン語の男性の名前．
　クレーター(2km)．

Zirkel,Dorsum ツィルケル尾根 [29N,24W]
Ferdinand Zirkel(1838-1912) ドイツの地質学者，鉱物学者．
　リンクルリッジ．長さ210km．

　小クレーター： **Draper C**　ドレーパー C (7.8km/1610m)
　　　　　　　　Pytheas A　ピュテアス A (6.0km/1180m)
　　　　　　　　Pytheas D　ピュテアス D (5.2km/370m)
　　　　　　　　Pytheas G　ピュテアス G (3.4km/490m)

20

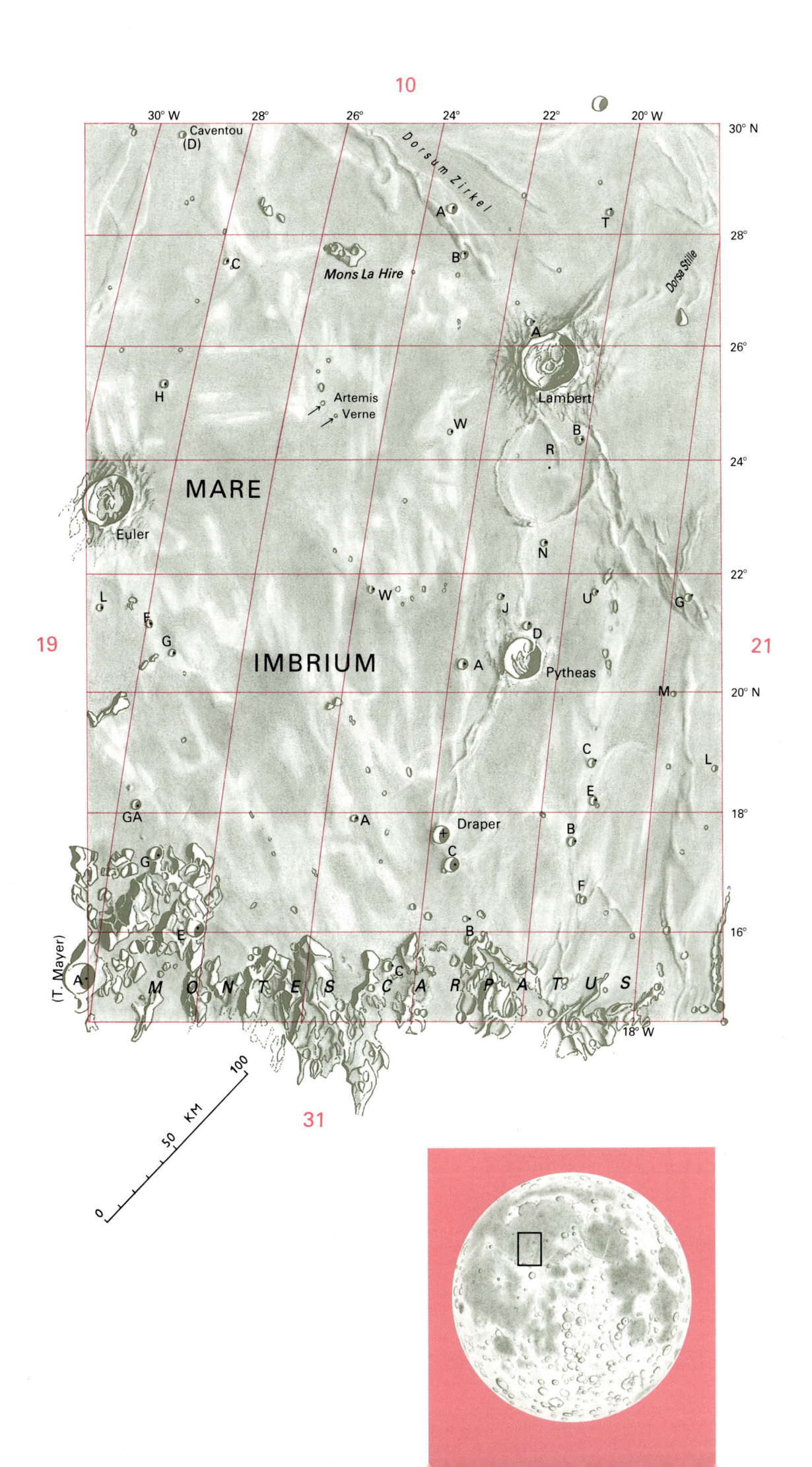

30° W · 28° · 26° · 24° · 22° · 20° W · 30° N

Caventou (D)

Dorsum Zirkel

A · T

28°

C · B°

Mons La Hire

Dorsa Stille

A

26°

H

Artemis
Verne

W

Lambert

B
R

MARE

24°

Euler

N

22°

L · W · J · U · G

F · D

G · A · Pytheas

19 · IMBRIUM · 21

M · 20° N

C · L

E

GA · A · B

G · Draper

C · F

E · B

16°

(T. Mayer)
A · C

MONTES CARPATUS

18° W

0 — 50 — 100 KM

31

67

21.TIMOCHARIS　ティモカリス

雨の海の南東部とアペニン山脈 Montes Apenninus の南西の先が，エラトステネス Eratosthenes で終わっている．満月近くの雨の海の表面は，コペルニクス Copernicus（月面図31）からの明るい光条が見られる．明暗境界線が近くなって斜めの太陽光を受けるときには，ベーア Beer の南南東にある直径約15kmの小さなドームや，リンクルリッジ（しわ状の尾根）の複雑なネットワークが見られる．

Apenninus,Montes アペニン山脈 月面図22を参照．

Bancroft バンクロフト（アルキメデスA） [28.0N,6.4W]
W.D.Bancroft(1867-1953) アメリカの化学者．
　クレーター(13.1km/2490m)．

Beer ベーア [27.1N,9.1W]
Wilhelm Beer(1797-1850) ドイツの月理学者，メドラーの共同研究者で，彼とともに月面図と論文 *Der Mond* を発行した（1837年）．
　鋭い周壁を持つ円形のクレーター(10.2km/1650m)．

Eratosthenes エラトステネス [14.5N,11.3W]
Eratosthenes(前275頃-前195頃) ギリシャの数学者，地理学者，天文学者．地球の円周を最初に求めた．
　大きな段丘壁を持ち，中央丘のある目立つクレーター(58km/3570m)．

Feuillée フーイエ [27.4N,9.4W]
Louis Feuillée(1660-1732)フランスの博物学者，マルセイユ天文台の台長．
　鋭い周壁のある円形のクレーター(9.5km/1810m)．

Heinrich ハインリヒ（ティモカリスA） [24.8N,15.3W]
Vladimír Heinrich(1884-1965) チェコスロバキアの天文学者．
　クレーター(7.4km/1420m)．

Higazy,Dorsum ヒガツィ尾根 [28N,17W]
Riad Higazy(1919-1967) エジプトの博物学者．
　リンクルリッジ．長さ60km．

Imbrium,Mare 雨の海 月面図11(p.48)を参照．

Macmillan マクミラン（アルキメデスF） [24.2N,7.8W]
William Duncan Macmillan(1871-1948) アメリカの数学者，天文学者．
　クレーター(7.5km/360m)．

Pupin プーピン（ティモカリスK） [23.8N,11.0W]
Mihajlo Pupin(1858-1935) ユーゴスラヴィアの物理学者．アメリカ合衆国で研究した．
　クレーター(2km/400m)．

Sampson サンプソン [29.7N,16.5W]
Ralph Allen Sampson(1866-1939) イギリスの天文学者．スコットランドの王立天文台長．
　クレーター(1.5km)．

Timocharis ティモカリス [26.7N,13.1W]
Timocharis(前280頃) ギリシャ，アレキサンドリア学派の天文学者．
　鋭い周壁と段丘のある目立つクレーター(34km/3110m)．

Timocharis,Catena ティモカリス・クレーターチェーン [29N,13W]
　細い鎖状に並んだクレーターで，長さは約50km．

Wallace ウォーレス [20.3N,8.7W]
Alfred R.Wallace(1823-1913) イギリスの博物学者および探検家．
　溶岩があふれたクレーターの跡(26km)．

Wolff,Mons ヴォルフ山 [17N,7W]
Christian von Wolff(1679-1754) ドイツの哲学者および数学者．
　アペニン山脈南西の岬にある山塊．山麓の直径35km．

11
20
22
32
18°
16°
14°
12°
10° W
8°
30° N
28°
26°
24°
22°
20° N
18°
16°
6° W
(Archimedes)
Sampson
Higazy
Dorsum
B
G
Bancroft
(A)
E
Feuillée
A
Beer
Timocharis
R
B
AA
(A)
C
E
Heinrich
(F)
Macmillan
H
W
D
H
(K)
Pupin
MARE IMBRIUM
H
H
Wallace
K
K
A
B
A
C
D
E
F
D
C
Mons Wolf
APENNINUS
B
A
MONTES
Eratosthenes

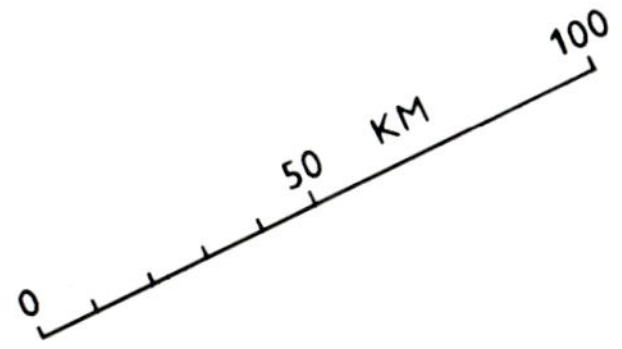
0
50
KM
100

22.CONON コノン

月面最大の山脈，アペニン山脈 Montes Apenninus と，よく目立つアルキメデス Archimedes が，この月面図のほとんどを占めている．アポロ15号の着陸地点は，月面図右上，アペニン山脈の北側に沿ったハドリー谷 Rima Hadley の近くにある．

Ampère, Mons アンペール山 [19N,4W]
André M.Ampère(1775-1836) フランスの物理学者．電流の単位に彼の名前が使われている．
アペニン山脈中央部の山塊．長さ30km.

Apenninus, Montes アペニン山脈 [20N,3W]
雨の海の南東の端にある人目を引く山脈で，ヘヴェリウスが命名した．
アペニン山脈は雨の海の周壁の一部を形成し，山側から海に向かって急な坂になって落ち込んでいる(傾斜約30°)．アペニン山脈から蒸気の海へ向かう斜面はなだらかである．山頂のいくつかは標高5000mを越え，山脈の全長は600kmある．

Aratus アラトス [23.6N,4.5E]
Aratus(前315頃-前245頃) ギリシャの有名な詩人．古代ギリシャの48星座に関してもっとも古い記述を残した．
クレーター(10.6km/1860m).

Archimedes アルキメデス [29.7N,4.0W]
Archimedes(前287頃-前212頃) ギリシャ，シラクサの数学者および物理学者．流体静力学における基礎的な原理を発見した．
段丘のある周壁と溶岩に満たされた底面を持つ，非常に目立つクレーター(83km/2150m).

Archimedes, Montes アルキメデス山脈 [26N,5W]
アルキメデスの南にある山脈で，直径約140km以上の範囲に及ぶ．

Archimedes, Rimae アルキメデス谷 [27N,4W]
アルキメデスの南東にある溝の集まり．長さは約150km.

Bancroft バンクロフト（アルキメデスA） 月面図21を参照．

Běla ベーラ [24.7N,2.3E]
スラブの女性の名前．
ハドリー谷の始まる地点にある長く伸びた形のクレーター(11×2km).

Bradley, Mons ブラッドリー山 [22N,1E]
James Bradley(1692-1762) イギリスの天文学者．恒星の見かけの位置変化から，光行差，章動を発見した．
コノンの近くにある山塊．長さは30km.

Bradley, Rima ブラッドリー谷 [23N,2W]
まっすぐ伸びた溝．長さは130km.

Conon コノン [21.6N,2.0E]
Conon(前260頃) ギリシャの数学者，天文学者．アルキメデスの友人．鋭い周壁を持つ目立つクレーター(22km/2320m).

Conon, Rima コノン谷 [18N,2E]
信頼の入江にある曲がりくねった溝．長さ45km.

Felicitatis, Lacus 幸福の湖 [19N,5E]
直径90km.

Fidei, Sinus 信頼の入江 [18N,2E]
長さ約70km.

Fresnel, Promontorium フレネル岬 [29N,5E]
Augustin J.Fresnel(1788-1827) フランスの物理学者．光学分野で名高い（フレネル・レンズ）．アペニン山脈の北にある岬．

Fresnel, Rimae フレネル谷 [28N,4E]
細溝の集まり．長さ約90km.

Galen ガレノス（アラトスA） [21.9N,5.0E]
Galenos from Pergamum(129頃-200頃) ギリシャの医師．
クレーター(10km).

Hadley, Mons ハドリー山 [27N,5E]
John Hadley(1682-1743) 反射望遠鏡と四分儀(ハドリーの四分儀)に関するイギリス人のパイオニア．
アペニン山脈の北部にある大山塊．長さは25km.

Hadley Delta, Mons ハドリー・デルタ山 [26N,4E]
大山塊で，近くにアポロ15号が着陸した．

Hadley, Rima ハドリー谷 [25N,3E]
曲がりくねった細溝．長さ80km.

Huxley ハックスリー（ウォーレスB） [20.2N,4.5W]
Thomas H.Huxley(1825-1895) イギリスの生物学者．
クレーター(4km/840m).

Huygens, Mons ホイヘンス山 [20N,3W]
Christiaan Huygens(1629-1695) オランダの天文学者および光学機器製作者．土星の環を正しく認めた．
アペニン山脈の中央部にある大山塊．高さ5400m，長さ40km.

Marco Polo マルコポーロ [15.4N,2.0W]
Marco Polo(1254-1324) 極東へ旅したヴェネチアの有名な旅行家．楕円形のクレーターの跡(28×21km).

Putredinis, Palus 腐敗の沼 [27.0N,0]
リッチョーリによる命名．直径180km.

Santos-Dumont サントス・ドゥモン（ハドリーB）
[27.7N,4.8E] Alberto Santos Dumont(1873-1932) ブラジル人のベテラン飛行士．クレーター(9km).

Spurr スパー（アルキメデスK） [27.9N,1.2W]
Josiah E.Spurr(1870-1950) アメリカの地質学者．
溶岩に満たされたクレーターの跡(13km).

Yangel' ヤンゲル（マニリウスF） [17.0N,4.7E]
Mikhail K.Yangel'(1911-1971) ソ連のロケット推進の専門家．
クレーター(9km).

22

Autolycus

Archimedes
Bancroft (A)
Spurr (K)
Promontorium Fresnel
Santos-Dumont
PALUS PUTREDINIS
Rimae Fresnel
MONTES ARCHIMEDES
Rimae Archimedes
Mons Hadley (B)
Apollo 15
Mons Hadley Delta
Rima Hadley
Rima Bradley
Aratus
Mons Bradley
Conon
Galen
Huxley
Mons Ampère
Mons Huygens
MONTES APENNINUS
Rima Conon
LACUS FELICITATIS
SINUS FIDEI
Yangel'
Marco Polo
MARE VAPORUM

21　23

33

0　50　KM　100

23. LINNÉ リンネ

晴れの海の西南部は，小クレーターやリンクルリッジ（しわ状尾根）が多く見られる．その中に，話題の多い神秘的な小クレーター，リンネ Linné がある．スルピキウス・ガルス Sulpicius Gallus の西には，スルピキウス・ガルス谷 Rimae Sulpicius Gallus がヘームス山脈 Montes Haemus と平行に伸びている．

Banting バンティング（リンネE）[26.6N, 16.4E]
Sir Frederick G.Banting(1891-1941) カナダの医師．
クレーター(5km/1100m)．

Bobillier ボビリエ [19.6N, 15.5E]
E.Bobillier(1798-1840) フランスの幾何学者．
クレーター(6.5km/1230m)．

Bowen ボーエン（マニリウスA）[17.6N, 9.1E]
Ira Sprague Bowen(1898-1973) アメリカの天文学者．
平らな底面を持つクレーター(9km)．

Buckland, Dorsum バックランド尾根 [21N, 12E]
William Buckland(1784-1856) イギリスの博物学者．
リンクルリッジ，長さ150km．

Daubrée ドブレ（メネラオスS）[15.7N, 14.7E]
Gabriel-Auguste Daubrée(1814-1896) フランスの地質学者．
溶岩で満たされた底面を持つクレーター(14km/1590m)．

Doloris, Lacus 悲しみの湖 [17N, 9E]
直径110km．

Gast, Dorsum ガスト尾根 [24N, 9E]
Paul Werner Gast(1930-1973) アメリカの地球化学者．
リンクルリッジ，長さ60km．

Gaudii, Lacus 喜びの湖 [17N, 13E]
直径100km．

Haemus, Montes ヘームス山脈 [17N, 13E]
バルカン山脈の古い名前．ヘヴェリウスが命名した．
長さ400km．

Hiemalis, Lacus 冬の湖 [15N, 14E]
直径50km．

Hornsby ホーンズビー [23.8N, 12.5E]
Thomas Hornsby(1733-1810) イギリスの天文学者．
クレーター(3km)．

Joy ジョイ（ハドリーA）[25.0N, 6.6E]
Alfred H.Joy(1882-1973) アメリカの天文学者．
クレーター(6km/1000m)．

Krishna クリシュナ [24.5N, 11.3E]
インドの男性の名前．クレーター(2.8km)．

Lenitatis, Lacus 柔軟の湖 [14N, 12E]
直径80km．

Linné リンネ [27.7N, 11.8E]
Carl von Linné(1707-1778) スウェーデンの植物学者，医師，旅行家．
鋭い周壁を持つ小さな円形のクレーター(2.4km/600m)で，明るい物質で囲まれている．強い光で照らされるとき，明るく輝く白い斑点のように見えるので，地形の大きさと見え方が変化するのだという記録が多く残されている．

Manilius マニリウス [14.5N, 9.1E]
Manilius 前1世紀のローマの詩人．詩 *Astronomicon* の著者．その中にはよく知られた星座についての記述が見られる．
周壁に段丘があり，底面に中央丘がある非常に目立つクレーター(39km/3050m)．

Menelaus メネラオス [16.3N, 16.0E]
Menelaus(100頃) ギリシャ，アレキサンドリアの幾何学者，天文学者．球面三角関数に関して書かれた *Spherica* の著者．
鋭い周壁と中央丘のある目立つクレーター(27km/3010m)．

Odii, Lacus 憎しみの湖 [19N, 7E]
直径70km．

Owen, Dorsum オーエン尾根 [25N, 11E]
George Owen(1552-1613) イギリスの博物学者．
リンクルリッジ．長さ50km．

Serenitatis, Mare 晴れの海 月面図13（p.52）を参照．

Sulpicius Gallus スルピキウス・ガルス [19.6N, 11.6E]
Sulpicius Gallus(前168頃) ローマの執政官，弁論家で学者．マケドニアのピュドナの戦いの晩に月食が起こることを予言した．鋭い周壁を持つ円形のクレーター(12.2km/2160m)．

Sulpicius Gallus, Rimae スルピキウス・ガルス谷
[21N, 10E] 目立つ細溝の集まり．長さ90km．

von Cotta, Dorsum フォン・コッタ尾根 [24N, 12E]
Carl Bernhard von Cotta(1808-11879) イギリスの博物学者．
リンクルリッジ．長さ220km．

注：小クレーター，**Bessel F** ベッセルF(0.5km/50m)と**Bessel G** ベッセルG(1km/70m)は，地球から観測すると単なる明るい斑点のように見える．これらの大きさはルナー・オービター4号によって撮影された写真から求められた．

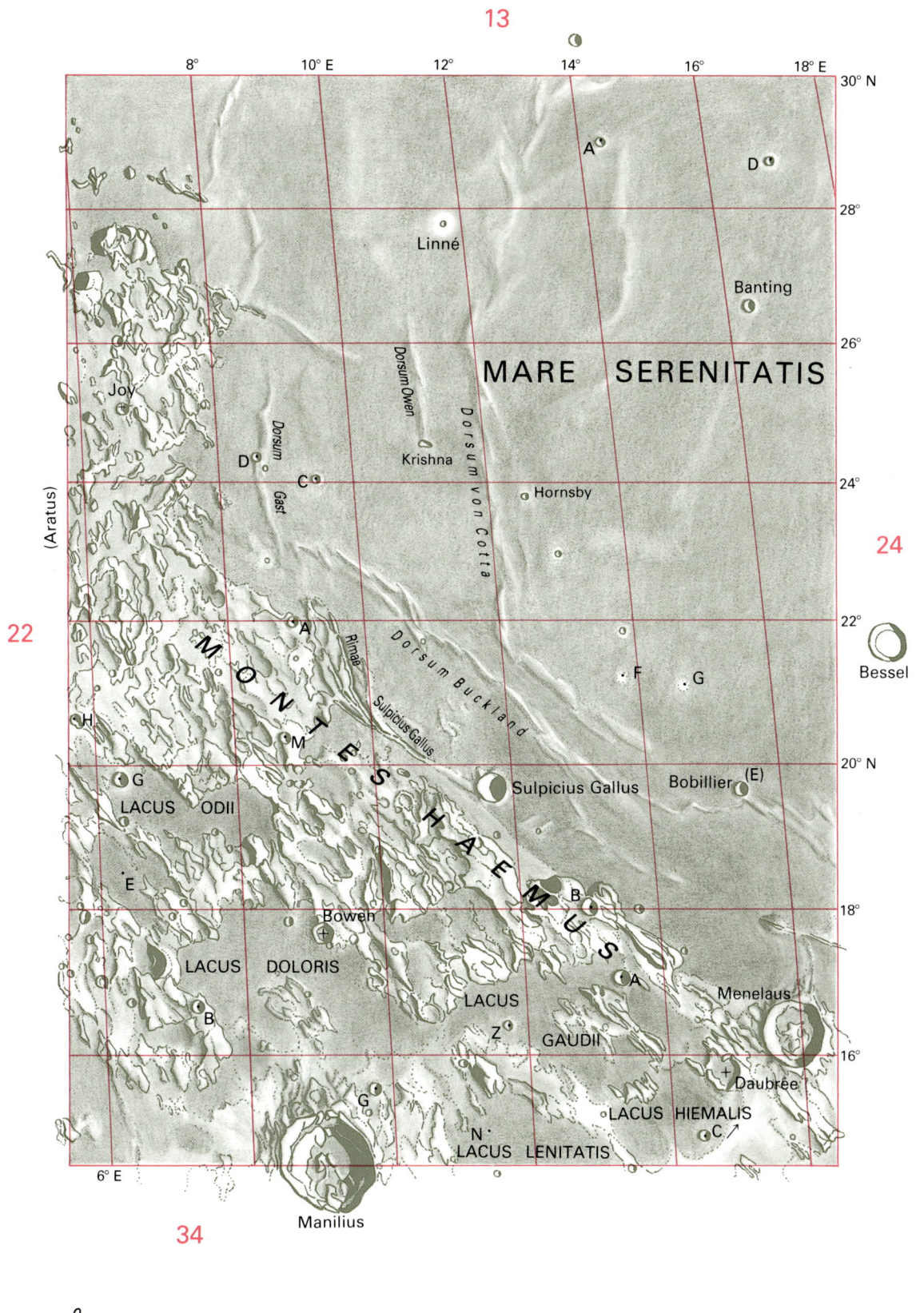

Map 23

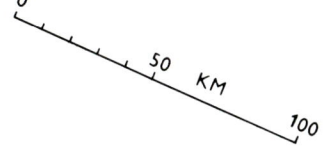

MARE SERENITATIS

Labeled features:
- Linné
- Banting
- Joy
- Dorsum Owen
- Dorsum Gast
- Krishna
- Dorsum von Cotta
- Hornsby
- (Aratus)
- Rimae Sulpicius Gallus
- Dorsum Buckland
- Bessel
- Sulpicius Gallus
- Bobillier (E)
- MONTES HAEMUS
- LACUS ODII
- Bowen
- LACUS DOLORIS
- Menelaus
- LACUS GAUDII
- Daubrée
- LACUS HIEMALIS
- LACUS LENITATIS
- Manilius

Adjacent maps: 13, 22, 24, 34

Scale: 0 – 50 – 100 KM

73

24.BESSEL ベッセル

晴れの海の東部は，リンクルリッジ（しわ状尾根）によって，いくつかに分割されている．長いリンクルリッジが 25°E の子午線に沿って走っているが，ヘビのように曲がりくねっているので，昔はヘビ山脈とも呼ばれた．晴れの海の南端には暗い境界と浅い細溝がたくさん見られる．

Abetti アベッティ [19.9N,27.7E]
(1) Antionio Abetti(1846-1928) (2) Giorgis Abetti(1882-1982) ともにイタリアの天文学者．
　溶岩に埋もれたあまり目立たないクレーター(7km)．

Al-Bakri アル・バクリー 月面図35を参照．

Aldrovandi,Dorsa アルドロヴァンディ尾根 [24N,29E]
Ulisse Aldrovandi(1522-1605) イタリアの博物学者．
　リンクルリッジの集まり．長さ120km．

Archerusia,Promontorium アルケルシア岬 [17N,22E]
黒海の南端にある岬の古い名称．ヘヴェリウスの月面図では，晴れの海と静かの海に記載されている．

Argaeus,Mons アルゲウス山 [19N,29E]
カッパドキアにある山の古い名前．
　大山塊．長さ50km．

Auwers アウヴェルス [15.1N,17.2E]
Arthur von Auwers(1838-1915) ドイツの天文学者．ゴータ天文台の台長．
　溶岩があふれて，北に向かって開いたクレーター(20km/1680m)．

Azara,Dorsum アザラ尾根 [26N,20E]
Felix de Azara(1746-1811) スペインの博物学者．
　リンクルリッジ．長さ110km．

Bessel ベッセル [21.8N,17.9E]
Friedrich Wilhelm Bessel(1784-1846) ドイツの有名な天文学者．恒星の視差を測定した最初の一人（はくちょう座61番星，1838年）．よく目立つクレーター(16km/1740m)．

Borel ボレル（ル・モニエC） [22.3N,26.4E]
Felix E.E.Borel(1871-1956) フランスの数学者．
　クレーター(5km/950m)．

Brackett ブラケット [17.9N,23.6E]
Frederick Sumner Brackett(1896-1972) アメリカの物理学者．
　溶岩に埋もれてあまり目立たないクレーター(9km)．

Dawes ドーズ [17.2N,26.4E]
William R.Dawes(1799-1868) イギリスの医師および天文学者．望遠鏡の解像力テストに使われる実験式に彼の名がつけられた（ドーズの限界）．
　鋭い周壁のあるクレーター(18km/2330m)．

Deseilligny デセリニ [21.1N,20.6E]
Jules A.P.Deseilligny(1868-1918) フランスの月理学者．
　円形クレーター(6.6km/1190m)．

Finsch フィンシュ [23.6N,21.3E]
O.F.H.Finsch(1839-1917) ドイツの動物学者．
　あふれた溶岩に埋もれてあまり目立たないクレーター(4km)．

Lister,Dorsa リスター尾根 [19N,22E]
Martin Lister(1638-1712) イギリスの動物学者．
　リンクルリッジの集まり．長さ290km．

Littrow,Catena リトロー・クレーターチェーン [22N,29E]
月面図25を参照．短いクレーターチェーン．長さ10km．

Menelaus,Rimae メネラオス谷 [17N,17E]
月面図23を参照．細溝の集まり．長さ140km．

Nicol,Dorsum ニコル尾根 [18N,23E]
William Nicol(1768-1851) スコットランドの物理学者．ニコル・プリズムの発明者．リンクルリッジ．長さ50km．

Plinius プリニウス [15.4N,23.7E]
Gaius Plinius Secundus(23-79) ローマの著述家．37巻に及ぶ百科事典 *Historia Naturalis* の著者．ポンペイ滅亡の時に死亡．
　鋭い周壁と段丘，そして底面に中央丘を持っている目立つクレーター(43km/2320m)．

Plinius,Rimae プリニウス谷 [17N,24E]
　目立つ溝の集まり．長さ120km．

Sarabhai サラブハイ（ベッセルA） [24.7N,21.0E]
Vikram Ambalal Sarabhai(1919-1971) インドの天体物理学者．
　クレーター(7.6km/1660m)．

Serenitatis,Mare 晴れの海 月面図13を見よ．

Smirnov,Dorsa スミルノフ尾根 [25N,25E]
Sergei S.Smirnov(1895-1947) ソ連の博物学者．
　かなり幅の広いリンクルリッジの集まり．長さ130km．

Tacquet タケ [16.6N,19.2E]
André Tacquet(1612-1660) ベルギーの数学者．
　円形のクレーター(6.9km/1260m)．

Very ヴェリー（ル・モニエB） [25.6N,25.3E]
Frank W.Very(1852-1927) アメリカの天文学者．
　クレーター(5.1km/950m)．

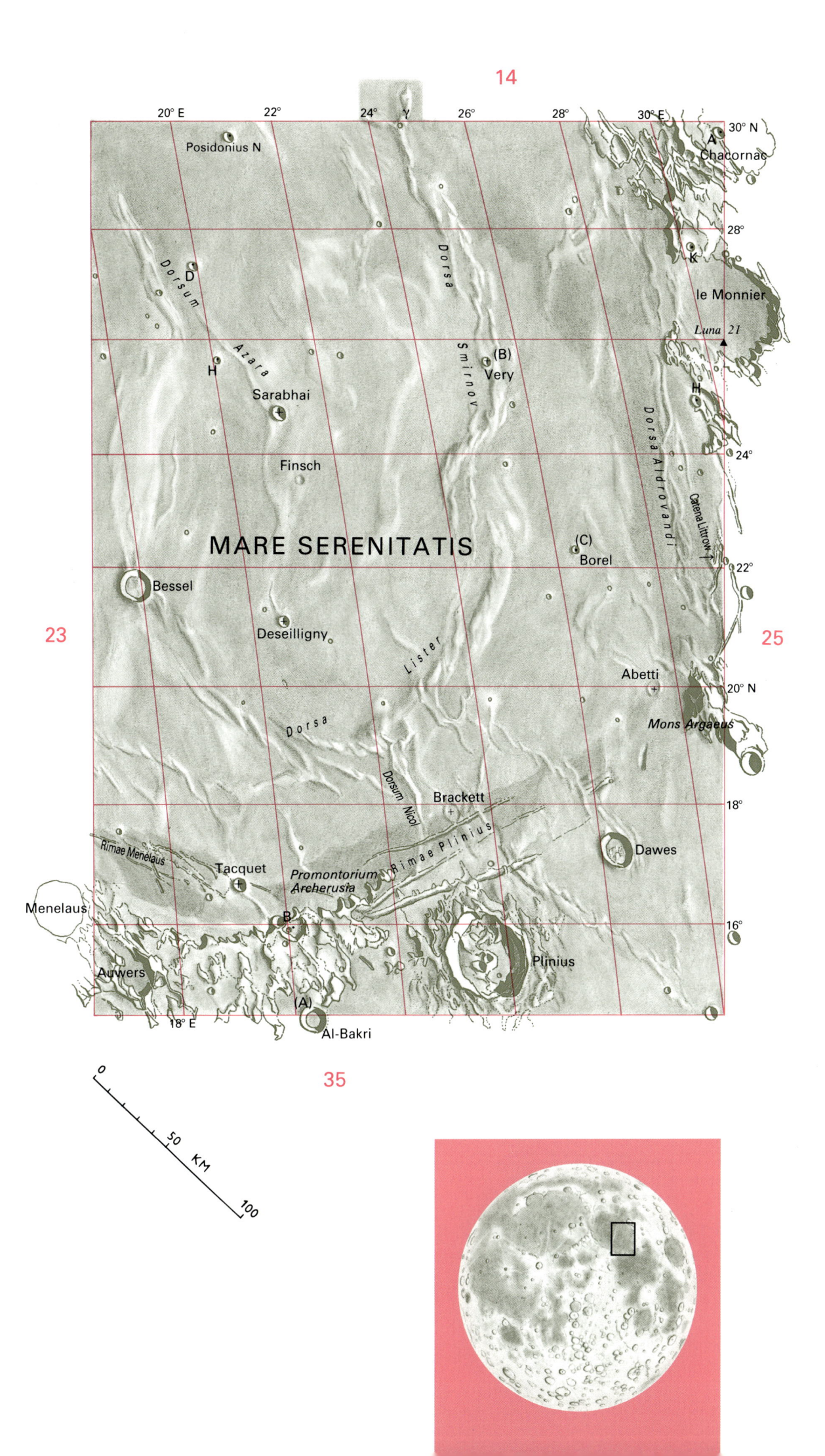

MARE SERENITATIS

25.RÖMER レーマー

このあたりは，晴れの海と静かの海をつなぐ山岳地帯．レーマー Römer は，崩壊した周壁を持つクレーターで，密度の高いクレーター地域に囲まれている．シャコルナク Chacornac, リトロー Littrow のある地域には人目を引く細溝がある．アポロ17号は，リトローの南側の山々の谷間に着陸した．ルナ 21号が運んだ月面車ルノホートが活動したのは，左上に見られるル・モニエ le Monnier（月面図24も参照）の中だ．

Amoris,Sinus 愛の入江 [19N,38E]
静かの海の端から北に向かって250km伸びる．

Argaeus,Mons アルゲウス山 月面図24を参照．

Barlow,Dorsa バーロー尾根 月面図36を参照．

Beketov ベケトフ（ジャンサンC） [16.3N,29.2E]
N.N.Beketov(1827-1911) ロシアの化学者．
クレーター(8.4km/1000m)．

Bonitatis,Lacus 善良の湖 [23N,44E]
直径130km．

Brewster ブルースター（レーマーL） [23.3N,34.7E]
David Brewster(1781-1868) スコットランドの光学機器製作者で，偏光に関する実験を行った．クレーター(11km/2130m)．

Carmichael カーマイケル（マクロビウスA） [19.6N,40.4E]
Leonard Carmichael(1898-1973) アメリカの心理学者．
クレーター(20km/3640m)．

Chacornac シャコルナク 月面図14を参照．

Chacornac,Rimae シャコルナク谷 [29N,32E]
溝の集まり．長さ120km．

Ching-te チン・テ（ケイ・トク） [20.0N,30.0E]
中国人の男性の名前．クレーター(3.9km)．

Clerke クラーク（リトローB） [21.7N,29.8E]
Agnes Mary Clerke(1842-1907) イギリスの天文学者．
クレーター(7km/1430m)．

Esclangon エスクランゴン [21.5N,42.1E]
Ernest B.Esclangon(1876-1954) フランスの天文学者．
あふれた溶岩で周壁が低いクレーター(16km)．

Fabbroni ファブローニ [18.7N,29.2E]
Giovanni V.M.Fabbroni(1752-1822) イタリアの化学者．
クレーター(11.1km/2090m)．

Franck フランク（レーマーK） [22.6N,35.5E]
James Franck(1882-1964) ドイツの物理学者でノーベル賞受賞者．クレーター(12km/2510m)．

Franz フランツ [16.6N,40.2E]
Julius H.Franz(1847-1913) ドイツの天文学者，月理学者．
溶岩に満たされたクレーターで，かなり侵食されている(26km/590m)．

Gardner ガードナー（ヴィトルヴィウスA） [17.7N,33.8E]
Irvine Clifton Gardner(1889-1972) アメリカの物理学者．
平らな底面を持つクレーター(18.4km/3000m)．

Hill ヒル（ヴィトルヴィウスB） [20.9N,40.8E]
George W.Hill(1838-1914) アメリカの天文学者，数学者．
クレーター(16km/3340m)．

Jansen,Rima ヤンセン谷 [15N,29E] 月面図36を参照．
狭い溝で長さ35km．

le Monnier ル・モニエ [26.6N,30.6E]
Pierre Charles le Monnier(1715-1799) フランスの天文学者，物理学者．
非常に暗い底面を持つ溶岩のあふれたクレーター(61km/2400m)．晴れの海に小さな湾を形作る．月面図24も参照．

Littrow リトロー [21.5N,31.4E]
Johann J.von Littrow(1781-1840) オーストリアの天文学者．
周壁が壊れた，溶岩で満たされたクレーター(31km)．

Lucian ルキアノス（マラルディB） 月面図36を参照．

Maraldi マラルディ [19.4N,34.9E]
Giovanni D.Maraldi(1709-1788) イタリアの天文学者．ジョバンニ ドメニコ・カシニの助手．
溶岩で満たされた非常に暗い底面を持つクレーター(40km)．

Maraldi,Mons マラルディ山 [20N,35E]
マラルディの北東にある大山塊．山麓の長径は15kmある．

Newcomb ニューカム [29.9N,43.8E]
Simon Newcomb(1835-1909) カナダ生まれのアメリカ人数学者，天文学者．クレーター(39km/2180m)．

Römer レーマー（レーメル） [25.4N,36.4E]
Olaus Römer(1644-1710) デンマークの天文学者．木星の衛星を観測することによって，初めて光速を測定した．
鋭い周壁と段丘，中央丘を持つ目立つクレーター(40km)．

Römer,Rimae レーマー谷 [27N,35E]
目立つ細溝の集まり．長さ110km．

Taurus,Montes タウルス山脈 [26N,36E]
レーマーの北部にある山岳地域で，ヘヴェリウスが命名した．
山間部の直径は500kmに及ぶ．

Theophrastus テオフラトス（マラルディM） [17.5N,39.0E]
Theophrastus(前372-前287) ギリシャの哲学者，植物学者．
クレーター(9km/1700m)．

Vitruvius ヴィトルヴィウス [17.6N,31.3E]
Marcus Pollio Vitruvius(前1世紀) ローマの建築家，建築書 De Architectura の著者．天文学，物理学，（船の）ドック，日時計に関心を持っていた．
溶岩のあふれたクレーター(30km/1550m)．

Vitruvius,Mons ヴィトルヴィウス山 [19N,31E]
山麓の直径は15km．

25

```
        32° E    34°    36°    38°    40° E    42°    44°    46° E
                                                                          30° N
Rimae                     MONTES                    Newcomb
Chacornac                                                   A    C
                                                                      J
                                          B    E                          28°
                                       A                              G   B
                   A   S              C
le Monnier                           F
                    U   V                        P
Luna 21                                                                   26°
                                      TAURUS
              T                  Römer      N
                        R              D   S         V  U     M
                                         T                X               24°
                           D      (L)
                           P   Brewster                         LACUS
                                 Franck                        BONITATIS
                        A       F                 J                       22°
Clerke          Littrow                 SINUS              Esclangon
                                                              (L)
                                 Mons Maraldi              Hill
                            R            A
           Apollo 17                                       Carmichael     20° N
Ching-te          +Mons                   F
Mons Argaeus       Vitruvius   Maraldi
                                          N                              (Macrobius)
Fabbroni (E)     L                  E         AMORIS
                                                                          18°
                        (A)                         Theophrastus
              Vitruvius   Gardner                                    D
                                                                 Franz
          Beketov        B                  D
           (C)                                                            16°
        D
           R Rima Jansen     Dorsa Barlow
                      L                    Mons Esam   Lucian
        30° E
(Jansen)
```

36

77

26.CLEOMEDES クレオメデス

危機の海 Mare Crisium の北西部は多くの大山塊に囲まれている．斜めから照らされるときには，海の表面に多くのリンクルリッジが見える．満月とその前後にはプロクロス Proclus の光条が目立つ．

Bonitatis, Lacus 善良の湖 月面図25を参照．

Cleomedes クレオメデス [27.7N, 55.5E]
Cleomedes(前1世紀あるいはその後) ギリシャの天文学者．
底面に裂け目のある非常に目立つクレーター(126km)で，中央丘もある．

Cleomedes, Rima クレオメデス谷
クレオメデスの内側にある細溝．長さ30km．

Crisium, Mare 危機の海 月面図27(p.80)を参照．

Curtis カーティス（ピカールZ） [14.6N, 56.6E]
Heber Doust Curtis(1872-1942) アメリカの天文学者．
クレーター(3km)．

Debes デベス [29.5N, 51.7E]
Ernest Debes(1840-1923) ドイツの地図学者．各種の月面図を作成し，発行した．
クレーター(31km)．デベスAとつながっている．

Delmotte デルモット [27.1N, 60.2E]
Gabriel Delmotte(1876-1950) フランスの傑出した月理学者．
クレーター(33km)．

Eckert エッカート [17.3N, 58.3E]
Wallace J.Eckert(1902-1971) アメリカの天文学者．
クレーター(3km)．

Fredholm フレドホルム（マクロビウスD） [18.4N, 46.5E]
Erik Ivar Fredholm(1866-1927) スウェーデンの数学者．
クレーター(15km)．

Lavinium, Promontorium, Olivium, Promontorium ラヴィニウム岬，オリーブ岬 [15N, 49E]
昔の非公式の名称で，今日ではほとんど使われていない．2本の尖った"岬"が，危機の海の西端でお互いに向かい合っている．この二つの岬は浸食された二つのクレーターによって隔てられている．かつては岬がつながっていたといわれるが，そのような橋は存在しない．

Macrobius マクロビウス [21.3N, 46.0E]
Ambrosius T.Macrobius(4世紀) ローマの文法学者で，キケロの *Scipion's Dream* (星への旅)の注釈書の著者であるとされている．
周壁に段丘のある目立つクレーター(64km)．

Oppel, Dorsum オッペル尾根 [19N, 52E]
Albert Oppel(1831-1865) ドイツの古生物学者．
目立つリンクルリッジ．長さ300km．

Peirce パース [18.3N, 53.5E]
Benjamin Peirce(1809-1880) アメリカの数学者，天文学者．
クレーター(18.5km)．

Picard ピカール [14.6N, 54.7E]
Jean Picard(1620-1682) フランスの天文学者．天体暦 *Connaissance des Temps* の作成者．
鋭い周壁を持つ目立つクレーター(23km)．

Proclus プロクロス [16.1N, 46.8E]
Proclus Diadochos(410-485) アテネの哲学者，数学者．
輪郭のはっきりした周壁を持ち，明るい光条システムの中心にある多角形のクレーター(28km/2400m)．

Somni, Palus 眠りの沼 月面図37を参照．

Swift スウィフト（パースB） [19.3N, 53.4E]
Lewis Swift(1820-1913) アメリカの天文学者．
クレーター(11km)．

Tisserand ティスラン [21.4N, 48.2E]
François F.Tisserand(1845-1896) フランスの天文学者で，彗星の軌道を研究した天体力学者．
クレーター(37km)．

Tralles トラレス [28.4N, 52.8E]
Johann G.Tralles(1763-1822) ドイツの物理学者．
クレーター(43km)．

Yerkes ヤーキス [14.6N, 51.7E]
Charles T.Yerkes(1837-1905) シカゴの億万長者．世界でもっとも大きい口径1メートルの屈折望遠鏡を備えた天文台の建造に出資した（ヤーキス天文台，1897年に開設）．
溶岩に満たされたクレーター(36km)．

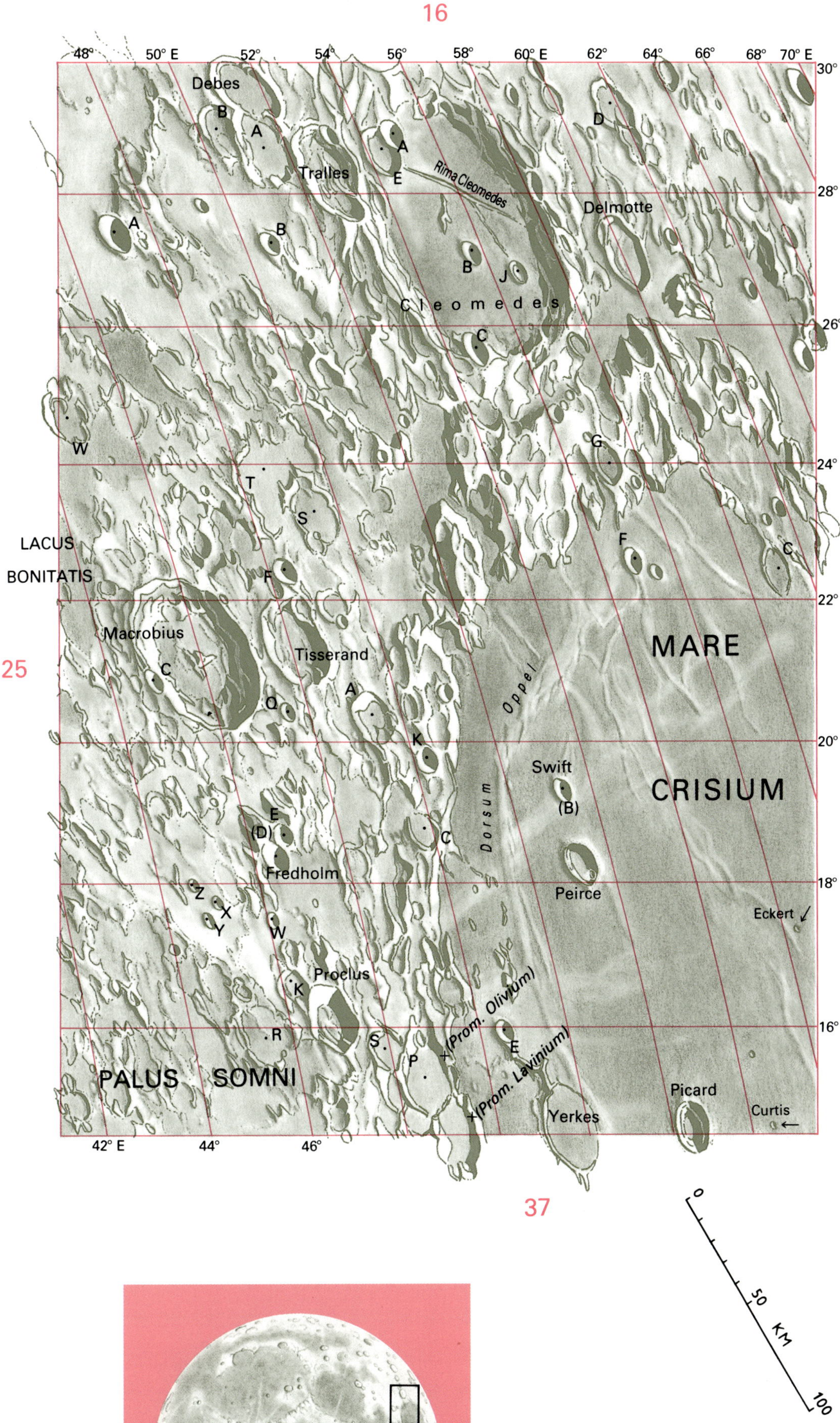
16
48°
50° E
52°
54°
56°
58°
60° E
62°
64°
66°
68°
70° E
30° N
28°
26°
24°
22°
20° N
18°
16°
42° E
44°
46°
Debes
B
A
Tralles
A
E
Rima Cleomedes
D
Delmotte
A
B
B
J
Cleomedes
C
W
G
T
S
LACUS
BONITATIS
F
F
C
Macrobius
C
Tisserand
MARE
25
27
Oppel
A
Q
K
Swift
(B)
CRISIUM
Dorsum
E
(D)
C
Fredholm
Peirce
Z
X
Y
W
Eckert
K
Proclus
(Prom. Olivium)
R
S
P
E
(Prom. Lavinium)
PALUS
SOMNI
Picard
Yerkes
Curtis
37
0
50
KM
100

27.PLUTARCH プルタルコス

危機の海の東北部で，月の東の周縁部．目立つポイントとしてアインマルト Eimmart，アルハゼン Alhazen，プルタルコス Plutarch などがある．秤動による傾きが大きいときに，暗い底面のゴダード Goddard や，縁（ふち）の海 Mare Marginis がはっきり見えることがある．

Alhazen アルハゼン [15.9N,71.8E]
Abu Ali al-Hasan(987-1038) カイロのカリフ・ハーケムに仕えて活躍したアラビア人数学者．
鋭い周壁を持った目立つクレーター(33km)．

Anguis,Mare 蛇の海 [22N,67E]
危機の海の東にある細くて曲がりくねった低地部分にフランツが命名した．
表面積10,000km²，長さ約130km．

Cannon カノン [19.9N,81.4E]
Annie J.Cannon(1863-1941) アメリカの天文学者．恒星のスペクトル分類に寄与した．
溶岩に満たされたクレーターで,明るい底面を持つ(57km)．

Crisium,Mare 危機の海 [17N,59E]
長軸が東西方向に伸び，山脈のような巨大な周壁に囲まれた楕円形の海．表面積は176,000km²（イギリスとほぼ同じ大きさ），直径は570kmである．

Eimmart アインマルト [24.0N,64.8E]
Georg Christoph Eimmart(1638-1705) ドイツの彫刻家で，アマチュア天文家．月面図の製作者．
クレーター(46km)．

Goddard ゴダード [14.8N,89.0E]
Robert H.Goddard(1882-1945) アメリカの物理学者．ロケット工学のパイオニア．
溶岩に満たされたクレーター(89km)で，暗い底面を持つ．

Harker,Dorsa ハーカー尾根 [14N,64E]
Alfred Harker(1859-1939) イギリスの岩石学者．
リンクルリッジの集まり．長さ200km．

Hubble ハッブル [22.1N,86.9E]
Edwin P.Hubble(1889-1953) アメリカの天文学者．銀河を研究し，それらが私たちから遠ざかる速度を観測し，その速度が距離に正比例することから宇宙の膨張を発見した．
部分的に溶岩で満たされたクレーター(81km)．

Liapunov リアプノフ [26.3N,89.3E]
Alexander M.Liapunov(1857-1918) ロシアの数学者．
クレーター(66km)．

Marginis,Mare 縁の海 [12N,88E]
月の東の縁に沿って存在する小さくて不規則な形をした海．フランツが命名した．通常見える表側の月面から裏側にまで広がっている．表面積は62,000km²で，直径は360kmである．

Plutarch プルタルコス [24.1N,79.0E]
Plutarchos(50頃-120頃) ギリシャの哲学者，著述家．プルタルコス自身の対話を集めた *De facie in orbe lunae* の中で，月に関する初期の理論のいくつかを論じた．
目立つクレーター(68km)．

Rayleigh レーリー [29.0N,89.2E]
John W.Strutt Rayleigh(1842-1919) イギリスの物理学者で，光学の研究に対して1904年ノーベル物理学賞を受賞．
月の東の縁に沿った壁平原(107km)．

Seneca セネカ [26.6N,80.2E]
Lucius A.Seneca(前4頃-後65頃) ローマの哲学者，著述家．ネロの教師．その著作 *Quaestiones Naturales* で彗星は天体であると結論した．
不規則な形をした目立たないクレーター(53km)．

Tetyaev,Dorsa テティアエフ尾根 [19N,65E]
Mikhail M.Tetyaev(1882-1956) ソ連の地質学者．
リンクルリッジの集まり．長さは150km．

Urey ユーリー（レーリーA）[27.9N,87.4E]
Harold C.Urey(1893-1981) アメリカの化学者でノーベル賞受賞者．
クレーター(38km)．

81

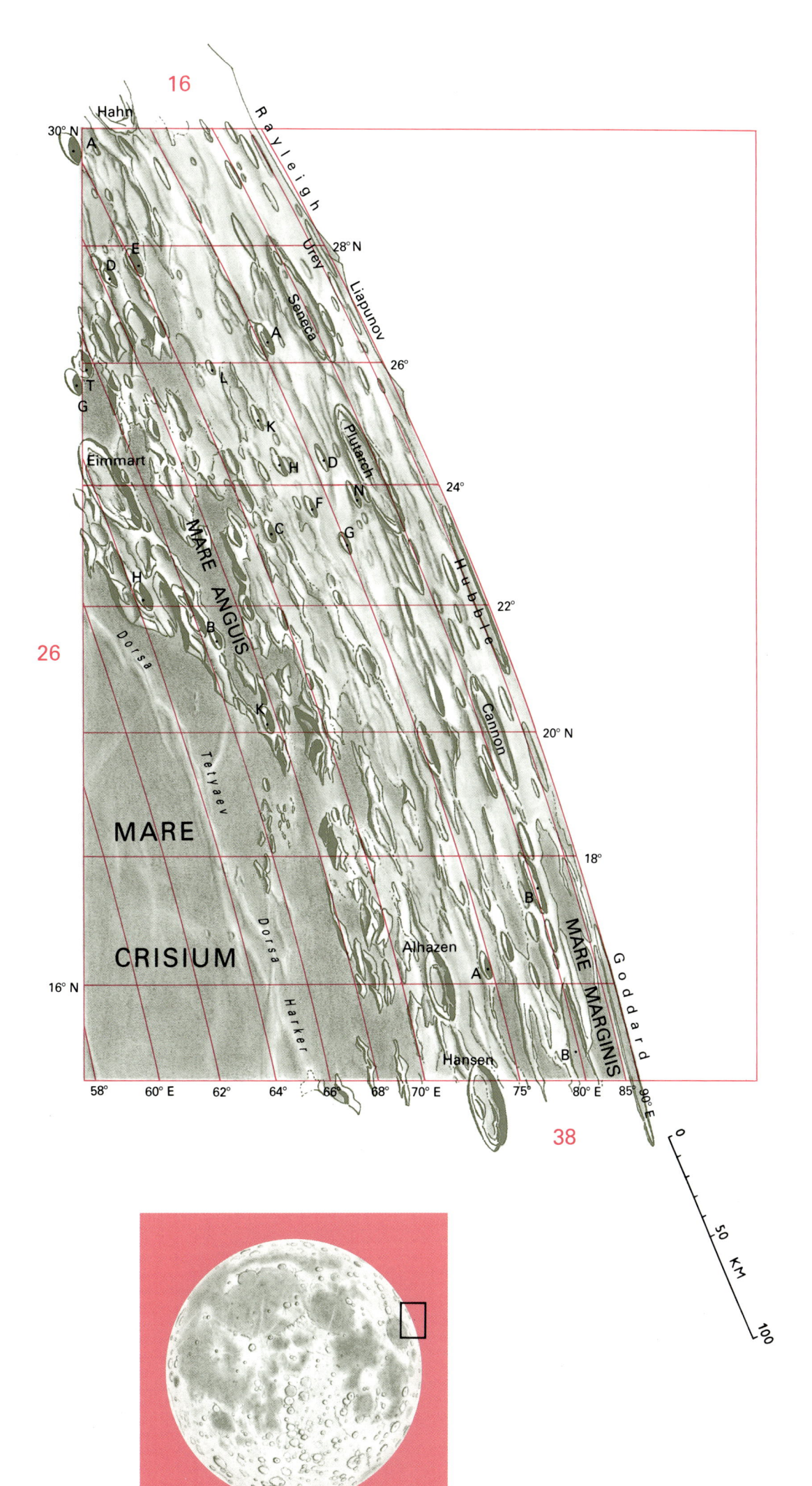

28.GALILAEI ガリレイ

月の西の周縁で，嵐の大洋の西端．大型望遠鏡ならヘヴェリウス Hevelius の底面にある亀裂（細溝）が興味深いが，ライナー・ガンマ Reiner Gamma 付近のユニークな地形も見逃せない．ガリレイの南に，最初の軟着陸に成功したルナ9号の着陸地点がある．

Bohr ボーア [12.8N,86.4W]
Niels H.D.Bohr(1885-1962) デンマークの物理学者で，"ボーアの原子モデル"で知られる．1922年にノーベル物理学賞を受賞．
秤動ゾーンにあるクレーター(71km)．

Cardanus カルダーノ（カルダヌス）[13.2N,72.4W]
Girolamo Cardano(1501-1576) イタリアの数学者，占星術者および医師．
クレーターチェーンによってクラフト（月面図17を参照）とつながったクレーター(50km)．

Cavalerius カヴァリエーリ(カヴァレリウス)[5.1N,66.8W]
Buonaventura Cavalieri(1598-1647) イタリアの数学者で，ガリレオの弟子．
目立つクレーター(58km)．

Galilaei ガリレイ [10.5N,62.7W]
Galileo Galilei(1564-1642) イタリアの有名な物理学者および天文学者．月と惑星を最初に望遠鏡によって観測し，コペルニクスの学説に貢献した．太陽黒点を観測し，木星の衛星を発見した．
鋭い周壁を持つクレーター(15.5km)．

Galilaei,Rima ガリレイ谷 [13N,59W]
曲がりくねった細溝．長さ180km．

Glushko グルーシコ（オルベルスA）[8.4N,77.6W]
V.P.Glushko(1908-1989) ロシアの宇宙科学者．
鋭い周壁のある目立つクレーター(43km)．

Hedin ヘディン [2.9N,76.5W]
Sven A.Hedin(1865-1952) スウェーデンの探検家，旅行家．中央アジアへ遠征した．
壁平原の跡(143km)．

Hevelius ヘヴェリウス [2.2N,67.3W]
Johann Hewelcke(1611-1687) ポーランドの天文学者，月理学者．月の新しい命名法を提案したが，現在ではわずかに六つの名称しか残っていない．
壁平原(106km)．

Hevelius,Rimae ヘヴェリウス谷 [2N,66W]
ヘヴェリウスの内部から南へ伸びた細溝の集まり．長さ190km．

Krafft,Catena クラフト・クレーターチェーン 月面図17を参照．

Olbers オルベルス（オルバース）[7.4N,75.9W]
Heinrich W.H.Olbers(1758-1840) ドイツの医師で，アマチュア天文学者．彗星や小惑星を発見し観測した．
クレーター(75km)．

Planitia Descensus 下降の平原 [7N,64W]
ルナ9号によって最初に軟着陸された場所．嵐の大洋の端にある低い丘の間．

Procellarum,Oceanus 嵐の大洋 月面図29(p.84)を参照．

Reiner Gamma ライナー・ガンマ [8N,59W]
ライナーは月面図29(p.84)を参照．
明るい物質が目立つ，ほとんど平らな地形（ゴースト・クレーター）．

Vasco da Gama ヴァスコ・ダ・ガマ [13.9N,83.8W]
Vasco da Gama(1469-1524) ポルトガルの航海者．喜望峰を回るインドへの航海を最初に達成した．
クレーター(96km)．

17

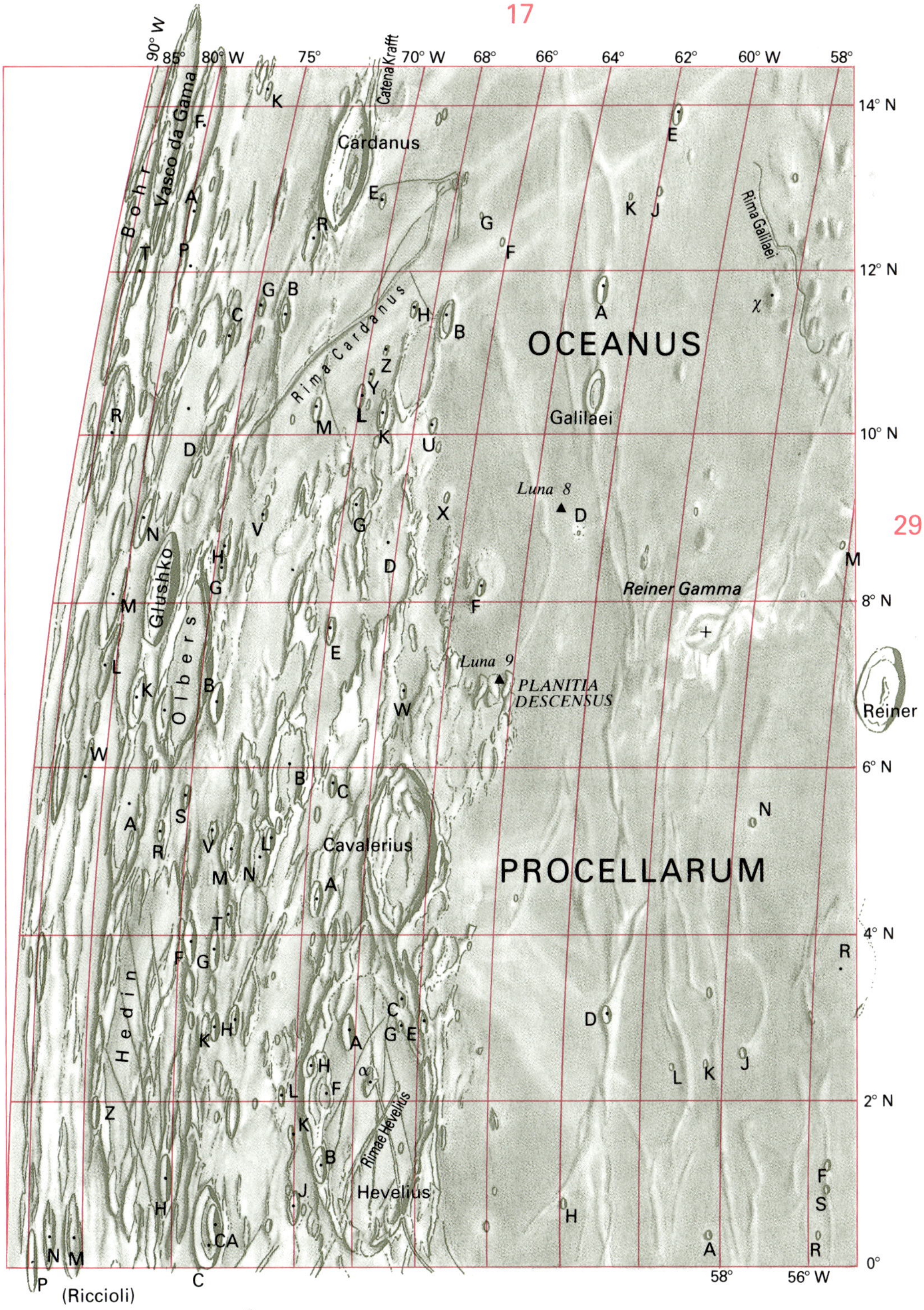
90° W
85°
80° W
75°
70° W
68°
66°
64°
62°
60° W
58°
14° N
12° N
10° N
8° N
6° N
4° N
2° N
0°
58°
56° W
Catena Krafft
Cardanus
Vasco da Gama
B o h r
Rima Cardanus
Rima Galilaei
OCEANUS
Galilaei
Luna 8
Glushko
O l b e r s
Reiner Gamma
Luna 9
PLANITIA
DESCENSUS
Reiner
Cavalerius
PROCELLARUM
H e d i n
Rimae Hevelius
Hevelius
(Riccioli)

29

39

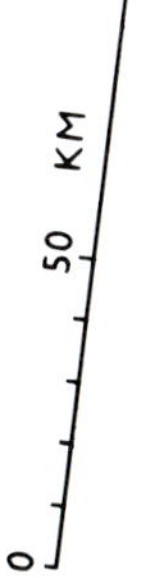
100
KM
50
0

29.MARIUS マリウス

　嵐の大洋 Oceanus Procellarum の西部には，あまり大きなクレーターはないが，マリウス Marius の近くにたくさんのドームが見られる．このエリアの地形は，火山活動の痕跡と考えられることから地質学的に興味深く，アポロ計画の目標の一つに選ばれたが残念ながらその後キャンセルされた．

Maestlin メストリン [4.9N,40.6W]
Michael Möstlin(1550-1631) ドイツの数学者および天文学者．ヨハネス・ケプラーの先生で，彼にコペルニクスの太陽中心説を教えた．
　壁平原の跡である**メストリンR**(60km)の北にある小クレーター(7.1km/1650m)．

Maestlin,Rimae メストリン谷 [2N,40W]
　短くまっすぐ伸びた細溝の集まり．長さ80km．

Marius マリウス [11.9N,50.8W]
Simon Mayer(1570-1624) ドイツの天文学者．木星の衛星を独自に発見した．
　標準的な形をした，溶岩に満たされたクレーター(41km)．小クレーター・**マリウスG**(3.3km)が平らな底面上に存在する．

Procellarum,Oceanus 嵐の大洋
　月面で最大の海．表面積は2,102,000km²あるが，地球上の地中海より小さい．西,北,南の端は比較的境界が明確だが，東の端ははっきりしない．表面には多数のリンクルリッジがある．この海には，標高差が±80mほどという例外的に平坦な場所が直径200kmほどの範囲にわたって存在するが，それはアポロ 15 号によって発見された．ケプラーから放射された明るい光条はこの地域でも見られる．

Reiner ライナー [7.0N,54.9W]
Vincentio Reinieri(?-1648) イタリアの数学者，天文学者．ガリレオの弟子であり友人でもあった．
　目立つクレーター(30km)．

Suess ジュース [4.4N,47.6W]
Eduard Suess(1831-1914) オーストリアの地質学者，月理学者．テクタイトが宇宙のどこから来たかを研究した．
　小クレーター(9.2km)．

Suess,Rima ジュース谷 [6N,47W]
　狭くて曲がりくねった細溝．小型望遠鏡で認めることはできない．長さは200km．

　小クレーター：**Kepler C**　ケプラーC(12.2km/2170m)
　　　　　　　　Kepler D　ケプラーD(10.0km/350m)
　　　　　　　　Kepler E　ケプラーE(5.2km/1000m)
　　　　　　　　Maestlin G　メストリンG(2.8km/670m)
　　　　　　　　Maestlin H　メストリンH(7.1km/1370m)

ケプラー Kepler から放射状に広がる明るい光条は，嵐の大洋の暗い面上でよく目立っている．光条はマリウス Marius 近くまで伸びている．

OCEANUS PROCELLARUM

Marius

Reiner

Suess

Rima Suess

Maestlin

Rimae Maestlin

(Kepler)

(Encke)

Luna 7

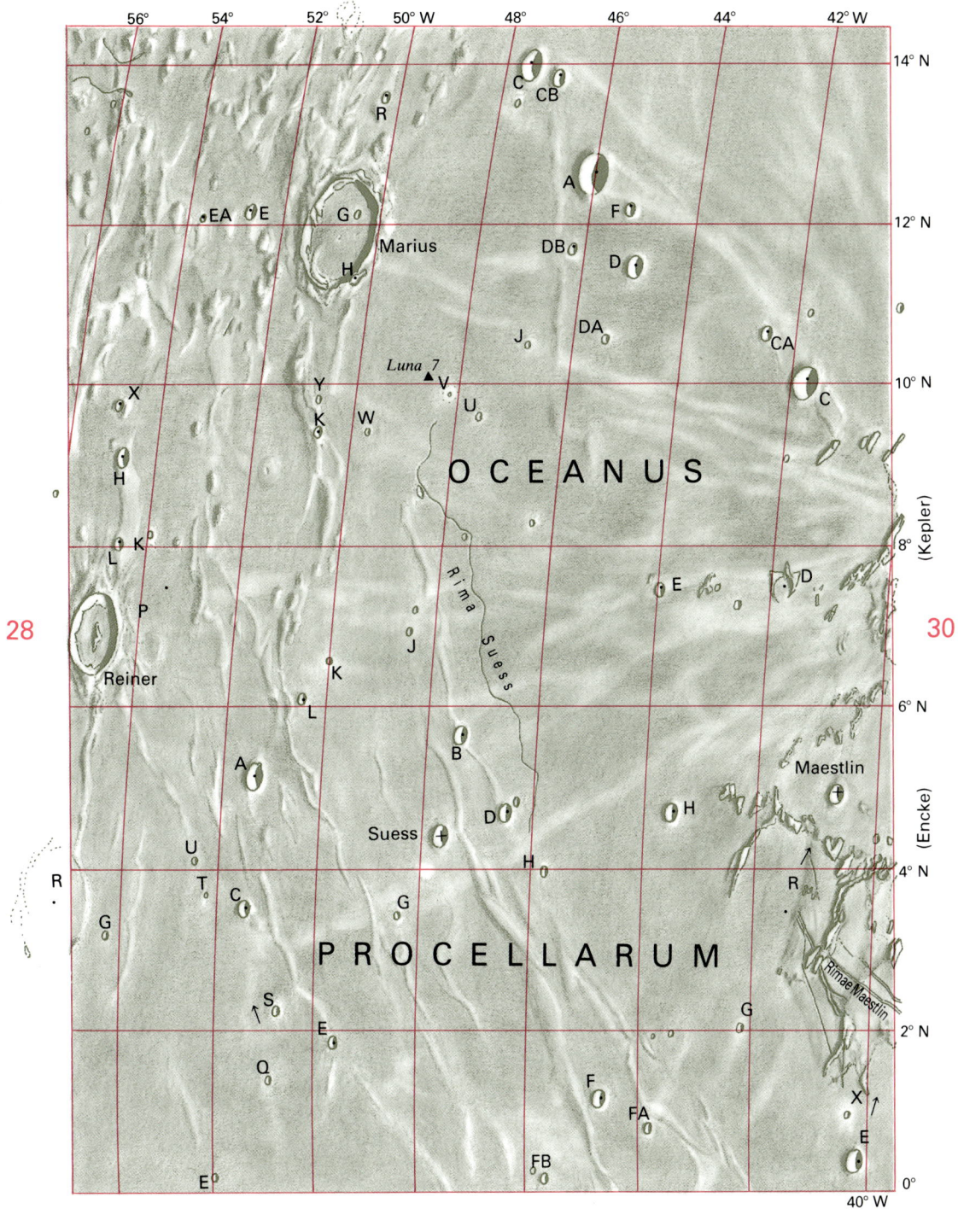

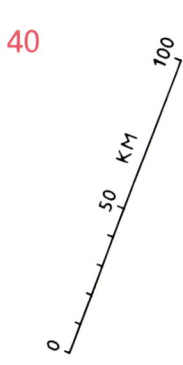

30.KEPLER ケプラー

島の海 Mare Insularum の暗い面上に，ケプラー Kepler とコペルニクス Copernicus（月面図31）という二つのクレーターからの光条が交差している．ホルテンシウス Hortensius の北側にもっとも有名な月のドームのグループがある．小望遠鏡でも認められるドームが，ミリキウス Milichius の西側と北側（月面図19右下角の トビアス・マイアー T.Mayerの南側）にある．

Encke エンケ [4.6N,36.6W]
Johann Franz Encke(1791-1865) ドイツの天文学者．エンケ彗星（最初に発見された短周期彗星）の軌道要素を算出した．
　底面に凹凸の多いクレーター(29km/750m)．小クレーター，エンケ N(3.5km/590m)が西側の周壁にある．

Hortensius ホルテンシウス [6.5N,28.0W]
Martin van den Hove(1605-1639) オランダ人天文学者．アムステルダムで数学の教授．
　鋭い周壁のあるクレーター(14.6km/2860m)．その北の方にはドームが多く見られ，それらのほとんどは頂上に小さなクレーターがある．

Insularum,Mare 島の海 [7N,22W]
1976年にIAUによって承認された名称．
　直径 900km にわたる地域で，西にケプラー，エンケ，東に熱の入江がある．北側はカルパチア山脈が境界になっているが，南の境界ははっきりせず，既知の海とつながっている．この島の海でもっとも大きい"島"はコペルニクスだ．明るい噴出物に囲まれているので，満月近くの強い太陽光に照らされるとその広がりを見ることができる（月面図31,32を参照）．

Kepler ケプラー [8.1N,38.0W]
Johannes Kepler(1571-1630) ドイツの天文学者で独創的な理論家．ティコ・ブラーエの観測を基礎に，惑星の運動に関する三つの法則を打ち立て，これによって彼の名と太陽を回る惑星の動きを記した法則が広まった．
　非常に目立つクレーター(32km/2570m)．光条の中心にあるクレーターで底面は平らでない．

Kunowsky クノヴスキー [3.2N,32.5W]
Georg K.F.Kunowsky(1786-1846) ドイツの法律学者，アマチュア天文家．月と惑星の観測者．
　溶岩で満たされたクレーター(18km/850m)．

Milichius ミリキウス [10.0N,30.2W]
Jacob Milich(1501-1559) ドイツの医師，哲学者，数学者．
　鋭い周壁を持つ環状クレーター(13km/2510m)．

Milichius Pi ミリキウス・パイ
頂上に小さなクレーターを持つ典型的な月ドーム．

Milichius,Rima ミリキウス谷 [8N,33W]
曲がりくねった細溝．小望遠鏡では観測できない．長さは110km．

　小クレーター：**Encke B** 　エンケ B(11.5km/2230m)
　　　　　　　　Hortensius A 　ホルテンシウス A (10.2km/1850m)
　　　　　　　　Hortensius B 　ホルテンシウス B (6.7km/1170m)

トビアス・マイアー・アルファ T.Mayer α と，トビアス・マイアー・ゼータ T.Mayer ζ という二つの山塊にはさまれた幅の広い谷に，ドームのグループが見られる（月面図30の右上角）．これらの地形はいずれも低いので，明暗境界線が近いとき（太陽光が斜めから照らすとき）に限り認めることができる．

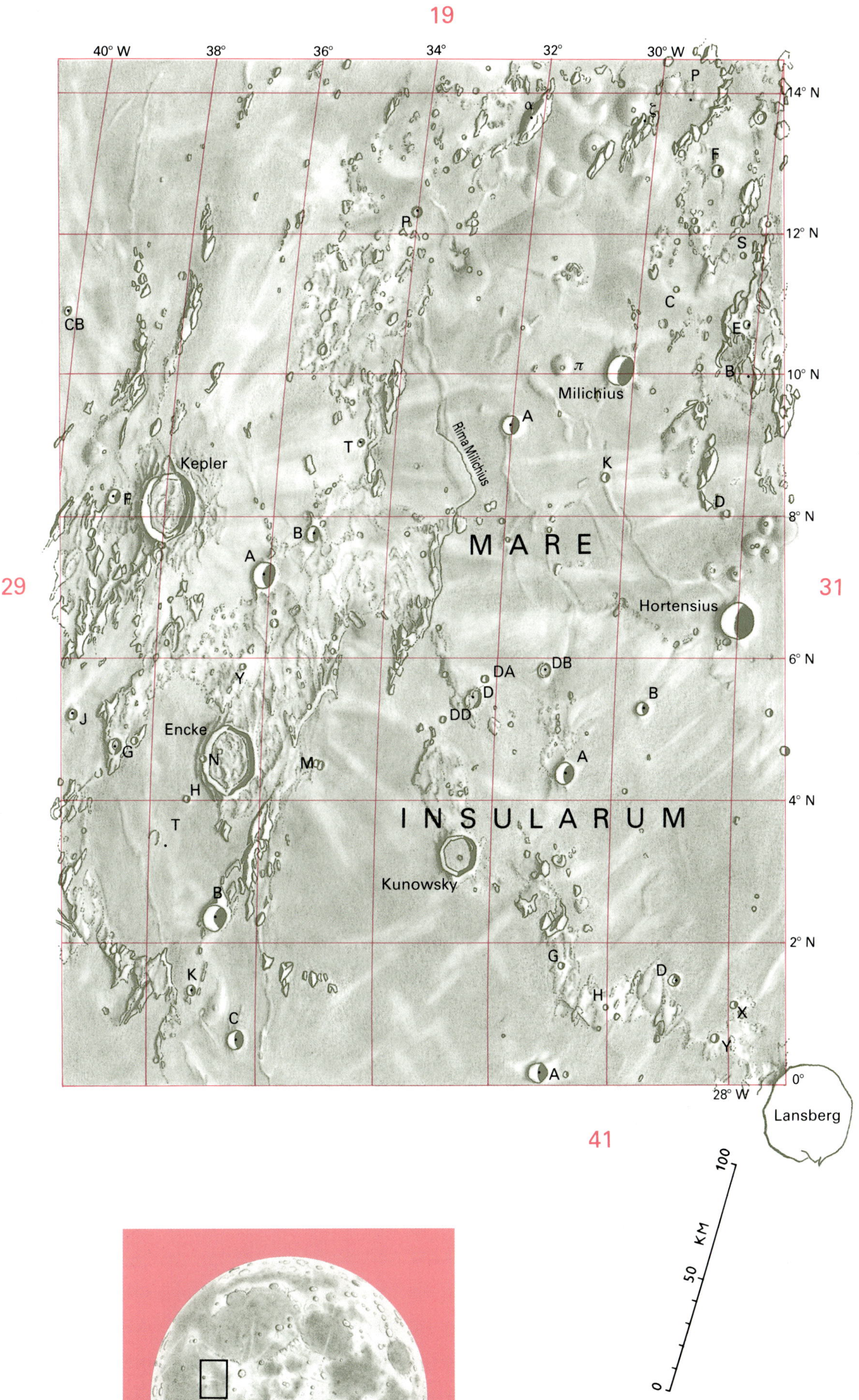
19
40° W
38°
36°
34°
32°
30° W
14° N
12° N
10° N
8° N
6° N
4° N
2° N
0°
28° W
29
31
41
P
α
ζ
F
R
S
C
CB
E
π
B
Milichius
A
Rima Milichius
T
Kepler
K
D
B
MARE
A
Hortensius
DA
DB
Y
D
B
J
DD
Encke
G
N
M
A
H
T
INSULARUM
Kunowsky
B
G
D
K
H
X
C
Y
A
Lansberg
0
50
KM
100

31.COPERNICUS コペルニクス

　コペルニクスは月面でもっともよく知られた典型的なクレーターだ．雨の海 Mare Imbrium を横切って伸びる明るい光条（月面図20-21）の中心にコペルニクスがある．コペルニクスの西側に，独立したたくさんの山のグループが見られるが，高さ数百メートルのものもある．

Carpatus,Montes カルパチア山脈 [15N,25W]
　雨の海の南端にある山脈．メドラーが命名したこの山脈は，ほぼ東西方向に伸びて全長は約400kmある．高さが1000mから2000mの範囲の独立峰や山頂がいくつもある山塊によって構成されている（月面図19,20も参照）．

Copernicus コペルニクス [9.7N,20.0W]
Niklas Copernicus(1473-1543) ポーランドの有名な天文学者で，現代天文学の創始者の一人．彼の太陽を中心とする地動説は，主要著書『天体の回転について』(1543)で解説されている．

　直径 93km，深さ 3760m の環状山で，周壁には何重もの段丘が見られる．比較的平らな底面には高さ 1200m ほどの中央丘がいくつかあり，周壁の高さは 900m はある．

Fauth ファウト [6.3N,20.1W]
Philipp J.H.Fauth(1867-1941) ドイツの有名な月理学者．惑星の観測者であり月面図の作成者．

　二重クレーター・**ファウト**と**ファウトA**は鍵穴のような形をしている．ファウトは直径12.1kmで深さ1960m，ファウトAは直径 9.6km で深さ 1540m．

Gay-Lussac ゲイ・リュサック [13.9N,20.8W]
Joseph Louis Gay-Lussac(1778-1850) フランスの物理学者および化学者（ゲイ・リュサックの法則）．

　カルパチア山脈の南端にあるクレーターで，周壁がやや崩壊しかけている(26km/830m)．

Gay-Lussac,Rima ゲイ・リュサック谷 [13N,22W]
　広くて目立つ溝．長さ40km．

Insularum,Mare 島の海 月面図30を参照．

Reinhold ラインホルト [3.3N,22.8W]
Erasmus Reinhold(1511-1553) ドイツの数学者，天文学者．周壁に段丘のある目立つクレーター(48km/3260m)．

　小クレーター：
- **Copernicus H コペルニクス H** (4.6km/870m)
  暗いハローを持つクレーター．
- **Gambart A　ガンバール A** (12km/2440m)
- **Gay-Lussac A　ゲイ・リュサック A** (14km/2550m)
- **T.Mayer C　トビアス・マイアー C** (15.6km/2510m)
- **T.Mayer D　トビアス・マイアー D** (8.6km/1470m)

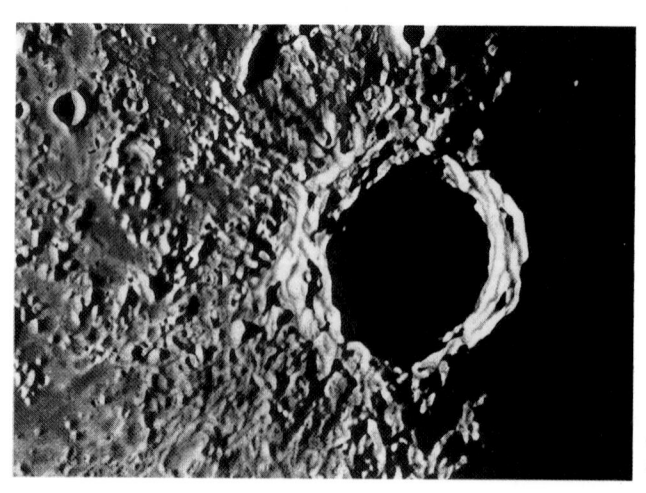

コペルニクスは，日の入りの少し前に素晴らしい眺めとなる．そのときは底面のすべてが影の中に姿を隠し，東側の壁の一部が細くなって明るく輝く三日月のように見える．

31

MONTES CARPATUS

Gay-Lussac
Rima Gay-Lussac
Copernicus
Fauth
Hortensius
MARE INSULARUM
Reinhold
Gambart
Lansberg

32.STADIUS スタディウス

　右上の，熱の入江 Sinus Aestuum の暗くて単調なエリアは，いくつかの興味深い地形に囲まれている．もっとも素晴らしいのは，美しいクレーターで知られるエラトステネス Eratosthenes だ．エラトステネスの南西から突き出た山脈が，沈んだ"ゴースト・クレーター"スタディウス Stadius の方向に向かっている．このあたりから北西に向かってクレーターチェーンが見られる．中央下やや左のガンバールC Gambart C のすぐ近くにドームが一つはっきり見える．ガンバールC の近くには無人月面探査機サーベイヤー2号の着陸地点もある．

Aestuum,Sinus 熱の入江 [12N,8W]
"海"のように非常になめらかな地域だが，部分的には目立たないリンクルリッジと微小クレーターによって構成されている．表面積は 40,000km²，直径約 230km．

Eratosthenes エラトステネス（月面図21を参照）．
エラトステネスと隣のクレーター跡スタディウスの二つは，まったく異なる対照的な姿を見せてくれる．エラトステネスは斜めの太陽光に照らされたときにはよく目立つが，満月近くの垂直な太陽光の下では，スタディウスと同じようにほとんど目立たなくなる（p.14の図11を参照）．

Gambart ガンバール [1.0N,15.2W]
Jean F.Gambart(1800-1836) フランスの天文学者．13個の彗星を発見した．

美しい周壁を持つ，溶岩で満たされたクレーター(25km/1050m)．

Insularum,Mare 島の海 月面図30を参照．

Schröter シュレーター [2.6N,7.0W]
Johann H.Schröter(1745-1816) ドイツの月理学者で，経験豊かな観測者．*Selenotopographische Fragmente* の著者．月面上の多数の裂け目と細溝を発見した．

かなり崩れた周壁を持つクレーターで，壁の南側が開いている(34.5km)．

Schröter,Rima シュレーター谷 [1N,6W]
細溝．長さ40km．

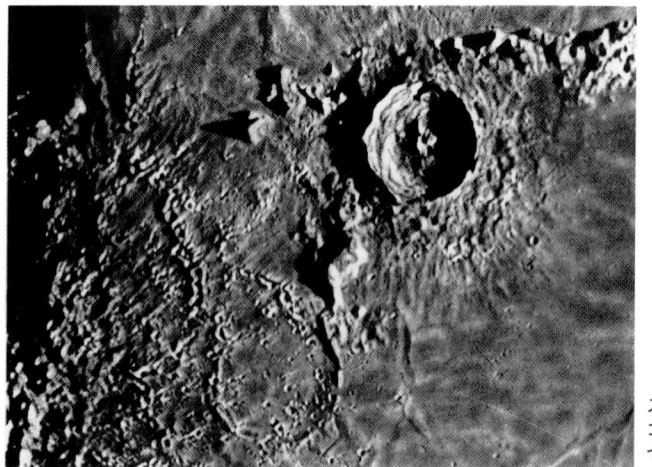

Sömmering ゼンメリング [0.1N,7.5W]
Samuel T.Sömmering(1755-1830) ドイツの外科医および自然学者．

かなり崩壊した周壁を持つクレーター(28km)．

Stadius スタディウス [10.5N,13.7W]
Jan Stade(1527-1579) ベルギーの数学者，天文学者．惑星表 *Tabulae Bergenses* の著者．

部分的に残った低い周壁と，微小クレーターの連なりがつくる環状のくぼみで成り立つクレーター跡．直径69km，北東の壁の高さは650m．

小クレーター： **Gambart B** ガンバール B(11.5km/2170m)
　　　　　　　Gambart C ガンバール C(12.2km/2300m)
　　　　　　　Schröter A シュレーター A
　　　　　　　(4.2km/620m)
　　　　　　　Schröter W シュレーター W
　　　　　　　(10.1km/610m)

スタディウスの周辺に見られる多くのクレーターチェーンは，隕石の衝突で誕生したコペルニクスの噴出物によってできた二次的クレーターだと考えられる．右上の目立つクレーターはエラトステネス．

32

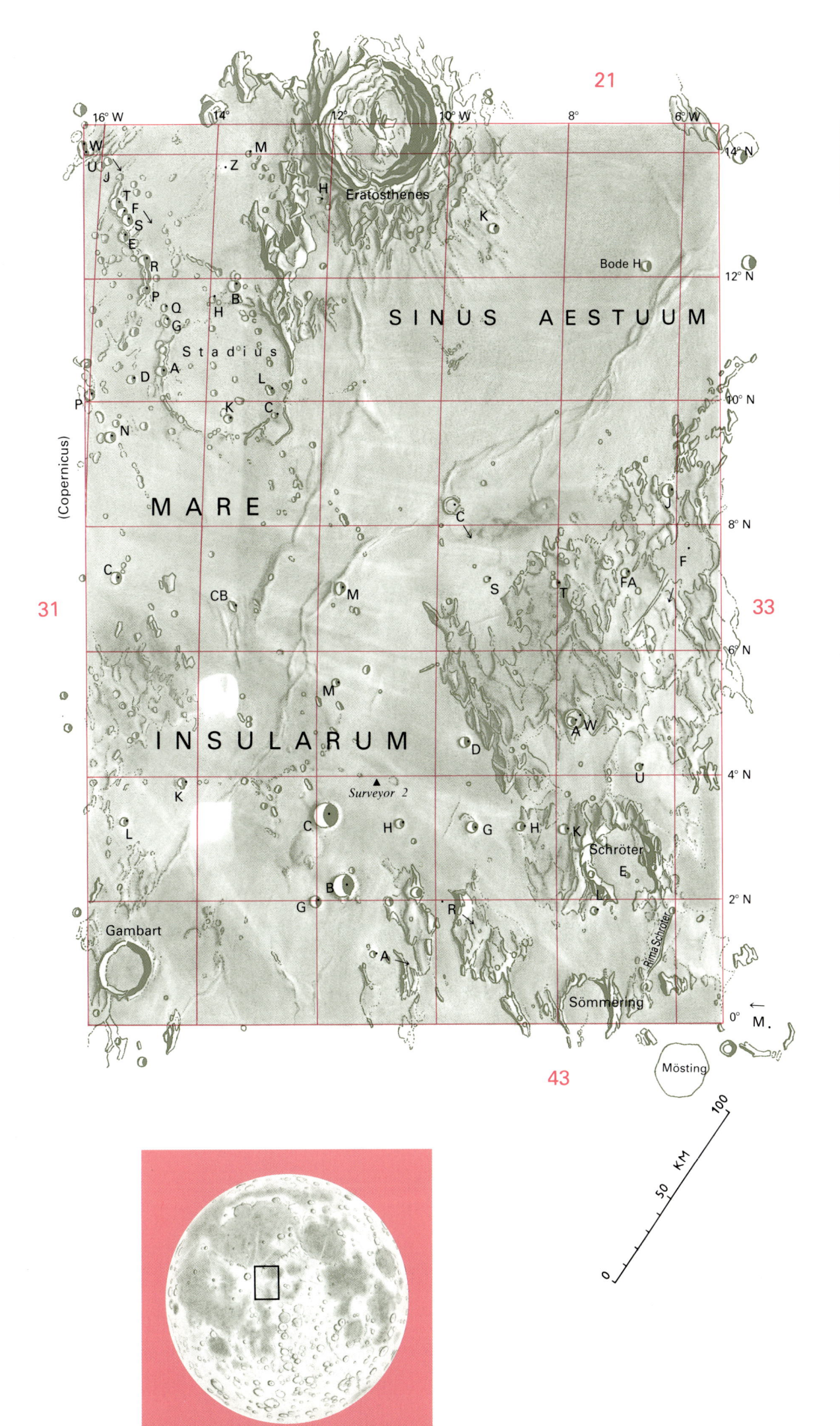

Eratosthenes

SINUS AESTUUM

(Copernicus)

Stadius

MARE

INSULARUM

Surveyor 2

Schröter

Gambart

Sömmering

Rima Schröter

Mösting

33.TRIESNECKER トリスネッカー

　このあたりは，蒸気の海 Mare Vaporum，中央の入江 Sinus Medii，熱の入江 Sinus Aestuum に囲まれた"陸地"のエリアである．トリスネッカー Triesnecker の周辺に細溝の複雑なシステムが見られる．トリスネッカーの北西には月面探査機サーベイヤー4号と6号の着陸地点がある．

Aestuum, Sinus 熱の入江 月面図32を参照．

Blagg ブラッグ [1.3N, 1.5E]
Mary Adela Blagg(1858-1944) イギリスの月理学者．1935年IAUによって採用された現代の月理用語の準備に重要な役割を果たした．
　小クレーター(5.4km/910m)．

Bode ボーデ [6.7N, 2.4W]
Johann E.Bode(1747-1826) ドイツの天文学者．"ボーデの法則"は太陽から個々の惑星までの距離の関係を示している．
　クレーター(18.6km/3480m)．

Bode, Rimae ボーデ谷 [10N, 4W]
大型望遠鏡によって見ることができる細溝の集まり．

Bruce ブルース [1.1N, 0.4E]
Catherine W.Bruce(1816-1900) 美術や科学を支援したアメリカ人で，天文学者や天文関係の施設に対して国内外で援助を行った．
　小クレーター(6.7km/1260m)．

Chladni クラドニ [4.0N, 1.1E]
Ernst F.F.Chladni(1756-1827) ドイツの物理学者．1794年，隕石は宇宙から来たものであることを初めて実証してみせた．"クラドニの図形"は音の振動に関するものである．
　クレーター(13.6km/2630m)．

Medii, Sinus 中央の入江
表側の月面の中央にある小さな海にメドラーが命名した．
　表面積 52,000km^2，直径 350km．

Murchison マーチスン [5.1N, 0.1W]
Sir Roderick I.Murchison(1792-1871) スコットランドの軍人，地質学者および地理学者．
　周壁がかなり崩壊してはっきりしないクレーター(58km)．

Pallas パラス [5.5N, 1.6W]
Peter Simon Pallas(1741-1811) ドイツの博物学者および探検家．クラスノヤルスクの近くで"パラスの隕石"を発見した．
　クレーター(50km/1260m)．

Rhaeticus レティクス [0N, 4.9E]
Georg Joachim von Lauchen(1514-1576) ドイツの数学者，天文学者．コペルニクスの弟子．
　壁が崩壊した変形クレーター(43×49km)．

Triesnecker トリスネッカー [4.2N, 3.6E]
Franz von Paula Triesnecker(1745-1817) オーストリアの数学者，天文学者．
　中央丘のある目立つクレーター(26km/2760m)．

Triesnecker, Rimae トリスネッカー谷 [5N, 5E]
もっとも有名な細溝の集まりで，小望遠鏡でも認めることができる．南北の全長はおよそ 200km ある．

Ukert ウケルト [7.8N, 1.4E]
Friedrich A.Ukert(1780-1851) ドイツの歴史学者，言語学者．
　クレーター(23km/2800m)．

Vaporum, Mare 蒸気の海 [13N, 3E]
アペニン山脈の南東にある環状の海．命名はリッチョーリ．
表面積 55,000km^2，直径約 230km．

　小クレーター：**Bode A** ボーデ A(12.3km/2820m)
　　　　　　　　Bode B ボーデ B(10.2km/1780m)
　　　　　　　　Bode C ボーデ C(7.0km/1300m)
　　　　　　　　Pallas A パラス A(10.6km/2080m)

33

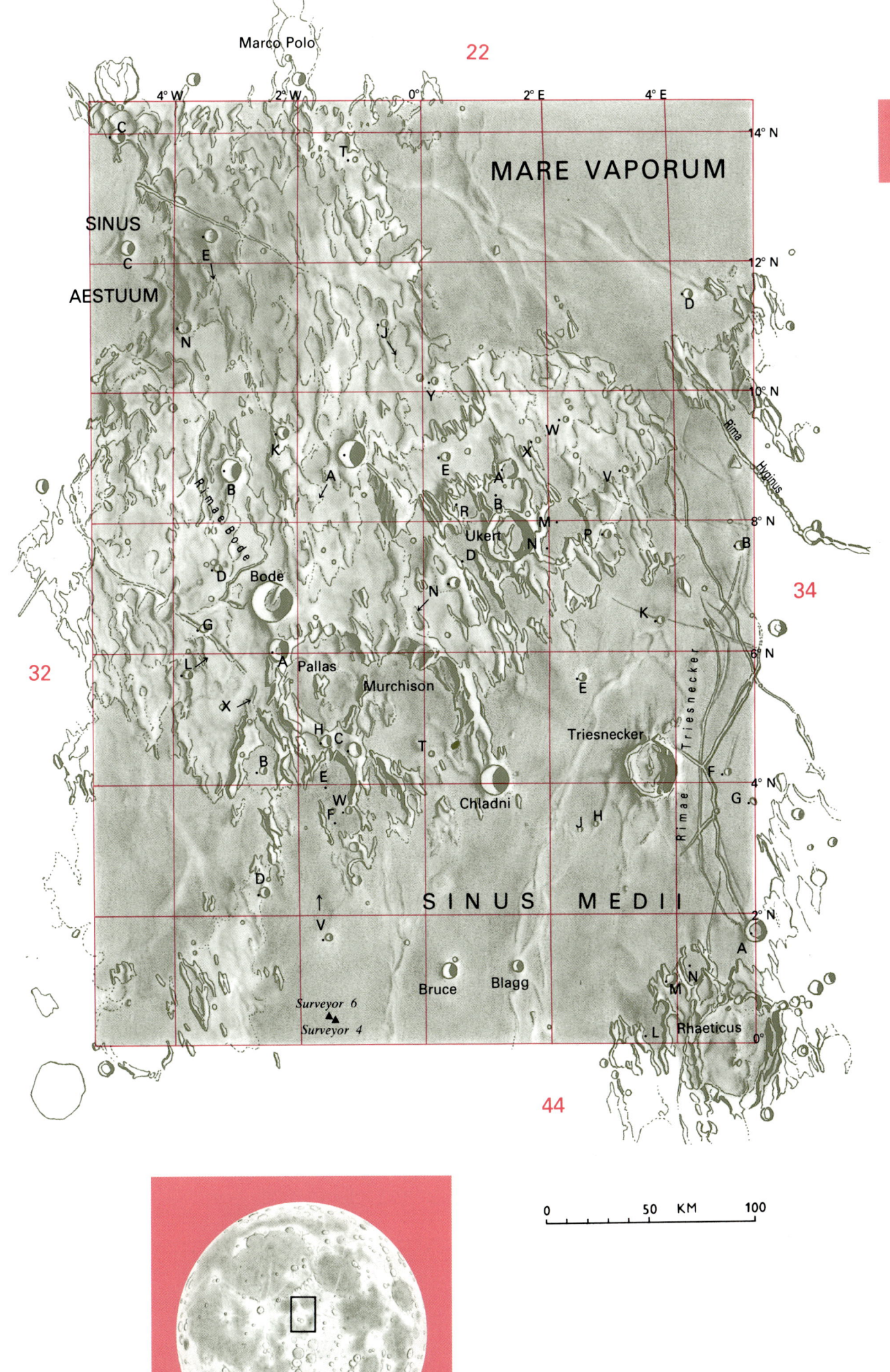

MARE VAPORUM

SINUS AESTUUM

Marco Polo

Rima Bode

Bode
Pallas
Murchison
Ukert
Chladni
Triesnecker
Rimae Triesnecker
Rima Hyginus

Bruce
Blagg
Rhaeticus

Surveyor 6
Surveyor 4

SINUS MEDII

22 · 32 · 34 · 44

0   50   KM   100

93

34.HYGINUS ヒギヌス

ヒギヌスから放射状に走る溝が見られる．ヒギヌス谷 Rima Hyginus やアリアデウス谷 Rima Ariadaeus は比較的簡単に認められる．小さな ゴダンC Godin C の約 10km 北に興味深い高原がある．

Agrippa アグリッパ [4.1N,10.5E]
Agrippa(92頃) ギリシャの天文学者．92年に，月によるプレアデスの掩蔽を観測した．
クレーター(46km/3070m)．

Ariadaeus,Rima アリアデウス谷 [7N,13E]
アリアデウスは月面図35を参照．
広い谷．長さ220km．

Boscovich ボスコヴィチ [9.8N,11.1E]
Ruggiero G.Boscovich(1711-1787) クロアチア人．数学者，物理学者，天文学者．
周壁がかなり崩壊したクレーター(46km/1770m)．

Boscovich,Rimae ボスコヴィチ谷
ボスコヴィチの底面にある細溝．長さ40km．

Cayley ケーリー [4.0N,15.1E]
Arthur Cayley(1821-1895) イギリスの数学者および天文学者．
美しい円形のクレーター(14.3km/3130m)．

d'Arrest ダレ [2.3N,14.7E]
Heinrich L.d'Arrest(1822-1875) ドイツの天文学者．彗星と小惑星について研究した．
周壁が崩壊したクレーター(30km/1490m)．

Dembowski デンボウスキー [2.9N,7.2E]
Ercole Dembowski(1812-1881) イタリアの天文学者．20,000個の二重星の位置を測定した．
周壁が東に向かって開かれているクレーター(26km)．

de Morgan デ・モーガン（ド・モルガン） [3.3N,14.9E]
Augustus de Morgan(1806-1871) イギリスの数学者．
美しい円形のクレーター(10km/1860m)．

Godin ゴダン [1.8N,10.2E]
Louis Godin(1704-1760) フランスの数学者および測地学者．
クレーター(35km/3200m)．

Hyginus ヒギヌス [7.8N,6.3E]
Caius Julius Hyginus(1世紀) スペイン生まれ．オヴィディウスの友人．星座とその神話に関して記した．
クレーター(10.6km/770m)．

Hyginus,Rima ヒギヌス谷 [7.8N,6.3E]
浅い溝で，部分的に鎖状のクレーターによってつながっている．長さは220km．

Julius Caesar ユリウス・カエサル [9.0N,15.4E]
Julius Caesar(前100-前44) ローマ皇帝シーザー．リッチョーリは，シーザーが暦を改良したことを評価して命名した．
幅の広い周壁と溶岩に満たされた暗い底面を持つクレーター(90km)．

Lenitatis,Lacus 柔軟の湖 月面図23を参照．

Manilius マニリウス 月面図23(p.72)を参照．

Silberschlag シルベルシュラーク [6.2N,12.5E]
Johann E.Silberschlag(1721-1791) ドイツの神学者，天文学者．
美しい円形のクレーター(13.4km/2530m)．

Tempel テンペル [3.9N,11.9E]
Ernest W.L.Tempel(1821-1889) ドイツの天文学者．6個の小惑星と多数の彗星を発見した．
周壁が崩壊したクレーター(48km/1250m)．

Triesnecker,Rimae トリスネッカー谷 月面図33を参照．

Vaporum,Mare 蒸気の海 月面図33(p.92)を参照．

Whewell ヒューエル [4.2N,13.7E]
William Whewell(1794-1866) イギリスの哲学者，科学史家．
美しい円形のクレーター(14km/2260m)．

34

6° E · 8° · 10° E · 12° · 14° · 16° E

MARE VAPORUM — Manilius — LACUS LENITATIS

14° N
12° N
10° N
8° N
6° N
4° N
2° N
0°

33 · 23 · 35 · 45

Labeled features:
- Mare Vaporum
- Manilius
- Lacus Lenitatis
- Boscovich
- Rimae Boscovich
- Julius Caesar
- Hyginus
- Rima Hyginus
- Rima Ariadaeus
- Silberschlag
- Agrippa
- Tempel
- Whewell
- Cayley
- de Morgan
- d'Arrest
- Godin
- Dembowski
- Rimae Triesnecker
- Rhaeticus

95

35.ARAGO アラゴー

静かの海 Mare Tranquillitatis の西端に沿って走る多くの溝と，"ゴースト・クレーター"ラーモント Lamont を囲むリンクルリッジ（しわ状尾根）のネットワークに注目したい．アラゴー Arago の北側に興味を引く大ドームがある．アラゴー・アルファとアラゴー・ベータがそれだ．アラゴー・アルファの北西に四つの小ドームのグループもある．このエリアにはレインジャー6号と8号の衝突地点と，サーベイヤー5号，アポロ11号の軟着陸地点もある．

Al-Bakri アル・バクリー（タケA） [14.3N,20.2E]
A.A.Al-Bakri(1040-1094) スペイン生まれのアラビア人地理学者．底面が平らなクレーター(12km/1000m)．

Aldrin オルドリン（サビンB） [1.4N,22.1E]
Edwin E.Aldrin, Jr.(1930-) アメリカの宇宙飛行士（アポロ11号）．クレーター(3.4km/600m)．

Arago アラゴー [6.2N,21.4E]
Dominique F.J.Arago(1786-1853) フランスの天文学者．
クレーター(26km)．

Ariadaeus アリアデウス [4.6N,17.3E]
Philippus Arrhidaeus(前317没) マケドニアの王．彼の名は，日月食に関するバビロニアのリストに現れる．
クレーター(11.2km/1830m)．

Armstrong アームストロング（サビンE） [1.4N,25.0E]
Neil A.Armstrong(1930-) アメリカの宇宙飛行士（アポロ11号）．月に足を踏み下ろした最初の人間（1969年）．
クレーター(4.6km/670m)．

Carrel カレル（ヤンセンB） [10.7N,26.7E]
Alexis Carrel(1873-1944) フランスの医師，生理学者．ノーベル賞受賞者．クレーター(16km)．

Collins コリンズ（サビンD） [1.3N,23.7E]
Michael Collins(1930-) アメリカの宇宙飛行士（アポロ11号）．クレーター(2.4km/560m)．

Dionysius ディオニュシオス [2.8N,17.3E]
St.Dionysius(9-120) リッチョーリによると，ディオニュシオスは，キリストが十字架にかけられたとき，日食を観測したという．
円形のクレーター(17.6km)．満月の頃に非常に明るくなる．

Honoris,Sinus 栄光の入江 [12N,18E]
静かの海の岬のように見える．長さは約100km．

Lamont ラーモント [5.0N,23.2E]
John Lamont(1805-1879) スコットランド生まれのドイツ人天文学者．直径が75kmあるが目立たないゴースト・クレーター．周壁はリンクルリッジによって形づくられている．

Maclear マクレア [10.5N,20.1E]
Sir Thomas Maclear(1794-1879) アイルランドの天文学者．
溶岩で満たされたクレーター(20km/610m)．

Maclear,Rimae マクレア谷 [13N,20E]
平行に並んだ溝．長さ100km．

Manners マナーズ [4.6N,20.0E]
Russell Henry Manners(1800-1870) イギリスの提督，天文学者．
クレーター(15km/1710m)．

Ritter リッター [2.0N,19.2E]
(1) Karl Ritter(1779-1859) ドイツの地理学者．
(2) August Ritter(1826-1908) ドイツの天体物理学者．
底面に凹凸の多いクレーター(31km)．

Ritter,Rimae リッター谷 [3N,18E]
平行に並んだ溝．長さ約100km．

Ross ロス [11.7N,21.7E]
(1) Sir James C.Ross(1800-1862) イギリスの極地探検家．彼の名はロス海につけられている．
(2) Frank E.Ross(1874-1966) アメリカの天文学者．紫外線放射について研究した．
楕円形のクレーター(26km)．

Sabine サビン [1.4N,20.1E]
Sir Edward Sabine(1788-1883) アイルランドの天文学者．
クレーター(30km)．

Schmidt シュミット [1.0N,18.8E]
(1) Johann F.J.Schmidt(1825-1884) ドイツの月理学者．
(2) Bernhard Schmidt(1879-1935) ドイツの光学機器製作者．シュミットカメラの発明者．
(3) Otto J.Schmidt(1891-1956) ソ連の博物学者．
美しい円形のクレーター(11.4km/2300m)．

Sosigenes ソシゲネス [8.7N,17.6E]
Sosigenes(前1世紀) ギリシャの天文学者．シーザーの助言者で，前46年にユリウス暦の改訂版の導入に助力する．
クレーター(18km/1730m)．

Sosigenes,Rimae ソシゲネス谷 [7N,19E]
平行に並んだ溝で，長さ約150km．

Tranquillitatis,Mare 静かの海
月面図36（p.98）を参照．カレルとラーモントの間は，海の明るさが暗い方から明るい方へと明確に変化する．

Tranquillitatis,Statio 静かの基地 [0.7N,23.5E]
アポロ11号の着陸地点(1969年)．

35

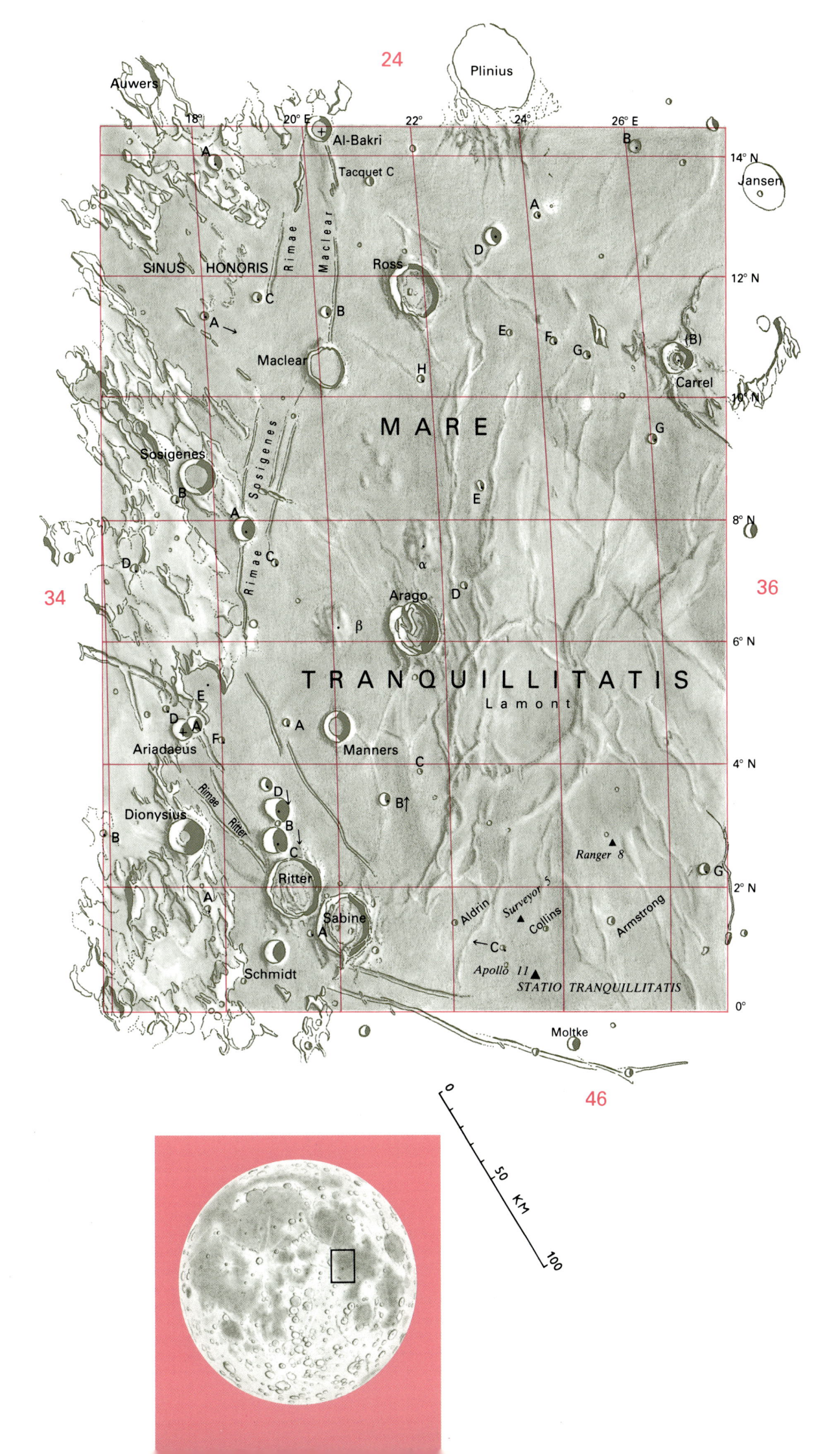

Auwers | | 18° | 20° E | 22° | 24° | 26° E |

Plinius
Al-Bakri
Tacquet C
A — B
14° N — Jansen
Ross
SINUS HONORIS
Rimae Maclear
A — C — B
D
Maclear
12° N
E — F — G
(B) Carrel
H
10° N
G
MARE
Sosigenes
B
Rimae Sosigenes
A
C
E
8° N
D
Arago
β
D
36
TRANQUILLITATIS
Lamont
E
D — A
Ariadaeus
F
A
Manners
C
4° N
D
Rimae Ritter
B
Dionysius
B
C
Ritter
Ranger 8
G
A
2° N
Sabine
Aldrin Surveyor 5
Collins Armstrong
A
C
Schmidt
Apollo 11
STATIO TRANQUILLITATIS
0°
Moltke

46

0
50 KM
100

97

36.CAUCHY コーシー

静かの海 Mare Tranquillitatis の中央部．もっとも興味深いのは，コーシー Cauchy をはさんで伸びる溝と断層だ．コーシー谷 Rima Cauchy とコーシー壁 Rupes Cauchy，また，その南にある典型的なドーム，コーシー・オメガ とコーシー・タウ は，共に小望遠鏡で見ることができる．オメガの頂上に極小クレーターがあるのだが，これを認めるには大型望遠鏡の助けが必要だ．マスケリン Maskelyne の西側（図左下の端）にも細溝が見られる．

Aryabhata アリヤバーター（マスケリンE）[6.2N,35.1E]
Aryabhata(476-550) インドの天文学者，数学者．
　東側に周壁の一部が残っている溶岩のあふれたクレーター(22km)．

Barlow,Dorsa バーロー尾根 [15N,31E]
William Barlow(1845-1934) イギリスの結晶学者．
　リンクルリッジの集まり．長さ120km．

Cajal カハル（ヤンセンF）[12.6N,31.1E]
Santiago Ramón y Cajal スペインの組織学者．ノーベル賞受賞者．
　クレーター(9km/1800m)．

Cauchy コーシー [9.6N,38.6E]
Augustin L.Cauchy(1789-1857) フランスの数学者．
　美しい円形のクレーターで，満月の頃は明るい(12.4km/2610m)．

Cauchy,Rima コーシー谷 [10N, 39E]
　はっきり見える幅の広い溝．長さ210km．

Cauchy,Rupes コーシー壁 [9N, 37E]
　長さ約120kmで，溝に変化する断層．日没時には明るいが，日の出時に北東部の壁がはっきり目立つ影を落とす．直線壁（月面図54）とよく似ているので比較される．

Esam,Mons エサム山 [14.6N,35.7E]
アラビア人の男性の名前．
　丘．裾の直径は8km．

Jansen ヤンセン [13.5N,28.7E]
Zacharias Janszoon(1580-1638) オランダの光学技師．最初の望遠鏡製作者の一人．
　溶岩があふれて周壁が低いクレーター(23km/620m)．

Jansen,Rima ヤンセン谷 [15N,29E]
　細溝．長さ35km（月面図25も参照）．

Lucian ルキアノス（マラルディB）[14.3N,36.7E]
Lucian of Samosata(120-180) ギリシャの著述家．
　クレーター(7km/1490m)．

Lyell ライエル [13.6N,40.6E]
Sir Charles Lyell(1797-1875) スコットランドの地質学者，探検家．
　崩壊した不規則な周壁と暗い底面を持つクレーター(32km)．

Maskelyne マスケリン [2.2N,30.1E]
Nevil Maskelyne(1732-1811) イギリス人で，5人目の王立天文台長．
　段丘のある周壁と中央丘のあるクレーター(24km)．

Menzel メンツェル [3.4N,36.9E]
Donald H.Menzel(1901-1976) アメリカの天体物理学者．
　クレーター(3km)．

Sinas シナス [8.8N,31.6E]
Simon Sinas(1810-1876) ギリシャの商人で天文学者の支援者．アテネ天文台を後世に残した．
　美しい円形クレーター(12.4km/2260m)．

Tranquillitatis,Mare 静かの海
リッチョーリによる命名．
　静かの海の表面積は421,000km^{2}あり，その面積は黒海のそれと比較される．西側部分にリンクルリッジとドームが多く見られる．

Wallach ヴァラッハ（マスケリンH）[4.9N,32.3E]
Otto Wallach(1847-1931) ドイツの化学者．
　クレーター(6km/1140m)．

　小クレーター： Jansen Y　ヤンセン Y(3.6km/690m)
　　　　　　　　Maskelyne B　マスケリン B (9.2km/1910m)
　　　　　　　　Sinas A　シナス A(5.8km/1140m)
　　　　　　　　Sinas E　シナス E(9.2km/1700m)

36

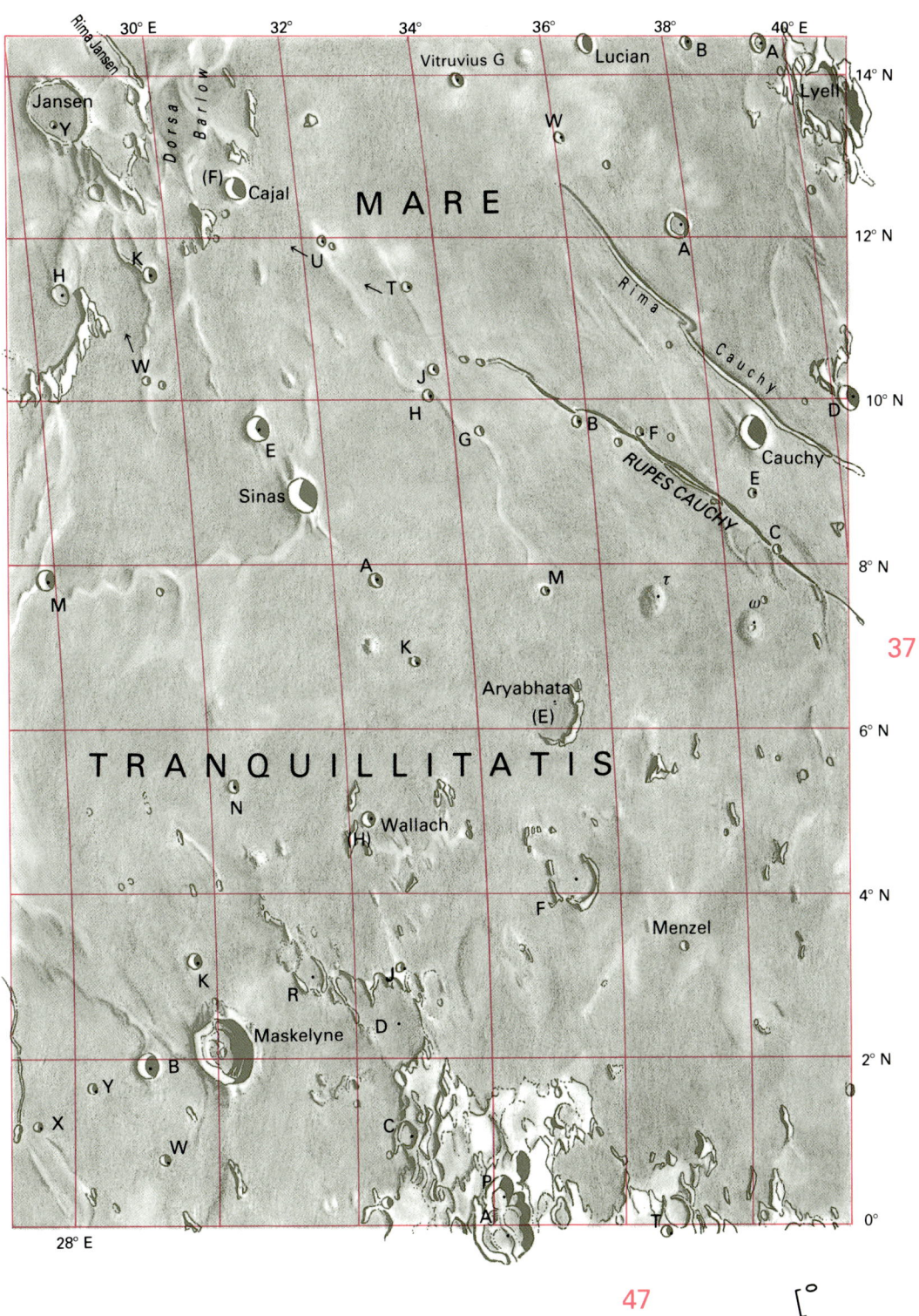

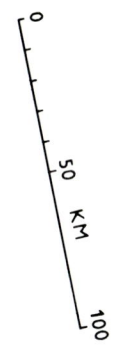

Rima Jansen · Jansen Y · Dorsa Barlow · (F) Cajal · Vitruvius G · Lucian · B · A · Lyell · W · A · H · K · U · T · Rima Cauchy · W · J · H · G · B · F · D · E · Sinas · E · RUPES CAUCHY · Cauchy · C · M · A · M · τ · K · ω · Aryabhata (E)

MARE TRANQUILLITATIS

N · Wallach (H) · F · Menzel · K · R · D · Maskelyne · Y · B · X · W · C · P · A · T

37.TARUNTIUS タルンティウス

静かの海 Mare Tranquillitatis と豊かの海 Mare Fecunditatis を分ける幅の狭い"陸地"の部分が，図左上から右に向かって続く．大山塊と多くのクレーターで縁どられた危機の海 Mare Crisium の暗いエリアが見える．危機の海の端は，斜めの光に照らされたときに美しい眺めを楽しませてくれる．

Abbot アボット（アポロニオスK） [5.6N,54.8E]
Charles G.Abbot(1872-1973) アメリカの天体物理学者．
クレーター(10km)．

Anville アンヴィル（タルンティウスG） [1.9N,49.5E]
Jean-Baptiste d'Anville(1697-1782) フランスの地図作成者．
クレーター(11km)．

Asada 麻田（タルンティウスA） [7.3N,49.9E]
Asada Goryu(麻田剛立,1734-1799) 日本の天文学者．
クレーター(12km)．

Cameron カメロン（タルンティウスC） [6.2N,45.9E]
Robert C.Cameron(1925-1972) アメリカの天文学者．
クレーター(11km)．

Cato,Dorsa カトー尾根 [1N,47E]
Marcus Porcius Cato(前234-前149) ローマの政治家．
リンクルリッジの集まり．長さ140km．

Cayeux,Dorsum カイユー尾根 [1N,51E]
Lucien Cayeux(1864-1944) フランスの幾何学者．
リンクルリッジ．長さ130km．

Concordiae,Sinus 調和の入江 [11N,43E]
湾．長さ約160km．

Crile クライル（プロクロスF） [14.2N,46.0E]
G.Crile(1864-1943) アメリカの医師．クレーター(9km)．

Crisium,Mare 危機の海 月面図26,27,38を参照．

Cushman,Dorsum カシュマン尾根 [1N,49E]
J.A.Cushman(1881-1949) アメリカの微古生物学者．
リンクルリッジ．長さ80km．

da Vinci ダ・ヴィンチ [9.1N,45.0E]
Leonardo da Vinci(1452-1519) フィレンツェの有名な画家，彫刻家，数学者，建築家および工学者．最初に月の「地球照」を説明した．
崩壊した周壁を持つ目立たないクレーター(38km)．

Fecunditatis,Mare 豊かの海 月面図48,49,59を参照．

Glaisher グレイシャー [13.2N,49.5E]
James Glaisher(1809-1903) イギリスの気象学者．
危機の海の縁にある目立つクレーター(16km)．

Greaves グリーヴス（リックD） [13.2N,52.7E]
William M.H.Greaves(1897-1955) イギリスの天文学者．スコットランドの王立天文台長．クレーター(14km)．

Lawrence ローレンス（タルンティウスM） [7.4N,43.2E]
Ernest O.Lawrence(1901-1958) アメリカの物理学者．ノーベル賞受賞者．
溶岩のあふれたクレーター(24km/1000m)．

Lick リック [12.4N,52.7E]
James Lick(1796-1876) アメリカの投資家，慈善家．カリフォルニアのリック天文台は彼の寄贈によるもの．
溶岩のあふれたクレーター(31km)．

Secchi セッキ [2.4N,43.5E]
Pietro Angelo Secchi(1818-1878) イタリアの天文学者．恒星の分光学の草分け．
南北に開いた周壁を持つ目立たないクレーター(24.5km/1910m)．

Secchi,Montes セッキ山脈 [3N,43E]
目立たない山脈．長さ約50km．

Secchi,Rimae セッキ谷 [1N,44E]
直径40kmのエリアを占める1対の細溝．

Smithson スミソン（タルンティウスN） [2.4N,53.6E]
James Smithson(1765-1829) イギリスの化学者，鉱物学者．
クレーター(6km)．

Somni,Palus 眠りの沼
静かの海へ伸びる大陸地域で，左上のプロクロスからの明るい光条で，危機の海側の大陸部と分けられている．満月の頃は表面が灰色となって目立つ．

Taruntius タルンティウス [5.6N,46.5E]
Lucius Taruntius Firmanus(前86頃) ローマの数学者，哲学者および占星術者．
二重の周壁に囲まれ，中央丘のあるクレーター(56km)．

Tebbutt ティバット（ピカールG） [9.6N,53.6E]
John Tebbutt(1834-1916) オーストラリアの天文学者．
溶岩のあふれたクレーター(32km)．

Watts ワッツ（タルンティウスD） [8.9N,46.3E]
Chester B.Watts(1889-1971) アメリカの天文学者．
溶岩に満たされたクレーター(15km)．

Zähringer ツェーリンガー（タルンティウスE）
[5.6N,40.2E] Joseph Zähringer(1929-1970) ドイツの物理学者．
クレーター(11.3km/2110m)．

101

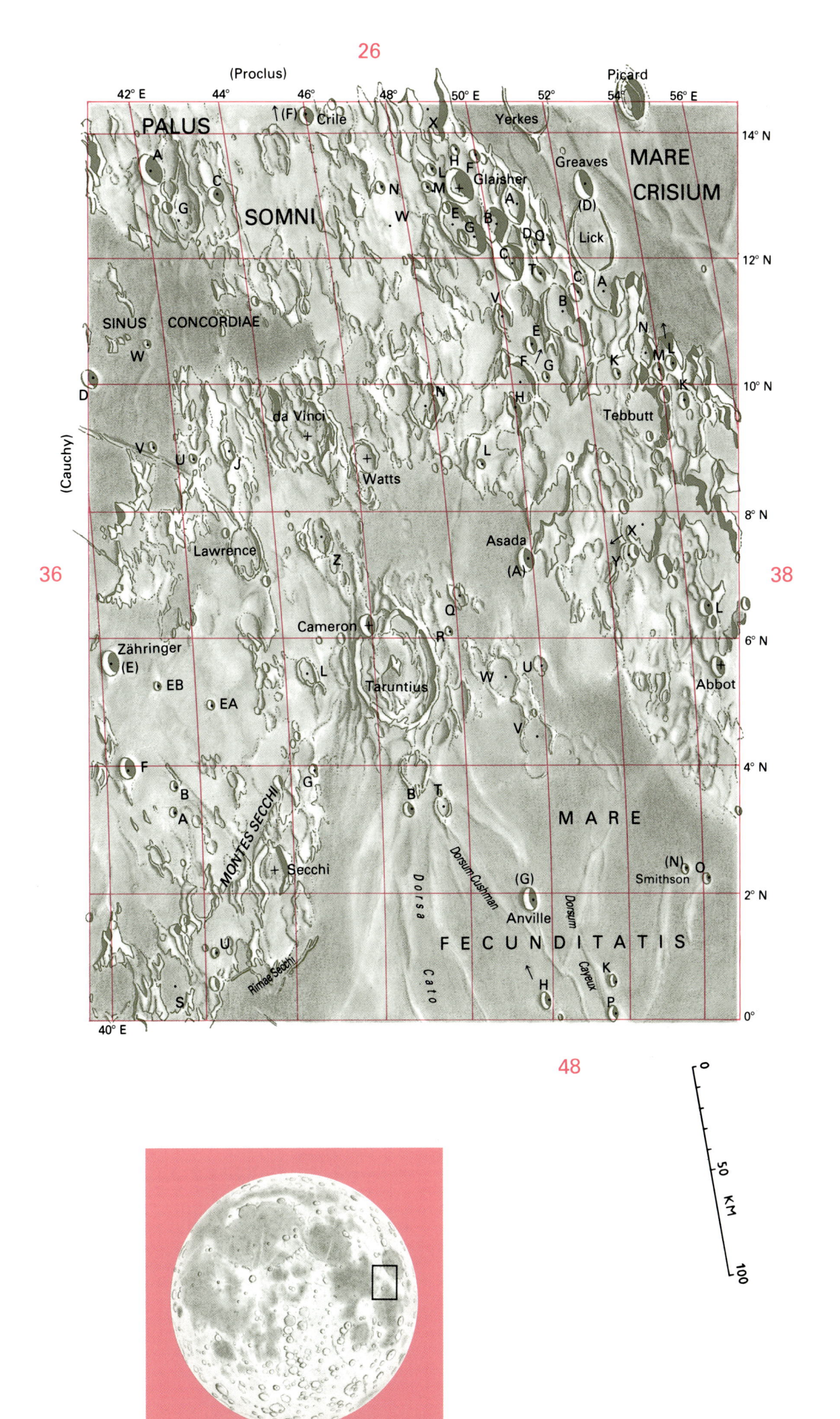

38.NEPER ネーピア

危機の海 Mare Crisium の南東部と,縁の海 Mare Marginis,スミス海 Mare Smythii,泡の海 Mare Spumans,波の海 Mare Undarum といった小さな月の海のグループが見られる.このエリアは,ルナ3号が撮影した歴史的な写真の中で,初めてその本当の姿を見せてくれたところだ.ルナ15号,18号,20号,24号の着陸地点がある.

Agarum,Promontorium アガルム岬 [14N,66E]
ロシアのクリミア近くにあるアゾフ海の岬にちなんで名づけられた.
Ameghino アメギノ（アポロニオスC） [3.3N,57.0E]
Florentino Ameghino(1854-1911) イタリアの地質学者,古生物学者.
クレーター(9km).
Apollonius アポロニオス [4.5N,61.1E]
Apollónios(前3世紀後半) ギリシャの数学者.アレキサンドリアの偉大な幾何学者.溶岩が満たされた暗い底面を持つクレーター(53km).
Auzout オーズー [10.3N,64.1E]
Adrien Auzout(1622-1691) フランスの天文学者.糸線マイクロメーター（糸線測微器）の発明者.中央丘のあるクレーター(33km).
Back バック（シューベルトB） [1.1N,80.7E]
Ernst E.A.Back(1881-1959) ドイツの物理学者.クレーター(35km).
Banachiewicz バナキエヴィッツ [5.2N,80.1E]
Tadeusz Banachiewicz(1882-1954) ポーランドの天文学者および数学者.壁平原(92km).
Boethius ボエティウス（ドゥビアゴU） [5.6N,72.3E]
Boethius(480-524) ギリシャの哲学者.クレーター(10km).
Bombelli ボンベリ（アポロニオスT） [5.3N,56.2E]
R.Bombelli(1526-1572) イタリアの数学者.クレーター(10km).
Cartan カルタン（アポロニオスD） [4.2N,59.3E]
E.J.Cartan(1869-1951) フランスの数学者.クレーター(16km).
Condon コンドン（ウェッブR） [1.9N,60.4E]
Edward W.Condon(1902-1974) アメリカの物理学者.
溶岩で満たされたクレーター(35km).
Condorcet コンドルセ [12.1N,69.6E]
Jean A.de Condorcet(1743-1794) フランスの数学者および哲学者.
溶岩が満たされた暗い底面を持つクレーター(74km).
Crisium,Mare 危機の海 月面図27(p.80)を見よ.
Daly デーリ（アポロニオスP） [5.7N,59.6E]
Reginald A.Daly(1871-1957) カナダの地質学者.クレーター(17km).
Dubiago ドゥビアゴ [4.4N,70.0E]
(1) Dmitri Dubiago(1849-1918), (2) Alexander D.Dubiago(1903-1959) 両者ともにロシアの天文学者.
溶岩が満たされた暗い底面を持つクレーター(51km).
Fahrenheit ファーレンハイト（ピカールX） [13.1N,61.7E]
Daniel G.Fahrenheit(1686-1736) ドイツの物理学者.クレーター(6km).
Firmicus フィルミクス [7.3N,63.4E]
Firmicus Maternus(330頃) シシリア生まれの占星術者.
溶岩が満たされた暗い底面を持つクレーター(56km).
Hansen ハンセン [14.0N,72.5E]
Peter Andreas Hansen(1795-1874) デンマークの天文学者.
中央丘のあるクレーター(40km).
Harker,Dorsa ハーカー尾根 月面図27を参照.
Jansky ジャンスキー [8.5N,89.5E]
Karl Jansky(1905-1950) アメリカの電波物理学者,電波天文学者.
クレーター(73km).
Jenkins ジェンキンス（シューベルトZ） [0.3N,78.1E]
Louise F.Jenkins(1888-1970) アメリカの天文学者.クレーター(38km).
Knox-Shaw ノックス・ショー（バナキエヴィッツF）
[5.3N,80.2E] Harold Knox-Shaw(1885-1970) イギリスの天文学者.
クレーター(12km).
Krogh クローグ（オーズーB） [9.4N,65.7E]
Schack A.S.Krogh(1874-1949) デンマークの動物学者.
クレーター(20km).
Liouville リウヴィル（ドゥビアゴS） [2.6N,73.5E]
Joseph Liouville(1809-1882) フランスの数学者.クレーター(16km).
Marginis,Mare 縁の海 [12N,88E]
表面積62,000km².
Neper ネーピア [8.8N,84.5E]
John Napier(1550-1617) スコットランドの数学者.1614年に対数を考

案した.暗い底面の中央にピークがいくつかある山塊がある.非常に目立つクレーター(137km).
Nobili ノビリ（シューベルトY） [0.2N,75.9E]
Leopoldo Nobili(1784-1835) イタリアの物理学者.クレーター(42km).
Peek ピーク [2.6N,86.9E]
Bertrand M.Peek(1891-1965) イギリスの天文学者.クレーター(13km).
Perseverantiae,Lacus 忍耐の湖 [8N,62E]
（月面図上にはLAC.PER.と示してある）直径70km.
Petit プティ（アポロニオスW） [2.3N,63.5E]
Alexis T.Petit(1791-1820) フランスの物理学者.クレーター(5km).
Pomortsev ポモルツェフ（ドゥビアゴP） [0.7N,66.9E]
Mikhail M.Pomortsev(1851-1916) ロシアのロケット推進の草分け.
クレーター(23km).
Respighi レスピーギ（ドゥビアゴC） [2.8N,71.9E]
Lorenzo Respighi(1824-1890) イタリアの天文学者.クレーター(19km).
Sabatier サバティエ [13.2N,79.0E]
Paul Sabatier(1854-1941) フランスの化学者.ノーベル賞受賞者.
クレーター(10km).
Schubert シューベルト [2.8N,81.0E]
Theodor F.von Schubert(1789-1865) ロシアの地図製作者.
クレーター(54km).
Shapley シャプリー（ピカールH） [9.4N,56.9E]
Harlow Shapley(1885-1972) アメリカの天文学者.クレーター(23km).
Smythii,Mare スミス海 [2S,87E] 月面図49も参照.
William Henry Smyth(1788-1865) イギリスの天文学者,著述家,提督.
円形の海.表面積は104,000km².
Spumans,Mare 泡の海 [1N,65E]
表面積は16,000km².
Stewart ステュアート（ドゥビアゴQ） [2.2N,67.0E]
John Q.Stewart(1894-1972) アメリカの天体物理学者.
クレーター(13km).
Successus,Sinus 成功の入江 [1N,58E]
直径100km.
Tacchini タッキーニ（ネーピアK） [4.9N,85.8E]
Pietro Tacchini(1838-1905) イタリアの天文学者.クレーター(40km).
Termier,Dorsum テルミエ尾根 [11N,58E]
Pierre-Marie Termier(1859-1930) フランスの地質学者.
リンクルリッジ.長さ90km.
Theiler タイラー [13.4N,83.3E]
Max Theiler(1899-1972) 南アフリカの微生物学者.ノーベル賞受賞者.
クレーター(8km).
Townley タウンリー（アポロニオスG） [3.4N,63.3E]
Sidney D.Townley(1867-1946) アメリカの天文学者.
クレーター(19km).
Undarum,Mare 波の海 [7N,69E]
表面積21,000km².
Usov,Mons ウーソフ山 [12N,63E]
Mikhail A.Usov(1883-1933) ソ連の地質学者.山.直径15km.
van Albada ヴァン・アルバーダ（オーズーA） [9.4N,64.3E]
Gale B.van Albada(1912-1972) オランダの天文学者.
クレーター(22km).
Virchow フィルヒョー（ネーピアG） [9.8N,83.7E]
Rudolph L.K.Virchow(1821-1902) ドイツの医師および病理学者.
クレーター(17km).
Wildt ヴィルト（コンドルセK） [9.0N,75.8E]
Rupert Wildt(1905-1976) ドイツ生まれのアメリカ人天文学者.惑星の構造について研究した.クレーター(11km).

38

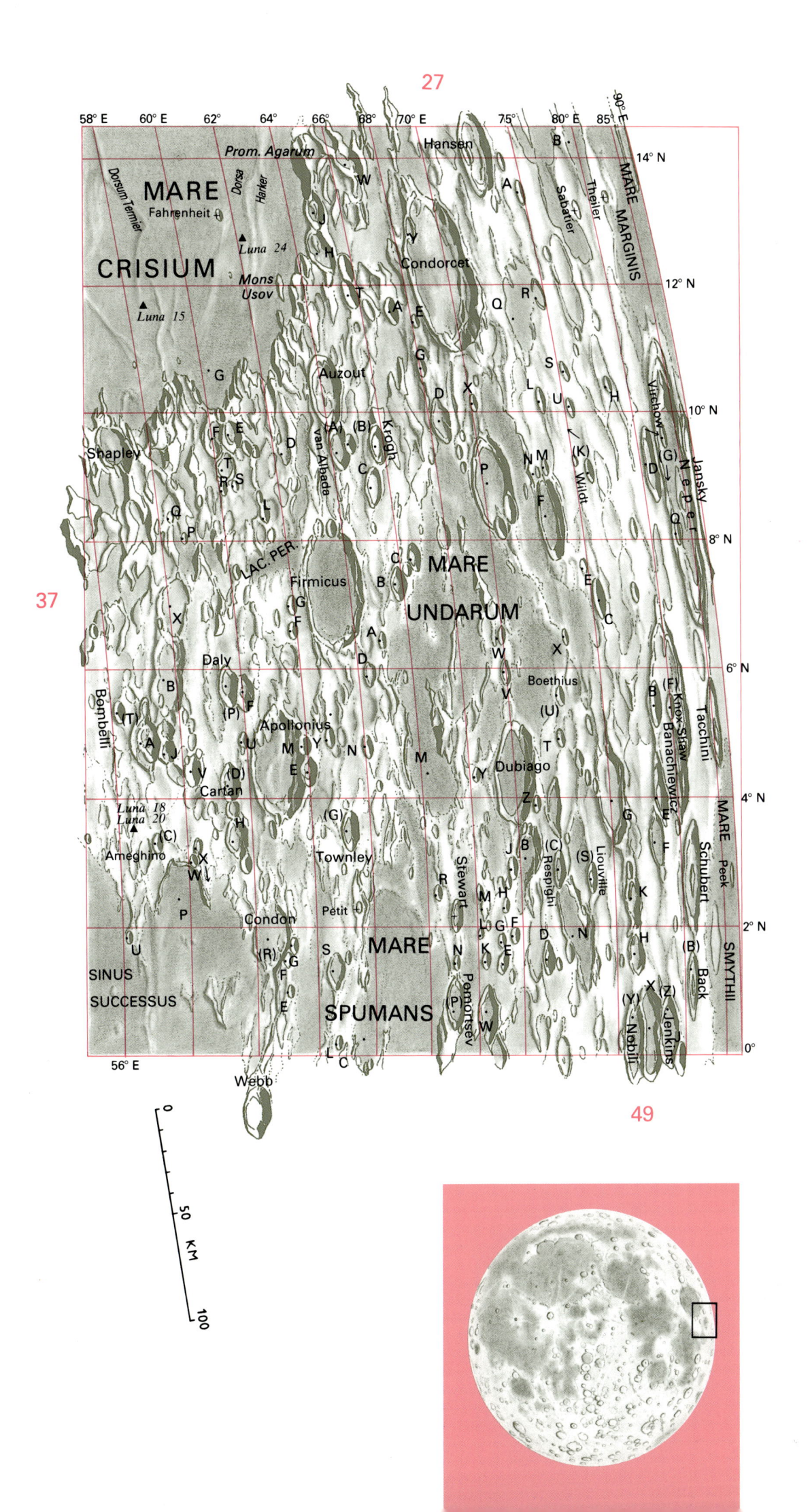

MARE CRISIUM
- Prom. Agarum
- Dorsum Termier
- Fahrenheit
- Dorsa Harker
- Luna 24
- Mons Usov
- Luna 15
- Hansen
- Condorcet
- Sabatier
- Theiler
- **MARE MARGINIS**
- Auzout
- Shapley
- van Albada
- Krogh
- Virchow
- Jansky
- LAC. PER.
- Firmicus
- **MARE UNDARUM**
- Daly
- Bombelli
- Apollonius
- Cartan
- Boethius
- Knox-Shaw
- Banachiewicz
- Tacchini
- Dubiago
- Luna 18
- Luna 20
- Ameghino
- Townley
- Stewart
- Respighi
- Liouville
- Schubert
- **MARE SMYTHII**
- Peek
- Condon
- Petit
- **MARE SPUMANS**
- Pomortsev
- Back
- **SINUS SUCCESSUS**
- Nobili
- Jenkins
- Webb

Latitude: 14° N, 12° N, 10° N, 8° N, 6° N, 4° N, 2° N, 0°
Longitude: 58° E, 60° E, 62°, 64°, 66°, 68°, 70° E, 75°, 80° E, 85°, 90° E
56° E

Scale: 0 – 50 – 100 KM

27 · 37 · 49

103

39.GRIMALDI グリマルディ

嵐の大洋 Oceanus Procellarum の南西の端が見える．小盆地，グリマルディの暗い底面が目立つ．

Aestatis,Lacus 夏の湖 [15S,69W]
クリューガーの北の長く伸びた二つの暗い斑点．この月面図では北側の一つが見えている．総表面積は約1000km² (月面図50を参照)．

Autumni,Lacus 秋の湖 [14S,82W]
コルディレラ山脈の内側にある暗い斑点．総表面積は3000 km²で，最長距離は240kmになる．

Cordillera,Montes コルディレラ山脈 [20S,80W]
直径900kmに及ぶ環状の山々．東の海（月面図50に続く）の盆地の外壁にあたる．全長約1500km．地球からは，秤動によって山脈の一部が見られる．

Damoiseau ダモアゾー [4.8N,61.1W]
Marie Charles T. de Damoiseau(1768-1846) フランスの天文学者．
クレーター(37km)．

Grimaldi グリマルディ [5.2S,68.6W]
Francesco M.Grimaldi(1618-1663) イタリアの物理学者および天文学者．リッチョーリが命名の基礎として使用した月面図の製作者でもある．
溶岩で満たされた底面が直径 222km の内壁に囲まれた盆地．崩れた外壁は直径430km である．

Grimaldi,Rimae グリマルディ谷 [9S,64W]
細溝の集まり．長さ約230km．

Hartwig ハートヴィッヒ [6.1S,80.5W]
Karl E.Hartwig(1851-1923) ドイツの天文学者．
クレーター(80km)．

Hermann ヘルマン [0.9S,57.3W]
Jacob Hermann(1678-1733) スイスの数学者．
円形クレーター(15.5km)．

Lallemand ラルマン（コプフA） [14.3S,84.1W]
André Lallemand(1904-1978) フランスの天文学者．
クレーター(18km)．

Lohrmann ロールマン [0.5S,67.2W]
Wilhelm G.Lohrmann(1796-1840) ドイツの測地学者および月理学者．
クレーター(31km)．

Procellarum,Oceanus 嵐の大洋 月面図29(p.84)を参照．

Riccioli リッチョーリ [3.0S,74.3W]
Giovanni Baptista Riccioli(1598-1671) イタリアの哲学者，神学者および天文学者，その著作 *Almagestum Novum* で，今日でも使用されている月面の命名法を提唱した．
壁平原(146km)．

Riccioli,Rimae リッチョーリ谷 [2S,74W]
細溝の集まり．全長390kmに及ぶ．

Rocca ロッカ [12.7S,72.8W]
Giovanni A.Rocca(1607-1656) イタリアの数学者．
目立つクレーター(90km)．

Schlüter シュリューター [5.9S,83.3W]
Heinrich Schlüter(1815-1844) ドイツの天文学者でベッセルの助手．
段丘のある周壁を持つ目立つクレーター(89km)．

Sirsalis シルサリス [12.5S,60.4W]
Gerolamo Sirsali(1584-1654) イタリア，イエズス会の月理学者．
クレーター(42km)．

Sirsalis,Rima シルサリス谷 [14S,60W]
小望遠鏡でもはっきりと見える細溝の集まり．その中でもっとも幅の広い溝がこの「シルサリス谷 Rima Sirsalis」の名で呼ばれる（月面図50を参照）．

Veris,Lacus 春の湖 月面図50を参照．

105

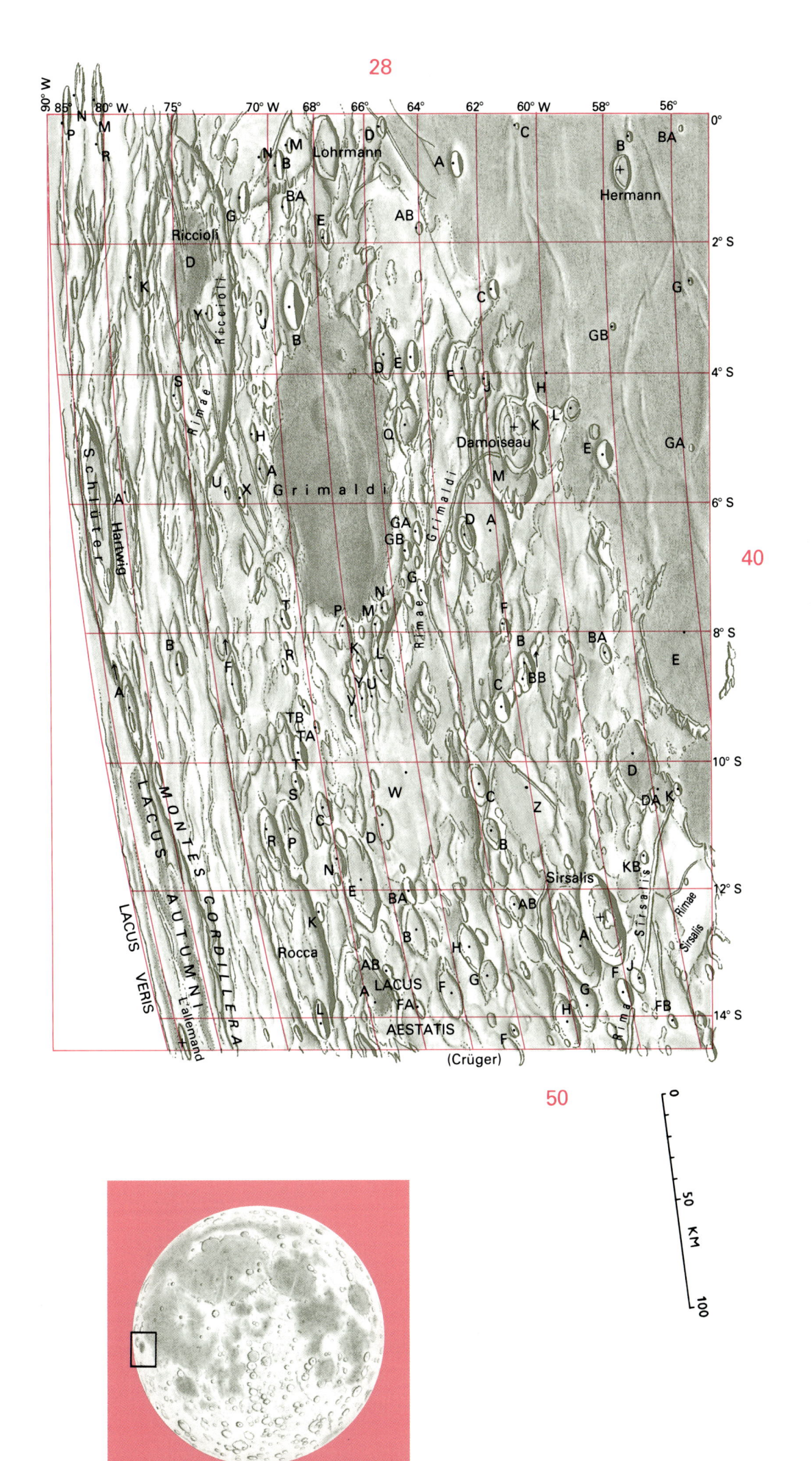

40.FLAMSTEED フラムスティード

嵐の大洋 Oceanus Procellarum の南部．大きなハンスティーン山 Mons Hansteen の南北に，ビリー Billy と ハンスティーン Hansteen という二つのクレーターが目立つ．サーベイヤー1号はフラムスティードPの埋もれた周壁の近くに着陸した．

Billy ビリー [13.8S,50.1W]
Jacques de Billy(1602-1679) フランスのイエズス会の数学者，天文学者．彗星に関する占星術や迷信的な考えを否定した．
　溶岩に満たされた非常に暗い底面を持つクレーター(46km)．

Flamsteed フラムスティード [4.5S,44.3W]
John Flamsteed(1646-1719) イギリス人で，最初の王立天文台長．ティコ・ブラーエ以来初めての恒星カタログの作成者．星に番号をつけて整理したフラムスティードの方式（フラムスティード番号）は現在も使われている．
　クレーター(21km/2160m)．

Hansteen ハンスティーン [11.5S,52.0W]
Christopher Hansteen(1784-1873) ノルウェーの地球物理学者．北磁極の位置を発見した．
　中央丘のあるクレーター(45km)．

Hansteen,Mons ハンスティーン山 [12S,50W]
（以前はハンスティーン・アルファ）
　三角形に見える山塊で，満月の頃の太陽光で明るく輝く．山麓の直径30km．

Hansteen,Rima ハンスティーン谷 [12S,53W]
　目立たない細溝．全長25km．

Letronne ルトロンヌ [10.6S,42.4W]
Jean Antoine Letronne(1787-1848) フランスの考古学者．当時，古代エジプト文明に関する権威であった．
　溶岩があふれた壁平原の跡で，直径119km．嵐の大洋の半円状の湾のようにも見える．

Procellarum,Oceanus 嵐の大洋 月面図29(p.84)を参照．
　嵐の大洋のこの部分は多くのリンクルリッジ，溶岩に埋もれたクレーターの跡，そして小さな丘や山塊が見られる．月面図41のエリアもよく似ている．

Rubey,Dorsa ルービー尾根 [10S,42W]
William Malden Rubey(1898-1974) アメリカの地質学者．
　リンクルリッジの集まり．長さ100km．

Winthrop ウィンスロップ（ルトロンヌP）[10.7S,44.4W]
John Winthrop(1714-1779) アメリカの天文学者．
　溶岩のあふれたクレーターの跡．直径18km．

　小クレーター：**Flamsteed F**　フラムスティード F
　　　　　　　　(5.4km/1050m)
　　　　　　　Letronne B　ルトロンヌ B(5.2km/1000m)
　　　　　　　Letronne T　ルトロンヌ T(3.0km/620m)

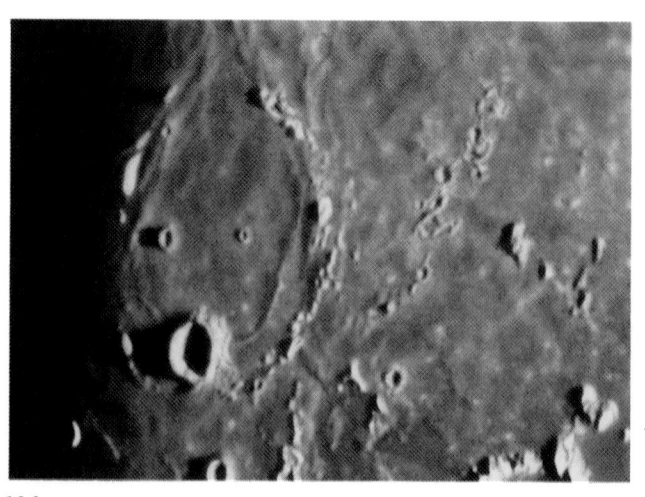

フラムスティードは，あふれた溶岩に埋もれた直径110kmのゴースト・クレーター（幻のクレーター），フラムスティードPの南端にある．

40

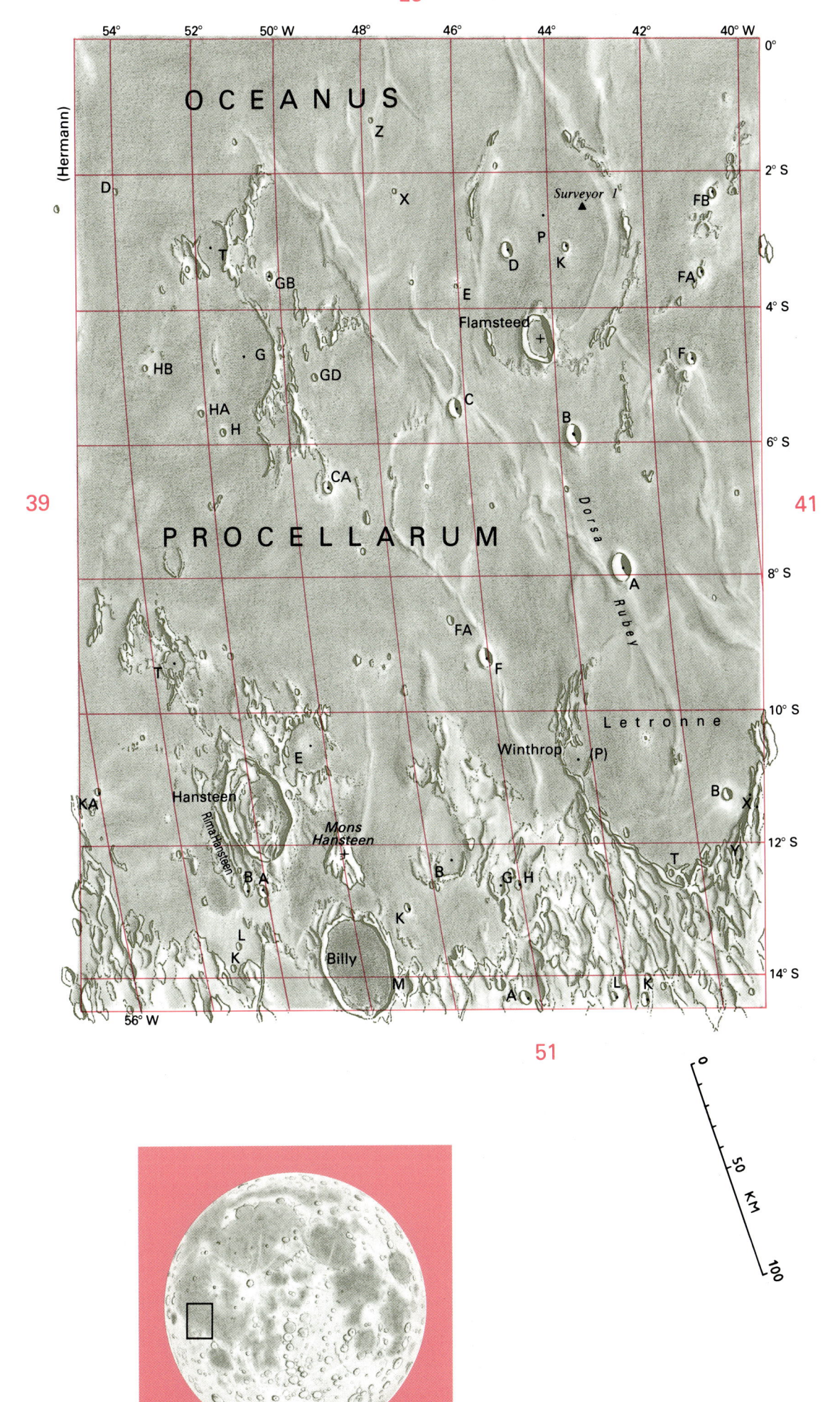

OCEANUS PROCELLARUM

Labeled features:
- (Hermann)
- Surveyor 1
- Flamsteed
- Dorsa Rubey
- Letronne
- Winthrop
- Hansteen
- Rima Hansteen
- Mons Hansteen
- Billy

41.EUCLIDES ユークリッド

ユークリッド Euclides の東側にリフェウス山脈 Montes Riphaeus が伸びている．ランズベルグD Lansberg D の南東に大きなドームが一つある．嵐の大洋 Oceanus Procellarum のこの部分は多くのリンクルリッジ（しわ状尾根）や小さな単独の丘や山があり，特に斜めの太陽光に照らされたときには，望遠鏡でたいへん興味深い場所になる．大型望遠鏡があれば，細くて曲がりくねったヘリゴニウス谷 Rima Herigonius も面白い．

Euclides ユークリッド（エウクレイデス） [7.4S,29.5W]
Euclid(前300頃) ギリシャの有名な数学者．アレキサンドリアの数学の学派"ユークリッド幾何学"の中心人物．
　明るいクレーター(12km)で，とてもよく目立つ．

Ewing,Dorsa ユーイング尾根 [11S,38W]
William M.Ewing(1906-1974) アメリカの地球物理学者．
　リンクルリッジの集まり．全長320km．

Herigonius ヘリゴニウス [13.3S,33.9W]
Pierre Herigone(1644頃) フランスの数学者．6巻からなる彼の著作 *Cursus Mathematicus* は，球面天文学と惑星の運動に関する理論をまとめたもの．
　クレーター(15km/2100m)．

Herigonius,Rima ヘリゴニウス谷 [13S,37W]
稲妻のように曲がりくねった細溝．全長約100km．

Norman ノーマン（ユークリッドB） [11.8S,30.4W]
Robert Norman(1590頃) イギリスの博物学者．
　クレーター(10.3km/2000m)．

Procellarum,Oceanus 嵐の大洋 月面図29（p.84）を参照．
　月面図中央のユークリッドF(5.2km/1090m)の北側と，月面図下部のヘリゴニウス付近は，月面上でリンクルリッジがもっとも多く見られるところの一つである．

Riphaeus,Montes リフェウス山脈 [7S,28W]
古代ギリシャの地理学者によると，しばしばこの山脈（現在のウラル山脈）から北風が吹いたという（月面図42も参照）．
　山脈の全長は150km．

Scheele シェーレ（ルトロンヌD） [9.4S,37.8W]
Carl Wilhelm Scheele(1742-1786) スウェーデンの化学者．
　クレーター(5km/750m)．

Wichmann ヴィヒマン [7.5S,38.1W]
Moritz L.G.Wichmann(1821-1859) ドイツの天文学者．月の赤道の傾きを求め，また月の物理的秤動を初めて確認した一人である．
　環状クレーター(10.6km)．

小クレーター：
Lansberg B　ランズベルグB
(9.9km/2030m)
Lansberg C　ランズベルグC
(19.8km/810m)
Lansberg G　ランズベルグG
(9.9km/270m)
Wichmann C　ヴィヒマンC
(2.8km/490m)

41

38° W 36° 34° 32° 30° W 28°

0° Lansberg
C
GA → G
FC FB C
FA E 2° S
F B
D
OCEANUS DA
4° S

C
D P
6° S
R F J
B A
Wichmann Euclides RIPHAEUS
8° S
MONTES
40 Scheele 42
(D)
PROCELLARUM
10° S
M
C
Letronne Ewing (B)
W Norman
X Rima CC 12° S
N A Herigonius
K C CA
Herigonius
E 14° S
B 40° W
(Gassendi)

52

0–50–100 KM

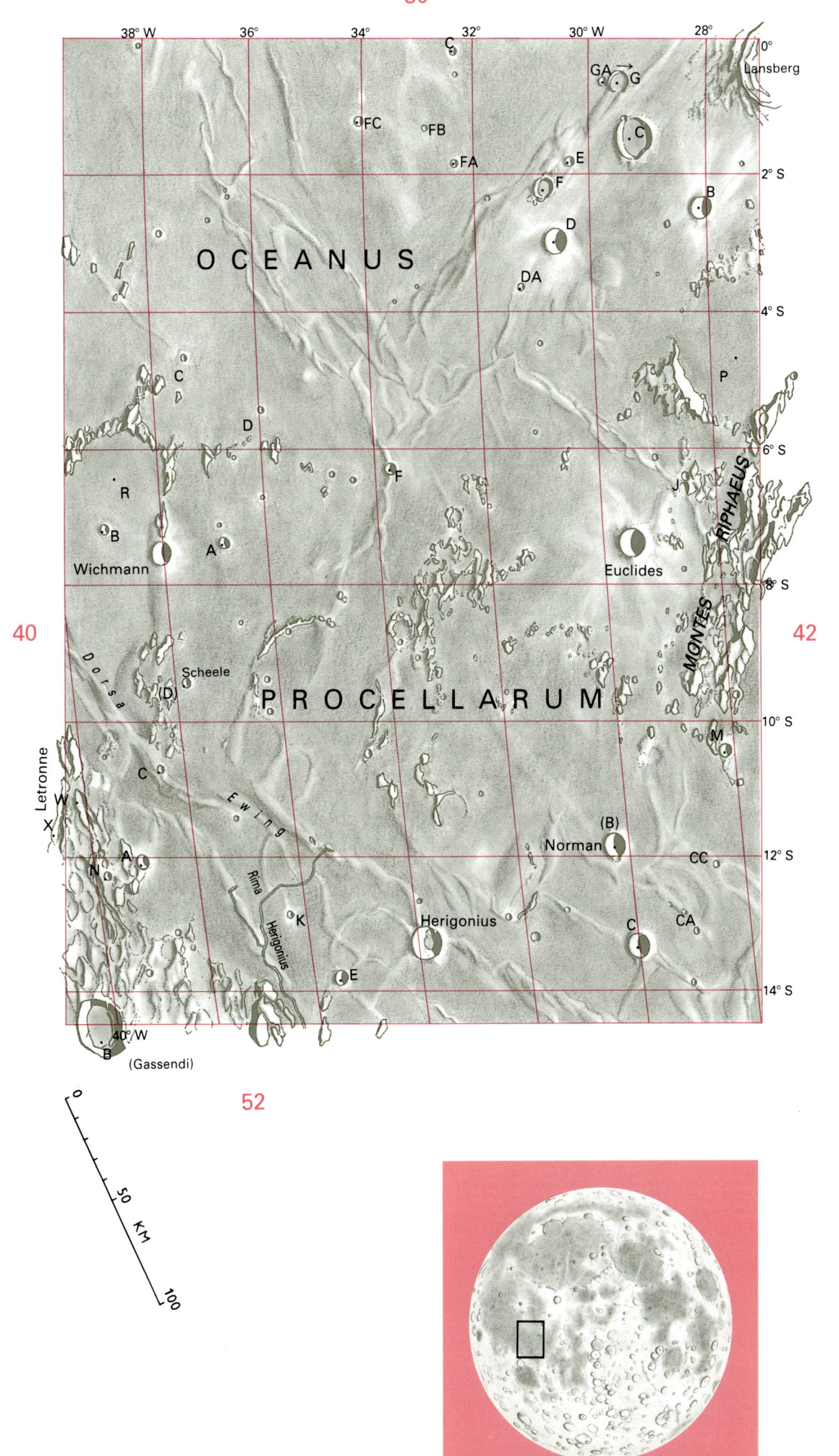

109

42.FRA MAURO フラマウロ

島の海 Mare Insularum の南端は，ランズベルグ Lansberg とフラマウロ Fra Mauro の間まで伸びているが，下半分は既知の海 Mare Cognitum で占められている．このエリアは見かけ以上に地質学的に重要な地形が多い．したがって，探査機の多くがこの地域を目標にした．レインジャー7号は衝突着陸し，二つのアポロ宇宙船は軟着陸に成功している．アポロ 12号はサーベイヤー3号の近くに，アポロ14号はフラマウロ Fra Mauro に近い丘の上に着陸している．東側（右）に，ボンプラン Bonpland, パリ Parry, フラマウロ Fra Mauro という三つのクレーターの集まったグループがある．

Bonpland ボンプラン [8.3S,17.4W]
Aimé Bonpland(1773-1858) フンボルトがメキシコとコロンビアに遠征したときに随行したフランスの植物学者．
中央を走る狭い裂け目のある壁平原の跡(60km)．

Cognitum,Mare 既知の海 [10S,23W]
1964年，探査機レインジャー7号の飛行の成功にちなんで名づけられた．この探査機は，月面の詳細なテレビ画像を初めて地球に送信した．一見滑らかで平らな海の表面に，小さなクレーター穴が無数にあった．中には地上の大望遠鏡で認められる最小のクレーターの1万分の1にもならない微小クレーターもある．新時代の月の探査がこの時点から始まった．

Darney ダルネー [14.5S,23.5W]
Maurice Darney(1882-1958) フランスの月観測者．
美しい円形クレーター(15km/2620m)．ダルネーC(13.3km/2330m)が隣接する．

Eppinger エピンガー（ユークリッドD）[9.4S,25.7W]
H.Eppinger(1879-1946) オーストリアの医師．
クレーター(6km/1250m)．

Fra Mauro フラマウロ [6.0S,17.0W]
Fra Mauro(1459没) ベネチアの地理学者．1457年に世界地図を作成した．
中央に南北方向の裂け目が走る壁平原の跡(95km)．

Guettard,Dorsum ゲタール尾根 [10S,18W]
Jacques Etienne Guettard(1715-1786) フランスの地質学者．
リンクルリッジ．全長40km．

Insularum,Mare 島の海 月面図30,31を参照．

Kuiper カイパー（ボンプランE）[9.8S,22.7W]
Gerard P.Kuiper(1905-1973) オランダ生まれのアメリカ人天文学者．太陽系に関して重要な研究や発見をした．アリゾナ大学月惑星研究所所長．
クレーター(6.8km/1330m)．

Lansberg ランズベルグ [0.3S,26.6W]
Philippe van Lansberge(1561-1632) ベルギーの医師，天文学者．アストロラーベと日時計に関する論文がある．
目立つクレーター(39km/3110m)．

Moro,Mons モロ山 [12S,20W]
Antonio L.Moro(1687-1764) イタリアの博物学者．
高さ約10kmの山塊で，リンクルリッジの上にある．

Opelt,Rimae オペルト谷 [13S,18W]
オペルト(月面図53)にちなんで名づけられた．
細溝の集まり．全長70km．

Parry,Rimae パリ谷 [8S,17W]
パリ(月面図43)にちなんで名づけられた．
細溝の集まり．小望遠鏡で十分認められる．全長300km．

Riphaeus,Montes リフェウス山脈 月面図41を参照．

Tolansky トランスキー 月面図43を参照．

42

31

Lansberg · Luna 5 · MARE INSULARUM · Surveyor 3 / Apollo 12 · Apollo 14 · Gambart · (Euclides) · MONTES RIPHAEUS · Fra Mauro · Parry · Bonpland · Tolansky · Eppinger · Kuiper · Ranger 7 · Mons Moro · Dorsum Guettard · Rimae Opelt · Darney · MARE COGNITUM

41 43

53

0 — 50 — 100 KM

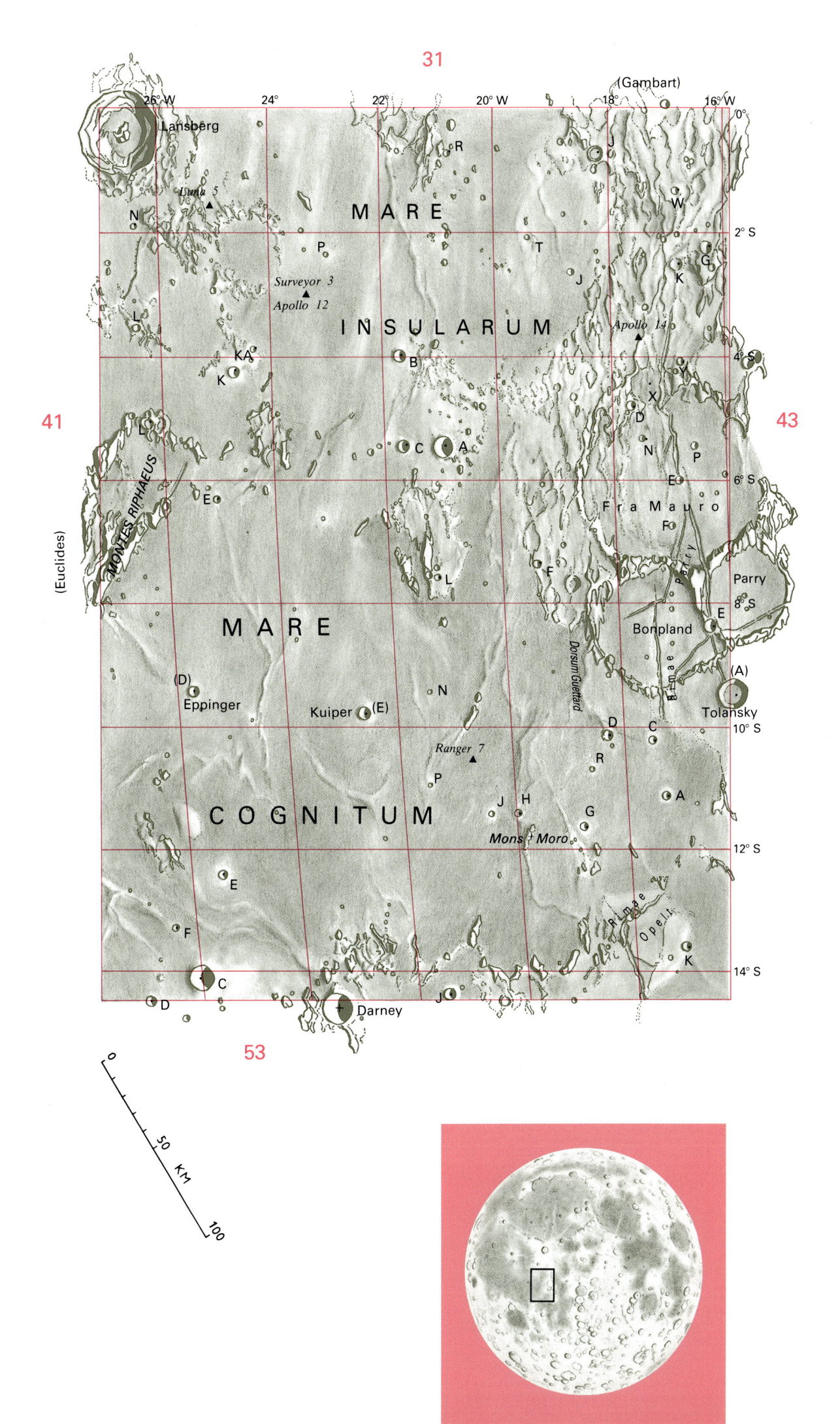

111

43.LALANDE ラランド

　南側から 雲の海 Mare Nubium が突き出て，図中央は"海"のエリアとなり，巨大な"陸地"エリアの端が東側（右）に見られる．たいへん興味深いのは，デーヴィ Davy の東側（右）にある デーヴィ Y を含むクレーターチェーンだ．

Davy デーヴィ [11.8S,8.1W]
Sir Humphry Davy(1778-1829) イギリスの物理学者および化学者．鉱夫の使う安全なランプを発明した．
　クレーター(35km)．周壁には**デーヴィ A** (15km)が重なっている．

Davy,Catena デーヴィ・クレーターチェーン [11S,7W]
典型的なクレーターチェーン．全長約50km．

Guericke ゲーリッケ [11.5S,14.1W]
Otto von Guericke(1602-1686) ドイツの物理学者．1654年，いわゆる"マグデブルクの半球"と呼ばれる有名な実験を行い，大気圧の存在を示した．
　壁平原の跡(58km)．

Kundt クント（ゲーリッケC）[11.5S,11.5W]
August Kundt(1839-1894) ドイツの物理学者．
　クレーター(11km)．

Lalande ラランド [4.4S,8.6W]
Joseph J. la Francais de Lalande(1732-1806) フランスの天文学者．パリ天文台の台長．
　段丘のあるクレーター(24km/2590m)で，明るい光条の中央にある．

Mösting メスティング [0.7S,5.9W]
Johann S.von Mösting(1759-1843) デンマークにおける天文学者の支援者．雑誌 *Astronomische Nachrichten* の創刊者の一人．
　周壁に段丘があるクレーター(26km/2760m)．

Mösting A メスティングA
　小さいが明るく目立つ環状クレーター(13km/2700m)．月理学者にとって座標の基準になっている．位置：3°12′43.2″S, 5°12′39.6″W(Davies,1987)．

Palisa パリザ [9.4S,7.2W]
Johann Palisa(1848-1925) オーストリアの天文学者．127個の小惑星を発見した．
　周壁が崩壊して南東方向に開いたクレーター(33km)．

Parry パリ [7.9S,15.8W]
Sir William E.Parry(1790-1855) イギリスの提督で北極地方の探検家．
　溶岩で満たされた底面を持つクレーター(48km/560m)．

Parry,Rimae パリ谷 月面図42を参照．

Tolansky トランスキー（パリA）[9.5S,16.0W]
Samuel Tolansky(1907-1973) イギリスの物理学者．
　平らな底面を持つクレーター(13km/880m)．

Turner ターナー [1.4S,13.2W]
Herbert H.Turner(1861-1930) イギリスの天文学者．月面に関する国際的な命名法の作成に参画した．1903年，ふたご座に新星を発見した．
　美しい円形クレーター(11.8km/2630m)．

小クレーター：**Davy C**　デーヴィ C(3.4km/540m)
　　　　　　　Fra Mauro R　フラマウロ R*(3.4km/650m)
　　　　　　　　* このクレーターはフラマウロ・エータ丘の頂上にある．
　　　　　　　Guericke D　ゲーリッケ D
　　　　　　　(7.6km/1500m)
　　　　　　　Lalande A　ラランド A(13.2km/2600m)
　　　　　　　Parry D　パリ D(2.8km/330m)

43

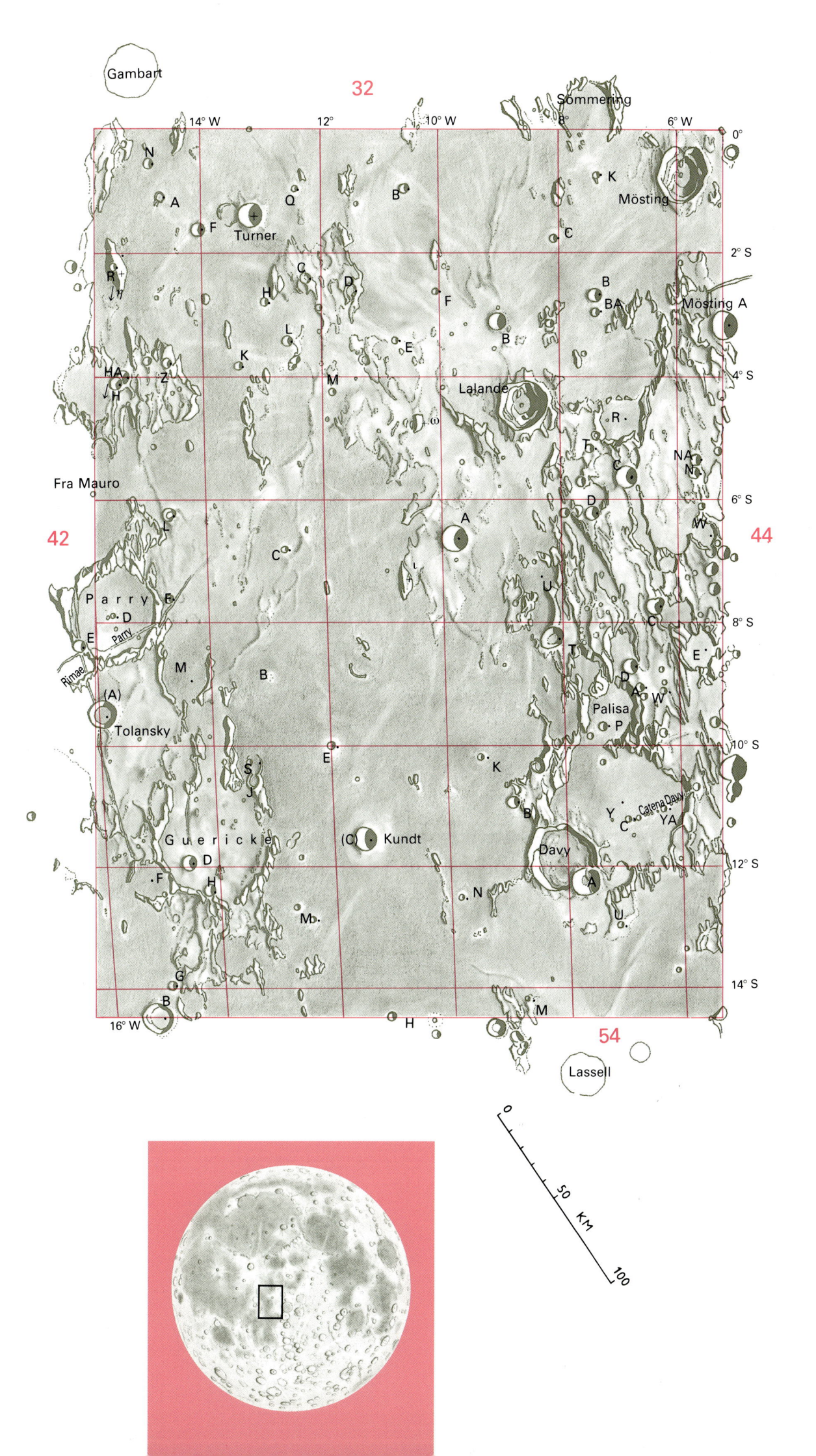

Gambart

Sömmering

N
A Q B K
    F Turner   Mösting
R H C D F B BA Mösting A
    L E B
HA Z K M ω Lalande
H   R
Fra Mauro   T
                  C NA N

42

L   D W
    C   A
Parry F   U C
    D   T D A E
E Parry   Palisa W
(A) M B   P
Tolansky
            E   K
        S   B Y Catena Davy
        J   C YA
Guericke   (C) Kundt   Davy A
    D
  F H   N   U
    M

G
B   H   M

16° W   54

Lassell

0
50 KM
100

44

113

44.PTOLEMAEUS プトレマイオス

月面の中央部に巨大な壁平原がある．中でももっとも大きいのはプトレマイオス Ptolemaeus だ．図上部の中央の入江 Sinus Medii の暗い底面の境界付近に，オッポルツァー谷 Rima Oppolzer が長く伸びている．アルフォンスス Alphonsus の底面にレインジャー 9 号の衝突地点がある．

Albategnius アルバテグニウス [11.2S,4.1E]
Muhammed ben Geber al Batani(852-929) アラビアの王侯で天文学者．
　直径136km．

Alphonsus アルフォンスス [13.4S,2.8W]
Alfonso X, "El Sabio"（賢人）(1221-1284) カスティリャの王で，天文学者．*Alphonsine Tables* を作成した．
　中央丘（山塊）のある壁平原．周壁の内側には中央丘のほかに，たくさんのリンクルリッジや細溝，そして周囲が暗くなった微小クレーターが見られる．

Alphonsus,Rimae アルフォンスス谷
　アルフォンススの底面にある細溝．

Ammonius アンモニオス（プトレマイオスA）[8.5S,0.8W]
Ammonius(517頃) ギリシャの哲学者．
　クレーター(9km/1850m)．

Flammarion フラマリオン [3.4S,3.7W]
Camille Flammarion(1842-1925) フランスの天文学者．有名な天文学普及者．
　少し崩れた壁平原(75km)．**メスティングA** が西側の周壁にある．月面図43を参照．

Flammarion,Rima フラマリオン谷 [2S,5W]
　細溝．長さ80km．

Gyldén ギルデン [5.3S,0.3E]
Hugo Gyldén(1841-1896) フィンランドの天文学者．ストックホルム天文台の台長．
　崩壊したクレーター(47km)．

Herschel ハーシェル [5.7S,2.1W]
William Herschel(1738-1822) ドイツ生まれのイギリス人天文学者．天王星の発見者．恒星天文学を開拓し，2500個の星雲と銀河を発見した．
　たいへん目立つ段丘のあるクレーター(41km/3770m)．

Hipparchus ヒッパルコス [5.5S,4.8E]
Hipparchos(前190頃-前125頃) ギリシャの有名な天文学者．最初の恒星カタログを著す．
　かなり崩れた壁平原(150km/3320m)．

Klein クライン [12.0S,2.6E]
Hermann J.Klein(1844-1914) ドイツの月理学者．天文学の普及者．クレーター(44km/1460m)．

Medii,Sinus 中央の入江 月面図33を参照．

Müller ミュラー [7.6S,2.1E]
Karl Müller(1866-1942) オーストリアの月理学者．
　南北方向に伸びた楕円クレーター(24×20km)．

Oppolzer オッポルツァー [1.5S,0.5W]
Theodor E.von Oppolzer(1841-1886) オーストリアの天文学者．2163年までの日食および月食の表を作成した．
　クレーターの跡(43km)．底面に裂け目がある．

Oppolzer,Rima オッポルツァー谷 [1S,2E]
　細溝．全長110km．

Ptolemaeus プトレマイオス [9.2S,1.8W]
Claudius Ptolemaeus(90頃-160頃) ギリシャの天文学者．『アルマゲスト』の著者．地球中心の宇宙モデルを描いた．
　底面にたくさんの小クレーターや凹穴がある非常に目立つ壁平原(153km/2400m)．

Réaumur レオミュール [2.4S,0.7E]
René A.F.de Réaumur(1683-1757) フランスの物理学者．
　クレーターの跡．湾のように見える(53km)．

Réaumur,Rima レオミュール谷 [3S,3E]
　細溝．全長45km．

Seeliger ゼーリガー [2.2S,3.0E]
Hugo von Seeliger(1849-1924) ドイツの天文学者．
　円形のクレーター(8.5km/1800m)．

Spörer シュペーラー [4.3S,1.8W]
Friedrich W.G.Spörer(1822-1895) ドイツの天文学者．太陽活動の研究をした．太陽黒点分布の年変化（蝶形分布）をシュペーラーの法則という．
　はっきりしない浅いクレーター(28km/310m)．

44

SINUS MEDII

0   50   KM   100

45.ANDĚL アンディエル

　崩壊が進んだ大クレーターがたくさん見られる"陸地"エリアだ.雨の海 Mare Imbrium が誕生したときの地殻変動の影響がこのエリアを横切っている．デカルト Descartes から少し離れた北側にアポロ 16 号の着陸地点がある．図中央左側に，ハリー Halley，ハインド Hind，ヒッパルコスC Hipparchus C，ヒッパルコスL Hipparchus L と，クレーターが並んだ順に小さくなるのが面白い．

Abulfeda アブールフィダー [13.8S,13.9E]
Ismail Abu'l Fida(1273-1331)シリアの豪族で地理学者および天文学者．
　クレーター(62km/3110m)．

Aněl アンディエル [10.4S,12.4E]
Karel Aněl(1884-1947) チェコの教師および月理学者．*Mappa Selenographica* を作成(1926年)．
　南側の壁があいているほぼ正多角形のクレーター(35km)．

Burnham バーナム [13.9S,7.3E]
Sherburne W.Burnham(1838-1921) アメリカのアマチュア天文家．1300個以上に及ぶ二重星を発見した．
　周壁が崩壊した目立たないクレーター(25km)．

Descartes デカルト [11.7S,15.7E]
René Descartes(1596-1650) フランスの偉大な哲学者，数学者．
　クレーター(48km)．

Dollond ドロンド [10.4S,14.4E]
John Dollond(1706-1761) イギリスの光学器械製作者．望遠鏡の色消し対物レンズを開発した．
　円形クレーター(11.1km)．

Halley ハリー（ハレー） [8.0S,5.7E]
Edmond Halley(1656-1742) イギリスの天文学者．ニュートンの重力の法則をもとに，彼の名を冠した彗星（ハレー彗星）の周期性を証明した．
　クレーター(36km/2510m)．

Hind ハインド [7.9S,7.4E]
John Russell Hind(1823-1895) イギリスの天文学者．
　クレーター(29km/2980m)．**ヒッパルコス C**(17km/2940m)と**ヒッパルコス L**(13km/2630m)を結ぶ線上にある．

Hipparchus ヒッパルコス 月面図44を参照．

Horrocks ホロックス [4.0S,5.9E]
Jeremiah Horrocks(1619-1641) イギリスの天文学者．金星が太陽の前を横切る現象を最初に観測した（1639年）．
　目立つクレーター(30km/2980m)．

Lade ラーデ [1.3S,10.1E]
Heinrich E.von Lade(1817-1904) ドイツの銀行家およびアマチュア天文家．
　溶岩があふれたクレーターの跡(56km)．北側の周壁に**ラーデB**が重なり合っている．

Lindsay リンジー（ドロンドC） [7.0S,13.0E]
Eric M.Lindsay(1907-1974) アイルランドの天文学者．
　クレーター(32km/1550m)．

Pickering ピッカリング [2.9S,7.0E]
Edward C.Pickering(1846-1919) アメリカの天文学者．
　美しい円形のクレーター(15km/2740m)．

Ritchey リッチー [11.1S,8.5E]
George W.Ritchey(1864-1945) アメリカの天文学者および光学器械の製作者．
　クレーター(25km/1300m)．

Saunder ソーンダー [4.2S,8.8E]
Samuel A.Saunder(1852-1912) イギリスの月理学者．月面上の3000地点の位置をカタログにした．
　周壁が低く，形がかなり崩れたクレーター(45km)．

Theon Junior テオン・ジュニア [2.3S,15.8E]
Theon of Alexandria(380頃) アレキサンドリア学派の最後の天文学者．
　美しい円形のクレーター(18.6km/3580m)．

Theon Senior テオン・シニア [0.8S,15.4E]
Theon of Smyrna(100頃) ギリシャの数学者，天文学者．
　美しい円形のクレーター(18.2km/3470m)．

117

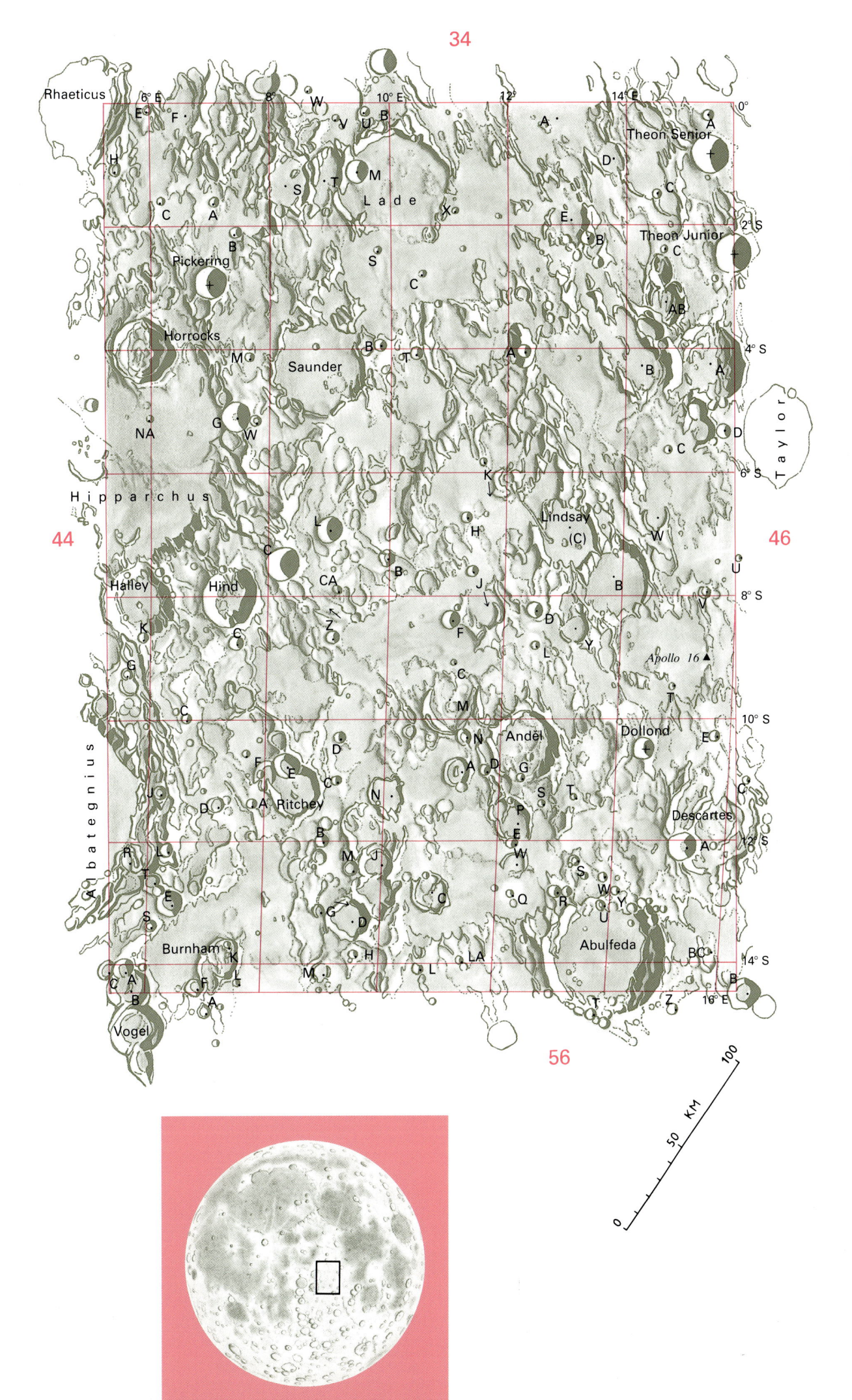

46.THEOPHILUS テオフィルス

テオフィルス Theophilus は，キリルス Cyrillus，カタリナ Catharina（月面図57）と並んだクレーター・トリオの一つだが，いずれも興味深い地形として注目されている．右上にヒパティア谷 Rimae Hypatia と呼ばれる浅い細溝が見られる．カントB Kant B とツェルナーE Zöllner E は溶岩があふれた広い高原の両端にある．

Alfraganus アルフラガヌス [5.4S,19.0E]
Muhammed ebn Ketir al Fargani(840頃) ペルシャの天文学者．
　少し変わった形をしたクレーター(21km/3830m)．

Asperitatis,Sinus 未開の入江 [6S,25E]
この名称は，この海の表面がでこぼことした様子にマッチしている．
　直径約180km．

Cyrillus キリルス（キュリロス）[13.2S,24.0E]
St.Cyril(444没) テオフィルスの後，アレキサンドリアの司教となる．
　壁がかなり崩壊したクレーター(98km)．

Delambre ドランブル [1.9S,17.5E]
Jean B.J.Delambre(1749-1822)フランスの天文学者．メートルという単位を導き出すことにつながる三角測量に尽力した．
　段丘のある目立つクレーター(52km)．

Hypatia ヒパティア [4.3S,22.6E]
Hypatia(415没) アレキサンドリアのテオンの娘．天文学者および数学者．
　形の崩れたクレーター(41×28km)．

Hypatia,Rimae ヒパティア谷 [1S,23E]
　細溝の集まり．全長180km．

Ibn Rushd イブン・ルシュド（キリルスB）[11.7S,21.7E]
Ibn Rushd, Averroes(1126-1198) アラビアの哲学者，医師．スペイン・イスラム教の王宮付法律学者．
　クレーター(33km)．

Kant カント [10.6S,20.1E]
Immanuel Kant(1724-1804) ドイツの哲学者．星雲が太陽系を形成したという仮説を発表した．
　中央丘を持つクレーター(32km/3120m)．

Moltke モルトケ [0.6S,24.2E]
Helmuth Karl von Moltke(1800-1891) プロシアの陸軍元帥．シュミットの月面図の発行を支援した．
　周囲が明るい物質に囲まれたクレーター(6.5km/1310m)．

Penck,Mons ペンク山 [10S,22E]
Albrecht Penck(1858-1945) ドイツの地理学者．
　高さ 4000m の山塊．直径30km．

Taylor テーラー [5.3S,16.7E]
Brook Taylor(1685-1731) イギリスの数学者および哲学者．
　楕円形のクレーター(41×34km)．

Theophilus テオフィルス [11.4S,26.4E]
St.Theophilus(412没) アレキサンドリアの司教（385年より）．
　クレーター(100km/4400m)．周壁は周辺地域から1200mも立ち上がり，中央丘の頂上の高さは1400mある．

Zöllner ツェルナー [8.0S,18.9E]
Johann K.F.Zöllner(1834-1882) ドイツの天文学者で，偏光天体測光器の発明者．
　周壁が崩壊した楕円形のクレーター(47×36km)．

46

16° E, 18°, 20° E, 22°, 24°, 26° E

Theon Senior
J, H, FA, E, AC, Moltke
D, F, B, C, R, A, Rimae Hypatia, B
Delambre, G, G, DA, G
Theon Junior, A, AA, F, D, Hypatia, I, J, C, H, K
Taylor, E, H, D, B, F, A, H
Alfraganus, K, M, M
E, C, SINUS

45 ... **47**

U, J, K, A, E, GA, G
DA, H, G, F, FB, F
D, Zöllner, E, FA, ASPERITATIS
DC, G, U, HA, H, C, F
M, B, R, N, M, E, Mons Penck
P, DA, Kant, B, Theophilus
C, D, S, T, Ibn Rushd (B), M
O, OA, C, Cyrillus
QC, QA, O, K, D, η, α, δ
QD, C, E, B, L, M, O, A, C
S (Tacitus)

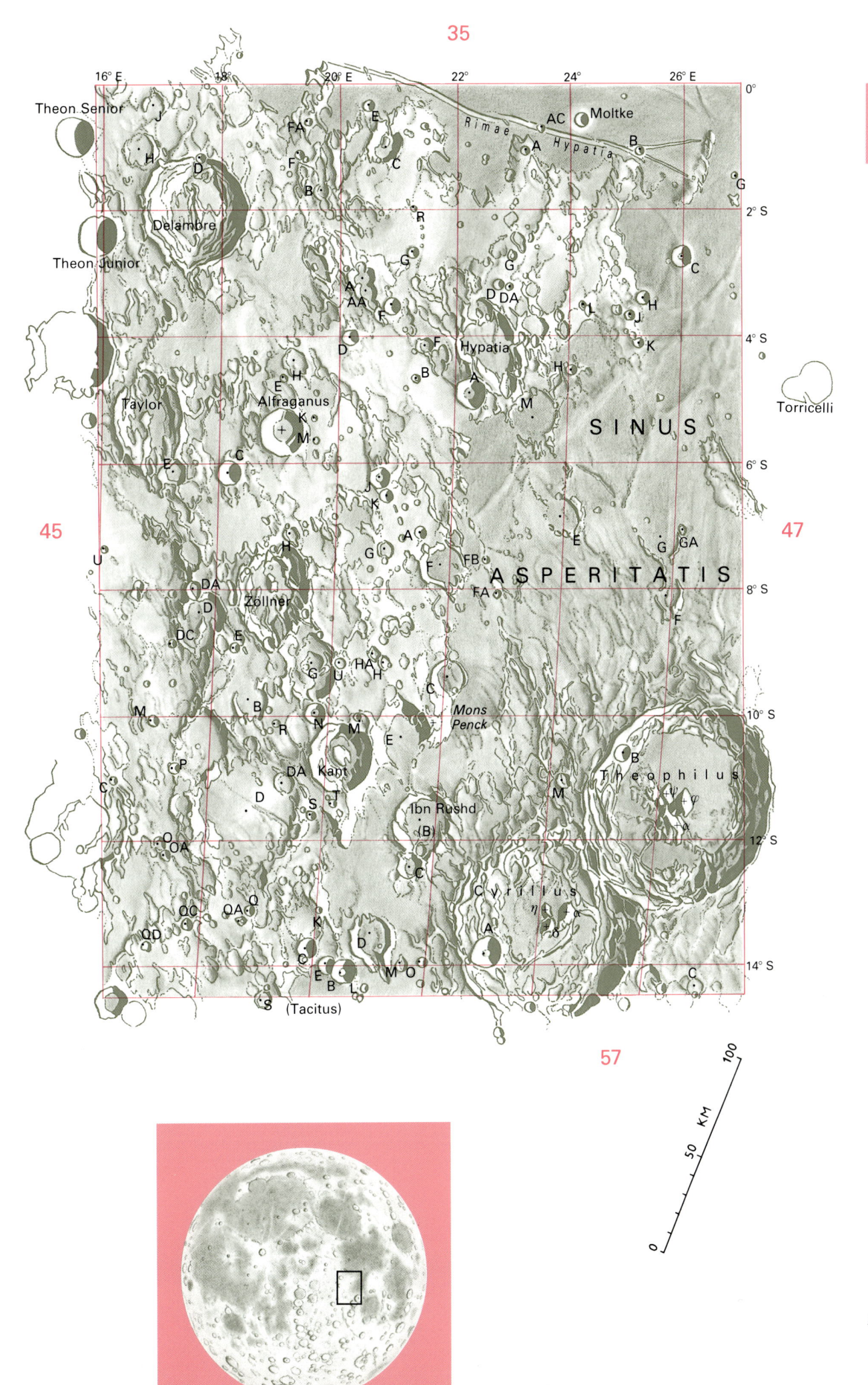

57

0 — 50 — 100 KM

47.CAPELLA カペラ

右側から突き出た"陸地"部分が静かの海 Mare Tranquillitatis と神酒の海 Mare Nectaris を分けている．その"陸地"エリアを横切って長く伸びるグーテンベルク谷 Rimae Gutenberg が見える．神酒の海の北側の境界付近で，カペラ Capella と イシドルス Isidorus という一対のクレーターが目立っている．クレーターが重なって洋梨形になったトリチェリ Torricelli とケンソリヌス Censorinus は，このあたりでもっとも明るい地形の一つだ．

Asperitatis,Sinus 未開の入江 月面図46を参照．

Capella カペラ [7.6S,34.9E]
Martianus Capella(5世紀) カルタゴの法律学者．コペルニクスは，水星と金星が太陽の周りを回り，太陽は残りの惑星と共に地球の周りを回るという彼の説に言及した．
　クレーター(49km)．

Capella,Vallis カペラ谷 [7S,35E]
カペラを横切る長さ約110kmの谷．

Censorinus ケンソリヌス [0.4S,32.7E]
Censorinus(238頃) ローマの天文学者，測量家．彼の報告書 *De Die Natali* は，恒星と年代配列の関係について述べている．
　周辺部が際立って明るい小クレーター(3.8km)．

Daguerre ダゲール [11.9S,33.6E]
Louis Daguerre(1789-1851) フランスの風景画家．ダゲレオタイプの写真工程の開発者．
　馬蹄形の周壁跡が見られるゴースト・クレーター．直径46km．

Gaudibert ゴディベール [10.9S,37.8E]
Casimir M.Gaudibert(1823-1901) フランスのアマチュア天文家，月理学者．
　中央丘や尾根によって分割された目立たないクレーター(33km)．

Gutenberg,Rimae グーテンベルク谷 [5S,38E]
グーテンベルク（月面図48）にちなんで名づけられた．
　幅の広い溝の集まり(長さ330km)で，小望遠鏡でも認めることができる．

Isidorus イシドルス [8.0S,33.5E]
St.Isidore of Seville(560頃-636頃) セビリアの司教．天文学に興味を持ち，地球は球形であると信じていた．
　クレーター(42km/1580m)．

Leakey リーキー（ケンソリヌスF） [3.2S,37.4E]
Louis S.B.Leakey(1903-1972) イギリスの考古学者および古人類学者．
　クレーター(13km)．

Mädler メドラー [11.0S,29.8E]
Johann H.Mädler(1794-1874) ドイツの月理学者．月面図が収められた論文 *Der Mond* の著者．
　クレーター(28km/2670m)．

Nectaris,Mare 神酒の海 月面図58を参照．

Torricelli トリチェリ [4.6S,28.5E]
Evangelista Torricelli(1608-1647) ガリレオと同時代のイタリアの物理学者，水銀気圧計の発明者．
　直径23kmのクレーター．西側の周壁は開いて，トリチェリより小さいクレーターと重なって洋梨のような形になっている．

Tranquillitatis,Mare 静かの海 月面図35,36を参照．

47

MARE TRANQUILLITATIS

Censorinus

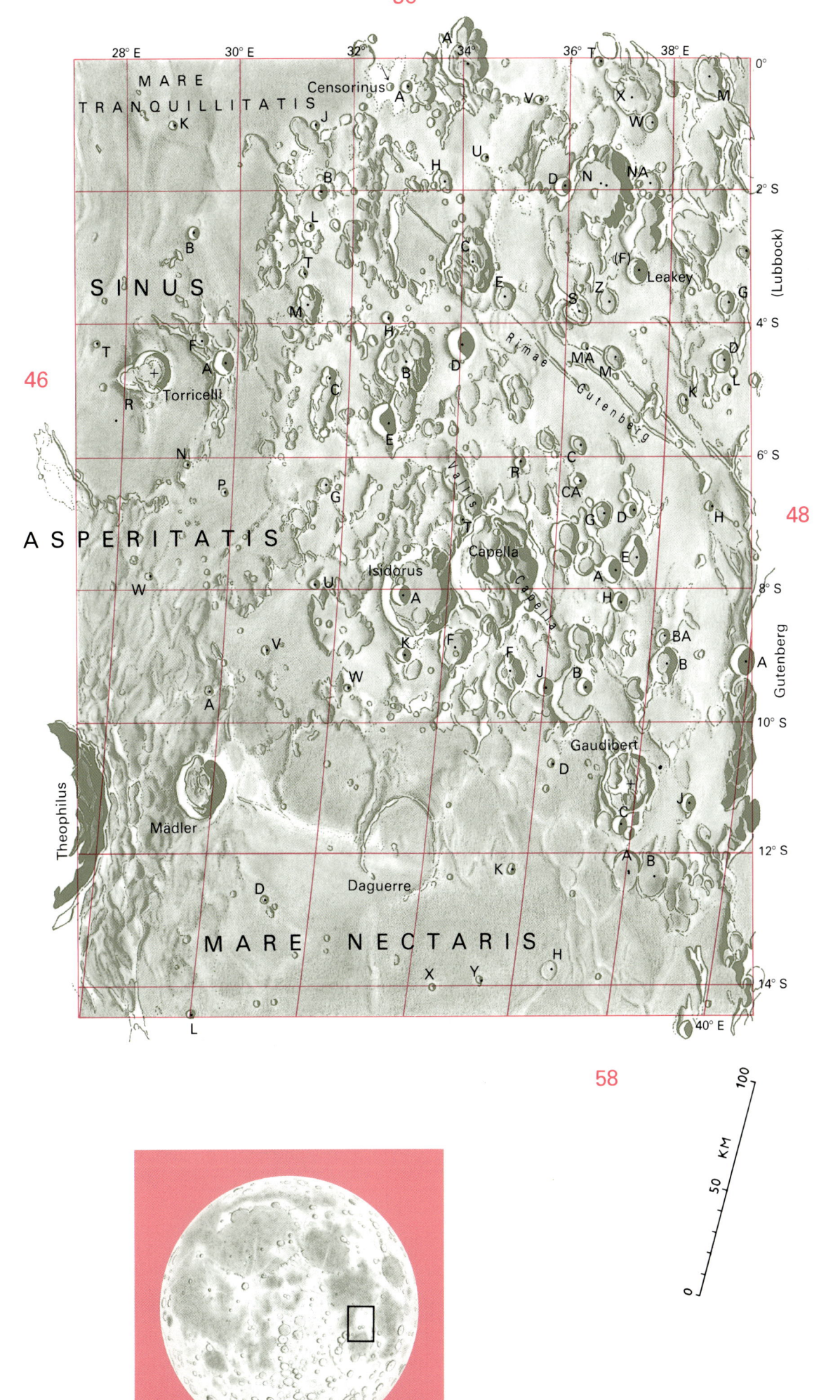

SINUS ASPERITATIS

Torricelli

Rimae Gutenberg

Leakey (Lubbock)

Isidorus

Capella

Vallis Capella

Gutenberg

Gaudibert

Theophilus

Mädler

Daguerre

MARE NECTARIS

46 · 48

36

58

121

48.MESSIER メシエ

　たくさんのリンクルリッジ（しわ状尾根）が豊かの海 Mare Fecunditatis を横切っている．横に並んだメシエ Messier と メシエA という有名なペア・クレーターが興味深い．メシエA から2本の明るい光条が西に向かって伸びている．太陽光が斜めに照らすとき，表面にたくさんのゴースト・クレーター（幻のクレーター）が見られる．グーテンベルク Gutenberg 周辺には細溝の集まりが目立っている．

Al-Marrakushi アル・マラクシ（ラングレヌスD）
[10.4S,55.8E] Al-Marrakushi(1262頃) アラビアの天文学者．
　クレーター(8km)．

Amontons アモントン [5.3S,46.8E]
Guillaume Amontons(1663-1705) フランスの物理学者．
　クレーター(3km)．

Bellot ベロー [12.4S,48.2E]
Joseph R.Bellot(1826-1853) フランスの航海者．南北両極地方の遠征に参加した．北極でフランクリンを救助しようとしたときに死亡．
　環状クレーター(17km)．

Crozier クロウジャー [13.5S,50.8E]
Francis R.M.Crozier(1796-1848) イギリスの海軍大佐．パリの北極遠征に参加し，ロスの南極遠征にも随行した．フランクリンと共に北極地方で死亡．
　溶岩で満たされたクレーター(22km)．

Fecunditatis,Mare 豊かの海
　不規則な形をした海で，表面積は 326,000km² （月面図37,49,59を参照）．

Geikie,Dorsa ゲーキ尾根 [3S,53E]
Sir Archibald Geikie(1835-1924) スコットランドの地質学者．
　リンクルリッジの大集団．長さ 240km．

Goclenius ゴクレニウス [10.0S,45.0E]
Rudolf Gockel(1572-1621) ドイツの医師，物理学者，数学者．
　底面に溝を持つ複雑な形をしたクレーター(54×72km)．

Goclenius,Rimae ゴクレニウス谷 [8S,43E]
　幅の広い溝の集まり．全長 240km．

Gutenberg グーテンベルク [8.6S,41.2E]
Johann Gutenberg(1398頃-1468頃) ドイツの金細工師．並べ替えが可能な活字印刷機を発明し，印刷プレス機も開発した．
　直径 74km のクレーター．東側の周壁は**グーテンベルクE**によって破壊され，南側は**グーテンベルクC** とつながっている．底面には多くの山塊と細溝があり，**グーテンベルクA**(15km/3430m)が南東の周壁と重なっている．

Ibn Battuta イブン・バットゥータ（ゴクレニウスA）
[6.9S,50.4E] Abu Abd Allah Mohammed Ibn Abd Allah(1304-1377) アラビアの地理学者．
　クレーター(12km)．

Lindbergh リンドバーグ（メシエG） [5.4S,52.9E]
Charles A.Lindbergh(1902-1974) アメリカの飛行士．初めて大西洋の単独横断飛行に成功した．
　クレーター(13km)．

Lubbock ラボック [3.9S,41.8E]
Sir John W.Lubbock(1803-1865) イギリスの数学者，天文学者．
　クレーター(14.5km)．

Magelhaens マゼラン [11.9S,44.1E]
Fernão de Magalhães(1480-1521) ポルトガルの有名な航海者．初めて世界一周航行を果たした．
　あふれた溶岩の暗い底面を持つクレーター(41km)．

Mawson,Dorsa モーソン尾根 [7S,53E]
Sir Douglas Mawson(1882-1958) オーストラリアの南極探検家．
　リンクルリッジの集まり．全長180km．

Messier メシエ [1.9S,47.6E]
Charles Messier(1730-1817) フランスの天文学者．14個の彗星を発見．「メシエ・カタログ」として知られる星団・星雲のカタログを作成した．
　楕円形のクレーター(9×11km)．

Messier A メシエA （かつてはW.H.ピッカリング）
　二重クレーター(13×11km)．西に向かって放射する2本の明るい光条の源である．

Messier,Rima メシエ谷 [1S,45E]
　ほとんど見えない細溝．長さ100km．

Pyrenaeus,Montes ピレネー山脈 [14S,41E]
グーテンベルクの南にある山脈にメドラーが命名した．
　全長250km （月面図47,58,59も参照）．

48

MARE FECUNDITATIS

- Rima Messier
- Messier
- Lubbock
- Dorsa Geikie
- Amontons
- Lindbergh
- Ibn Battuta
- Dorsa Mawson
- (Langrenus)
- Gutenberg
- Rimae Goclenius
- Goclenius
- Magelhaens
- Al-Marrakushi
- Bellot
- Crozier
- Colombo
- MONTES PYRENAEUS

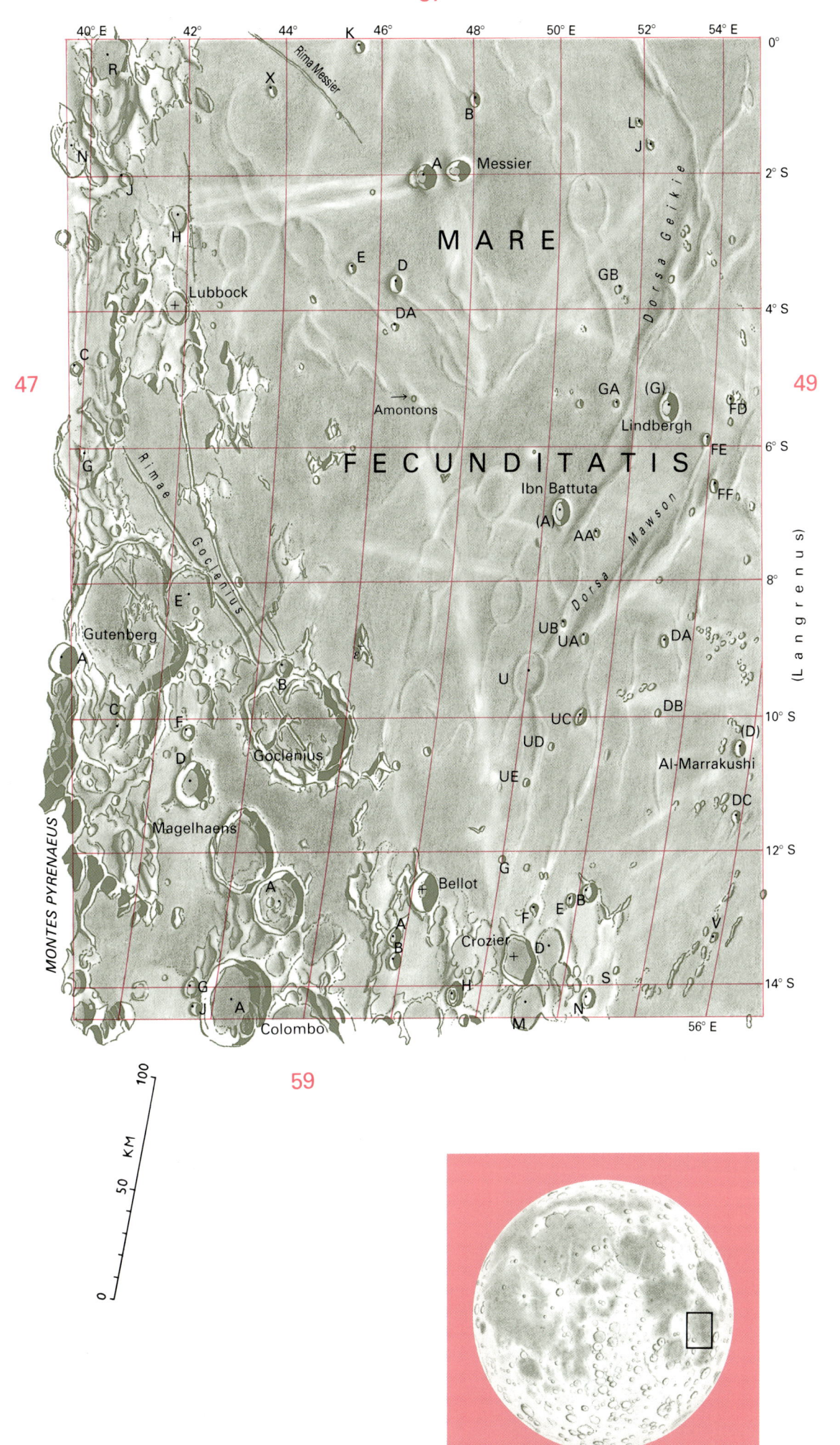

47 — 49
37
59

123

49.LANGRENUS ラングレヌス

月の東端は密度の高いクレーター地帯だ．豊かの海の東端が左上に見える．望遠鏡で見るラングレヌス Langrenus の姿は実に美しい．右端に一部しか見えていないスミス海 Mare Smythii は，秤動によってその暗い表面が見られることもある．

Acosta アコスタ（ラングレヌスC）[5.6S,60.1E]
Cristobal Acosta(1515-1580) ポルトガルの医師，歴史家．
クレーター(13km)．

Andrusov,Dorsa アンドルソフ尾根 [1S,57E]
Nikolai l.Andrusov(1861-1924) ソ連の地質学者．
リンクルリッジの集まり．全長160km．

Ansgarius アンスガリウス [12.7S,79.7E]
St.Ansgar(801-864) ドイツの神学者．
段丘のある周壁を持つ目立つクレーター(94km)．

Atwood アトウッド（ラングレヌスK）[5.8S,57.7E]
G.Atwood(1745-1807) イギリスの数学者，物理学者．
クレーター(29km)．

Avery エイヴェリ（ギルバートU）[1.4S,81.4E]
Oswald T.Avery(1877-1955) カナダの物理学者．クレーター(9km)．

Barkla バークラ（ラングレヌスA）[10.7S,67.2E]
C.G.Barkla(1877-1944) イギリスの物理学者（ノーベル賞受賞者）．
クレーター(43km)．

Bilharz ビルハルツ（ラングレヌスF）[5.8S,56.3E]
T.Bilharz(1825-1862) ドイツの医師．クレーター(43km)．

Black ブラック（ケストナーF）[9.2S,80.4E]
Joseph Black(1728-1799) イギリスの化学者．クレーター(18km)．

Born ボルン（マクローリンY）[6.0S,66.8E]
Max Born(1882-1970) イギリスの物理学者．
クレーター(15km)．

Carrillo カリーロ [2.2S,80.9E]
Flores N.Carrillo(1911-1967) メキシコの土壌技術者．
クレーター(16km)．

Dale デール [9.6S,82.9E]
Sir Henry H.Dale(1875-1968) イギリスの生理学者．ノーベル賞受賞者．クレーター(22km)．

Elmer エルマー [10.1S,84.1E]
Charles W.Elmer(1872-1954) アメリカの天文学者．
クレーター(17km)．

Fecunditatis,Mare 豊かの海 月面図37,48,59を参照．

Geissler ガイスラー（ギルバートD）[2.6S,76.5E]
Heinrich Geissler(1814-1879) ドイツの物理学者．
クレーター(16km)．

Gilbert ギルバート [3.2S,76.0E]
Grove K.Gilbert(1843-1918) アメリカの地質学者．壁平原(107km)．

Haldane ホールデン [1.7S,84.1E]
John B.S.Haldane(1892-1964) イギリスの生物学者，遺伝学者，科学の普及者．クレーター(38km)．

Hargreaves ハーグリーヴズ（マクローリンS）[2.2S,64.0E]
Frederick J.Hargreaves(1891-1970) イギリスの天文学者および光学器械製作者．クレーター(16km)．

Houtermans ホーターマンス [9.4S,87.2E]
Friedrich G.Houtermans(1903-1966) ドイツの物理学者．
クレーター(30km)．

Kapteyn カプタイン [10.8S,70.6E]
Jacobus C.Kapteyn(1851-1922) オランダの天文学者．
目立つクレーター(49km)．

Kästner ケストナー [7.0S,79.1E]
Abraham G.Kästner(1719-1800) ドイツの数学者および物理学者．
壁平原(105km)．

Kiess キース [6.4S,84.0E]
Carl C.Kiess(1887-1967) アメリカの天体物理学者．
クレーター(63km)．

Kreiken クライケン [9.0S,84.6E]
E.A.Kreiken(1896-1964) オランダの天文学者．クレーター(23km)．

Lamé ラメ 月面図60を参照．

Langrenus ラングレヌス [8.9S,60.9E]
Michel Florent van Langren(1600頃-1675頃) ベルギーのエンジニア，数学者．月の地形名を記した最初の月面図を描いた．
段丘のある周壁と中央丘を持つ非常に目立つクレーター(132km)．

la Pérouse ラ・ペルーズ [10.7S,76.3E]
Jean François de Galoup,Comte de la Pérouse(1741-1788) フランスの航海者．クレーター(78km)．

Lohse ローゼ [13.7S,60.2E]
Oswald Lohse(1845-1915) ドイツの天文学者．惑星の写真を撮り，火星の地図を作成した．
クレーター(42km)．

Maclaurin マクローリン [1.9S,68.0E]
Colin Maclaurin(1698-1746) スコットランドのアバーディーンとエジンバラの数学教授．
中央丘を持つ目立たないクレーター(50km)．

Morley モーリー（マクローリンR）[2.8S,64.6E]
Edward W.Morley(1838-1923) アメリカの化学者．
クレーター(14km)．

Naonobu 直円（ラングレヌスB）[4.6S,57.8E]
Ajima Naonobu(1732-1798) 日本の数学者安島直円．
クレーター(35km)．

Rankine ランキン [3.9S,71.5E]
William J.M.Rankine(1820-1872) スコットランドの物理学者．
クレーター(9km)．

Smythii,Mare スミス海 月面図38を見よ．

Somerville サマヴィル（ラングレヌスJ）[8.3S,64.9E]
Mary F.Somerville(1780-1872) スコットランドの物理学者，数学者．
クレーター(15km)．

Van Vleck ヴァン・ヴレック（ギルバートM）[1.9S,78.3E]
John M.Van Vleck(1833-1912) アメリカの天文学者，数学者．
クレーター(31km)．

von Behring フォン・ベーリング（マクローリンF）[7.8S,71.8E]
Emil A.von Behring(1854-1917) ドイツの微生物学者．
クレーター(39km)．

Webb ウェッブ [0.9S,60.0E]
Thomas W.Webb(1806-1885) イギリスの天文学者．*Celestial Objects for Common Telescopes* の著者．クレーター(22km)．

Weierstrass ヴァイエルシュトラース（ギルバートN）
[1.3S,77.2E] Karl Weierstrass(1815-1897) ドイツの数学者．
クレーター(33km)．

Widmanstätten ヴィドマンシュテッテン [6.1S,85.5E]
Alois B.Widmanstätten(1754-1849) オーストリアの科学者．磨かれた鉄隕石の表面に"ヴィドマンシュテッテン模様"が見られ，の結晶構造が現れる．
クレーター(46km)．

注：秤動ゾーンの月面図IVには，名前のつけられているスミス海のクレーターがさらに九つ記されている(Helmert, Kao, Lebesgue,Runge,Slocum,Swasey,Talbot,Tucker,Warner)．

38

48

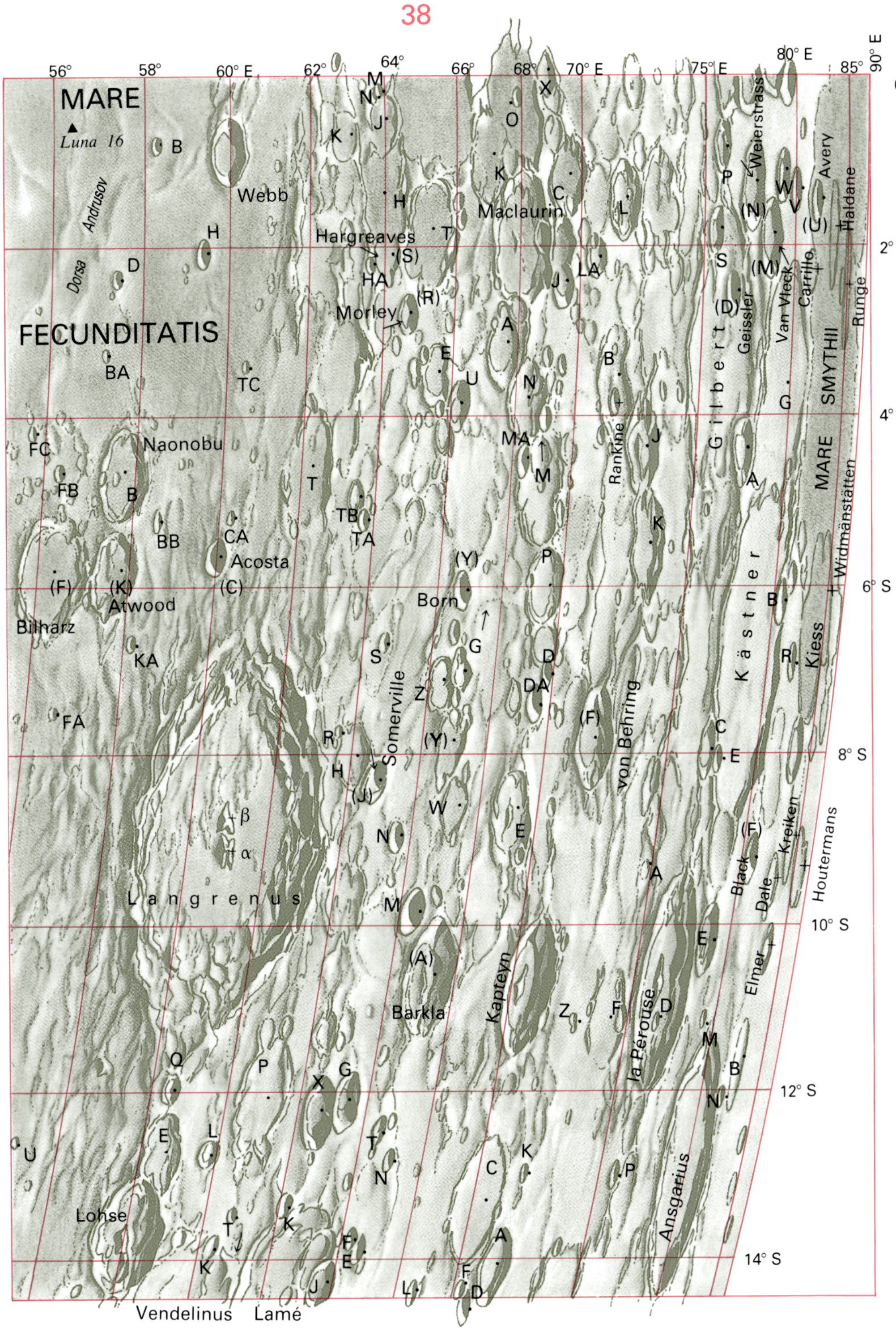
56°
58°
60° E
62°
64°
66°
68°
70° E
75° E
80° E
85°
90° E
0°
2° S
4° S
6° S
8° S
10° S
12° S
14° S
MARE
FECUNDITATIS
Luna 16
Dorsa
Andrusov
Webb
Hargreaves
Morley
Maclaurin
Naonobu
Acosta
Atwood
Bilharz
Born
Somerville
Langrenus
Barkla
Kapteyn
la Pérouse
Ansgarius
von Behring
Rankine
G i l b e r t
K ä s t n e r
Weierstrass
Geissler
Van Vleck
Carrillo
Avery
Haldane
Runge
MARE
SMYTHII
Widmanstätten
Kiess
Kreiken
Black
Dale
Houtermans
Elmer
Lohse
Vendelinus
Lamé

60

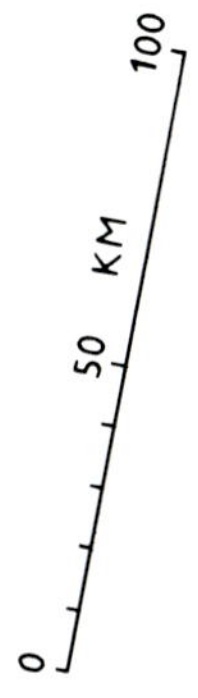
0
50
KM
100

50.DARWIN ダーウィン

月の西側の周縁で注目したいのは，巨大盆地オリエンタレ・ベイスン Orientale Basin で知られる東の海 Mare Orientale の端がそこにあることである．望遠鏡をのぞいて興味深いのは，月面図39にまで続いている幅の広いシルサリス谷 Rima Sirsalis だ．

Aestatis,Lacus 夏の湖 月面図39を参照．

Autumni,Lacus 秋の湖 月面図39を参照．

Byrgius ビュルギウス [24.7S,65.3W]
Joost Bürgi(1552-1632) スイスの時計製造者で名高い技術者．ティコ・ブラーエの六分儀を含む天体測定機器を製作した．
　クレーター(87km)．ビュルギウスAは明るい光条の中心にある．

Cordillera,Montes コルディレラ山脈 [20S,80W]
直径900kmの東の海の大盆地オリエンタレ・ベイスンを取り囲む外側の周壁で，その東側部分（月面図39を参照）．

Crüger クリューガー [16.7S,66.8W]
Peter Crüger(1580-1639) ドイツの数学者，ヘヴェリウスの先生．
　非常に暗い底面を持つクレーター(46km)．

Darwin ダーウィン [19.8S,69.1W]
Charles R.Darwin(1809-1882) イギリスの博物学者．自然選択による進化論を発表した．
　崩壊した壁平原(130km)．

Darwin,Rimae ダーウィン谷 [20S,67W]
細溝の集まり．全長280km．

Eichstadt アイヒシュタット [22.6S,78.3W]
Lorenz Eichstadt(1596-1660) ドイツの医師，数学者，天文学者．
　コルディレラ山脈の端にある目立つクレーター(49km)．

Kopff コプフ [17.4S,89.6W]
August Kopff(1882-1960) ドイツの天文学者．
　クレーター(42km)．

Krasnov クラスノフ [29.9S,79.6W]
Alexander V.Krasnov(1866-1907) ロシアの天文学者．ヘリオメーターを使って月の秤動を計測した．
　クレーター(41km)．

Lamarck ラマルク [22.9S,69.8W]
Jean Baptiste P.A.de M.Lamarck(1744-1829) フランスの自然学者．無脊椎動物学研究の創始者．
　ひどく崩壊したクレーター(115km)．

Nicholson ニコルソン [26.2S,85.1W]
Seth B.Nicholson(1891-1963) アメリカの太陽天文学者．ペティットと共に惑星の表面温度を測定するための熱電対を発明した．
　ルック山脈にあるクレーター(38km)．

Orientale,Mare 東の海 [20S,95W]
溶岩があふれた盆地の中でもっとも若いものの一つ．東の海のほとんどは月の裏側にある．したがって，秤動によって地球側に大きく傾くときに見ることができる．直径300km．

Pettit ペティット [27.5S,86.6W]
Edison Pettit(1889-1962) アメリカの天文学者．太陽のプロミネンスを研究した．
　クレーター(35km)．ニコルソンと並んでいる．

Rook,Montes ルック山脈 [20S,83W]
Lawrence Rooke(1622-1666) イギリスの天文学者．木星の衛星の観測者．
　東の海の大盆地を取り巻く内側の周壁の一部．全長約900km．

Sirsalis,Rima シルサリス谷 [17S,62W]
かなり長く幅が広い目立つ溝．小望遠鏡でも見ることができる．

Veris,Lacus 春の湖 [13S,87W]
ルック山脈の内側の端にある狭い"海"で，分断された暗い地域．全長540km，総表面積12,000km^2．

127

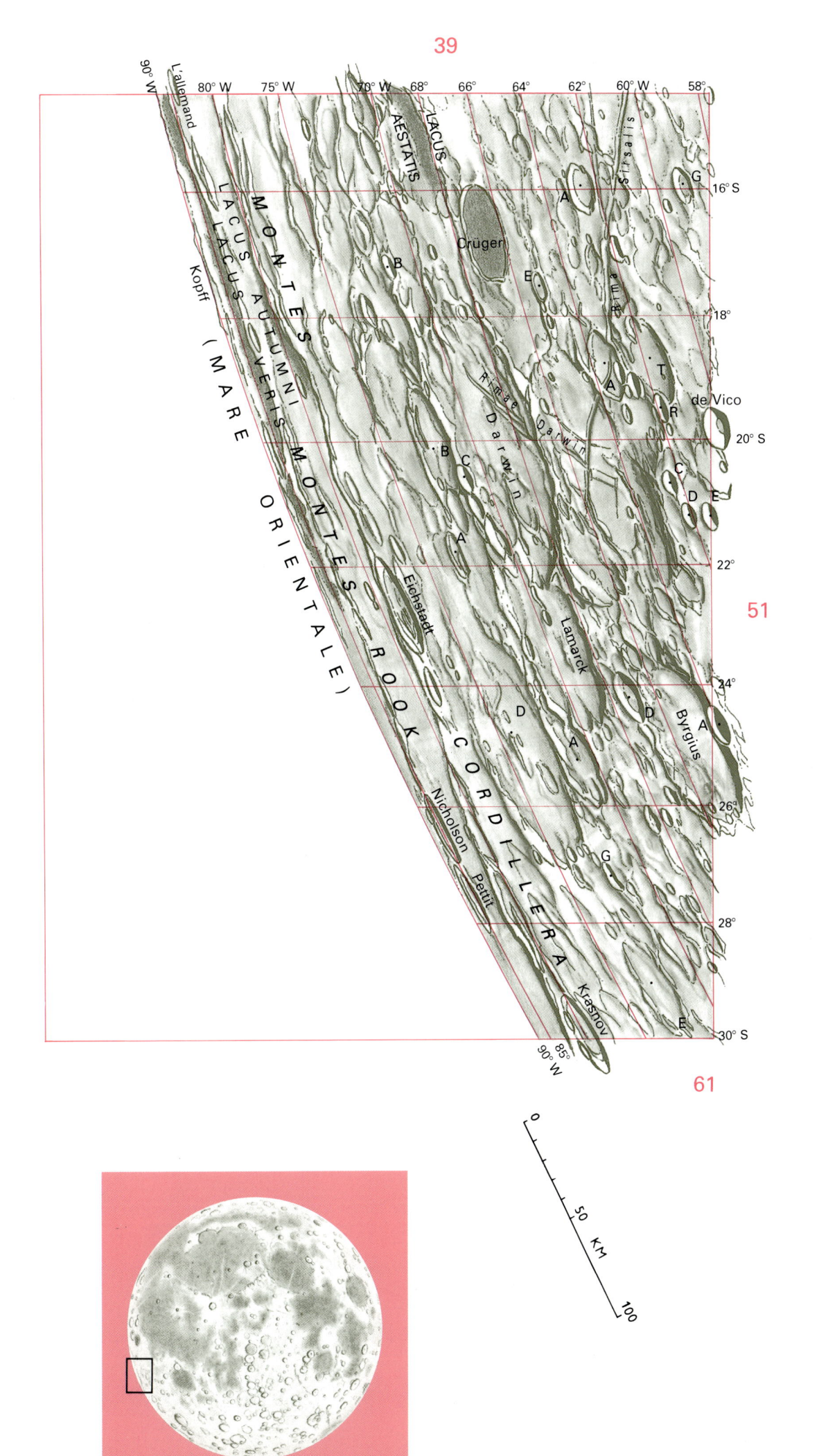

51.MERSENIUS メルセニウス

湿りの海 Mare Humorum の西端と，月の西側の丘陵地域が見られる．湿りの海の西側の境界に沿って断層や細溝が走っている．

Billy,Rima ビリー谷 [15S,48W]
ビリー(月面図40)にちなんで名づけられた．
　細溝．全長70km.

Cavendish キャヴェンディッシュ [24.5S,53.7W]
Henry Cavendish(1731-1810) イギリスの化学者および物理学者．水素を発見した．ねじりばかりを用いた「キャヴェンディッシュの実験」により地球の質量を求めた．
　クレーター(56km). 壁には**キャヴェンディッシュE**が割り込んでいる．

de Gasparis デ・ガスパリス [25.9S,50.7W]
Annibale de Gasparis(1819-1892) イタリアの天文学者．9個の小惑星を発見した．
　底面に溝がある溶岩に満たされたクレーター(30km).

de Gasparis,Rimae デ・ガスパリス谷 [25S,50W]
直径130kmの区域を占める細溝の集まり．

de Vico デ・ヴィコ [19.7S,60.2W]
Francesco de Vico(1805-1848) イタリアの天文学者，金星の観測者．6個の彗星を発見した．
　クレーター(20km).

Fontana フォンターナ [16.1S,56.6W]
Francesco Fontana(1585頃-1656頃) イタリアの法律学者，アマチュア天文家で，惑星の観測者．
　クレーター(31km).

Henry ヘンリー [24.0S,56.8W]
Joseph Henry(1792-1878) アメリカの物理学者．電気モーターと電気リレーを発明した．
　クレーター(41km).

Henry, Fréres アンリ兄弟 [23.5S,58.9W]
Paul Henry(1848-1905), Prosper Henry(1849-1903) フランスの天文学者．天体写真のパイオニアで，写真撮影による星図 *Carte du Ciel* を作成するために国際協力によって天体写真用望遠鏡を設計した．大型屈折望遠鏡を建造した．
　クレーター(42km).

Humorum,Mare 湿りの海 月面図52（p.130）を参照．

Liebig リービヒ [24.3S,48.2W]
Justus von Liebig(1803-1873) ドイツの化学者．天体望遠鏡のミラー用の銀めっきガラスを作るプロセスを開発した．
　クレーター(37km).

Liebig,Rupes リービヒ壁 [25S,46W]
湿りの海の西側の縁にある断層．全長180km.

Mersenius メルセニウス [21.5S,49.2W]
Marin Mersenne(1588-1648) フランスの神学者，数学者，物理学者．
　凸状の底面を持つ溶岩に満たされたクレーター(84km).

Mersenius,Rimae メルセニウス谷 [20S,45W]
幅が広くはっきりと見える溝の集まり．全長230km.

Palmieri パルミエリ [28.6S,47.7W]
Luigi Palmieri(1807-1896) イタリアの数学者，地球物理学者．
　溶岩で満たされたクレーター(41km).

Palmieri,Rimae パルミエリ谷 [28S,47W]
細溝の集まり．全長150km.

Vieta ヴィエタ [29.2S,56.3W]
François Viète(1540-1603) フランスの法律学者，数学者．
　クレーター(87km).

Zupus ツープス [17.2S,52.3W]
Giovanni B.Zupi(1590頃-1650頃) イタリアのイエズス会の天文学者．
　溶岩のあふれたクレーターの跡(38km).

Zupus,Rimae ツープス谷 [15S,53W]
はっきりしない細溝で観測は難しい．全長120km.

129

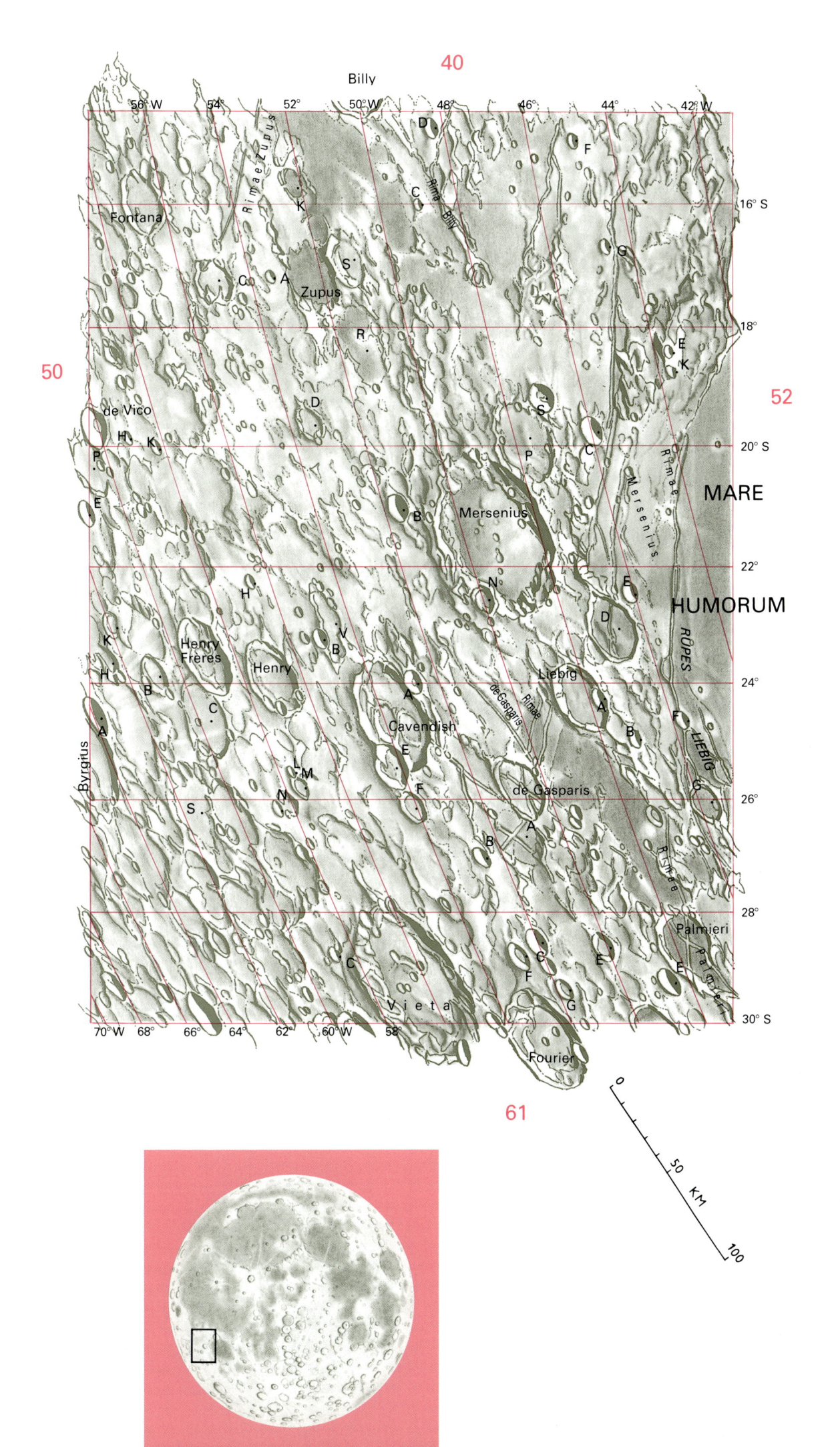

52.GASSENDI ガッサンディ

　湿りの海 Mare Humorum の東側の縁に沿ってリンクルリッジのネットワークが見られる．その外側にあるヒッパルス谷 Rimae Hippalus も望遠鏡の観望対象として面白い．大きな壁平原ガッサンディ Gassendi はダイヤモンドの指輪のように見えて面白い．底面には入り組んだ細溝が見られる．

Agatharchides アガタルキデス [19.8S,30.9W]
Agatharchides(前2世紀頃) ギリシャの地理学者，歴史学者．
　溶岩に満たされたクレーター(49km/1180m)．

Doppelmayer ドッペルマイアー [28.5S,41.4W]
Johann G.Doppelmayer(1671-1750) ドイツの数学者，天文学者．月面図の作成者．
　侵食されたクレーター(64km)．

Doppelmayer,Rimae ドッペルマイアー谷 [26S,45W]
　細溝の集まり．全長約130km．

Gassendi ガッサンディ [17.5S,39.9W]
Pierre Gassendi(1592-1655) フランスの神学者，数学者および天文学者．コペルニクスの理論を支持し，ケプラーやガリレオと書簡を交換した．1631年，ケプラーが予言した水星の太陽面通過を初めて観測した．
　はっきりと目立つ壁平原(110km/1860m)で，底面上に多くの細溝が走り，いくつかの丘や中央丘がある．周壁には**ガッサンディA**(33km/3600m)が割り込んでいる．

Gassendi,Rimae ガッサンディ谷
　ガッサンディの内側にある複雑な細溝のネットワーク．

Hippalus ヒッパルス [24.8S,30.2W]
Hippalus(120頃) ギリシャの航海者．アラビアからインドまで外洋を渡った．航海におけるモンスーンの重要性を発見．
　周壁が消えたクレーターの跡(58km/1230m)．

Hippalus,Rimae ヒッパルス谷 [25S,29W]
　幅の広い溝が目立つ．全長240km．小望遠鏡でも見ることができる．

Humorum,Mare 湿りの海 [24S,39W]
　円形の海．表面積113,000km^2，直径380km．

Kelvin,Promontorium ケルヴィン岬 [27S,33W]
William Thomson,Lord Kelvin(1824-1907) イギリスの物理学者．熱力学と電気の分野で研究を行い，60以上の発明がある．海底ケーブルを建設．

Kelvin,Rupes ケルヴィン壁 [28S,33W]
　湿りの海の縁にある断層．長さ約150km．

Loewy ローヴィ [22.7S,32.8W]
Moritz Loewy(1833-1907) フランスの天文学者．パリ天文台の台長．クーデタイプの赤道儀を設計し，位置天文学の分野での研究を行った．ピュイゾーと共に写真による *Atlas of the Moon* を編纂した．
　溶岩があふれ，周壁の一部が切れたクレーター(22×26km/1090m)．

Puiseux ピュイゾー [27.8S,39.0W]
Pierre Puiseux(1855-1928) フランスの天文学者．クーデタイプの赤道儀を使用して 6000 枚以上の月面写真を撮影した．有名なパリの *Atlas of the Moon* をローヴィとの共著で出版した．
　溶岩があふれたクレーター(25km/400m)．

52

(Herigonius)

Gassendi
Rimae Gassendi

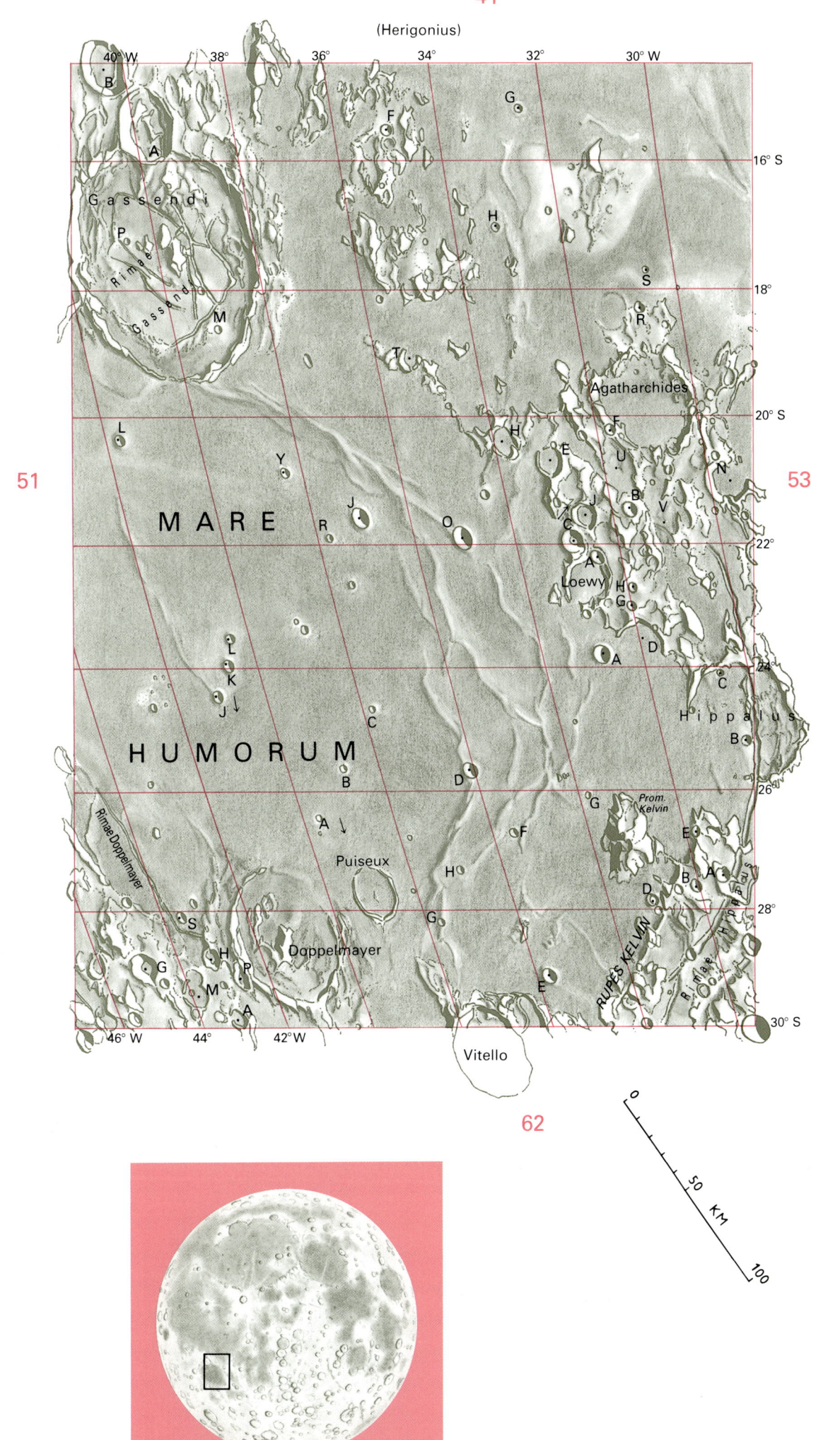

Agatharchides

MARE HUMORUM

Loewy

Hippalus

Rimae Doppelmayer

Puiseux

Doppelmayer

Prom. Kelvin

RUPES KELVIN

Rimae Hippalus

Vitello

41 · 51 · 53 · 62

53.BULLIALDUS ブリアルドス

雲の海 Mare Nubium の西側部分が見えている．ブリアルドスは月面でもっとも魅力的なクレーターの一つだ．そのほかに興味深いのは，ブリアルドスから伸びる幅の広い W 谷と，それを橋のように横切る高台，そしてキース Kies の近くにある典型的なドーム，キース・パイ Kies π，雲の海の西縁に何本も走るヒッパルス谷 Rimae Hippalus などがある．

Agatharchides,Rima アガタルキデス谷 [20S,28W]
細溝．長さ約50km．アガタルキデス（月面図52）にちなんで名づけられた．

Bullialdus ブリアルドス [20.7S,22.2W]
Ismaël Boulliau(1605-1694) フランスの天文学者，歴史学者，神学者．
段丘のある周壁と中央丘のある非常に目立つクレーター(61km/3510m)．クレーターの外側に興味深い放射状の構造が見られる．

Campanus カンパヌス [28.0S,27.8W]
Giovanni Campano(13世紀) イタリアの神学者，天文学者，占星術者．
クレーター(48km/2080m)．

Darney ダルネー 月面図42を参照．

Epidemiarum,Palus 病の沼 [32S,27W]
直径300km，表面積27,000km²．

Gould グールド [19.2S,17.2W]
Benjamin A.Gould(1824-1896) アメリカの天文学者．『アストロノミカル・ジャーナル』の創刊者．大西洋を横断するケーブルを使用し，ヨーロッパとアメリカの経度差を決定した．
クレーターの跡(34km)．

Hippalus ヒッパルス 月面図52を参照．

Hippalus,Rimae ヒッパルス谷 月面図52を参照．

Kies キース [26.3S,22.5W]
Johann Kies(1713-1781) ドイツの数学者および天文学者．
溶岩があふれたクレーター(44km/380m)．

König ケーニヒ [24.1S,24.6W]
Rudolf König(1865-1927) オーストリアの月理学者，音楽家，商人．彼個人の天文台を建造し，月の地形を 47,000 地点で観測した．ツァイスが製作したケーニヒの望遠鏡は，今日でもチェコスロバキアのプラハ天文台で使用されている．
クレーター(23km/2440m)．

Lubiniezky ルビニエツキー [17.8S,23.8W]
Stanislaus Lubiniezky(1623-1675) ポーランドの天文学者．415個の彗星の動きに関して詳細な研究結果を発表した．
溶岩があふれたクレーター(44km/770m)．

Mercator メルカトル [29.3S,26.1W]
Gerard de Kremer(Gerhardus Mercator, 1512-1594) ベルギーの地図製作者．世界地図や星図にしばしば使用されるメルカトル図法を編み出した．
溶岩に満たされた底面を持つクレーター(47km/1760m)．

Mercator,Rupes メルカトル壁 [30S,23W]
雲の海の南西の端にある断層．全長約180km．

Nubium,Mare 雲の海 月面図54を参照．

Opelt オペルト [16.3S,17.5W]
Friedrich W.Opelt(1794-1863) ドイツの投資家，月理学者ロールマンとシュミットの後援者．
クレーターの跡(49km)．

小クレーター： **Kies E** キース E(6.5km/1120m)
　　　　　　　Opelt E オペルト E(8.0km/1370m)

133

54.BIRT バート

　雲の海 Mare Nubium には，たくさんのリンクルリッジ（しわ状尾根）が見られる．バートの東側に長く伸びるのは，月面でもっとも有名な断層"直線壁 Rupes Recta"だ．直線壁は，太陽が東から照らすときに幅の広い影ができるので小望遠鏡ではっきり認めることができる．逆に夕方の太陽が西から照らすときは細くて白い線になる．大型望遠鏡なら，バートE(4.9km×2.9km)とバートF(直径3.1km)をつなぐバート谷 Rima Birt を見ることもできる．

Birt バート [22.4S,8.5W]
William R.Birt(1804-1881) イギリスの天文学者，月理学者．
　クレーター(17km/3470m).**バートA**はバートの周壁(6.8km/1040m)の縁にある．

Birt,Rima バート谷 [21S,9W]
　長さ約50kmの溝で，小クレーターの**バートE**，**バートF**をつないでいる．

Hesiodus ヘシオドス [29.4S,16.3W]
Hesiod(前700頃) ギリシャの詩人．
　溶岩に満たされたクレーター(43km).**ヘシオドスA**は同心円状の二重の周壁がある．

Lassell ラッセル [15.5S,7.9W]
William Lassell(1799-1880) イギリスのアマチュア天文家．自作の望遠鏡で惑星の衛星を四つ（海王星1，土星1，天王星2）発見した．また，2年間に600の星雲を発見した．
　クレーター(23km/910m).**ラッセルD**(1.7km/400m)が明るい斑点のように見える．

Lippershey リパーシー [25.9S,10.3W]
Hans Lippershey(Jan Lapprey)(1619没) オランダの眼鏡製作家．望遠鏡の発明家として評価が高い．
　クレーター(6.8km/1350m).

Nicollet ニコレ [21.9S,12.5W]
Jean N.Nicollet(1788-1843) フランスの月理学者．
　クレーター(15.2km/2030m).

Nubium,Mare 雲の海 [20S,15W]
　表面積254,000km^{2}で，ほぼ円形をしている．北端ははっきりしない．

Pitatus ピタトス [39.8S,13.5W]
Pietro Pitati(16世紀) イタリアの数学者，天文学者．
　溶岩で満たされた壁平原(97km).中央丘や多くの細溝がある．

Pitatus,Rimae ピタトス谷
　ピタトスの底面にある細溝群．長さ約100km.

Recta,Rupes 直線壁 [22S,7W]
　長さ110km，高さ240〜300m.見た目の幅は約2.5kmある．斜面は過去に考えられていたように急ではなく，傾斜角約7°(1:9)で，どちらかといえばゆるやかな勾配だ．

Taenarium,Promontorium タエナリウム岬 [19S,8W]
　ペロポネソス半島のマタパン岬(Tainaron)にちなんでヘヴェリウスが命名した．

Wolf ヴォルフ [22.7S,16.6W]
Maximilian F.J.C.Wolf(1863-1932) ドイツの天文学者．小惑星を発見するための写真技術を開発し，助手と共に300個以上の小惑星を発見した．
　溶岩のあふれたクレーターの跡(25km).周壁は**ヴォルフB**の周壁とつながっている．

54

16° W — 14° — 12° — 10° W — 8° — 6° W

(Alpetragius)

MARE

Promontorium Taenarium

Lassell

Gould

Nicollet

Birt
Rima Birt
RUPES RECTA

(Thebit)

Wolf

NUBIUM

Lippershey

Pitatus
Rimae Pitatus

Hesiodus

53 … 55

43

64

0 — 50 — 100 KM

55.ARZACHEL アルザケル

中央子午線が通るエリアで，このあたりのクレーターは半月の頃によく目立つ．アルザケル Arzachel は，月面図44のプトレマイオス Ptolemaeus，アルフォンスス Alphonsus と共に縦に並んだ壁平原トリオといった風に見える．

Aliacensis アリアセンシス 月面図65を参照．ヴェルナーと対をなしている．

Alpetragius アルピトルージー [16.0S,4.5W]
Nur ed-din al Betruji(12世紀) アラビアの天文学者．プトレマイオスの宇宙体系を改善しようと試みた．
大きな中央丘を持つクレーター(40km/3900m)．

Alphonsus アルフォンスス 月面図44を参照．

Arzachel アルザケル [18.2S,1.9W]
Al Zarkala(1028頃-1087頃) スペインのイスラム教徒であるアラビア人天文学者．*Toledo Tables* の著者．
複雑な段丘を持つ非常に目立つクレーター(97km/3610m)．アルザケルEとFの地形は，せりあがった周壁の内側に壁と平行にできた幅の広い谷．

Arzachel,Rimae アルザケル谷
アルザケルの底面にある細溝．全長50km．

Blanchinus ブランキヌス [25.4S,2.5E]
Giovanni Bianchini(1458頃) イタリア，フェルラーラの天文教師．
クレーター(58×68km)．

Delaunay ドローネー [22.2S,2.5E]
Charles E.Delaunay(1816-1872) フランスの天文学者．
直径46kmのハート型の地形．中央を山脈によって分断されている．

Donati ドナチ [20.7S,5.2E]
Giovanni B.Donati(1826-1873) イタリアの天文学者．七つの彗星を発見し，特に1858年の"ドナチ彗星"は有名．
中央丘のあるクレーター(36km)．

Faye フェー [21.4S,3.9E]
Harvé Faye(1814-1902) フランスの天文学者．1843年フェー彗星を発見．
かなり崩壊した中央丘のあるクレーター(37km)．

Krusenstern クルゼンステルン [26.2S,5.9E]
Adam J.von Krusenstern(1770-1846) ロシアの海軍将校．1803年から1806年にかけて世界一周航行を行った．
底面が平らなクレーター(47km)．

la Caille ラ・カーユ [23.8S,1.1E]
Nicolas Louis de la Caille(1713-1762) フランスの天文学者．星図を作成し，南天の星座をいくつか新設した．
溶岩に満たされたクレーター(68km)．

Parrot パロット [14.5S,3.3E]
Johann J.F.W.Parrot(1792-1840) ドイツの外科医および物理学者．旅行家，探検家．
壁平原の跡(70km)．

Purbach プールバッハ [25.5S,1.9W]
Georg von Peuerbach(1423-1461) オーストリアの天文学者．
壁平原(118km/2980m)．

Regiomontanus レギオモンタヌス [28.4S,1.0W]
Johann Müller(1436-1476) ドイツの有名な天文学者．プトレマイオスの『アルマゲスト』を批判的に評価した．
複雑な形をした壁平原(126×110km/1730m)．中央丘の上に**レギオモンタヌスA**(5.6km/1200m)がある．

Thebit テビット [22.0S,4.0W]
Thebit ben Korra(826-901) アラビアの天文学者．プトレマイオスの『アルマゲスト』をアラビア語に翻訳した．
クレーター(57km/3270m)．**テビットA**(20km/2720m)はメイン・クレーターの周壁と重なり，3番目のテビットL(10km)がこれに重なる．有名な三重構造を作るクレーター・トリオである．

Werner ヴェルナー [28.0S,3.3E]
Johannes Werner(1468-1528) ドイツの天文学者．
周壁に段丘を持つ目立つクレーター(70km/4220m)．

55

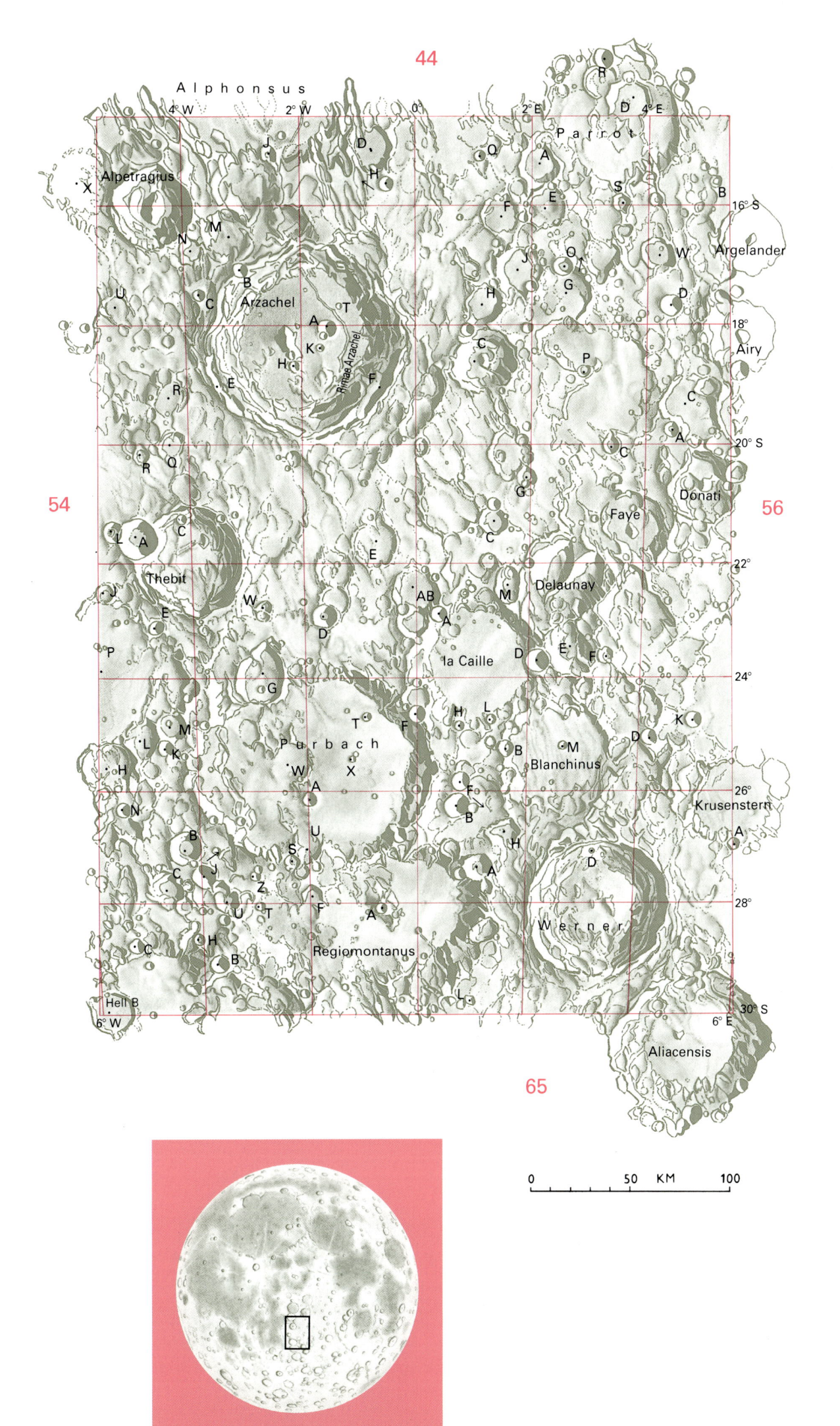

Map labels:

- Alphonsus
- Alpetragius
- Arzachel (Rimae Arzachel)
- Parrot
- Argelander
- Airy
- Donati
- Faye
- Thebit
- la Caille
- Delaunay
- Krusenstern
- Purbach
- Blanchinus
- Werner
- Hell B
- Regiomontanus
- Aliacensis

Coordinates: 6°W – 6°E, 16°S – 30°S

Adjacent sheets: 44, 54, 56, 65

0 — 50 — 100 KM

56.AZOPHI アゾフィ

いわゆる"陸地"エリアで，クレーターがひしめいている．アゾフィ Azophi とアベンエズラ Abenezra のペア・クレーター，アルマノン Almanon, ジーベル Geber, プレイフェア Playfair, アピアヌス Apianus などが確認しやすいポイントになる．縦に並んだエアリ Airy, アルゲランダー Argelander, フォーゲル Vogel のクレーター列もわかりやすい．

Abenezra アベンエズラ [21.0S,11.9E]
Abraham bar Rabbi ben Ezra(1092頃-1167頃) スペイン，トレドのユダヤ学者．神学者，哲学者，数学者，天文学者．
ほぼ正多角形のクレーター(42km/3730m)．

Abulfeda,Catena アブールフィダー・クレーターチェーン [17S,17E]
アブールフィダー（月面図45）にちなんでつけられた名称．
クレーターチェーン．長さ210km（月面図57へ続く）．

Airy エアリ [18.1S,5.7E]
George B.Airy(1801-1892) イギリスの7人目の王立天文台長．
鋭い周壁を持つクレーター(37km)．

Almanon アルマノン [16.8S,15.2E]
Abdalla Al Mamun(786-833) バグダッドのカリフ（回教国の教主），ハルン・アル・ラシッドの息子．科学の支援者．
クレーター(49km/2480m)．

Apianus アピアヌス [26.9S,7.9E]
Peter Bienewitz(1495-1552) ドイツの数学者および天文学者．
Astronomicum Caesareum の著者．
クレーター(63km/2080m)．

Argelander アルゲランダー [16.5S,5.8E]
Friedrich W.A.Argelander(1799-1875) ドイツの天文学者．北天の恒星30万個の位置カタログ『ボン掃天星表』の著者．
クレーター(34km/2980m)．

Azophi アゾフィ [22.1S,12.7E]
Abderrahman Al-Sufi(903-986) ペルシャの天文学者．恒星カタログを編集した．
クレーター(48km/3730m)．

Geber ジーベル [19.4S,13.9E]
Gabir ben Aflah(1145頃没) スペイン系アラビア人の天文学者．
クレーター(45km/3510m)．

Krusenstern クルゼンステルン 月面図55を参照．

Playfair プレイフェア [23.5S,8.4E]
John Playfair(1748-1819) スコットランドの数学者，地質学者．
クレーター(48km/2910m)．

Pontanus ポンタヌス [28.4S,14.4E]
Giovanni G.Pontano(1427-1503) イタリアの詩人，天文学者．
クレーター(58km)．

Sacrobosco サクロボスコ [23.7S,16.7E]
John Holywood(Johannes Sacrobuschus)(1200-1256) イギリス，ヨークシャー生まれの数学教師．後にオックスフォードの教師となる．
クレーター(98km)．

Vogel フォーゲル [15.1S,5.9E]
Hermann K.Vogel(1841-1907) ドイツの天体物理学者．応用分光学，恒星のスペクトル分類を研究した．
クレーター(27km/2780m)．

小クレーター： **Sacrobosco A** サクロボスコ A
(17.7km/1830m)
Sacrobosco B サクロボスコ B
(14.4km/1210m)
Sacrobosco C サクロボスコ C
(13.4km/2630m)

139

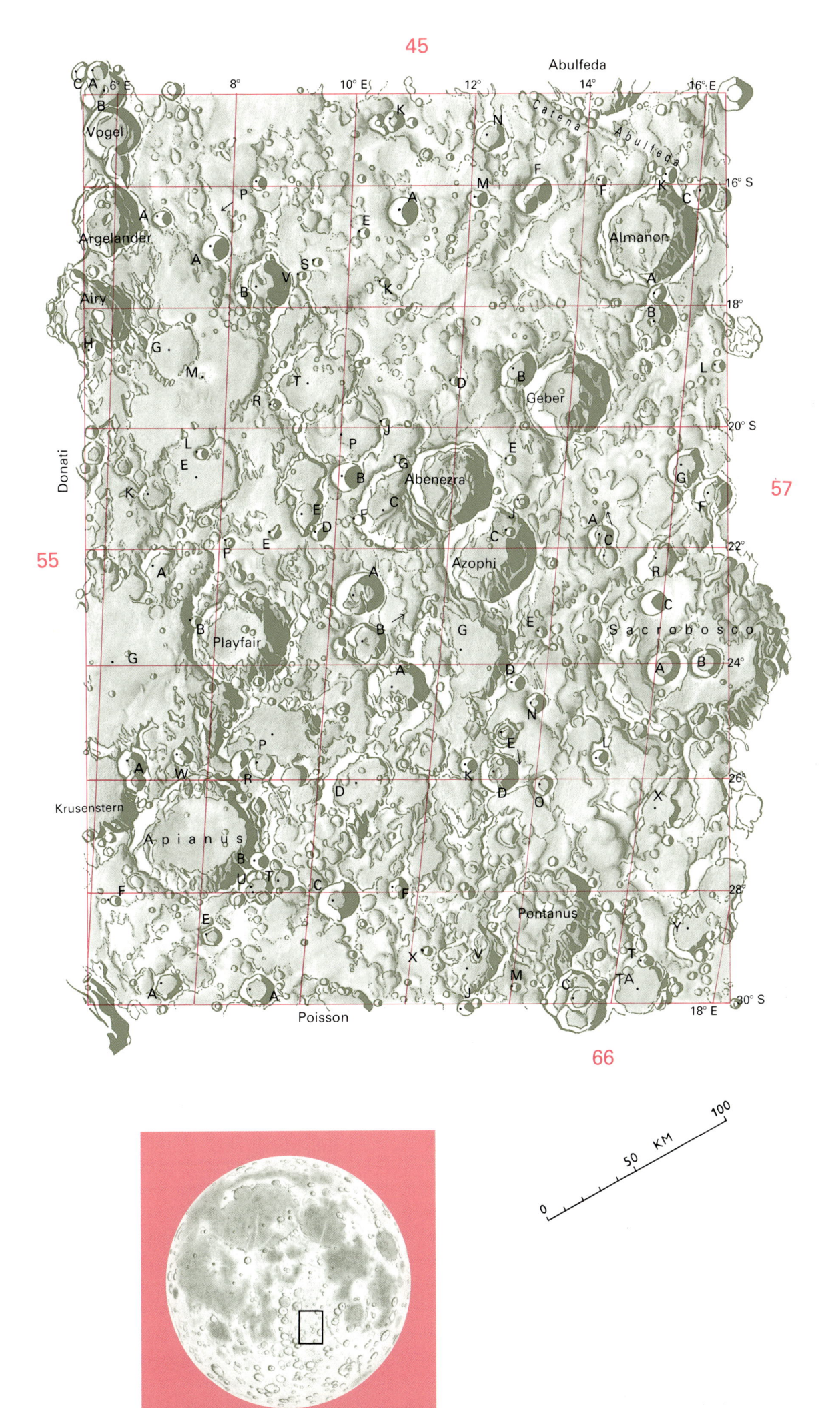

57.CATHARINA カタリナ

このエリアではアルタイ壁 Rupes Altai が東側からの太陽光に照らされている．この巨大断層は，タキトス Tacitus の近くから始まって南東の端まで続いている．月面図64のティコ Tycho から伸びた幅の広い明るい光条が，ポリュビオス Polybius の近くを横切っている．カタリナ Catharina は，月面図46のキリルス Cyrillus，テオフィルス Theophilus と並んで，大型クレーター・トリオをつくっている．

Abulfeda,Catena アブールフィダー・クレーターチェーン
月面図56を参照．

Altai,Rupes アルタイ壁 [24S,23E]
神酒の海の盆地の縁にある山脈で，メドラーによって命名された．山脈は断崖のようで，盆地に向かって下っている．全長480km．

Catharina カタリナ [18.0S,23.6E]
St.Catharina of Alexandria(307没) キリスト教徒の哲学者の支援者．
かなり形の崩れた環状クレーター(100km/3130m)．

Fermat フェルマー [22.6S,19.8E]
Pierre de Fermat(1601-1665) フランスの数学者．整数論に関する発見をした．
クレーター(39km)．

Polybius ポリュビオス [22.4S,25.6E]
Polybius(前200-前120) ギリシャの歴史学者および政治家．
クレーター(41km/2050m)．

Pons ポンス [25.3S,21.5E]
Jean L.Pons(1761-1831) フランスの天文学者．36個の彗星を発見した．フィレンツェの博物館天文台の台長．
ひどく形の崩れたクレーター(44×31km)．

Tacitus タキトス [16.2S,19.0E]
Cornelius Tacitus(55頃-120頃) ローマの歴史学者．*Life of Agricola*や*Germania*等の著者．
目立つクレーター(40km/2840m)．

Wilkins ウィルキンズ [29.4S,19.6E]
Hugh Percy Wilkins(1896-1960) イギリスの月理学者．非常に詳細な月面図を作成した．
周壁がかなり崩れ，溶岩に満たされたクレーター(57km)．

小クレーター： **Polybius A　ポリュビオス A**
(16.8km/3720m)
Polybius B　ポリュビオス B
(12.8km/2630m)
Pons B　ポンス B(13.9km/3050m)
Tacitus N　タキトス N(7.1km/1050m)

日の入りの頃，アルタイ壁ははっきり目立つ影によってふちどられている．影をつくる山脈の高さは，盆地の底面から1000m以上ある．

57

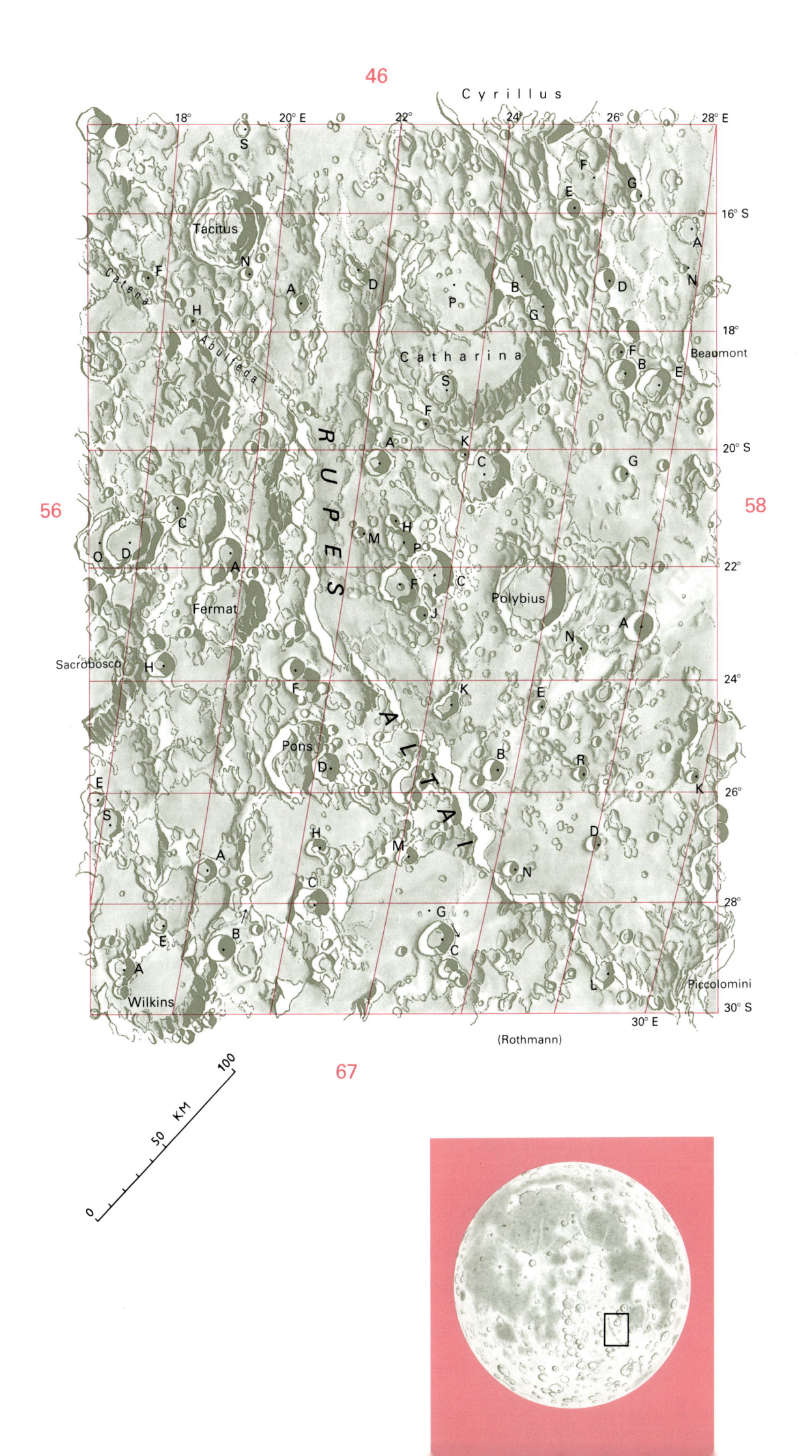

Cyrillus
Tacitus
Abulfeda
Catharina
RUPES
Fermat
Sacrobosco
Polybius
Pons
ALTAI
Wilkins
Piccolomini
(Rothmann)

141

58.FRACASTORIUS フラカストーロ

図上半分は暗い表面を持つ神酒の海．溶岩があふれた壁平原フラカストーロ Fracastorius と美しいクレーター，ピッコローミニ Piccolomini は，このエリアでもっとも目立っている．ボーモン Beaumont の北東には低い山脈が走っている．

Beaumont ボーモン [18.0S,28.8E]
Léonce Élie de Beaumont(1798-1874) フランスの地質学者．山岳学に関するフォン・ブーフの理論を発展させ，個々の岩層の相対的な年齢を決定する方式を実証した．
東側の周壁が開いているクレーター(53km)．

Bohnenberger ボーネンベルガー [16.2S,40.0E]
Johann G.F.von Bohnenberger(1765-1831) ドイツの数学者および天文学者．
底面に丘のようなでこぼこがある(33km/ 1060m)．

Fracastorius フラカストーロ（フラカストリウス）
[21.2S,33.0E] Girolamo Fracastoro(1483-1553) イタリアの医師，天文学者，詩人．その著作 *Homocentrica* の中で，プトレマイオスの体系を同一中心を持つ球体という固定した体系に置き換えようと試みた．
壁平原(124km)．北側の周壁が欠けて，底面は神酒の海へ続いている．

Nectaris,Mare 神酒の海 [15S,35E]
円形の海(直径約350km，表面積100,000km^2)．海は月の盆地の中心部にあり，あふれ出た溶岩によって満たされている．盆地の外壁はアルタイ壁（月面図57）に続いている．

Piccolomini ピッコローミニ [29.7S,32.2E]
Alessandro Piccolomini(1508-1578) イタリアの大司教，天文学者．ラテン文字によって星が同定された最初の星図を作成した．ギリシャ文字を使用したバイエル記号システムがその後採用された．
中央に大山塊を持ち非常に目立つクレーター(88km)．

Pyrenaeus,Montes ピレネー山脈 月面図47,48,59を参照．

Rosse ロッス [17.9S,35.0E]
William Parsons, ロッスの3代目伯爵(1800-1867) アイルランドの貴族で天文学者．口径72インチ(183cm)の巨大反射望遠鏡を，アイルランドのパーソンズタウンに建造して星雲を観測し，いくつかの銀河に渦状構造が見られることを発見した．ふくろう星雲，かに星雲，あれい星雲など，多くの星雲に命名した．
美しい円形のクレーター(12km/2420m)．

Weinek ヴァイネック [27.5S,37.0E]
Ladislaus Weinek(1848-1913) オーストリアの天文学者．1883年にプラハ天文台の台長に就任し，月面図を作成した．
クレーター(32km/3370m)．

フラカストーロ Fracastorius の北側の壁は，神酒の海の盆地からあふれた溶岩によって埋もれたのだろう．

58

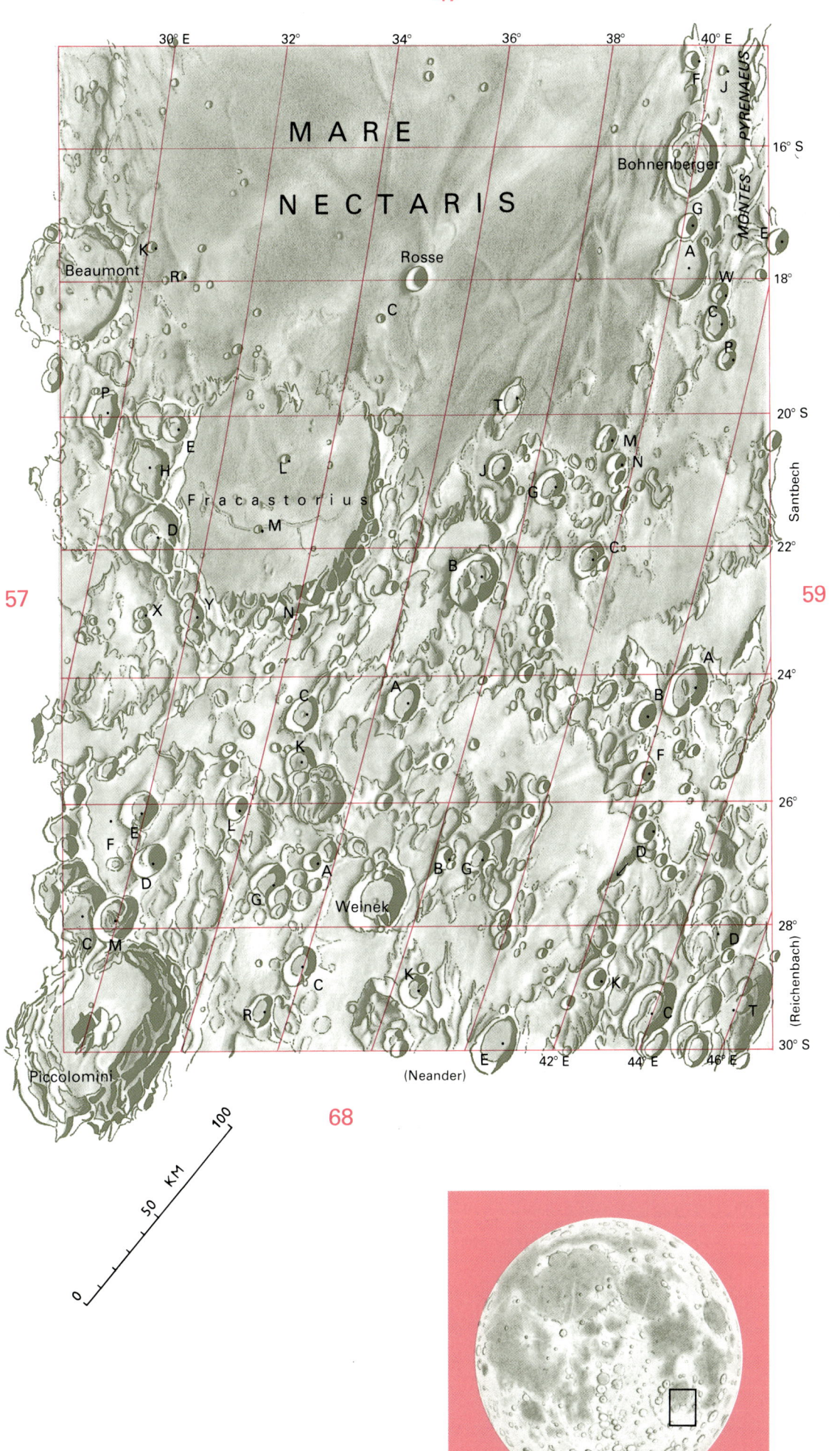

MARE NECTARIS

- Bohnenberger
- Rosse
- Beaumont
- Fracastorius
- Weinek
- Piccolomini
- (Neander)
- (Reichenbach)
- Santbech
- MONTES PYRENAEUS

143

59.PETAVIUS ペタヴィウス

ペタヴィウスB　Petavius B とスネリウスA　Snellius A から出た明るい光条が，豊かの海 Mare Fecunditatis の南部に広がっている．

Biot ビオ [22.6S,51.1E]
Jean-Baptiste Biot(1774-1862) フランスの天文学者，測地学者，天文学史家．
　クレーター(13km)．

Borda ボルダ [25.1S,46.6E]
Jean C.Borda(1733-1799) フランスの海軍将校，天文学者．
　崩壊した壁と中央の頂上を持つクレーター(44km)．

Colombo コロンボ（コロンブス） [15.1S,45.8E]
Cristoforo Colombo(Columbus)(1451-1506) イタリア生まれ，スペインの航海者．1492年にアメリカを発見．
　中央丘のある目立つクレーター(76km)．

Cook クック [17.5S,48.9E]
James Cook(1728-1779) イギリスの海軍大佐，探検家．世界周航を2度行う．
　溶岩があふれ周壁の低いクレーター(47km)．

Fecunditatis,Mare 豊かの海 月面図37,48,49を参照．

Hase ハーゼ [29.4S,62.5E]
Johann M.Hase(1684-1742) ドイツの数学者および地図製作者．
　崩壊したクレーター(83km)．

McClure マクリュア [15.3S,50.3E]
Robert le M.McClure(1807-1873) イギリスの海軍将校．北西航路を発見した．
　クレーター(24km)．

Monge モンジュ [19.2S,47.6E]
Gaspard Monge(1746-1818) フランスの数学者．図法幾何学の創始者の一人．
　クレーター(37km)．

Palitzsch パリッチュ [28.0S,64.5E]
Johann G.Palitzsch(1723-1788) ドイツのアマチュア天文家．1758年ハレー彗星が戻ってきたとき，最初にそれを発見．
　目立たないクレーター(41km)．

Palitzsch,Vallis パリッチュ谷 [25S,65E]
長さ110kmの谷で，ペタヴィウスの東側の周壁へと続いている．

Petavius ペタヴィウス [25.3S,60.4E]
Denis Petau(1583-1652) フランスの神学者，歴史学者．年代学を研究した．
　中央に山の連なりと，暗いしみのある細溝，底面を持つ壁平原(177km)．

Petavius,Rimae ペタヴィウス谷
ペタヴィウスの底面にある目立つ細溝群．長さ約80km．

Santbech サントベック [20.9S,44.0E]
Daniel Santbech Noviomagus(1561頃) オランダの数学者，天文学者．
　クレーター(64km)．

Snellius スネリウス（スネル） [29.3S,55.7E]
Willibrord van Roijen Snell(1591-1626) オランダの天文学者および測地学者．「スネルの法則」と呼ばれる光学の法則を発見した．
　クレーター(83km)．

Snellius,Vallis スネリウス谷 [31S,59E]
月面上でもっとも長い谷の一つで，全長500kmある．月面図69へ続く．谷は神酒の海の盆地の中心部に向かってまっすぐ伸びている．

Wrottesley ロッテスリー [23.9S,56.8E]
John,First Baron Wrottesley(1798-1867) イギリスの天文学者．位置天文学の分野で研究を行う．二重星のカタログを作成した．
　目立つクレーター(57km)．

59

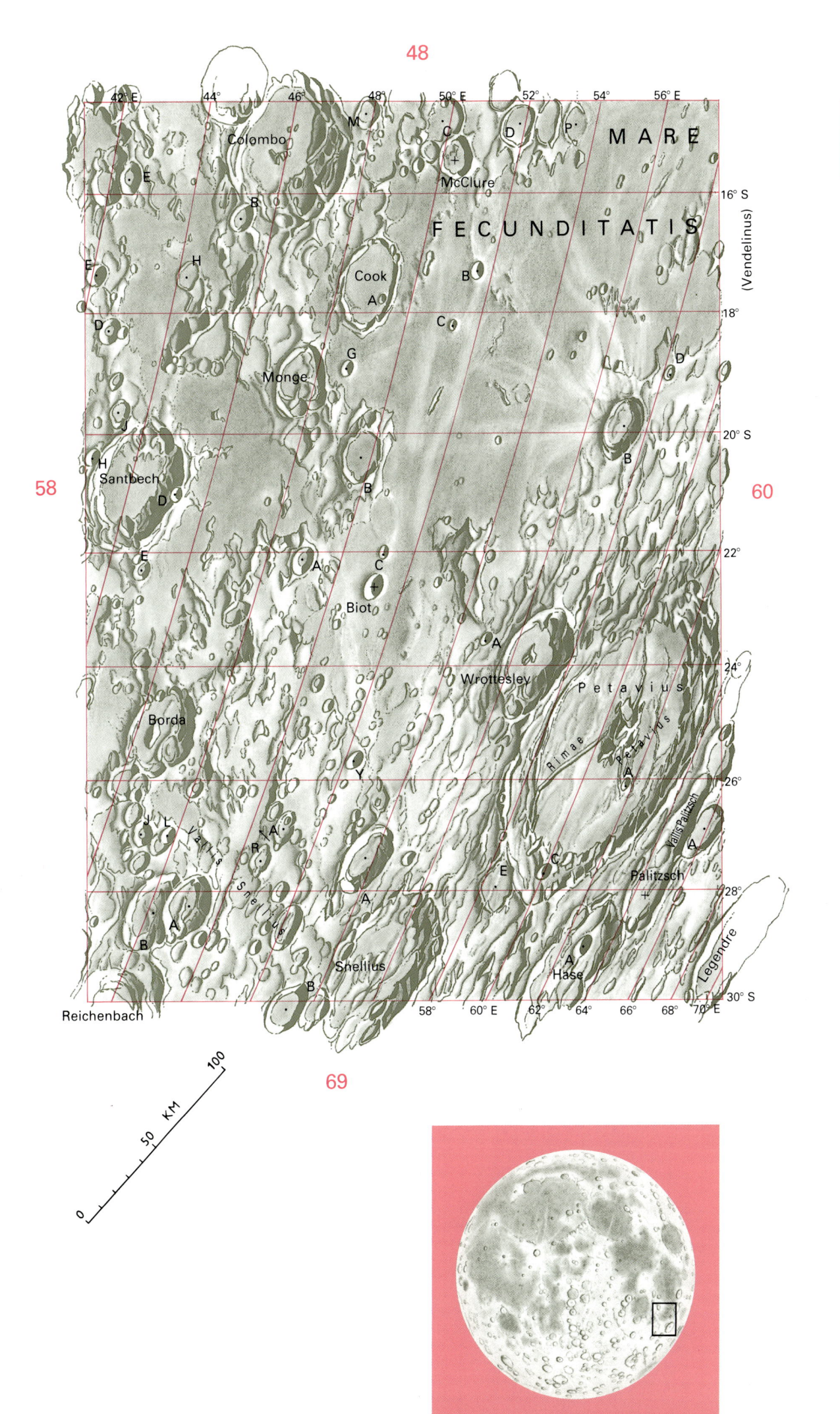

MARE FECUNDITATIS

(Vendelinus)

145

60.VENDELINUS ヴェンデリヌス

満月のすぐ後によく見える巨大壁平原フンボルト Humboldt がある．ヴェンデリヌス Vendelinus は，ラングレヌス Langrenus（月面図49），ヴェンデリヌス，ペタヴィウス Petavius（月面図59），フルネリウス Furnerius（月面図69）と並んだ人目を引く壁平原の一つだ．

Balmer バルマー [20.1S,70.6E]
Johann J.Balmer(1825-1898) スイスの数学者および物理学者．水素のスペクトル線の「バルマー系列」を発見．
　溶岩があふれた壁平原の跡(112km)．

Behaim ベイハイム [16.5S,79.4E]
Martin Behaim(1459-1506) ドイツの航海者および地図作成者．
　段丘のある周壁と中央丘のある標準的クレーター(55km)．

Gibbs ギッブズ [18.4S,84.3E]
Josiah W.Gibbs(1839-1903) アメリカの数学者，物理学者．
　クレーター(77km)．

Hecataeus ヘカタイオス [21.8S,79.6E]
Hecataeus(前550-前480) ギリシャ，ミレトスの地理学者．地図をつけた世界の解説書を書いた．
　壁平原(127km)．

Holden ホールデン [19.1S,62.5E]
Edward S.Holden(1846-1914) アメリカの天文学者．リック天文台の初代台長．
　クレーター(47km)．

Humboldt フンボルト [27.2S,80.9E]
Wilhelm von Humboldt(1767-1835) ドイツの政治家および言語学者．アレクサンダー・フォン・フンボルトの兄．
　典型的な壁平原(207km)．底面の中央に山脈があり，中心から放射状に広がる裂け目がある．周壁内側付近に暗い斑点が見られる．

Humboldt,Catena フンボルト・クレーターチェーン [22S,85E]
　全長約160kmのクレーターチェーンが，フンボルトの中心に向かっている．鎖は幅の広い谷のようで，地球からは秤動が大きく傾いたときだけ見られる．

Lamé ラメ [14.7S,64.5E]
Gabriel Lamé(1795-1870) フランスの数学者．
　クレーター(84km)．

Legendre ルジャンドル [28.9S,70.2E]
Adrien M.Legendre(1752-1833) フランスの数学者．楕円関数や整数論を研究した．
　壁平原(79km)．

Phillips フィリップス [26.6S,76.0E]
John Phillips(1800-1874) イギリスの地質学者，科学の普及者．火星と月を観測した．
　壁平原(124km)．

Schorr ショール [19.5S,89.7E]
Richard Schorr(1867-1951) ドイツの天文学者．
　クレーター(53km)．

Vendelinus ヴェンデリヌス [16.3S,61.8E]
Godefroid Wendelin(1580-1667) ベルギーの天文学者．
　壁平原(147km)．

60

49

(Kapteyn)

58° 60° E 62° 64° 66° 68° 70° E 75° 80° E 85° 90° E

Lamé

H · G · M · B ·

Vendelinus · B 16° S
· S
Z N Behaim
L · · E
E Y P · Gibbs
· · 18°
F
·
W T C · L
· · Holden B K Schorr

20° S
Balmer
Hecataeus
22°

Catena Humboldt
B · 24°

· ·
D W 26°

Phillips
B · Humboldt
·

(Palitzsch) L · 28°
· ·
Legendre
K ·
Barnard 30° S

· A
D ·
69 32°

0 50 100 KM

34°

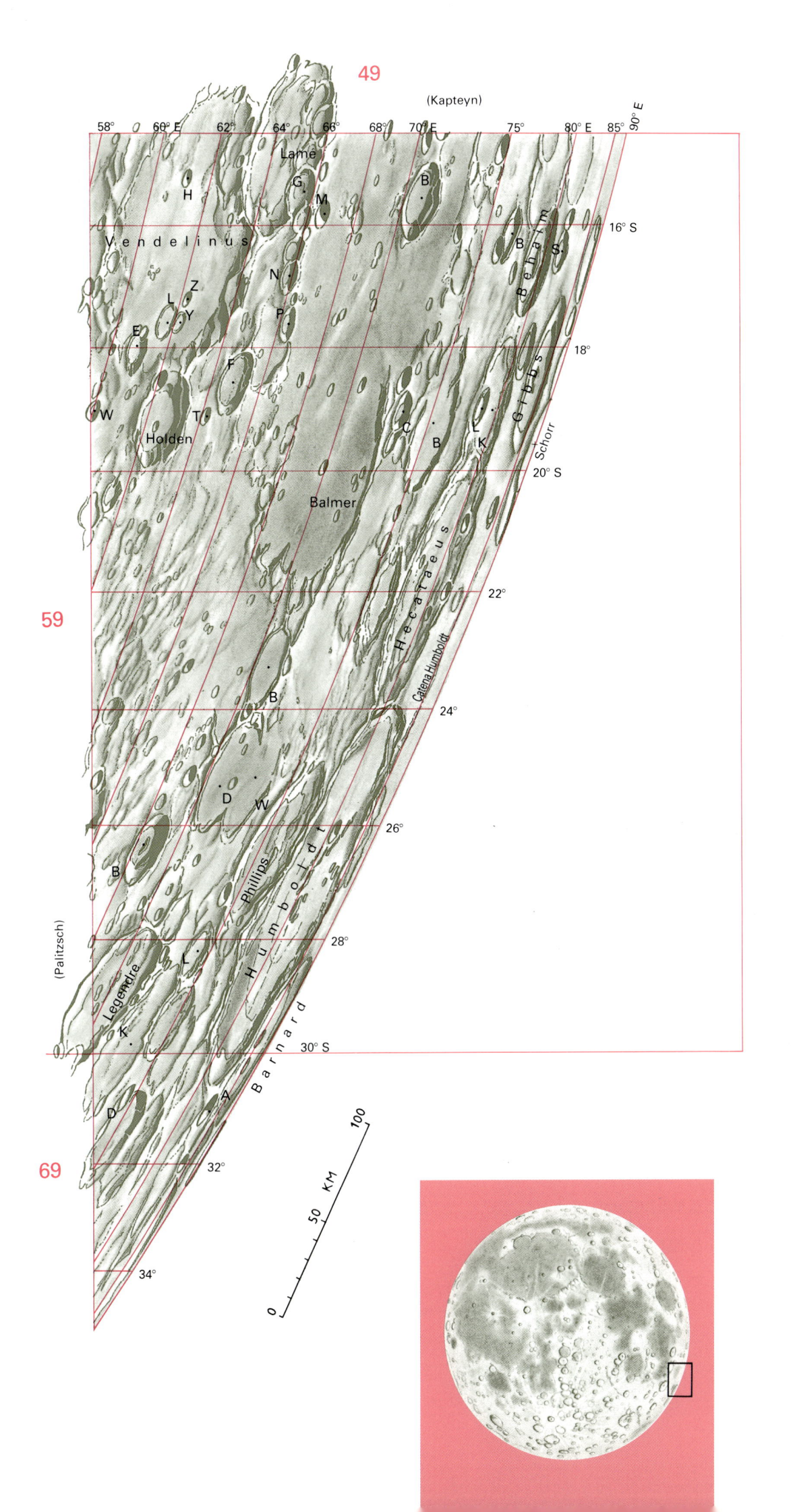

147

61.PIAZZI ピアッツィ

月の南西の周縁部．巨大盆地"東の海（オリエンタレ・ベイスン）" Mare Orientale の中心に向かった放射状の山脈や谷があるが，それを認めるのはかなり難しい．

Baade バーデ [44.8S,81.8W]
Walter Baade(1893-1960) ドイツ生まれのアメリカ人天文学者．われわれの銀河や他の銀河の研究で天文学に貢献した．
　クレーター(55km)．

Baade,Vallis バーデ谷 [46S,76W]
谷．全長160km．

Bouvard,Vallis ブヴァール谷 [39S,83W]
Alexis Bouvard(1767-1843) フランスの数学者，天文学者．いくつもの彗星を発見．
　幅の広い谷．全長約280km，幅40km．

Catalán カタラン [45.7S,87.3E]
Miguel A.Catalán(1894-1957) スペインの物理学者および数学者．分光学の分野で研究をすすめた．
　クレーター(25km)．

Fourier フーリエ [30.3S,53.0W]
Jean-B.J.Fourier(1768-1830) フランスの物理学者および数学者．「フーリエ級数」を発見した．
　クレーター(52km)．

Graff グラフ [42.4S,88.6W]
Kasimir R.Graff(1878-1950) ポーランド生まれでウィーンの天文学者．
　クレーター(36km)．

Inghirami,Vallis インギラミ谷 [44S,73W]
インギラミ（月面図62）にちなんで名づけられた．
　幅の広い谷．全長140km．

Lacroix ラクロア [37.9S,59.0W]
Sylvestre F.de Lacroix(1765-1843) フランスの数学者および教師．
　クレーター(38km)．

Lagrange ラグランジュ [33.2S,72.0W]
Joseph L.Lagrange(1736-1813) フランスの著名な数学者．『解析力学』の著者．
　周壁がかなり崩れた壁平原(160km)．

Lehmann レーマン 月面図62を参照．

Piazzi ピアッツィ [36.2S,67.9W]
Giuseppe Piazzi(1746-1826) イタリアの天文学者．最初の小惑星（ケレス）を発見した．
　侵食された壁平原(101km)．

Shaler シェイラー [32.9S,85.2W]
Nathaniel S.Shaler(1841-1906) アメリカの地質学者および古生物学者．月面写真から地質学的解釈を行った．
　クレーター(48km)．

Wright ライト [31.6S,86.6W]
(1) Frederick E.Wright(1878-1953) アメリカの天文学者および月理学者．
(2) Thomas Wright(1711-1786) イギリスの自然哲学者．
(3) William H.Wright(1871-1959) アメリカの天文学者．火星の写真を撮影した．
　クレーター(40km)．

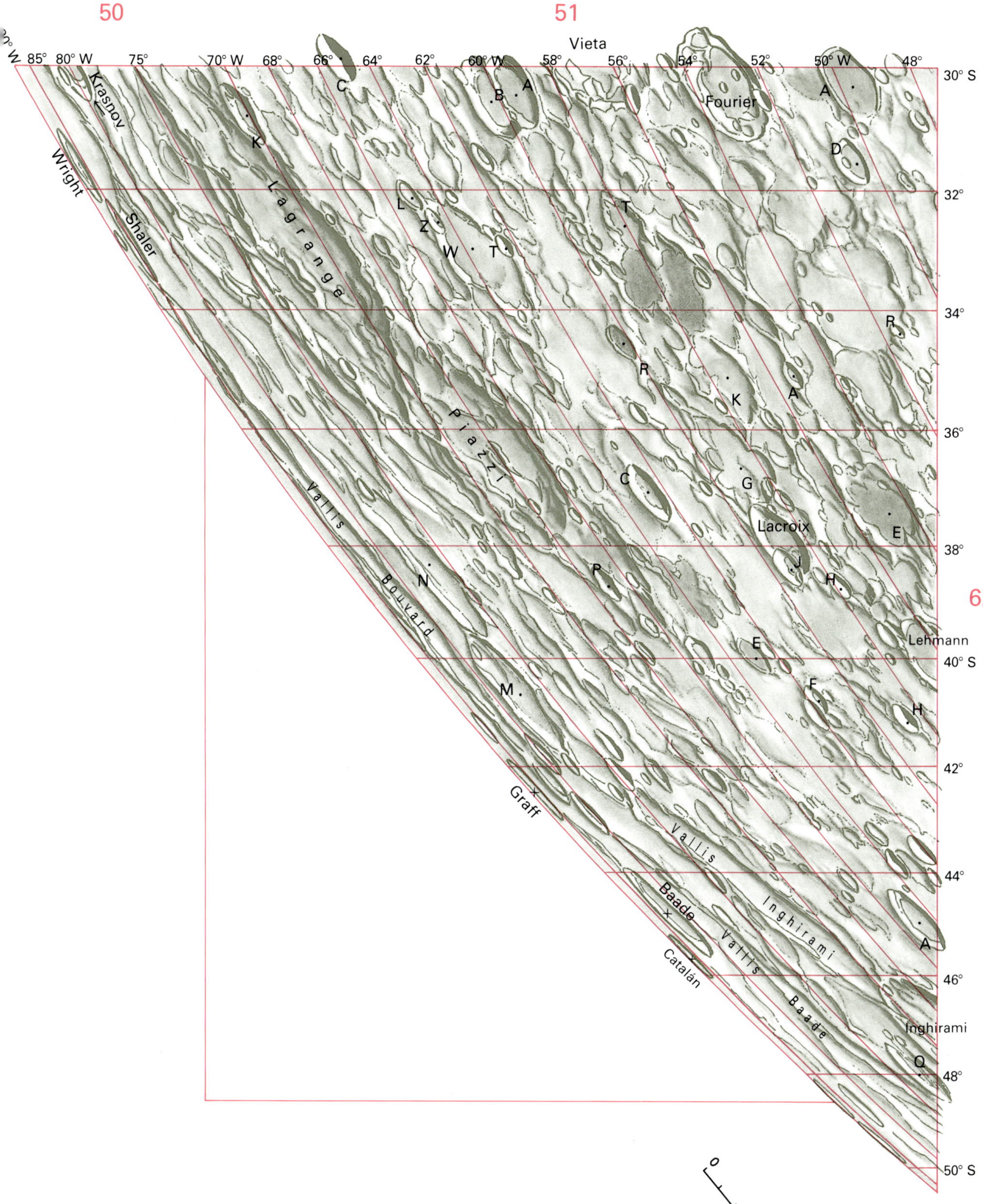
50
51
62
Vieta
85°
80° W
75°
70° W
68°
66°
64°
62°
60° W
58°
56°
54°
52°
50° W
48°
30° S
32°
34°
36°
38°
40° S
42°
44°
46°
48°
50° S
Krasnov
Wright
Shaler
Lagrange
Piazzi
Vallis Bouvard
Fourier
Lacroix
Lehmann
Graff
Vallis Inghirami
Baade
Catalán
Vallis Baade
Inghirami

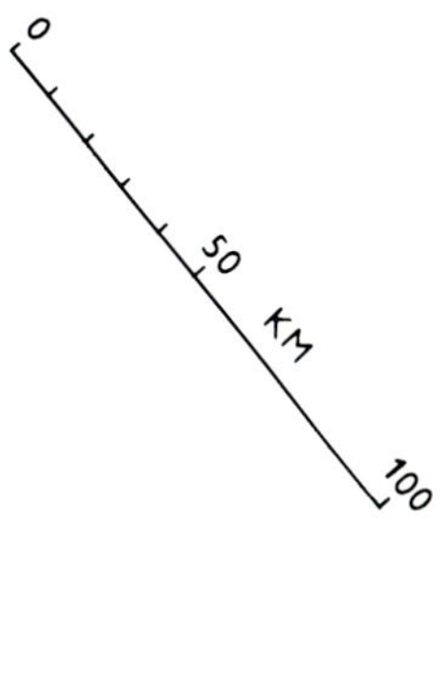
0
50
100
KM

62.SCHICKARD シッカルト

月の南西の周縁に沿った山岳地域で，北の方で湿りの海 Mare Humorum とつながっている．シッカルト Schickard は，もっとも大きな壁平原の一つだが，表面に暗い斑点が見られるのが特徴．

Clausius クラウジウス [36.9S,43.8W]
Rudolf J.E.Clausius(1822-1888) ドイツの物理学者．熱力学，気体分子運動論を研究した．
溶岩に満たされた底面を持つクレーター(25km)．

Drebbel ドレッベル [40.9S,49.0W]
Cornelius Drebbel(1572-1634) オランダの物理学者．望遠鏡と顕微鏡を発明したと主張した．
クレーター(30km)．

Excellentiae,Lacus 卓越の湖 [36S,43W]
クラウジウス付近にある海かどうかが不明確な地域．この名称は1976年にIAUによって承認された．
最長部分が約 150km．

Inghirami インギラミ [47.5S,68.8W]
Giovanni Inghirami(1779-1851) イタリアの天文学者．
目立つクレーター(91km)．東の海の中心から放射状に伸びた山脈と谷が横切っている．

Lee リー [30.7S,40.7W]
John Lee(1783-1866) イギリスの月理学者および古代遺物の収集家．
溶岩のあふれたクレーターの跡(41km/1340m)．

Lehmann レーマン [40.0S,56.0W]
Jacob H.W.Lehmann(1800-1863) ドイツの神学者および天文学者．天体力学の分野で研究をすすめた．
かなり侵食が進んだクレーター(53km)．

Lepaute ルポート [33.3S,33.6W]
Madame Lepaute/Nicole Reine Etable de la Barière(1723-1788) フランスの数学者．クレローやラランドの共同研究者．
クレーター(16km/2070m)．

Schickard シッカルト [44.4S,54.6W]
Wilhelm Schickard(1592-1635) ドイツの数学者および天文学者．流星を違う場所で同時観測することによってその軌道を求めることを最初に試みた．
底面のところどころがあふれた溶岩で満たされた広大な壁平原(227km)．

Vitello ヴィテロ [30.4S,37.5W]
Erazmus C.Witelo(1225-1290) ポーランドの数学者および物理学者．イタリアのパドヴァで研究活動を続けた．
クレーター(42km/1730m)．

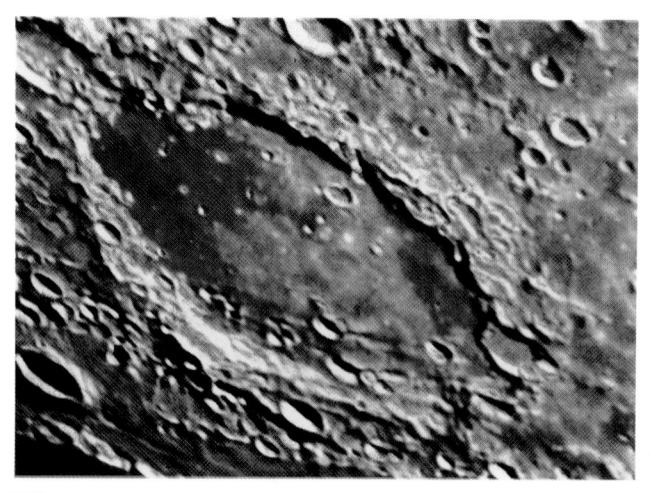

シッカルトは，もっとも大きな壁平原の一つである．

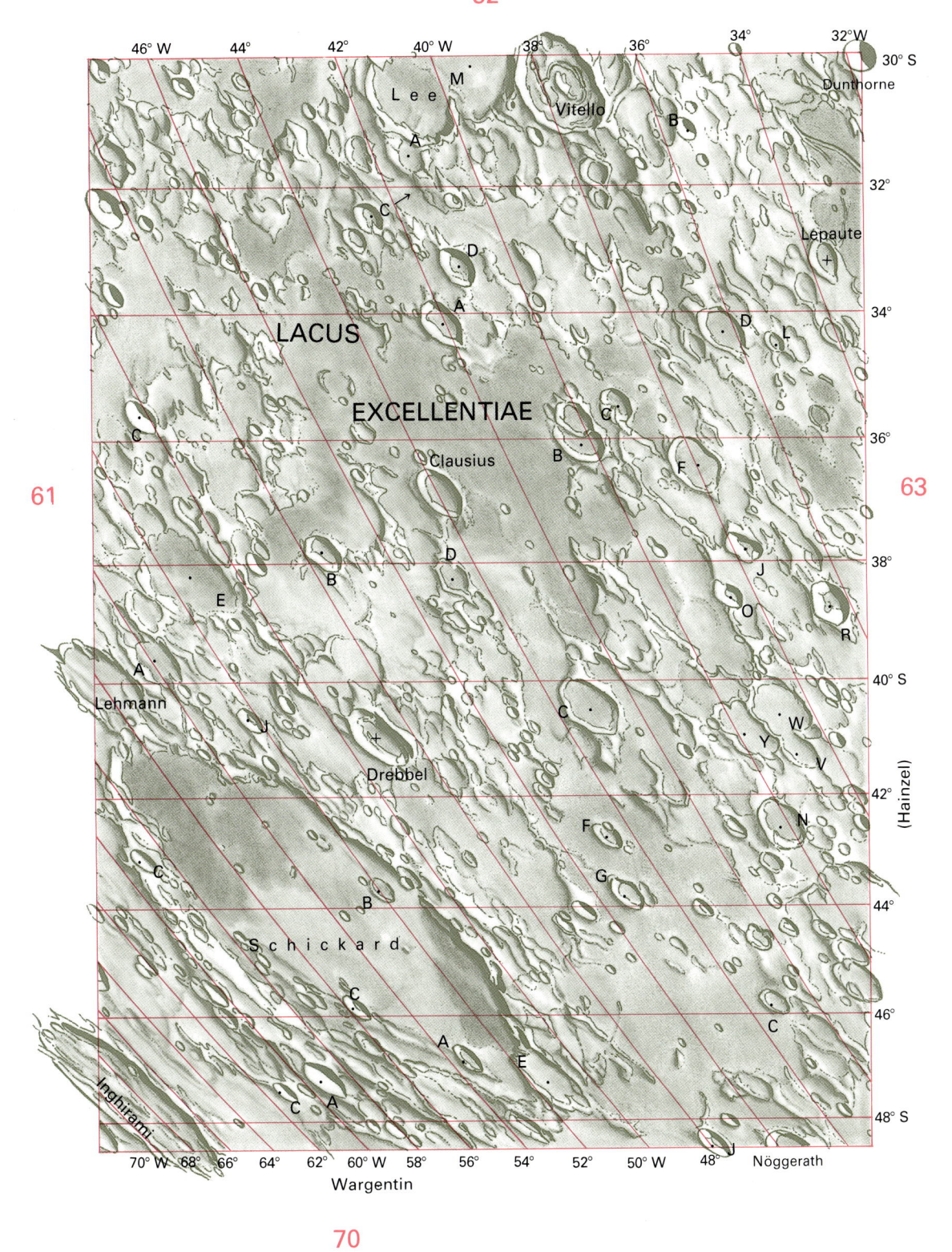

62

46° W 44° 42° 40° W 38° 36° 34° 32° W

- Dunthorne
- Lee M
- Vitello
- B
- A
- C
- D
- Lepaute
- A
- D L
- LACUS EXCELLENTIAE
- C
- C
- B
- F
- Clausius
- D
- B
- J
- E
- O
- R
- A
- Lehmann
- J
- C
- W
- Drebbel
- Y V
- N
- (Hainzel)
- C
- F
- B
- G
- Schickard
- C
- C
- A E
- C
- Inghirami
- C A
- J
- Nöggerath
- Wargentin

70° W 68° 66° 64° 62° 60° W 58° 56° 54° 52° 50° W 48°

61   63

70

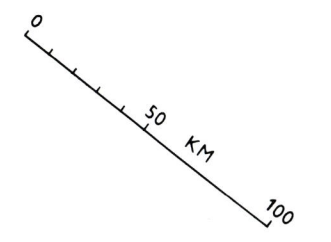

0 — 50 KM — 100

151

63.CAPUANUS カプアヌス

図上部は，病の沼 Palus Epidemiarum の表面．ラムズデン Ramsden の近くに交差した細溝が見られる．横に伸びた幅の広い溝はヘシオドス谷 Rima Hesiodus で，月面図53から54まで続く．カプアヌス Capuanus の底面にはドームのグループがある．

Capuanus カプアヌス [34.1S,26.7W]
Francesco Capuano di Manfredonia(15世紀) イタリアの神学者および天文学者．
　溶岩があふれたクレーター(60km)．

Cichus キクス [33.3S,21.1W]
Francesco degli Stabili (1257-1327), Cecco d'Ascoli としても知られる．イタリアの天文学者，占星術者．異端という責めを受け，フィレンツェで火刑に処された．
　クレーター(41km/2760m)．西側の壁には**キクスC**(11.1km/1250m)がある．

Dunthorne ダンソーン [30.1S,31.6W]
Richard Dunthorne(1711-1775) イギリスの測地学者および天文学者．
　クレーター(16km/2780m)．

Elger エルガー [35.3S,29.8W]
T.Gwyn Elger(1838-1897) イギリスの月理学者．月面図を作成した（1895年）．
　クレーター(21km/1250m)．

Epidemiarum,Palus 病の沼 月面図53を参照．

Epimenides エピメニデス [40.9S,30.2W]
Epimenides(前7世紀後期) クレタ島の詩人および予言者．
　クレーター(27km)．

Haidinger ハイディンガー [39.2S,25.0W]
Wilhelm Karl von Haidinger(1795-1871) オーストリアの地質学者および物理学者．
　クレーター(22km/2330m)．周壁の南東側で**ハイディンガーB**(10.3km/1500m)と重なっている．

Hainzel ハインツェル [41.3S,33.5W]
Paul Hainzel(1570頃) ドイツの天文学者．ティコ・ブラーエと共同で研究した．
　三つのクレーターが重なった複雑な地形．もっとも大きいハインツェルは直径 70km で，小さい方二つはハインツェル**A**とハインツェル**C**である．

Hesiodus,Rima ヘシオドス谷 [30S,21W]
ヘシオドス（月面図54）にちなんで名づけられた．
　幅の広い谷．長さ300km．

Lagalla ラガラ [44.6S,22.5W]
Giulio Cesare Lagalla(1571-1624) イタリアの哲学者．望遠鏡を使って月を観測した初期の一人．
　クレーターの跡(85km)．

Marth マルト [31.1S,29.3W]
Albert Marth(1828-1897) ドイツの天文学者．
　二重の周壁を持つ興味深いクレーター．

Mee ミー [43.7S,35.0W]
Arthur B.P.Mee(1860-1926) スコットランドの天文学者および著述家．月と火星の観測者．
　侵食されたクレーター(132km)．

Ramsden ラムズデン [32.9S,31.8W]
Jesse Ramsden(1735-1800) イギリスの機械技術者．天文関係の機器を製作．
　溶岩に満たされたクレーター(25km/1990m)．

Ramsden,Rimae ラムズデン谷 [33S,31W]
直径約130kmの範囲に複雑に走る細溝群．

Timoris,Lacus 恐怖の湖 [39S,28W]
海と同じ暗い部分で，長く伸びた形をしており，山塊に囲まれている．全長は約130km．

Weiss ヴァイス [31.8S,19.5W]
Edmund Weiss(1837-1917) オーストリアの天文学者．ウィーン大学の新しい天文台の共同設立者の一人で台長を務めた．
　溶岩があふれたクレーターの跡(66km)．

63

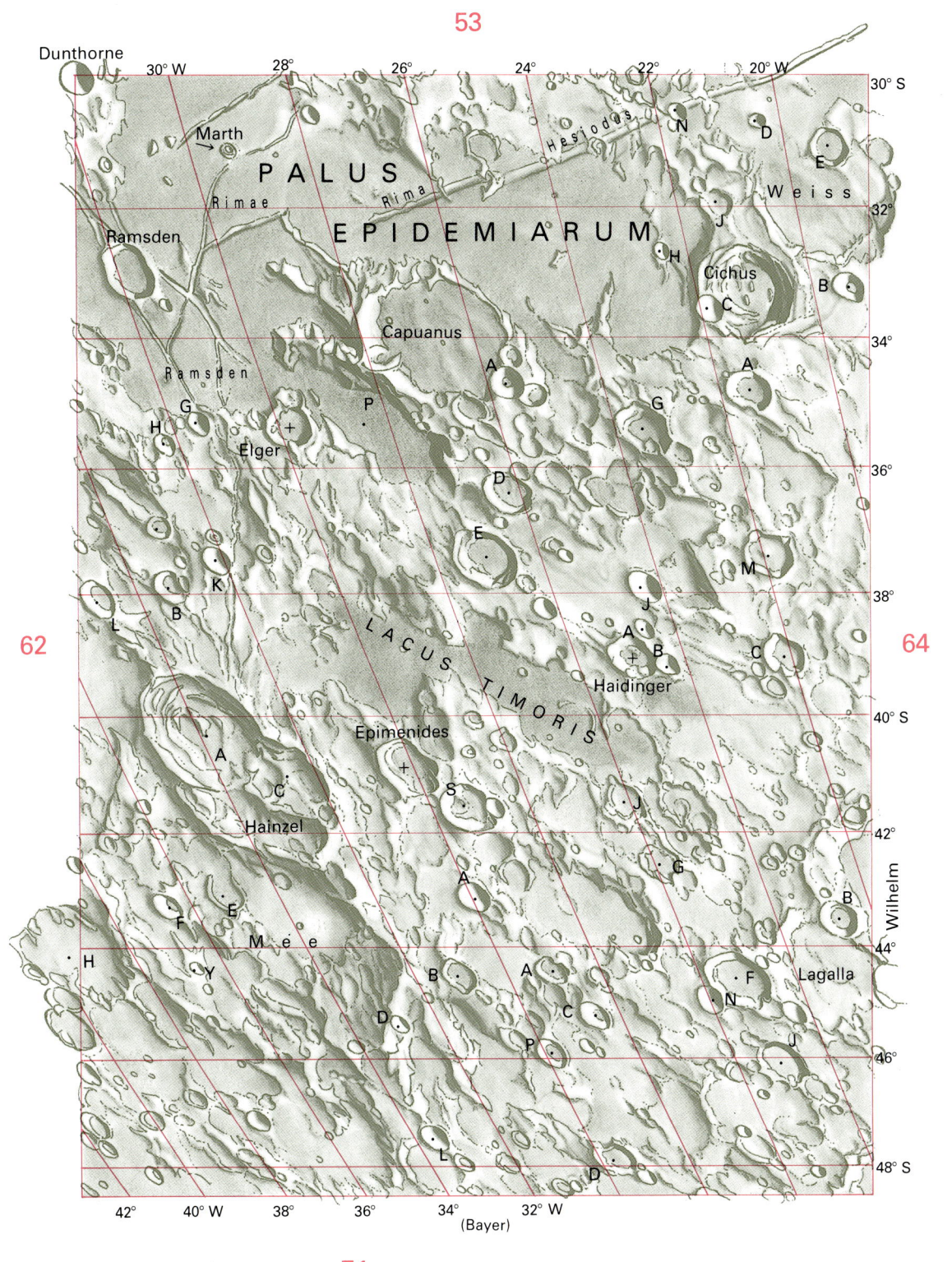

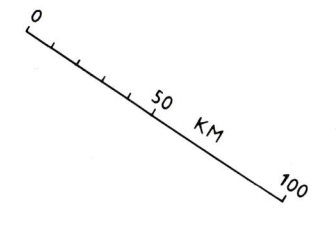

Dunthorne · Marth · Ramsden · Rimae Ramsden · Rima Hesiodus · PALUS EPIDEMIARUM · Weiss · Cichus · Capuanus · Elger · Lacus Timoris · Haidinger · Epimenides · Hainzel · Mee · Bayer · Wilhelm · Lagalla

64.TYCHO ティコ

雲の海 Mare Nubium の南側はクレーターが多い．ティコ Tycho は月面でもっとも目立つクレーターの一つで，もっとも広大な地域に広がった光条の中心にある．ティコの光条は満月近くの太陽光で異常なほど明るく輝く．サーベイヤー 7 号は，ティコの北側に軟着陸した．

Ball ボール [35.9S,8.4W]
William Ball(1690没) イギリスのアマチュア天文家．ホイヘンスによる土星の環の観測を確認した．
クレーター(41km/2810m)．

Brown ブラウン [46.4S,17.9W]
Ernest W.Brown(1866-1938) イギリス生まれのアメリカ人天文学者．月の運行に関する理論をまとめた．
クレーター(34km)．周壁にブラウンEが突入している．

Deslandres デランドル 月面図65を参照．

Gauricus ガウリクス [33.8S,12.6W]
Luca Gaurico(1476-1558) イタリアの神学者，天文学者，占星術者．プトレマイオスの『アルマゲスト』を翻訳した．
かなり侵食されたクレーター(79km)．

Heinsius ハインシウス [39.5S,17.7W]
Gottfried Heinsius(1709-1769) ドイツの数学者，天文学者．
クレーター(64km/2650m)．ハインシウス A(20km/3270m)，ハインシウス B，ハインシウス C と連なっている．

Hell ヘル [32.4S,7.8W]
Maximilian Hell(1720-1792) ハンガリーの天文学者．最初のウィーン天文台を創設．1769年，金星の日面経過を観測した．
クレーター(33km/2200m)．

Montanari モンタナリ [45.8S,20.6W]
Geminiano Montanari(1633-1687) イタリアの天文学者．月面図を作成するために測微法による測定を最初に行った．
浸食が進んで形の崩れたクレーター(77km)．

Pictet ピクテ [43.6S,7.4W]
Marc A.Pictet(1752-1825) スイスの天文学者，博物学者．ジュネーブ天文台の台長．
クレーター(62km)．

Pitatus ピタトス 月面図54を参照．

Sasserides サッセリデス [39.1S,9.3W]
Gellio Sasceride(1562-1612) デンマークの医師，天文学者．ティコ・ブラーエの助手．
ほとんど姿を消したゴースト・クレーター(90km)．

Street ストリート [46.5S,10.5W]
Thomas Streete(1621-1689) イギリスの天文学者．*Astronomia Carolina* の著者．
クレーター(58km)．

Tycho ティコ [43.3S,11.2W]
Tycho Brahe(1546-1601) デンマークの天文学者，傑出した観測家であり，科学研究の組織化をはかった．彼の正確な観測により，ケプラーは惑星の運動に関する法則を発見することができた．
もっとも大きく広がった光条の中心にあるクレーター(85km/4850m)．

Wilhelm ヴィルヘルム [43.1S,20.8W]
Wilhelm IV，ヘッセン方伯，The wise（賢者）(1532-1592) ドイツの王侯．カッセル天文台を建設して多くの観測をした天文学者．
壁平原(107km)．

Wurzelbauer ヴルツェルバウアー [33.9S,15.9W]
Johann P.von Wurzelbauer(1651-1725) ドイツの天文学者で，太陽の観測家．
ひどく侵食されたクレーター(88km)．

155

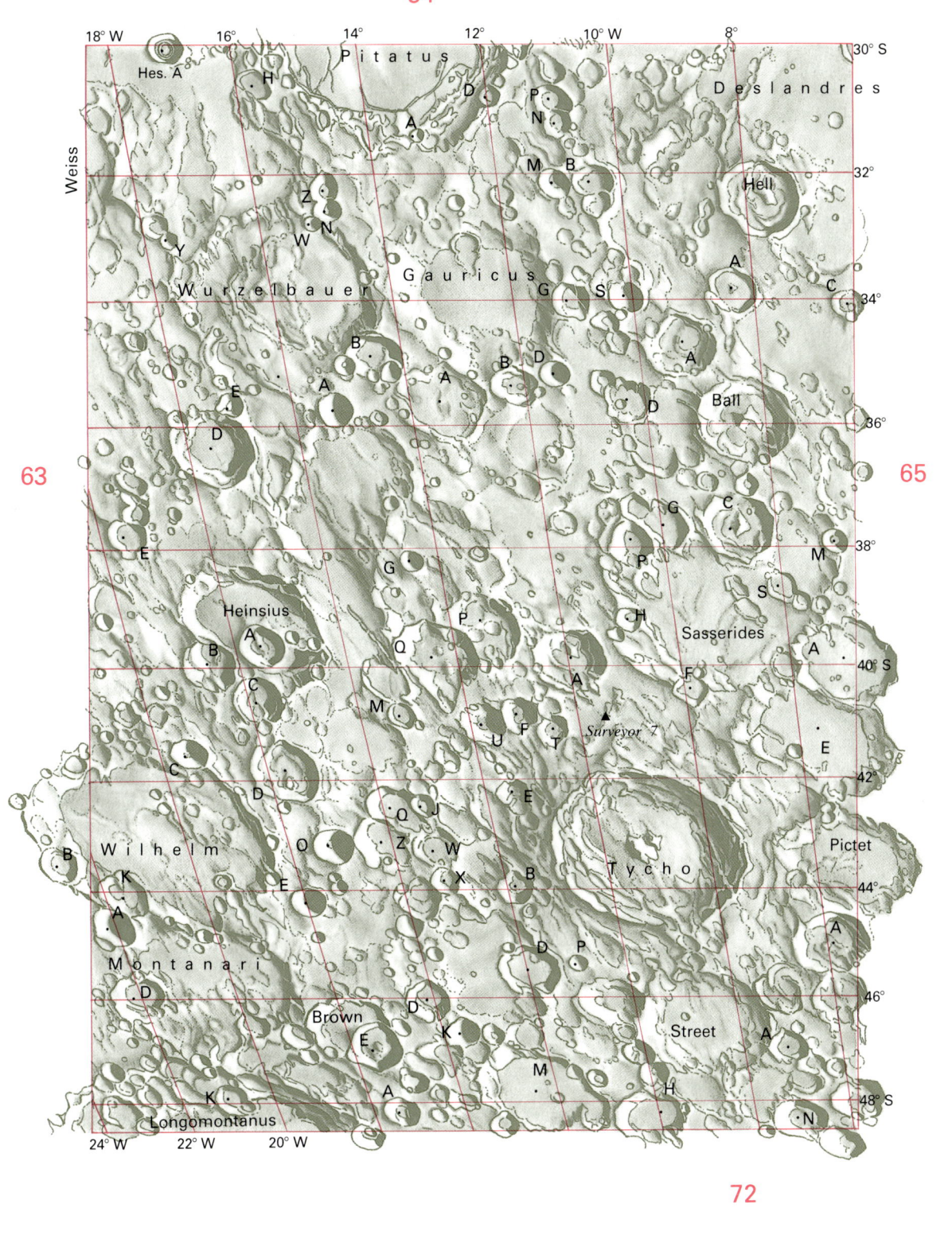

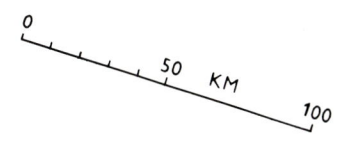

65.WALTER ヴァルター

密度の高いクレーター地帯だが，巨大な壁平原ヴァルター Walter とその北東にあるアリアサンシス Aliacensis は比較的容易に見分けられる．ハギンズ Huggins を中心に，いくつかのクレーターが重なり合っているところがたいへん興味深く注目したいところだ．

Aliacensis アリアセンシス [30.6S,5.2E]
Pierre d'Ailly(1350-1420) フランスの神学者および地理学者．
クレーター(80km/3680m)．

Deslandres デランドル [32.5S,5.2W]
Henri A.Deslandres(1853-1948) フランスの天文学者，太陽の観測家．分光太陽写真儀を発明し，ムードン天文台の台長となった．
浸食がひどくほとんど消えた壁平原(234km)．

Fernelius フェルネリウス [38.1S,4.9E]
Jean Fernel(1497-1558) フランスの物理学者．
溶岩であふれた底面を持つクレーター(65km)．

Huggins ハギンズ [41.1S,1.4W]
Sir William Huggins(1824-1910) イギリスの天文学者，天文学における分光学の創始者．
クレーター(65km)．ナシレディーンと重なっている．

Lexell レクセル [35.8S,4.2W]
Anders J.Lexell(1740-1784) スウェーデンの数学者および天文学者．天体力学の分野で研究を行った．
クレーター(63km)．

Licetus リケトス [47.1S,6.7E]
Fortunio Liceti(1577-1657) イタリアの物理学者および哲学者．
クレーター(75km)．

Miller ミラー [39.3S,0.8E]
William A.Miller(1817-1870) イギリスの化学者．
クレーター(75km)．

Nasireddin ナシレディーン（ナシル・エ・ディーン）
[41.0S,0.2E] Nasir-al-Din,Mohammed Ibn Hassan(1201-1274) ペルシャの天文学者．
クレーター(52km)．

Nonius ノニウス [34.8S,3.8E]
Pedro Nuñez(1492-1577) ポルトガルの数学者．分割された円や目盛りを読むため，初期のバーニヤを考案した．
周壁がかなり崩れたほぼ正多角形のクレーター(70km/2990m)．

Orontius オロンティウス [40.3S,4.0W]
Orontius Finaeus(1494-1555) フランスの数学者および地図製作者．
壁平原(122km)．

Pictet ピクテ 月面図64を参照．

Proctor プロクター [46.4S,5.1W]
Mary Proctor(1862-1944) 天文学者 R.A.プロクターの娘で，天文学者．天文学の普及につとめた．
クレーター(52km)．

Saussure ソーシュール [43.4S,3.8W]
Horace B.de Saussure(1740-1799) スイスの哲学者および科学史研究家．
クレーター(54km/1880m)．

Stöfler シュテフラー [41.1S,6.0E]
Johann Stöfler(1452-1534) ドイツの数学者，天文学者，占星術者．
あふれた溶岩で消された壁平原(126km/2760m)．

Walter ヴァルター [33.0S,0.7E]
Bernard Walther(1430-1504) ドイツの天文学者．
壁平原(132×140km/4130m)．

65

6°W	4°W	2°W	0°	2°E	4°E	6°E

Deslandres, Walter, Aliacensis, Lexell, Nonius, Kaiser, Fernelius, Orontius, Huggins, Miller, Nasireddin, Stöfler, Faraday, Pictet, Saussure, Proctor, Licetus, Maginus

0 — 50 — 100 KM

66.MAUROLYCUS マウロリクス

マウロリクス Maurolycus は，近くのファラデー Faraday，シュテフラー Stöfler（月面図65）と並んで，特徴のあるクレーター・トリオを作って目立っている．ゲンマ・フリシウス Gemma Frisius は周壁が例外的に高く，5000m 以上もあることで注目されている．

Barocius バロキウス [44.9S,16.8E]
Francesco Barozzi(1570頃) イタリアの数学者．
　クレーター(82km)．周壁が北部で消滅しており，バロキウス B とバロキウス C が入り込んでいる．

Breislak ブレイスラーク [48.2S,18.3E]
Scipione Breislak(1748-1826) イタリアの地質学者，化学者，数学者．
　クレーター(50km)．

Buch ブーフ [38.8S,17.7E]
Christian L.von Buch(1774-1853) ドイツの地質学者．
　クレーター(54km/1440m)．

Büsching ビュッシング [38.0S,20.0E]
Anton F.Büsching(1724-1793) ドイツの地理学者，哲学者．
　クレーター(52km)．

Clairaut クレロー [47.7S,13.9E]
Alexis C.Clairaut(1713-1765) フランスの傑出した数学者，測地学者，天文学者．
　クレーター(75km)．周壁の南部には，クレロー A とクレロー B が入り込んでいる．

Faraday ファラデー [42.4S,8.7E]
Michael Faraday(1791-1867) イギリスの化学者，物理学者．電気や磁気等の発見で知られている．
　クレーター(70km/4090m)．

Gemma Frisius ゲンマ・フリシウス [34.2S,13.3E]
Reinier Jemma(1508-1555) オランダ（フリースラント生まれ）の医師，地図作成者，天文学者．
　周壁が崩壊したクレーター(88km/5160m)．

Goodacre グッデーカー [32.7S,14.1E]
Walter Goodacre(1856-1938) イギリスの月理学者．月面図を作成した．
　クレーター(46km/3190m)．

Kaiser カイザー [36.5S,6.5E]
Frederick Kaiser(1808-1872) オランダの天文学者．二重星と火星を観測した．
　クレーター(52km)．東側の周壁にカイザー A(21×14km/2330m)が重なっている．

Maurolycus マウロリクス [41.8S,14.0E]
Francesco Maurolico(1494-1575) イタリアの数学者．コペルニクスの理論に反対を唱えた．
　中央丘のある広大な壁平原(114km/4730m)．

Poisson ポアソン [30.4S,10.6E]
Siméon D.Poisson(1781-1840) フランスの数学者．天体力学の分野で研究を行なう．ラグランジュやラプラスの友人．
　クレーターの跡(42km)．底面は南西部でポアソン T の底面とつながっている．

マウロリクス(写真の右側)は月面南東部のクレーター密集地帯にある．周壁の内側に段丘，底面に中央丘が見られる巨大壁平原だ．

56
65
67
74
8°
10° E
12°
14°
16°
18° E
30° S
32°
34°
36°
38°
40° S
42°
44°
46°
48° S
20° E
22°
24° E
Aliacensis
(Zagut)
Poisson
Goodacre
Gemma Frisius
Kaiser
Büsching
Buch
Stöfler
Maurolycus
Faraday
Barocius
Licetus
Clairaut
Breislak
A
T
U
V
K
H
L
C
Q
G
D
J
B
P
E
EB
Y
DA
F
M
S
W

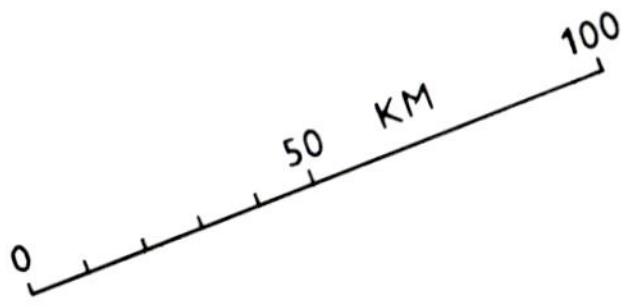
0
50
KM
100

67.RABBI LEVI ラビ・レヴィ

　クレーター密度がたいへん高い地域．その中で目を引くポイントの一つがラビ・レヴィ Rabbi Leviで，周壁の中に小クレーターのペアがある．図右下は，大きな壁平原ジャンサン Janssen の一部で，底面に幅の広い溝が何本か見える．

Celsius セルシウス [34.1S,20.1E]
Anders Celsius(1701-1744) スウェーデンの物理学者および天文学者．温度の単位「摂氏」を考案した．
　クレーター(36km)．

Dove ドーフェ [46.7S,31.5E]
Heinrich W.Dove(1803-1879) ドイツの物理学者．気象学と電気に関する分野で研究を行った．
　クレーター(30km)．

Janssen ジャンサン 月面図68を参照．

Janssen,Rimae ジャンサン谷
　ジャンサンの底面にある溝の集まり．長さは140km．小望遠鏡での観測に適している．

Lindenau リンデナウ [32.3S,24.9E]
Bernhard von Lindenau(1780-1854) ドイツの天文学者，軍人，政治家．
　段丘のある周壁と中央丘のある目立つクレーター(53km/2930m)．

Lockyer ロッキアー [46.2S,36.7E]
Sir Norman Lockyer(1836-1920) イギリスの天体物理学者．太陽中のヘリウムを発見した．
　ジャンサンの周壁上にあるクレーター(34km)．

Nicolai ニコライ [42.4S,25.9E]
Friedrich B.G.Nicolai(1793-1846) ドイツの天文学者．天体力学の研究，彗星の軌道を計算した．
　クレーター(42km)．

Rabbi Levi ラビ・レヴィ [34.7S,23.6E]
Levi ben Gershon(1288-1344) フランスのユダヤ人哲学者，数学者および天文学者．
　クレーター(81km)．**ラビ・レヴィL**(12.6km/2410m)，**ラビ・レヴィA**(12.1km/1350m)など，いくつかのクレーターがある．

Riccius リッチウス（リッチー）[36.9S,26.5E]
Matteo Ricci(1552-1610) 中国に滞在したイタリアの宣教師，数学と天文学の教師，地理学者．
　周壁のほとんどが小クレーターで壊されているクレーター(71km)．南部には**リッチウスE**(22km/3520m)がある．

Rothmann ロートマン [30.8S,27.7E]
Christopher Rothmann(1600頃没) ドイツの天文学者，理論家．
　クレーター(42km/4220m)．

Spallanzani スパランツァーニ [46.3S,24.7E]
Lazzaro Spallanzani(1729-1799) イタリアの科学者，生理学者，旅行家．
　クレーター(32km)．

Stiborius スティボリウス [34.4S,32.0E]
Andreas Stoberl(1465-1515) オーストリアの哲学者，神学者，天文学者．
　クレーター(44km/3750m)．

Wöhler ヴェーラー [38.2S,31.4E]
Friedrich Wöhler(1800-1882) ドイツの化学者．ベリリウムとイットリウムを発見した．
　クレーター(27km/2050m)．

Zagut サグート [32.0S,22.1E]
Abraham ben S.Zaguth(15世紀後期) スペインのユダヤ人天文学者，占星術者．
　クレーター(84km)．西に**サグートB**(32km/3410m)がある．

57

66

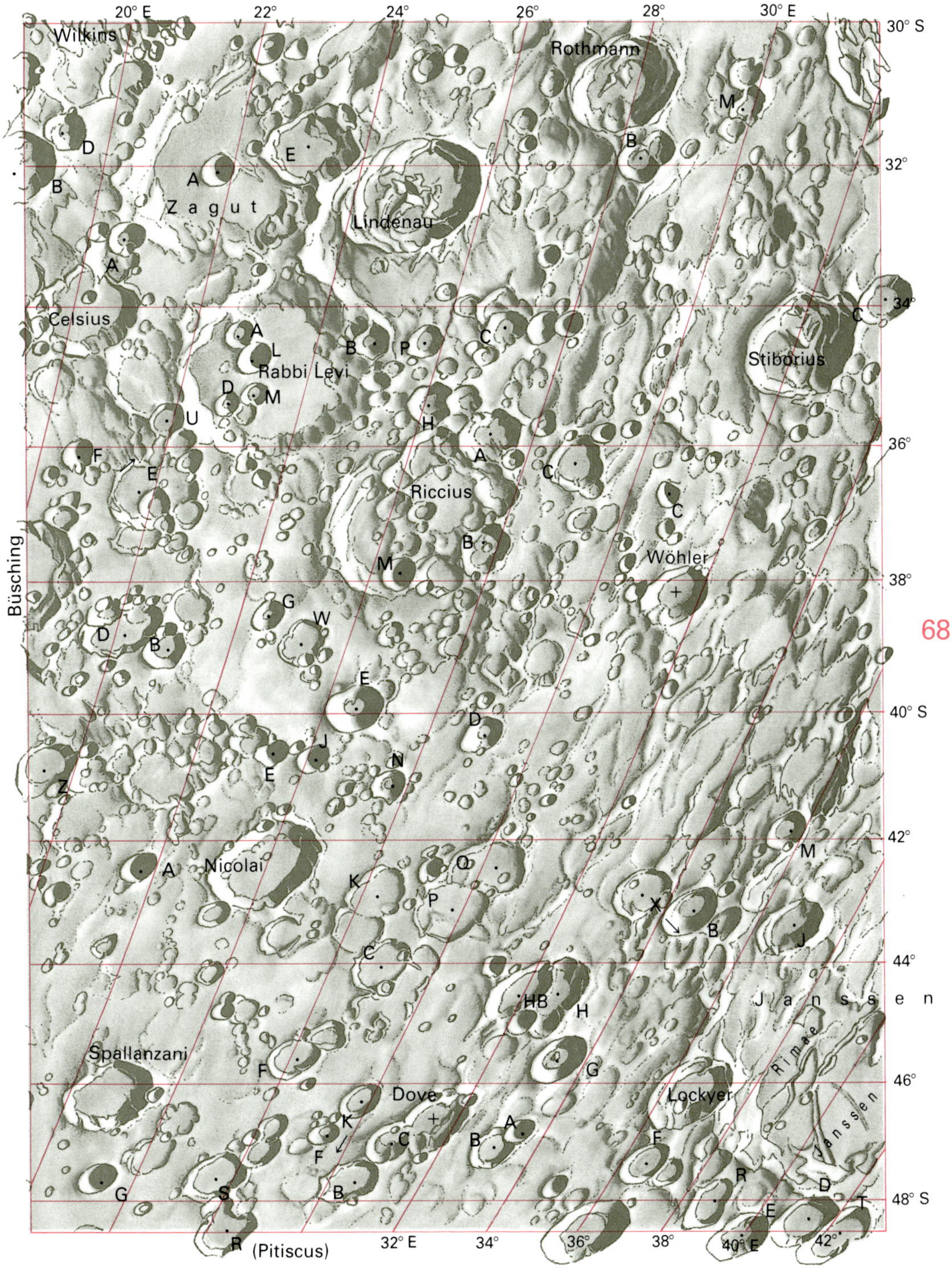
20° E
22°
24°
26°
28°
30° E
30° S
32°
34°
36°
38°
40° S
42°
44°
46°
48° S
32° E
34°
36°
38°
40°
42°
Wilkins
Rothmann
Zagut
Lindenau
Celsius
Rabbi Levi
Stiborius
Riccius
Wöhler
Büsching
Nicolai
Jansen
Spallanzani
Dove
Lockyer
Rimae Janssen
(Pitiscus)

68

75

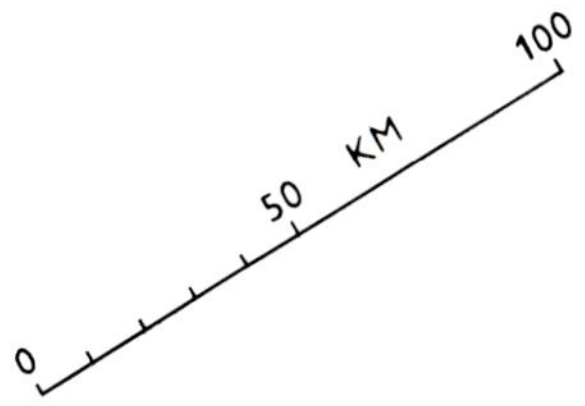
0
50
KM
100

68.RHEITA レイタ

このあたりは，神酒の海 Mare Nectaris の盆地の中心に向かった断層や谷が多く見られる．特に長くて大きいレイタ谷 Valley Rheita に注目したい．

Brenner ブレンナー [39.0S,39.3E]
Leo Brenner(1855-1928) オーストリアのアマチュア天文家．月と惑星の観測者．
侵食されたクレーター(97km).

Fabricius ファブリツィウス [42.9S,42.0E]
David Goldschmidt(1564-1617) オランダの東フリースラント出身のアマチュア天文家．
目立つクレーター(78km).

Janssen ジャンサン [44.9S,41.5E]
Pierre J.C.Janssen(1824-1907) フランスの天文学者．1875年，ムードン天文台の台長になる．
底面に幅の広い溝や山塊がある大きな壁平原(190km).

Mallet マレット [45.4S,54.2E]
Robert Mallet(1810-1881) アイルランドの土木技術者，地震学者．
クレーター(58km)．レイタ谷沿いにある．

Metius メティウス [40.3S,43.3E]
Adriaan Adriaanszoon(1571-1635) アドリアンソーンというよりメティウスの名で知られる．オランダの数学者,天文学者．
クレーター(88km).

Neander ネアンダー [31.3S,39.9E]
Michael Neumann(1529-1581) ドイツの数学者，医師および天文学者．
中央丘を持つクレーター(50km/3400m).

Peirescius ペイレスキウス [46.5S,67.6E]
Nicolas C.Fabri de Peiresc(1580-1637) フランスの科学史家，天文学者．1610年にオリオン大星雲を発見．
クレーター(62km).

Reimarus ライマルス [47.7S,60.3E]
Nicolai Reymers Bär(or Ursus)(1600没) ドイツの数学者．ティコ・ブラーエの惑星体系と非常によく似た内容の出版物を刊行したことにより，盗作の罪に問われた．プラハの数学教授．
クレーター(48km).

Rheita レイタ [37.1S,47.2E]
Anton Maria Schyrleus of Rheita(1597-1660) チェコの光学機器製作者，天文学者．ケプラーの望遠鏡を建造した．月面図を作成．
レイタ谷の北端にあるクレーター(70km)．東北（図右上）にクレーターが重なって長く伸びたクレーター谷，**レイタ E** (66×32km)がある．

Rheita,Vallis レイタ谷 [42S,51E]
地球側の月面で最長の幅の広い谷．全長約500km．スネリウス谷(月面図59,69)とよく似ている．どちらも源が同じで，神酒の海の中心から伸びている．

Steinheil シュタインハイル 月面図76を参照．

Vega ヴェガ [45.4S,63.4E]
Georg F.von Vega(1756-1802) ドイツの数学者．正確な対数表を出版した．
クレーター(76km).

Young ヤング [41.5S,50.9E]
Thomas Young(1773-1829) イギリスの医師,物理学者および宇宙自然哲学者．光の干渉を発見した．
クレーター(72km).

58

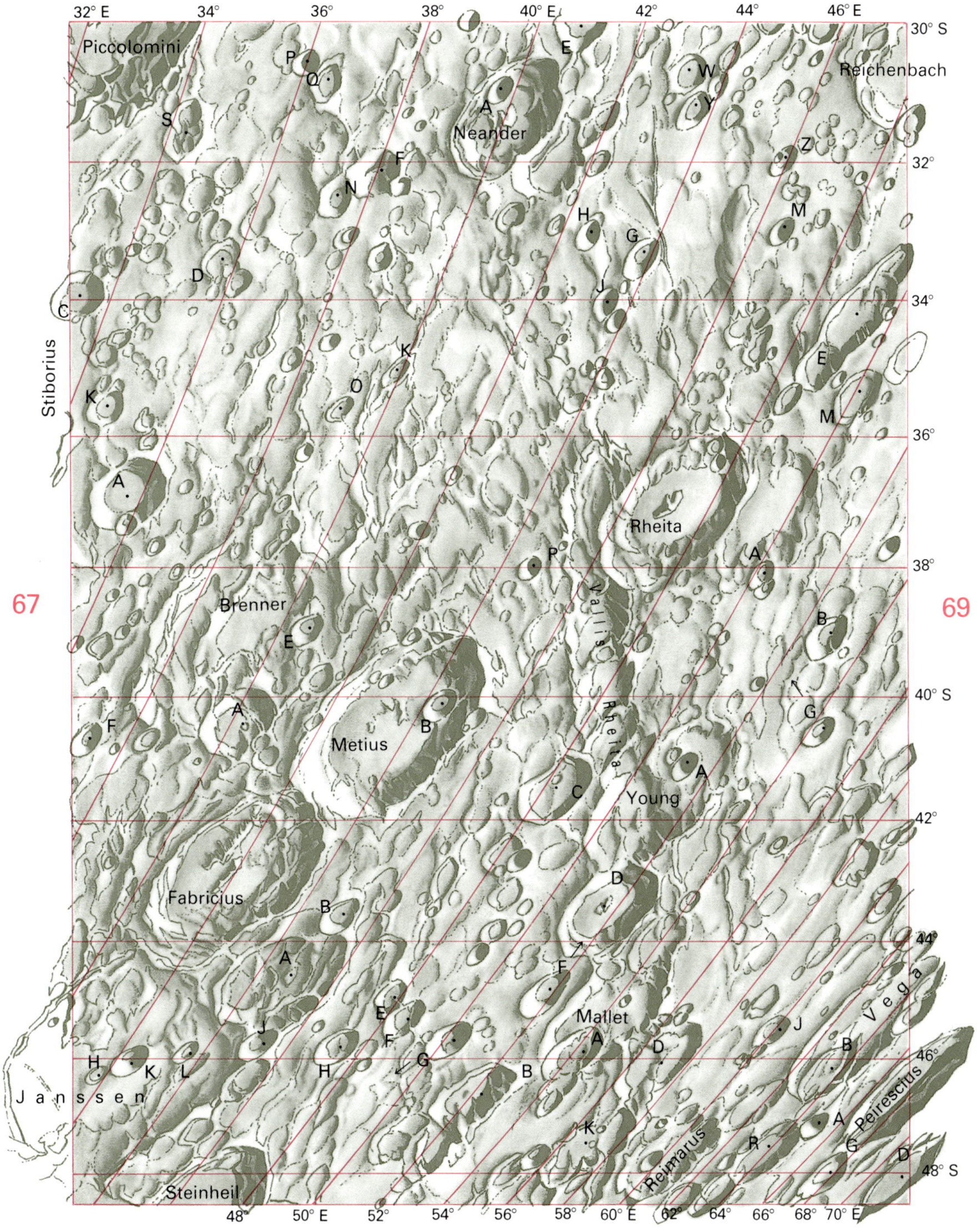
32° E
34°
36°
38°
40° E
42°
44°
46° E
30° S
32°
34°
36°
38°
40° S
42°
44°
46°
48° S
48°
50° E
52°
54°
56°
58°
60° E
62°
64°
66°
68°
70° E
Piccolomini
Neander
Reichenbach
Stiborius
Rheita
Brenner
Vallis Rheita
Metius
Young
Fabricius
Mallet
Vega
Peirescius
Reimarus
Janssen
Steinheil

67

69

76

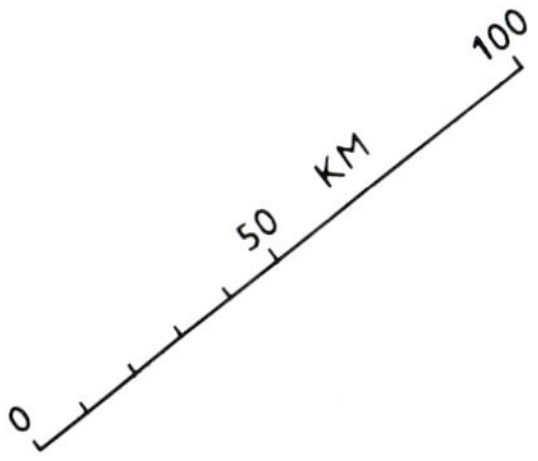
0
50
KM
100

69.FURNERIUS フルネリウス

月の南東の周縁部で目印になるクレーターは，暗い底面を持つオーケン Oken，そして，ステヴィヌス Stevinus，フルネリウス Furnerius などがある．南西側に，月面図76とつながる南の海 Mare Australe の一部が見られる．

Abel アーベル [34.6S,85.8E]
Niels H.Abel(1802-1829) ノルウェーの数学者．
溶岩のあふれた壁平原(114km)．

Adams アダムズ [31.9S,68.2E]
(1) John Couch Adams(1819-1892) イギリスの天文学者．ル・ヴェリエとは別に海王星の発見に結びつく計算を行った．
(2) Charles H.Adams(1868-1951) アメリカのアマチュア天文家．
(3) Walter S.Adams(1876-1956) アメリカの天文学者．ウィルソン山天文台の台長．
クレーター(66km)．

Australe,Mare 南の海 月面図76を参照．

Barnard バーナード [29.6S,86.4E]
Edward E.Barnard(1857-1923) アメリカの天文学者．木星の5番目の衛星を発見，銀河の写真を撮影した．へびつかい座にある"バーナードの星"を発見した．
壁平原(100km)．

Fraunhofer フラウンホーファー [39.5S,59.1E]
Joseph von Fraunhofer(1787-1826) ドイツの光学機器製作者．回折格子を発明し，太陽スペクトル中に"フラウンホーファー線"を最初に観測した．
クレーター(57km)．

Furnerius フルネリウス [36.3S,60.4E]
Georges Furner(1643頃) フランス・イエズス会員，パリの数学教授．
目立つ壁平原(125km)．**フルネリウスA** は光条の中心にあって目立っている．北からラングレヌス（月面図49），ヴェンデリヌス（月面図60），ペタヴィウス（月面図59），そしてフルネリウスと並んだ巨大壁平原の鎖は見ごたえがある．

Furnerius,Rima フルネリウス谷
フルネリウスの底面にある幅の広い溝．全長50km．

Gum ガム [40.4S,88.6E]
Colin S.Gum(1924-1960) オーストラリアの天文学者．
溶岩があふれた浅いクレーター(55km)．

Hamilton ハミルトン [42.8S,84.7E]
Sir William R.Hamilton(1805-1865) アイルランドの数学者．
標準的な形をした深いクレーター(57km)．

Hase,Rima ハーゼ谷 [33S,66E]
ハーゼ（月面図59）にちなんで名づけられた．
幅が広く浅い溝．全長300km．

Marinus マリヌス [39.4S,76.5E]
Marinus of Tyre(2世紀) ギリシャの有名な地理学者．アジアとアフリカはヨーロッパより広いはずだから，ローマ皇帝は全世界を手中に収めることはできないと最初に指摘した．
クレーター(58km)．

Oken オーケン [43.7S,75.9E]
Lorenz Oken(1779-1851) ドイツの博物学者．
溶岩があふれたクレーター(72km)．

Reichenbach ライヘンバッハ [30.3S,48.0E]
Georg von Reichenbach(1772-1826) ドイツの測量と天文用測定機器の製作者．
クレーター(71km)．

Snellius,Vallis スネリウス谷
月面図59にある幅の広いクレーター谷の続き．

Stevinus ステヴィヌス（ステヴィン）[32.5S,54.2E]
Simon Stevin(1548-1620) ベルギー生まれの数学者，光学機器製作者，軍人，技術者．
中央丘を持つ目立つクレーター(75km)．**ステヴィヌスA**は光条の中心にある非常に明るいクレーターである．

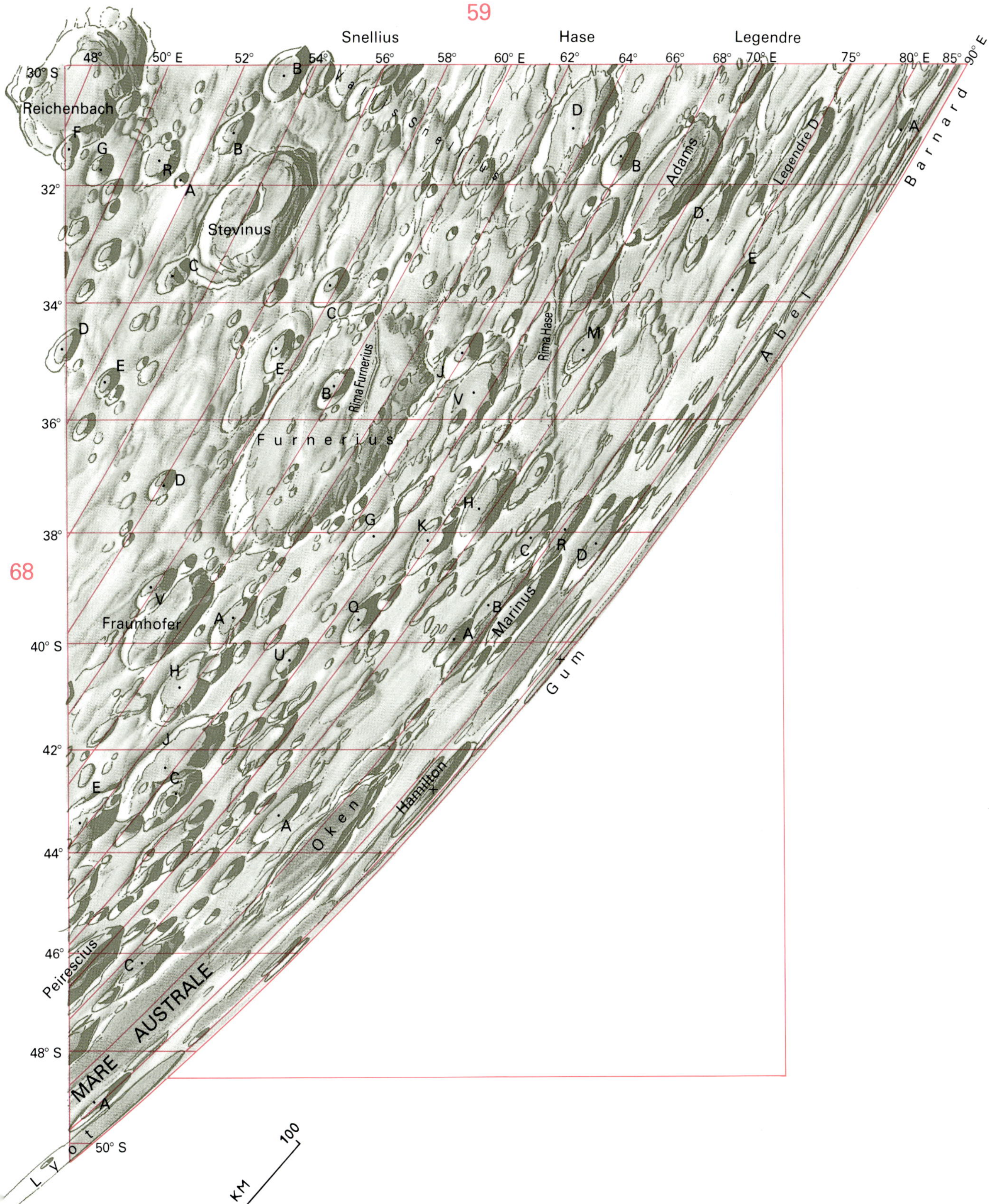
59
Snellius
Hase
Legendre
30° S
48°
50° E
52°
54°
56°
58°
60° E
62°
64°
66°
68°
70° E
75°
80° E
85°
90° E
Reichenbach
Stevinus
Adams
Legendre D
Barnard
Abel
Rima Furnerius
Rima Hase
Furnerius
Fraunhofer
Marinus
Gum
Hamilton
Oken
Peirescius
MARE AUSTRALE
Lyot
32°
34°
36°
38°
40° S
42°
44°
46°
48° S
50° S
68
0
50
KM
100

70.PHOCYLIDES フォキリデス

ワーゲンチン Wargentin は，たいへん興味深いクレーターだ．このクレーターは完全に溶岩で満たされ，底面が高原を形づくっている．南の方にあるパングレ Pingré は，直径 300km の盆地の周壁のすぐ内側にある．

Nasmyth ナスミス [50.5S,56.2W]
James Nasmyth(1808-1890) 蒸気ハンマーを発明したスコットランドの技術者，月理学者．月面の模型を作成した．また，ナスミス架台を考案した．
あふれた溶岩に満たされたクレーター(77km)．

Nöggerath ネゲラート [48.8S,45.7W]
Johann J.Nöggerath(1788-1877) ドイツの地質学者，鉱物学者．
溶岩に満たされた底面を持つクレーター(31km)．

Phocylides フォキリデス [52.9S,57.3W]
Johannes Phocylides Holwarda(Jan Fokker)(1618-1651) オランダの天文学者．恒星はそれぞれ固有運動をすると信じた．
溶岩に満たされた底面を持つ目立つ壁平原(114km)．

Pilâtre ピラトル（ハウゼンB） [60.3S,86.4W]
J.F.Pilâtre de Rozier(1756-1785) フランスの航空学のパイオニア．
周壁が侵食されたクレーター(69km)．

Pingré パングレ（パングレA） [58.7S,73.7W]
Alexandre G.Pingré(1711-1796) フランスの天文学者，神学者．*Cométographie*（彗星に関する覚え書き．当時，W.ハーシェルによって発見されたばかりで，まだ彗星であると考えられていた天王星も含む）の著者．
クレーター(89km)．

Wargentin ワルゲンチン [49.6S,60.2W]
Pehr V.Wargentin(1717-1783) スウェーデンの天文学者．ストックホルム天文台の台長．
非常に珍しいタイプのクレーターのうちで最大のもの．縁の部分まで暗い海と同じような溶岩で満たされている．直径は84kmで，高原状の底面には多くのリンクルリッジが見られる．

Yakovkin ヤコブキン（パングレH） [54.5S,78.8W]
A.A.Jakovkin(1887-1974) ソ連の天文学者．月の回転と形状に関する調査を行った．
クレーター(37km)．

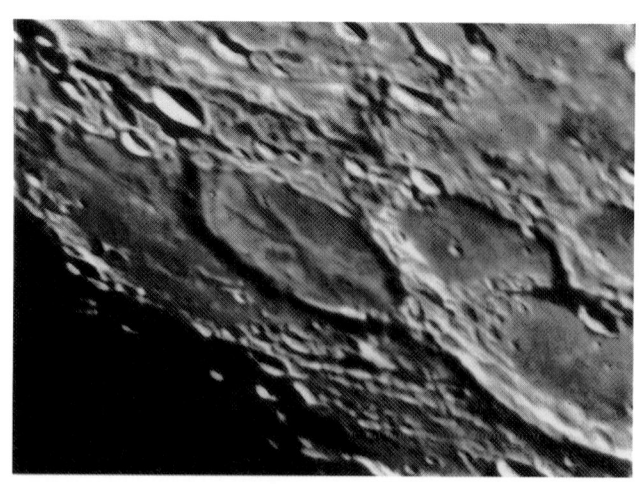

朝方の太陽光に照らされたワーゲンチン Wargentin が中央にある．縁まで溶岩で満たされているのがわかる．

62

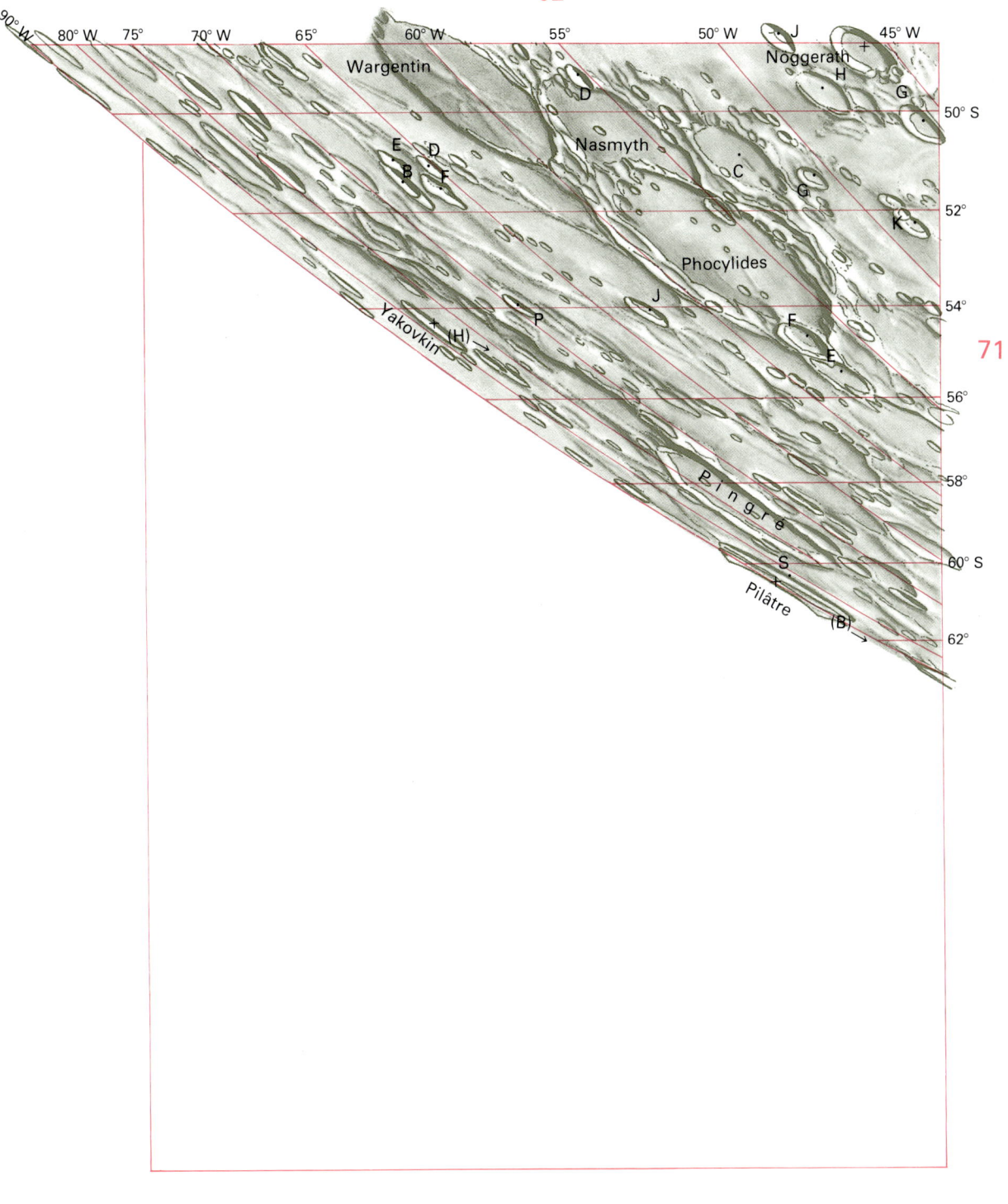

90° W 80° W 75° 70° 65° 60° W 55° 50° W 45° W

Wargentin
Noggerath
J
H
D
G
50° S
E D
B F
Nasmyth
C
G
K
52°
Phocylides
J
54°
Yakovkin +(H)→
P
F
E
56°
58°
P i n g r é
60° S
S
Pilâtre +
(B)→
62°

70

71

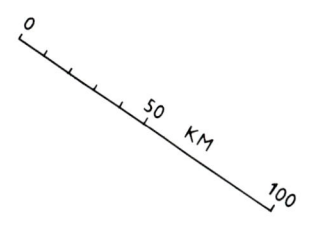

0 50 100 KM

167

71.SCHILLER シラー

このエリアには二つの大きな盆地がある．一つはバイイ Bailly と一致しているが，もう一つはシラー Schiller，ズッキウス Zucchius，フォキリデス Phocylides（月面図70）に囲まれた直径 350km もある名前のない大盆地だ．

Bailly バイイ [66.8S,69.4W]
Jean Sylvain Bailly(1736-1793) フランスの天文学者および政治家．
広大な壁平原．周壁は直径 303km の盆地の外壁と一致する．

Bayer バイアー（バイエル）[51.6S,35.0W]
Johann Bayer(1572-1625) ドイツの天文学者，弁護士．恒星を特定するのにギリシャ文字を導入した星図『ウラノメトリア』を出版した．
クレーター(47km)．

Bettinus ベッティヌス [63.4S,44.8W]
Mario Bettini(1582-1657) イタリアの哲学者，数学者，天文学者．
クレーター(71km)．

Hausen ハウゼン [65.5S,88.4W]
Christian A.Hausen(1693-1743) ドイツの天文学者，数学者および物理学者．
中央丘のある環状山(167km)．秤動で月面南部が大きく傾いたときにのみ見ることができる．

Kircher キルヒャー [67.1S,45.3W]
Athanasius Kircher(1601-1680) ドイツの数学者，東洋言語の教授．
底面が溶岩で満たされているクレーター(73km)．

Rost ロスト [56.4S,33.7W]
Leonhardt Rost(1688-1727) ドイツのアマチュア天文家．天文学の普及につとめた．
底面が溶岩で満たされているクレーター(49km)．

Schiller シラー [51.8S,40.0W]
Julius Schiller(1627没) ドイツの修道士．キリスト教徒のための星図（*Coelum Stellarum Christianum*，アウグスブルク，1627）を著わし，伝統的な星座を聖書に基づくものに変えたが受け入れられなかった．
周壁がかなり侵食されたクレーター(179×71km)．

Segner セグナー [58.9S,48.3W]
Johann A.Segner(1704-1777) ドイツの物理学者．日食および月食に関する幾何学を研究した．
底面に起伏のある浅いクレーター(67km)．

Weigel ヴァイゲル [58.2S,38.8W]
Erhard Weigel(1625-1699) ドイツの数学者，天文学者．著書 *Astronomia Spherica* の中で，伝統的な星座の形をさまざまな国の象徴（Coelum Heraldicum）に置き換えるよう提案した．
クレーター(36km)．

Zucchius ズッキウス [61.4S,50.3W]
Niccolo Zucchi(1586-1670) イタリアの数学者，天文学者．木星面の模様を最初に観測した一人．
クレーター(64km)．

63
71
70   72

40° W   30° W   25°
          50° S
B   B
  J Y
  H K   C
    Schiller   A
         Bayer
              E
50° W   52°
              F
              H
              54°
    C   S
                  M
              Rost
           A   D   56°
60° W   72
    B   A
        Segner   B Weigel
70° W   60° S
                            B
        G   T
80° W   A B   (Scheiner) 62°
90° W   Zucchius   C
  Hausen   Bailly   B Bettinus   64°
          D C   A
            T F   A
                      B   Kircher
                        A   D   68°
                              70° S

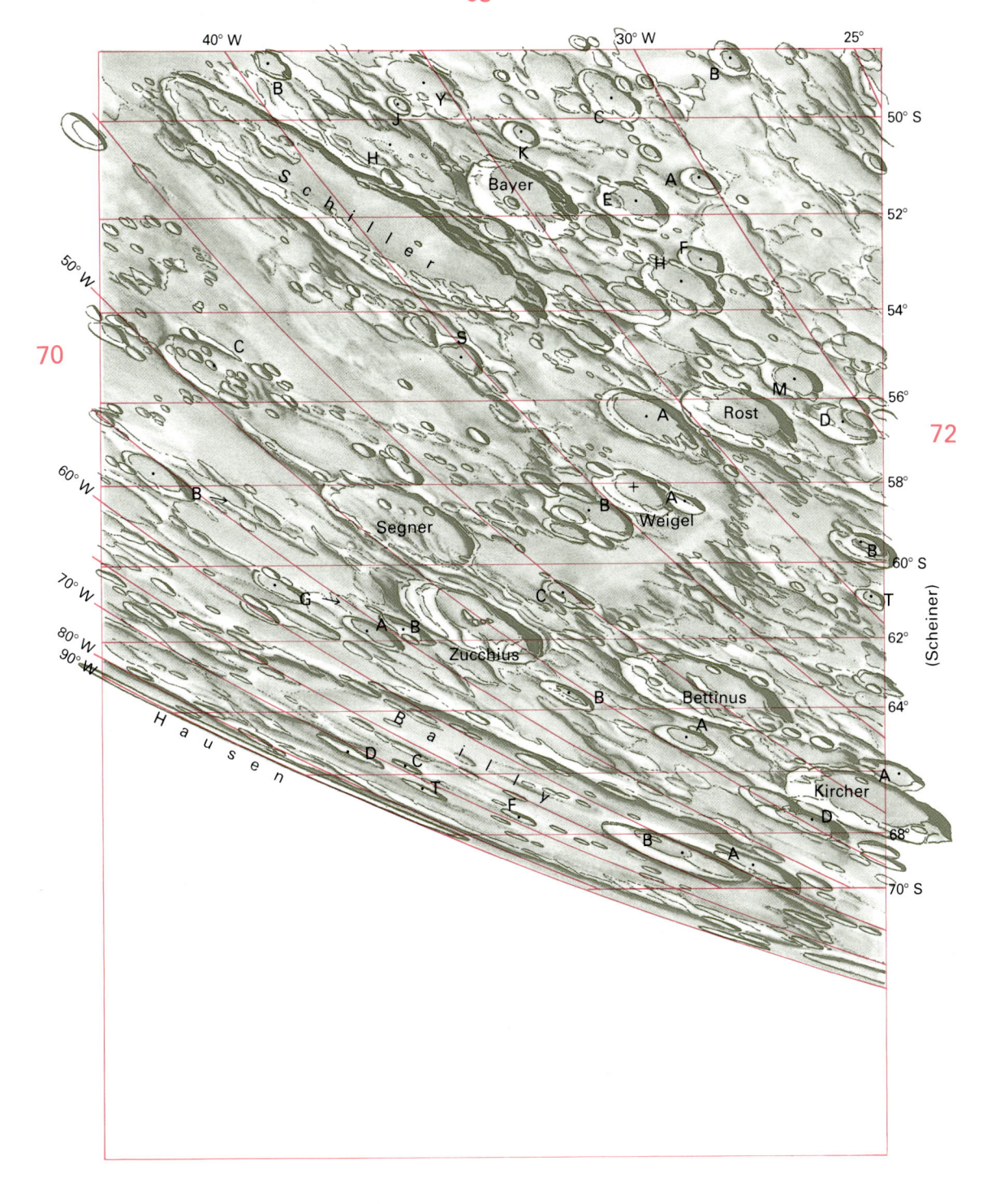

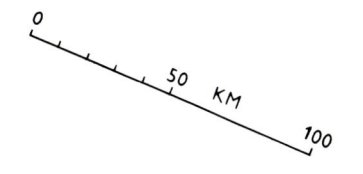

0
50 KM
100

169

72.CLAVIUS クラヴィウス

南極に近い月の周縁エリアは，密集したクレーターにおおわれている．周縁に近づくにしたがって奥行きが縮まって見えるので，多くの山が重なり合った深い影で月面図の作成が困難なエリアだ．月面図73や74の周縁地域も同じ．

Blancanus ブランカヌス [63.6S, 21.5W]
Giuseppe Blancani(1566-1624) イタリアの数学者，地理学者，天文学者．
　クレーター(105km)．

Casatus カサトス [72.6S, 30.5W]
Paolo Casati(1617-1707) イタリアの神学者および数学者．
　溶岩に満たされたクレーター(111km)．

Clavius クラヴィウス [58.4S, 14.4W]
Christoph Klau(1537-1612) ドイツの数学者および天文学者．16世紀のユークリッドと称された．
　もっともよく知られた壁平原の一つ(225km)．クラヴィウスの内側にある小クレーターは，小型望遠鏡の解像力をテストするのに適している．興味深いのは五つのクレーターが三日月形に並んだところだ．それは，ラザフォードから**クラヴィウスD，C，N，J，JA**と並んだ順に小さくなっている．

Drygalski ドリガルスキー [79.7S, 86.8W]
Erich D.von Drygalski(1865-1949) ドイツの地理学者，地球物理学者，極地探検家．
　標準的な環状クレーター(163km)．秤動による傾きが大きいときにのみ見ることができる．

Klaproth クラプロート [69.7S, 26.0W]
Martin H.Klaproth(1743-1817) ドイツの化学者，鉱物学者．
　溶岩のあふれた壁平原(119km)．

le Gentil ル・ジャンティ [74.4S, 76.5W]
Guillaume H.le Gentil(1725-1792) フランスの天文学者．
　かなり侵食の進んだクレーター(113km)．

Longomontanus ロンゴモンタヌス [49.5S, 21.7W]
Christian S.Longberg(1562-1647) デンマークの天文学者．ティコ・ブラーエの助手．
　壁平原(145km)．

Porter ポーター（クラヴィウスB）[56.1S, 10.1W]
Russell W.Porter(1871-1949) アメリカの建築家．パロマー天文台にある5mの反射望遠鏡を含む大型望遠鏡の設計者．
　クレーター(52km)．

Rutherfurd ラザフォード [60.9S, 12.1W]
Lewis M.Rutheford(1816-1892) アメリカの天文学者．太陽と月の写真撮影をした．
　クレーター(48×54km)．

Scheiner シャイナー [60.5S, 27.8W]
Christoph Scheiner(1575-1650) ドイツの数学者，天文学者．太陽に関して最初に系統的な観測を行った．
　クレーター(110km)．

Wilson ウィルソン [69.2S, 42.4W]
(1) Alexander Wilson(1714-1786) スコットランドの天文学者．太陽黒点に「ウィルソン効果」を発見．ウィリアム・ハーシェルの友人．
(2) Charles T.R.Wilson(1869-1959) スコットランドの物理学者．「ウィルソンの霧箱」で知られる．
(3) Ralph E.Wilson(1886-1960) アメリカ，ウィルソン山天文台の天文学者．
　かなり侵食されたクレーター(70km)．

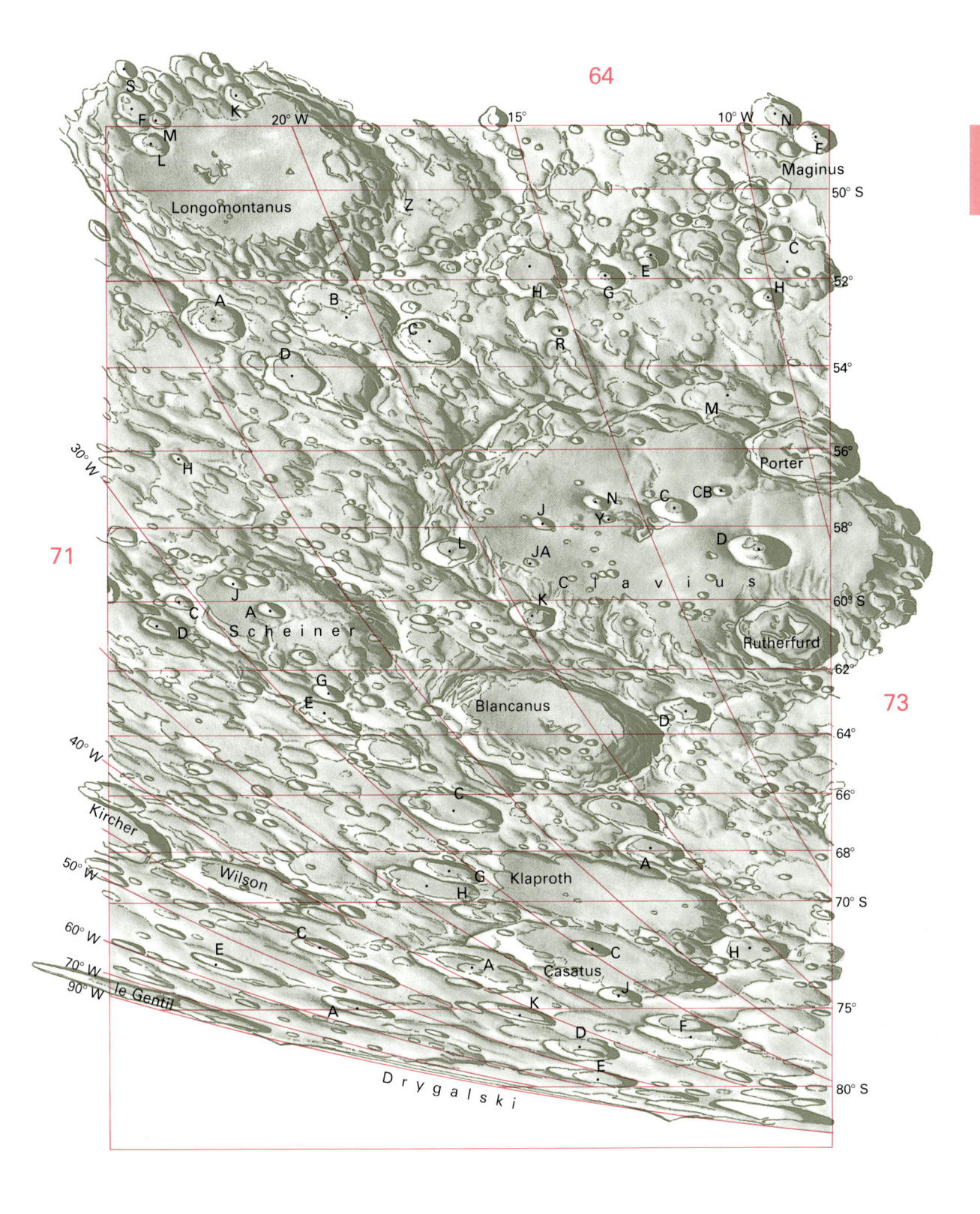

72

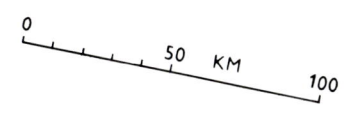

20° W · 15° · 10° W

S F K · N E
M · Maginus
L · Longomontanus · 50° S
· Z · · C
· · · H G E · H · 52°
A · B · · · ·
· D · C · R · M · 54°
30° W · · Porter · 56°
H · N C CB
· J Y · 58°
· L JA · D
· K C l a v i u s
C J A · · 60° S
D · Scheiner · Rutherfurd
G · · 62°
E · Blancanus · D
· · 64°
40° W · · C · 66°
· · · 68°
Kircher · G Klaproth · A
50° W Wilson · H · 70° S
60° W C · · · H ·
70° W E · A Casatus C
90° W le Gentil · J
A · · F · 75°
· K · D ·
· E · 80° S
D r y g a l s k i

64 · 71 · 73

0 — 50 — 100 KM

171

73.MORETUS モレトス

月の南極は図下端の中心にある．極に近いエリアの観測はとても難しい．常に丘やクレーターの壁の後ろに隠れて姿をまったく見せない部分があるからだ．

Amundsen アムンゼン [84.5S,82.8E]
Roald Amundsen(1872-1928) ノルウェーの有名な極地探検家．最初に南極に到達し(1911年)，北極を最初に横断飛行した（1928年）．
周壁のはっきりした環状クレーター(105km)．

Cabeus カベウス [84.9S,35.5W]
Niccolo Cabeo(1586-1650) イタリアの数学者，哲学者，天文学者．
少し形の崩れたクレーター(約98km)．

Clavius クラヴィウス 月面図72を参照．

Curtius クルティウス [67.2S,4.4E]
Albert Curtz(1600-1671) ドイツの天文学者．ティコ・ブラーエの観測結果を出版した．
クレーター(95km)．

Cysatus キサトス [66.2S,6.1W]
Jean-Baptiste Cysat(1588-1657) スイスの数学者，天文学者．
クレーター(49km)．

Deluc デリュック [55.0S,2.8W]
Jean A.Deluc(1727-1817) スイスの地質学者，物理学者．
クレーター(47km)．

Gruemberger グリュムベルガー [66.9S,10.0W]
Christoph Grienberger(1561-1636) オーストリアの数学者，天文学者．
クレーター(94km)．

Heraclitus ヘラクリトス [49.2S,6.2E]
Heraclitus(前540頃-前480頃) ギリシャ，エフェソスの哲学者．
中央に山脈が走るかなり破壊したクレーター(90km)．

Lilius リリウス [54.5S,6.2E]
Luigi Giglio(1576没) イタリアの物理学者，哲学者．ユリウス暦の改訂を提案した．
中央丘が目立つクレーター(61km)．

Maginus マギヌス [50.0S,6.2W]
Giovanni A.Magini(1555-1617) イタリアの数学者，天文学者，占星術者．
広大な壁平原．周壁は小クレータでかなり崩壊している(163km)．

Malapert マラペール [84.9S,12.9E]
Charles Malapert(1581-1630) ベルギーの数学者，哲学者,天文学者．
南極の近くにある複雑な形をしたクレーター(約 69km)．

Moretus モレトス [70.6S,5.5W]
Théodore Moret(1602-1667) ベルギーの数学者．
段丘のある環状山脈のような周壁と中央丘を持つクレーター(114km)．

Newton ニュートン [76.7S,16.9W]
Isaac Newton(1643-1727) イギリスの有名な物理学者．重力の法則と流率(微積分学)に関する理論をまとめた．また，光学に関する多くの実験も試みた．
クレーター(79km)．

Pentland ペントランド [64.6S,11.5E]
Joseph B.Pentland(1797-1873) アイルランドの政治家，地理学者．
クレーター(56km)．

Short ショート [74.6S,7.3W]
James Short(1710-1768) スコットランドの数学者,光学機器の製作者．
クレーター(71km)．

Simpelius シンペリウス（センピル） [73.0S,15.2E]
Hugh Sempill（正しくはSempilius）(1596-1654) スコットランドの言語学者，数学者．
クレーター(70km)．

Zach ツァッハ [60.9S,5.3E]
Franz X.von Zach(1754-1832) ハンガリーの天文学者，ブラティスラーヴァで生まれた．
クレーター(71km)．

73

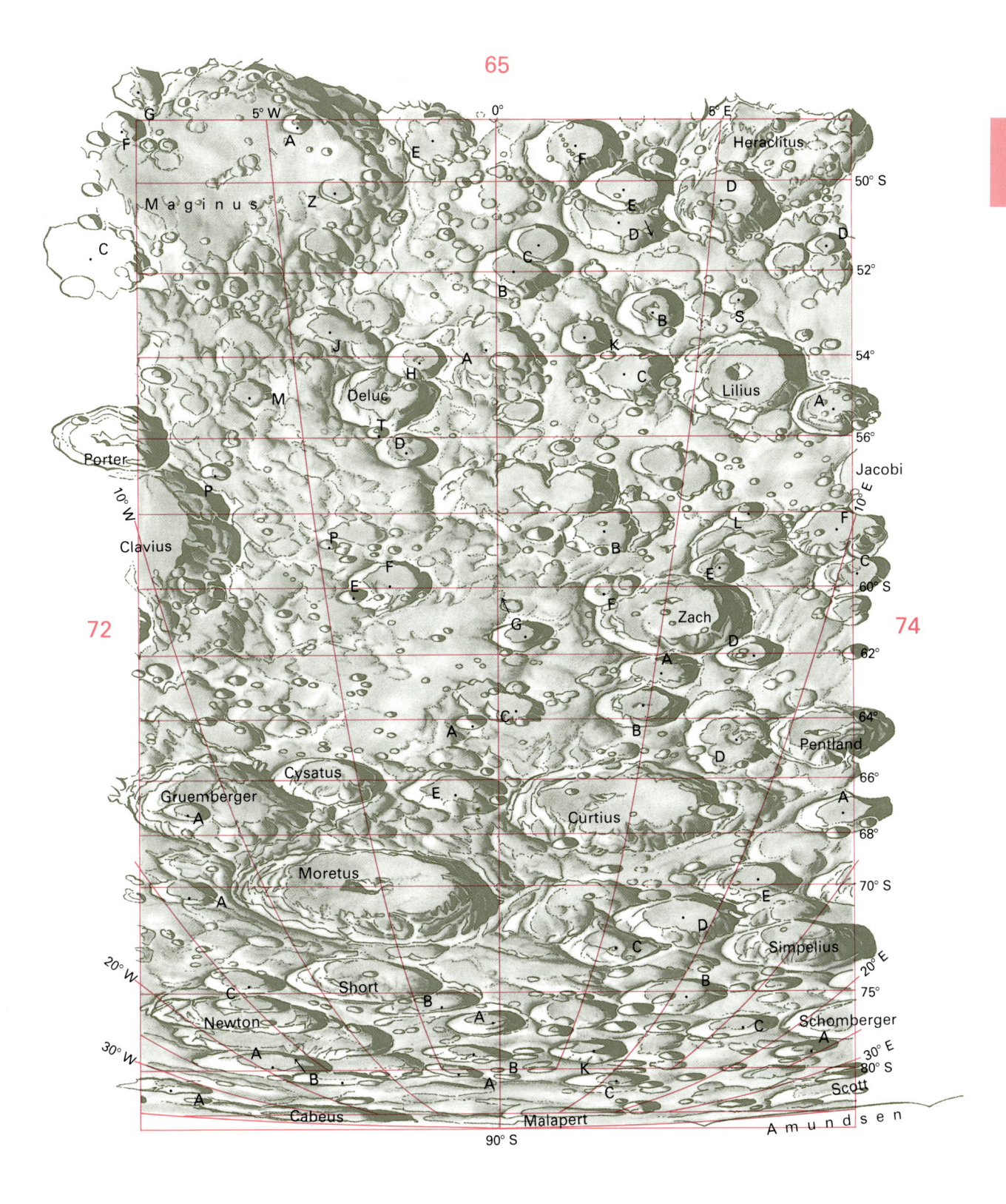

0   50   KM   100

173

74.MANZINUS マンチヌス

　南極地域の東の周縁部はクレーターが密集している．このエリアの主要ポイントは，ムートス Mutus とマンチヌス Manzinus のペア・クレーターだ．

Asclepi アスクレピ [55.1S,25.4E]
Giuseppe Asclepi(1706-1776) イタリアのイエズス会士．天文学者，物理学者．
　クレーター(43km)．

Baco ベーコン [51.0S,19.1E]
Roger Bacon(1214-1294) イギリスの科学者，フランシス会修道士．知識を得るには観測的および実験的な手法が必要不可欠であると主張した．
　目立つクレーター(70km)．

Boguslawsky ボグスラフスキー [72.9S,43.2E]
Palon H.Ludwig von Boguslawski(1789-1851) ドイツの天文学者．ヴロツワフ天文台の台長．1835年4月に彗星を発見した．
　溶岩に満たされた平らな底面を持つクレーター(97km)．

Boussingault ブサンゴー 月面図75を参照．

Cuvier キュヴィエ [50.3S,9.9E]
Georges Cuvier(1769-1832) フランスの博物学者，古生物学者．
　溶岩に満たされた平らな底面を持つクレーター(75km)．

Demonax デモナクス [78.2S,59.0E]
Demonax(前2世紀) キプロス生まれのギリシャ人哲学者．
　クレーター(114km)．

Hale ヘール 月面図75を参照．

Ideler イデラ [49.2S,22.3E]
Christian L.Ideler(1766-1846) ドイツの年代学者．
　クレーター(39km)．

Jacobi ヤコービ [56.7S,11.4E]
Karl G.J.Jacobi(1804-1851) ドイツの数学者，哲学者．ヤコービの関数の他，多くの業績がある．
　溶岩に満たされた平らな底面を持つクレーター(68km)．

Kinau キナウ [60.8S,15.1E]
C.A.Kinau(1850頃) ドイツの植物学者および月理学者．
　中央丘のあるクレーター(42km)．

Manzinus マンチヌス [67.7S,26.8E]
Carlo A.Manzini(1599-1677) イタリアの哲学者，天文学者．
　溶岩に満たされた平らな底面を持つクレーター(98km)．

Mutus ムートス [63.6S,30.1E]
Vincente Mut(1673没) スペインの天文学者，航海者．
　クレーター(78km)．

Schomberger ショーンベルガー [76.7S,24.9E]
Georg Schoenberger(1597-1645) オーストリアの数学者，天文学者．太陽黒点は太陽の衛星であると考えていた．
　クレーター(85km)．

Scott スコット [81.9S,45.3E]
Robert F.Scott(1868-1912) イギリスの極地探検家．南極へ2番目に到達した．
　破壊された周壁を持つクレーター(108km)．

Tannerus タンネルス [56.4S,22.0E]
Adam Tanner(1572-1632) オーストリアの数学者，神学者．
　鋭い周壁を持つクレーター(29km)．

66
73
75
Clairaut
10° E
15°
20° E
25°
30° E
40° E
50° E
60° E
70° E
90° E
50° S
52°
54°
56°
58°
60° S
62°
64°
66°
68°
70° S
75°
80° S
Cuvier
Ideler
Baco
Asclepi
(Hommel)
Tannerus
Jacobi
Kinau
Mutus
Pentland
Manzinus
Simpelius
Boussingault
Boguslawsky
Schomberger
Demonax
Scott
Hale

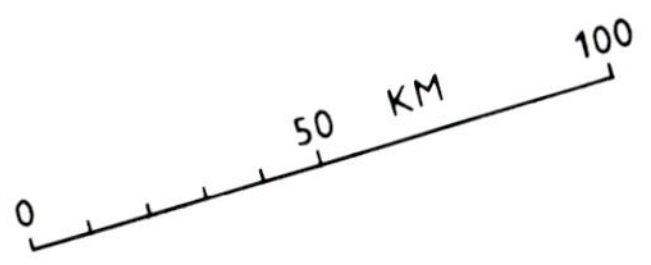
0
50 KM
100

75.HAGECIUS ハゲツィウス

大型クレーターのグループがハゲツィウス Hagecius の周囲にある．このクレーター地域の主要ポイントはホンメル Hommel で，その周壁には興味深い小クレーターのグループが重なり合っている．

Biela ビーラ [54.9S,51.3E]
Wilhelm von Biela(1782-1856) チェコ生まれのオーストリア軍人，天文学者．1826年にビーラ彗星を発見．
　　クレーター(76km)．

Boussingault ブサンゴー [70.4S,54.7E]
Jean-Baptiste Boussingault(1802-1887) フランスの農業化学者，植物学者．
　　クレーター(131km)．内側に大きなクレーター・**ブサンゴー A** があるため，全体として二重の周壁を持つクレーターに似ている．

Gill ギル [63.9S,75.9E]
Sir David Gill(1843-1914) イギリスの天文学者．約40万個の恒星のカタログを編集し，22個の恒星の距離を測定した．
　　クレーター(66km)．

Hagecius ハゲツィウス [59.8S,46.6E]
Tadeus Hajek あるいは Hajek(1525-1600) チェコの博物学者，数学者，天文学者．ティコ・ブラーエとケプラーは彼の助言によりプラハに招かれた．
　　クレーター(76km)．

Hale ヘール [74.2S,90.8E]
(1) George E.Hale(1868-1938) アメリカの天文学者．ウィルソン山天文台の台長．(2) William Hale(1797-1870) イギリスのロケット工学分野における科学者．
　　月面の裏側にかかるクレーター(84km)．

Helmholtz ヘルムホルツ [68.1S,64.1E]
Hermann von Helmholtz(1821-1894) ドイツの生理学者，外科医，物理学者．
　　クレーター(95km)．

Hommel ホンメル [54.6S,33.0E]
Johann Hommel(1518-1562) ドイツの数学者，天文学者．ティコ・ブラーエの先生．
　　クレーター(125km)．

Nearch ネアルク [58.5S,39.1E]
Nearchus(前325頃) ギリシャの指揮官．アレキサンダー大王の友人．
　　クレーター(76km)．

Neumayer ノイマイアー [71.1S,70.7E]
Georg B.von Neumayer(1826-1909) ドイツの気象学者，博物学者，探検家．
　　クレーター(76km)．

Pitiscus ピティスクス [50.4S,30.9E]
Bartholomäus Pitiscus(1561-1613) ドイツの神学者，数学者．
　　目立つクレーター(82km)．

Rosenberger ローゼンベルガー [55.4S,43.1E]
Otto A.Rosenberger(1800-1890) ドイツの数学者，天文学者．
　　クレーター(96km)．

Vlacq ヴラーク [53.3S,38.8E]
Adriaan Vlacq(1600頃-1667頃) オランダの書籍商，数学者．1628年に10桁まで計算された対数表を発行した．
　　目立つクレーター(89km)．

Wexler ウェクスラー [69.1S,90.2E]
Harry Wexler(1911-1962) アメリカの気象学者．気象衛星のプログラムを精巧に作成した．
　　月の裏側にかかるクレーター(52km)．

177

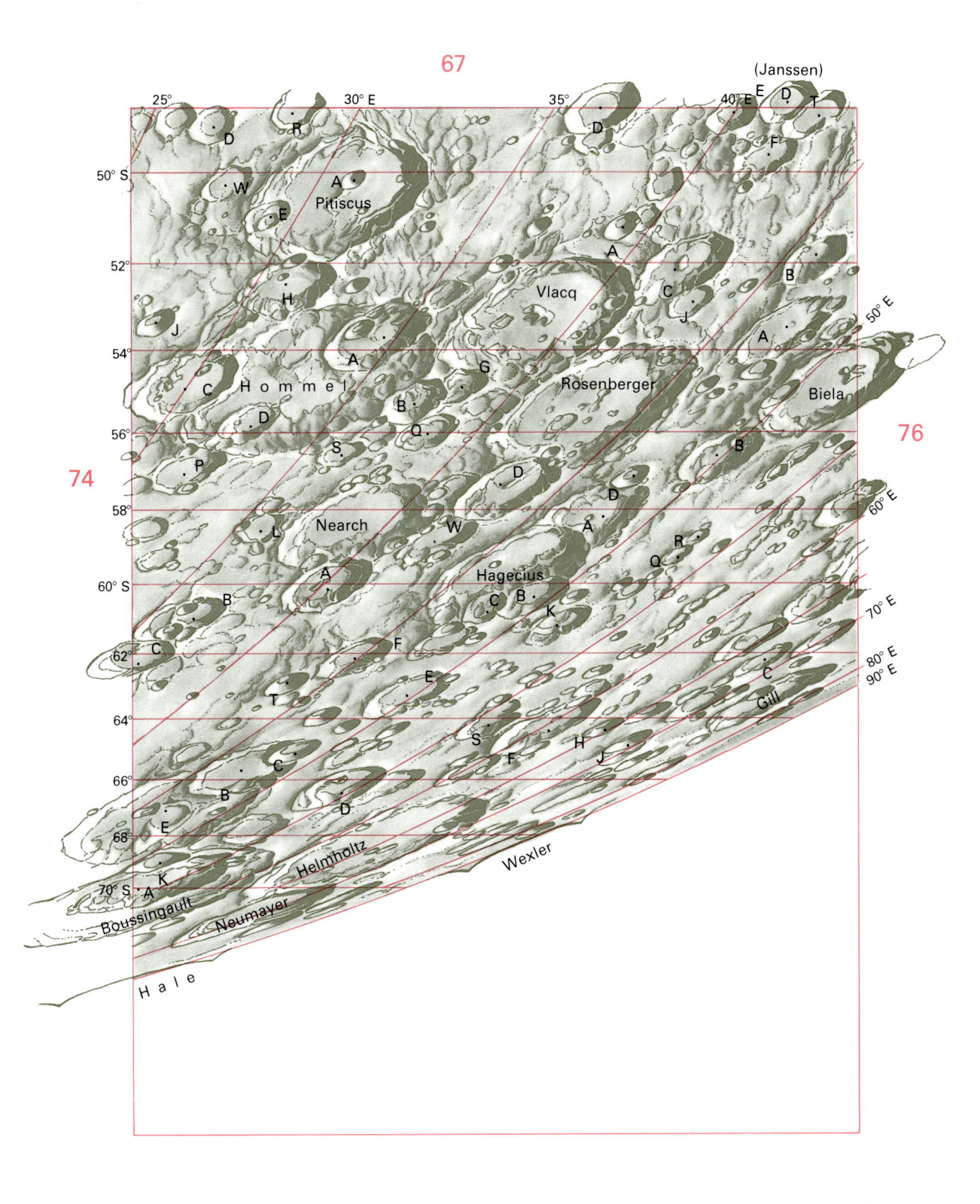

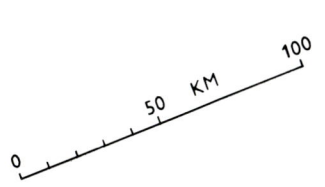

76.WATT ワット

周縁部に南の海 Mare Australe の暗い斑点が見られる．細長く見える南の海は，実は直径約 900km の大円形盆地で，歴史的にはかなり古い盆地の一つである．

Australe,Mare 南の海 [46S,91E]
不規則な形をした海で，月の裏側にまで伸びている．表面積は 151,000km^2 で，クレーターと明るい地域が多く見られる．

Brisbane ブリスベーン [49.1S,68.5E]
Sir Thomas Brisbane(1770-1860) スコットランドの軍人，政治家，天文学者．
　クレーター(45km)．

Hanno ハンノ [56.3S,71.2E]
Hanno(前500頃) カルタゴの航海者．ジブラルタル海峡を通って，西アフリカの海岸まで航海した．
　クレーター(56km)．

Lyot リヨー（リオ）[50.2S,84.1E]
Bernard F.Lyot(1897-1952) フランスの天文学者．太陽のリオ式コロナグラフと干渉単色偏光フィルター（リオ・フィルター）を考案した．
　溶岩があふれた暗い底面を持ち，周壁が崩れた円形の壁平原(141km)．

Petrov ペトロフ [61.4S,88.0E]
Jevgenii S.Petrov(1900-1942) ソ連のロケット工学分野の科学者．
　溶岩で満たされたクレーター(49km)．

Pontécoulant ポンテクーラン [58.7S,66.0E]
Philippe G.Le Doulcet,comte de Pontécoulant(1795-1874) フランスの数学者，天文学者．1835年，誤差3日以内でハレー彗星が回帰することを予報した．
　目立つクレーター(91km)．

Steinheil シュタインハイル [48.6S,46.5E]
Karl A.von Steinheil(1801-1870) ドイツの数学者，物理学者，光学機器の製作者，天文学者．
　溶岩のあふれた底面を持つ目立つクレーター(67km)．

Watt ワット [49.5S,48.6E]
James Watt(1736-1819) スコットランドの技術者，発明家．蒸気機関の改良品を発明した．ワットの調速器は望遠鏡の駆動装置の制御にも用いられた．
　クレーター(66km)．西側の周壁はシュタインハイルの周壁と接触している．両者は一緒になって，大きく目立つクレーター対を形成している．

有名なペア・クレーター，シュタインハイル Steinheil とワット Watt は，クレーターの形成年代が比較できるいい見本である．ワットの周壁の一部にシュタインハイルが重なっているので，ワットの方が古いクレーターであることがわかる．

75 68 76

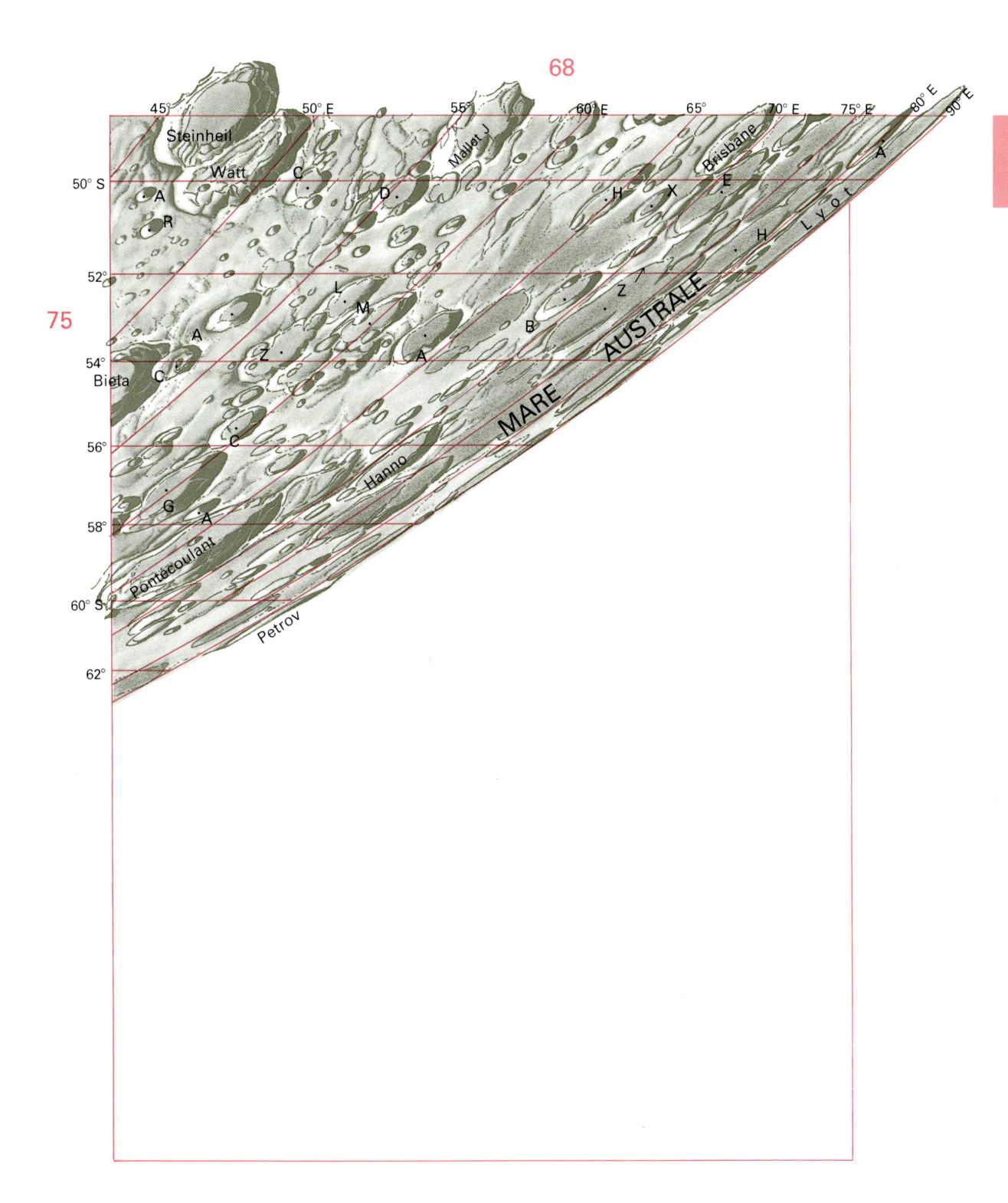

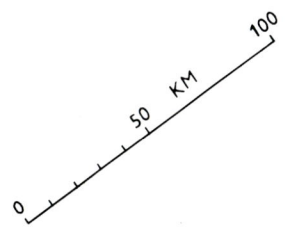

45° 50° E 55° 60° E 65° 70° E 75° E 80° E 90° E
Steinheil
Mallet J Brisbane A
50° S Watt C D H X E
A H Lyot
R
52° L
A M Z MARE
Z B AUSTRALE
54° C A
Biela
C
56°
Hanno
G A
58° A
Pontécoulant
60° S Petrov
62°

0 50 100 KM

秤動ゾーンの月面図

月の地球に向けられた面（表側）と，地球に背を向けた面（裏側）を分ける境界線はどこに引いたらいいのでしょう．基本的には，地球から見える月面を「正射投影法」で描いたとき，月面の外縁に境界線を引くことで分けることができます．つまり，月面経度 90°E(+90°) と月面経度 90°W(-90°) の子午線を境界線とするのです（訳注：正射投影法とは，平行光線で投影する図法です．視点を無限遠において見たままを描くので，中心付近は正確に表現できますが，周辺は奥行きの方向にゆがみが出ます）．

本書の主要月面図は，この境界線で分けられた表側の月面図です．しかし，この正射投影法で描かれた月面が，実際にそっくりそのまま見えることはめったにありません．なぜなら，地球に向けられた月の顔は，常に首を振って向きを変えているからです．

このような首振り運動を月の秤動（ひょうどう）といいます．月の秤動は，緯度方向（縦方向）と経度方向（横方向）の秤動があって，それが同時に起こります．したがって，月は首を縦に振ってうなずきながら，同時に横に振ってイヤイヤをしているのです．

この秤動効果によって，地球に背を向けた月面の一部（細い弓形部分）が地球に向けられ，同時に反対側の一部が裏側に回って視野から消えるのです．たとえば，月の東の周縁部が地球側に回ると，地球から見える部分の境界は「縁の海」と「スミス海」の東の端まで移動して，これらの海のほとんど全体を見ることができます．もちろん周辺部ですから奥行きの方向に縮んで見えます．同様に，月の西側の周縁部が地球に向けられると「東の海」が見えてきます．

周辺に近い「危機の海」の楕円も秤動によってかなり変化します．この海と東の周縁部との位置関係を知っていると，秤動の様子を直感的に知ることができて便利です．

経度秤動の最大値は月面経度で 7°54′ になり，緯度秤動の最大値は月面緯度の 6°50′ ほどになります．さらに，地球の自転で観測者が動くために起こる視差の日周秤動があって，その最大値 1°が加わるので，結果として，地球から見えたり見えなかったりする秤動ゾーンは月面全体の18％になります．

つまり，月齢（位相）によって影になって見えなくなることを考えなければ，常に地球に向けられた月面は全体の41％で，地球に背を向けて永久に見ることができない部分もまた41％あるということです．したがって，理論的には地球から観測可能な月面は 41％＋18％＝59％ になります．ただし，周辺部の観測はとても難しく，実質的に観測可能なエリアは，およそ50％ということになるでしょう．それは秤動ゾーンの月面図づくりに努力した歴代の月理学者たちによって確かめられています．

1967年以前の月面図は，すべて月面経度 90°E と 90°W の子午線付近やそれを越えたエリアはあてになりません．当然，秤動ゾーンの月面図も不完全でした．秤動ゾーンの月面図に信頼がおけるようになったのは，1960年代のルナー・オービター号が月面の写真撮影に成功してからです．

地球から見る秤動ゾーンの月面は，ほとんど真横に近い角度から見るわけですから，実際の形を判断することはとても難しいのです．奥行きが縮んで円形クレーターが細長い楕円クレーターに見え，壁や山がたくさん重なって遠景を不明瞭にしています．特に極地方は，地形の細部が影の中に消えてしまうので観察をさらに難しくしています．

秤動ゾーンの観測は，月が都合のよい方向に傾くだけではなく，目標の観測対象が，適切な角度で太陽光に照らされることが必要ですし，その夜の天候や気流にも恵まれなければ成功しません．

この秤動ゾーンの月面は，月面図の I 〜 VIII に，ゆがみのないように描かれています．これらの月面図は，月面経度 90°E と 90°W の子午線の真上から見たように，つまり地球から見た場合，月を真横から眺めたように描いてあります．したがって八つのエリアはそれぞれ月面経度 90°の子午線が中央にあり，その両側は秤動ゾーンの理論的な境界まで描かれています．

極に近いエリアはステレオ投影法（透視投影法）を使い，赤道に近い地域はメルカトル投影法で描かれています．これらの投影図法はいずれも等角投影法なので，円形のクレーターは月面図上でも円形に描かれ，スケールは月面緯度と共に変化します．

ステレオ法のスケールは極から離れるにしたがって大きくなり，メルカトル法では赤道から離れるほどスケールが大きくなります．そして両者は月面緯度 +45°と -45°のところでドッキングしています．スケールの変化によって，結果的にいくらかのゆがみを引き起こし，特に月面緯度 +45°と -45°付近では実際よりも大きく描かれることになります．

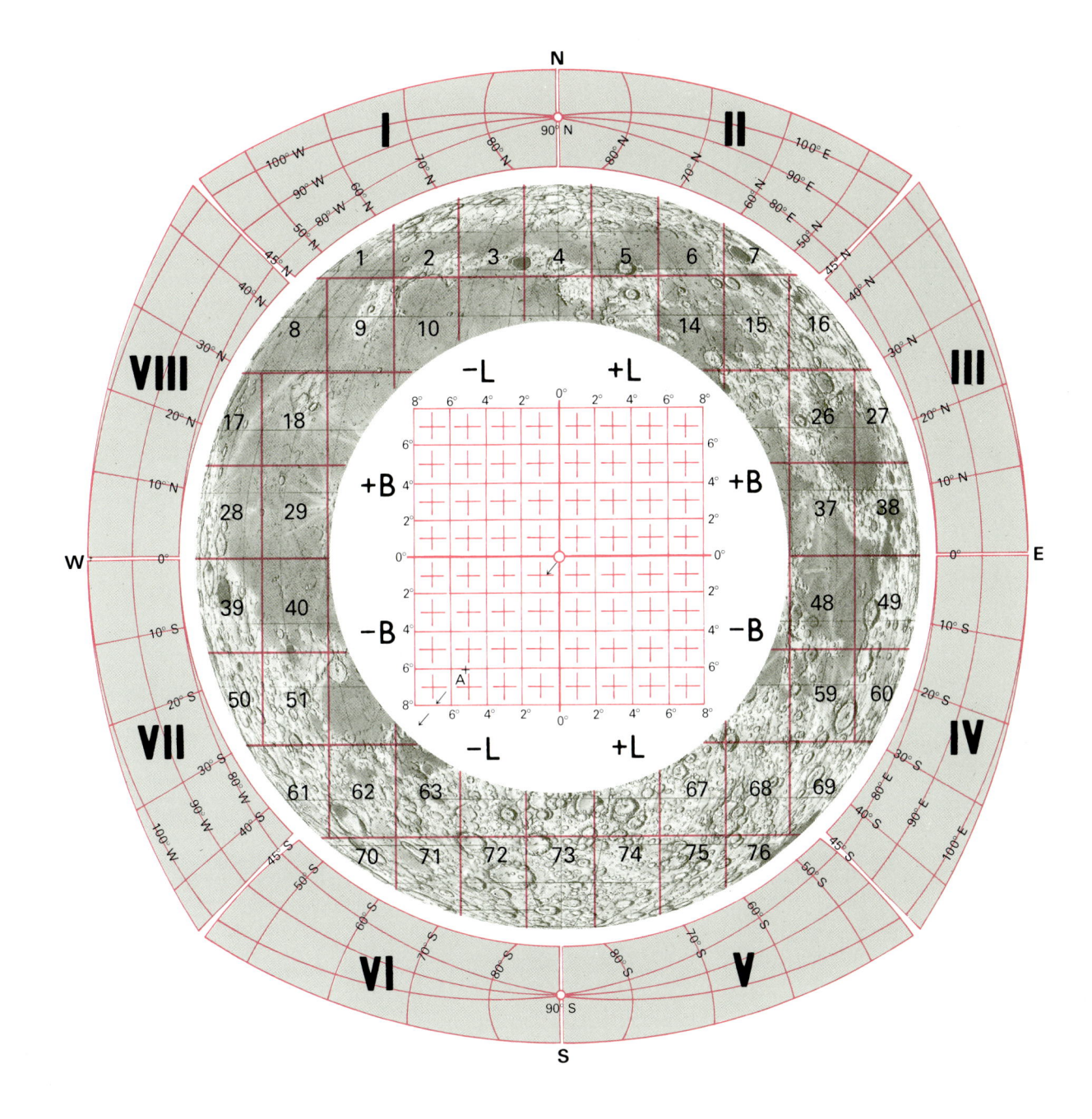

秤動ゾーンの月面図について

上図は，秤動ゾーンの月面図Ⅰ～Ⅷと，主要月面図 1～76 との関係を示しています．中心の図は，その日の秤動値 L, B（その日の見かけの月面の中央点の月面経度 L と月面緯度 B）をプロットして，関連の秤動ゾーン月面図を選択するためのものです．つまり，その日の秤動で月面のどの方向が地球側に傾いているかを知るための図です．

たとえば1986年2月24日の月面の中心点は，月面経度 $L=-5.2°$（5.2°W），月面緯度 $B=-6.0°$（6.0°S）でした．この値を中央の図にプロットするとポイント A の位置に来ます．図の中心とポイント A を結んだ ↙ 線は月の南西方向を指し，秤動ゾーン月面図のⅥとⅦが接するあたりが，もっとも多く地球側に姿を見せていることがわかります．ちなみにその日は満月だったので，このあたりにとって理想的な照明が得られ，観測に適した夜でもありました．

秤動値 L, B（月面の中心点の月面座標）は，通常，天文関係の年表や年鑑などに掲載されているので，観測者が前もって知ることは可能です（訳注：秤動が 0 のときの中心点が月面座標の原点になります．プロットされたその日の中心点と原点を結んだ線分は，その日の秤動の大きさと方向を示します）．

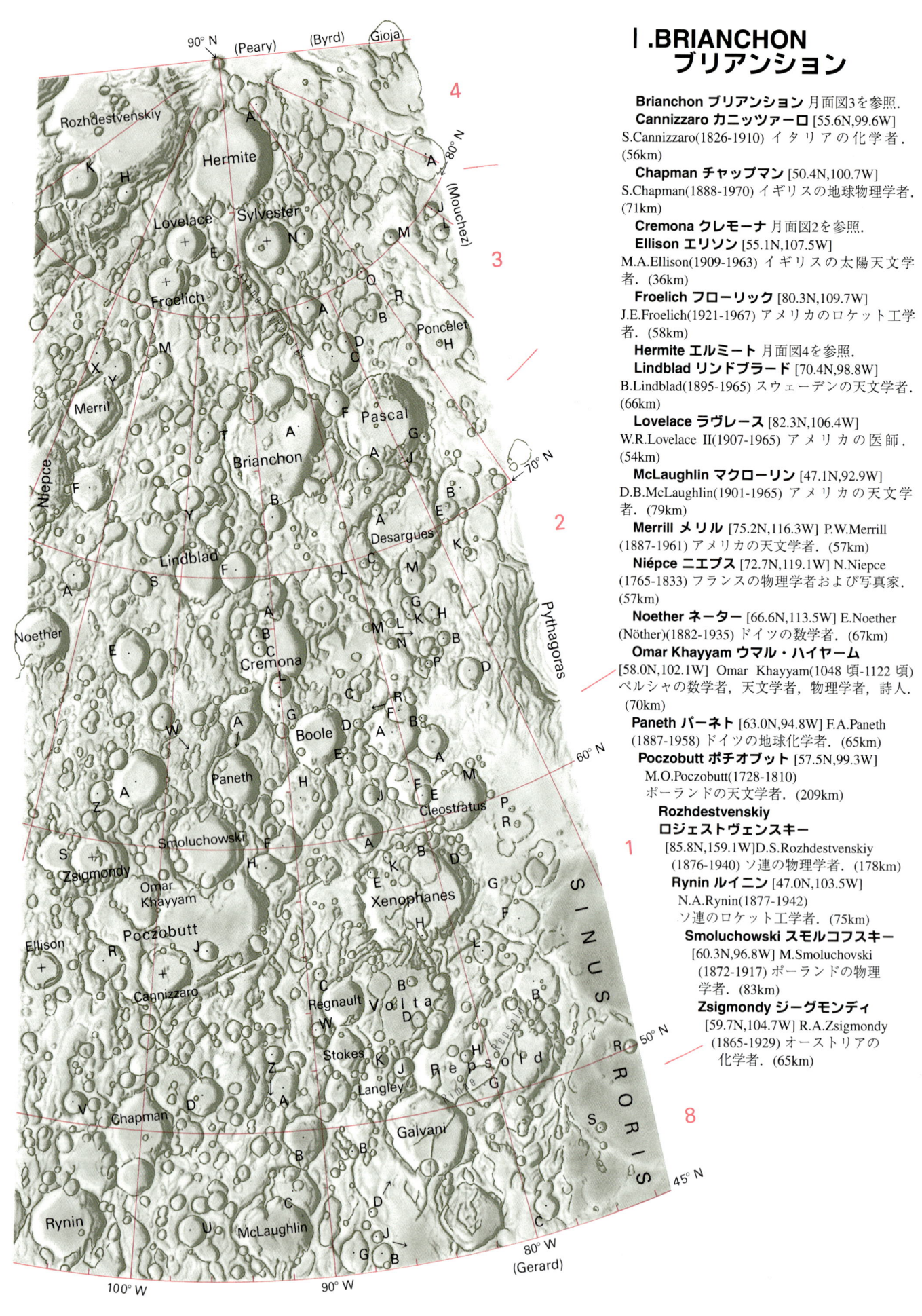

1. BRIANCHON
ブリアンション

Brianchon ブリアンション 月面図3を参照.
Cannizzaro カニッツァーロ [55.6N,99.6W]
S.Cannizzaro(1826-1910) イタリアの化学者.
(56km)
Chapman チャップマン [50.4N,100.7W]
S.Chapman(1888-1970) イギリスの地球物理学者.
(71km)
Cremona クレモーナ 月面図2を参照.
Ellison エリソン [55.1N,107.5W]
M.A.Ellison(1909-1963) イギリスの太陽天文学者. (36km)
Froelich フローリック [80.3N,109.7W]
J.E.Froelich(1921-1967) アメリカのロケット工学者. (58km)
Hermite エルミート 月面図4を参照.
Lindblad リンドブラード [70.4N,98.8W]
B.Lindblad(1895-1965) スウェーデンの天文学者. (66km)
Lovelace ラヴレース [82.3N,106.4W]
W.R.Lovelace II(1907-1965) アメリカの医師. (54km)
McLaughlin マクローリン [47.1N,92.9W]
D.B.McLaughlin(1901-1965) アメリカの天文学者. (79km)
Merrill メリル [75.2N,116.3W] P.W.Merrill (1887-1961) アメリカの天文学者. (57km)
Niépce ニエプス [72.7N,119.1W] N.Niepce (1765-1833) フランスの物理学者および写真家. (57km)
Noether ネーター [66.6N,113.5W] E.Noether (Nöther)(1882-1935) ドイツの数学者. (67km)
Omar Khayyam ウマル・ハイヤーム
[58.0N,102.1W] Omar Khayyam(1048頃-1122頃) ペルシャの数学者, 天文学者, 物理学者, 詩人. (70km)
Paneth パーネト [63.0N,94.8W] F.A.Paneth (1887-1958) ドイツの地球化学者. (65km)
Poczobutt ポチオブット [57.5N,99.3W]
M.O.Poczobutt(1728-1810)
ポーランドの天文学者. (209km)
Rozhdestvenskiy
ロジェストヴェンスキー
[85.8N,159.1W]D.S.Rozhdestvenskiy (1876-1940) ソ連の物理学者. (178km)
Rynin ルイニン [47.0N,103.5W]
N.A.Rynin(1877-1942)
ソ連のロケット工学者. (75km)
Smoluchowski スモルコフスキー
[60.3N,96.8W] M.Smoluchovski (1872-1917) ポーランドの物理学者. (83km)
Zsigmondy ジーグモンディ
[59.7N,104.7W] R.A.Zsigmondy (1865-1929) オーストリアの化学者. (65km)

11. NANSEN ナンセン

Belkovich ベルコヴィチ 月面図7を参照.
Compton コンプトン [56.0N,105.0E]
A.H.Compton(1892-1962) アメリカの物理学者. (162km)
Dugan ドゥーガン [64.2N,103.3E] R.S.Dugan (1878-1940) アメリカの天文学者. (50km)
Fabry ファブリ 月面図Ⅲを参照.
Nansen ナンセン [81.3N,95.3E] F.Nansen (1861-1930) ノルウェーの探検家. (122km)
Plaskett プラスキット [82.3N,176.2E]
J.S.Plaskett(1865-1941) カナダの天文学者. (110km)
Schwarzschild シュヴァルツシルト
[70.6N,119.6E] K.Schwarzschild(1873-1916) ドイツの天文学者. (235km)
Shi Shen シー・シェン(石申) [76.0N,104.1E]
Shi(h) Shen(前300頃) 中国の天文学者. (43km)

183

III. MARE MARGINIS
縁の海

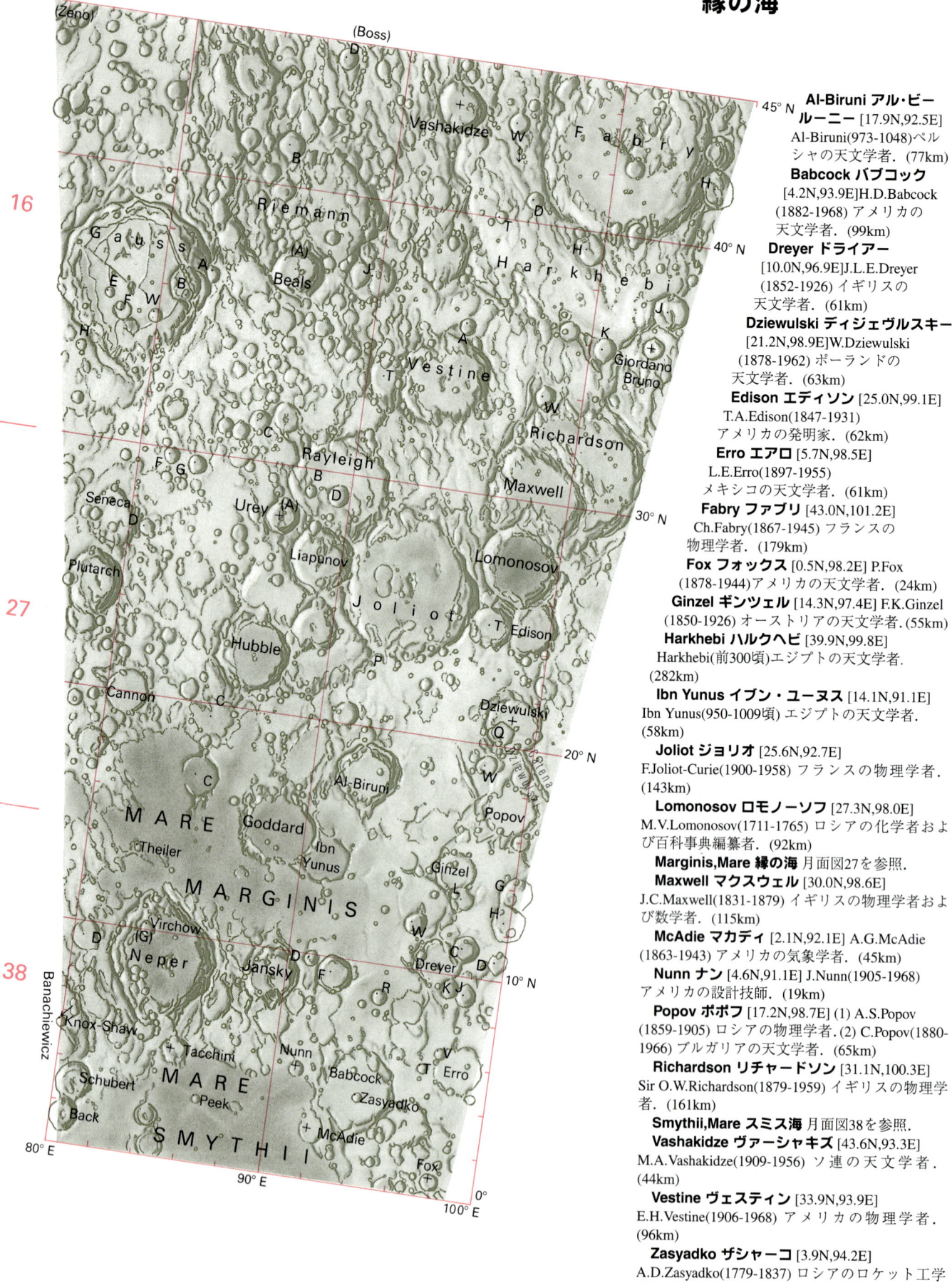

Al-Biruni アル・ビールーニー [17.9N,92.5E]
Al-Biruni(973-1048)ペルシャの天文学者．(77km)

Babcock バブコック [4.2N,93.9E]H.D.Babcock(1882-1968)アメリカの天文学者．(99km)

Dreyer ドライアー [10.0N,96.9E]J.L.E.Dreyer(1852-1926)イギリスの天文学者．(61km)

Dziewulski ディジェヴルスキー [21.2N,98.9E]W.Dziewulski(1878-1962)ポーランドの天文学者．(63km)

Edison エディソン [25.0N,99.1E] T.A.Edison(1847-1931)アメリカの発明家．(62km)

Erro エアロ [5.7N,98.5E] L.E.Erro(1897-1955)メキシコの天文学者．(61km)

Fabry ファブリ [43.0N,101.2E] Ch.Fabry(1867-1945) フランスの物理学者．(179km)

Fox フォックス [0.5N,98.2E] P.Fox(1878-1944)アメリカの天文学者．(24km)

Ginzel ギンツェル [14.3N,97.4E] F.K.Ginzel(1850-1926) オーストリアの天文学者．(55km)

Harkhebi ハルクヘビ [39.9N,99.8E] Harkhebi(前300頃)エジプトの天文学者．(282km)

Ibn Yunus イブン・ユーヌス [14.1N,91.1E] Ibn Yunus(950-1009頃) エジプトの天文学者．(58km)

Joliot ジョリオ [25.6N,92.7E] F.Joliot-Curie(1900-1958) フランスの物理学者．(143km)

Lomonosov ロモノーソフ [27.3N,98.0E] M.V.Lomonosov(1711-1765) ロシアの化学者および百科事典編纂者．(92km)

Marginis,Mare 縁の海 月面図27を参照．

Maxwell マクスウェル [30.0N,98.6E] J.C.Maxwell(1831-1879) イギリスの物理学者および数学者．(115km)

McAdie マカディ [2.1N,92.1E] A.G.McAdie(1863-1943) アメリカの気象学者．(45km)

Nunn ナン [4.6N,91.1E] J.Nunn(1905-1968) アメリカの設計技師．(19km)

Popov ポポフ [17.2N,98.7E] (1) A.S.Popov(1859-1905) ロシアの物理学者．(2) C.Popov(1880-1966) ブルガリアの天文学者．(65km)

Richardson リチャードソン [31.1N,100.3E] Sir O.W.Richardson(1879-1959) イギリスの物理学者．(161km)

Smythii,Mare スミス海 月面図38を参照．

Vashakidze ヴァーシャキズ [43.6N,93.3E] M.A.Vashakidze(1909-1956) ソ連の天文学者．(44km)

Vestine ヴェスティン [33.9N,93.9E] E.H.Vestine(1906-1968) アメリカの物理学者．(96km)

Zasyadko ザシャーコ [3.9N,94.2E] A.D.Zasyadko(1779-1837) ロシアのロケット工学者．(11km)

Ⅳ.CURIE キュリー

Australe,Mare 南の海 月面図76を参照．
Brunner ブルンナー [9.9S,90.9E]
W.O.Brunner(1878-1958) スイスの天文学者．
(53km)
Curie キュリー [23.0S,91.8E] Pierre Curie
(1859-1906) フランスの物理学者および化学者．
(138km)
Donner ドンナー [31.4S,98.0E] A.Donner
(1873-1949) フィンランドの天文学者．(58km)
Gernsback ガーンズバック [36.5S,99.7E]
H.Gernsback(1884-1967) アメリカの文学者．
(48km)
Hanskiy ハンスキー [9.7S,97.0E]
A.P.Ganskiy(1870-1908) ロシアの天文学者．
(43km)
Helmert ヘルマート [7.6S,87.6E]
F.R.Helmert(1843-1917) ドイツの天文学者および
測地学者．(26km)
Hirayama ヒラヤマ（平山） [6.0S,93.7E]
(1) K.Hirayama(1874-1943) (2) S.Hirayama(1867-
1945) 日本の天文学者．(139km)
Hume ヒューム [4.7S,90.4E] D.Hume
(1711-1776) スコットランドの哲学者．(23km)
Jenner ジェンナー [42.1S,95.9E] E.Jenner
(1749-1823) イギリスの医師．(71km)
Kao コウ [6.7S,87.6E] Ping-Tse Kao
(1888-1970) 台湾の天文学者．(34km)
Lamb ラム [42.8S,100.8E] Sir H.Lamb
(1849-1934) イギリスの数学者および物理学者．
(104km)
Lauritsen ローリッツスン [27.6S,96.1E]
Ch.C.Lauritsen(1892-1968) デンマーク生まれのア
メリカの物理学者．(52km)
Lebesgue ルベーグ [5.1S,89.0E] H.L.Lebesgue
(1875-1941) フランスの数学者．(11km)
Ludwig ルードヴィヒ [7.7S,97.4E]
C.F.W.Ludwig(1816-1895) ドイツの生理学者．
(23km)
Purkyně プルキニェ [1.6S,94.9E]
J.E.Purkyně(1787-1869) チェコの自然学者および
生理学者．(48km)
Ritz リッツ [15.1S,92.2E] W.Ritz
(1878-1909) スイスの物理学者．(51km)
Runge ルンゲ [2.5S,86.7E] C.D.T.Runge
(1856-1927) ドイツの数学者．(38km)
Sklodowska スクロードフスカ
[18.0S,96.0E]M.Sklodowská-Curie
(1867-1934) ポーランドの物理学者
および化学者．ノーベル賞を2度受賞．
ほとんどの研究活動をフランスで
行った．(130km)
Slocum スローカム [3.0S,89.0E]
F.Slocum(1873-1944) アメリカの
天文学者．(13km)
Smythii,Mare スミス海
月面図38と49を参照．
Swasey スウェイジー
[5.5S,89.7E]A.Swasey
(1846-1937) アメリカの
発明家．(23km)
Talbot トールボット
[2.5S,85.3E]W.H.Fox-Talbot
(1800-1877) イギリスの物理
学者および写真家．(11km)
Titius ティティウス [26.8S,100.7E]J.D.Titius(1729-1796)
ドイツの天文学者．(73km)
Tucker タッカー [5.6S,88.2E] R.H.Tucker(1859-1952) アメリカの天文学者．(7km)
Warner ウォーナー [4.0S,87.3E] W.R.Warner(1846-1929) アメリカの発明家．(35km)
Wyld ワイルド [1.4S,98.1E] J.H.Wyld(1913-1953) アメリカのロケット工学者．(93km)

V.HALE ヘール

Amundsen アムンゼン
月面図73を参照.

Anuchin アヌーチン
[49.0S,101.3E]
D.N.Anuchin(1843-1923)
ソ連の地理学者,天文学者
および考古学者. (57km)

Australe,Mare 南の海
月面図76を参照.

Chamberlin チェンバリン
[58.9S,95.7E]T.C.Chamberlin
(1843-1928) アメリカの
地質学者. (58km)

Faustini ファウスティーニ
[87.3S,77.0E]Arnoldo Faustini
(1874-1944) イタリアの
極地地理学者. (39km)

Ganswindt ガンスヴィント
[79.6S,110.3E]H.Ganswindt
(1856-1934) ドイツのロケット
工学者. (74km)

Hale ヘール 月面図75を参照.

Hedervári ヘデルヴァリ
[81.8S,84.0E]Peter Hedervári
(1931-1984) ハンガリーの科学者.
(69km)

Idelson イーデルソン
[81.5S,110.9E]N.I.Idelson
(1885-1951) ソ連の天文学者. (60km)

Jeans ジーンズ [55.8S,91.4E]
Sir J.H.Jeans(1877-1946)イギリスの
物理学者および数学者. (79km)

Kugler クーグラー [53.8S,103.7E]
F.X.Kugler(1862-1929) ドイツの歴史学者
および年代学者. (65km)

Moulton モールトン [61.1S,97.2E]
F.R.Moulton(1872-1952) アメリカの天文学者.
(49km)

Nobile ノビル [85.2S,53.5E]
Umberto Nobile(1885-1978) イタリアの北極探検
家. (73km)

Priestley プリーストリ [57.3S,108.4E]
J.Priestley(1733-1804) イギリスの化学者. (52km)

Rittenhouse リッテンハウス [74.5S,106.5E]
D.Rittenhouse(1732-1796) アメリカの発明家.
(26km)

Schrödinger シュレーディンガー
[75.6S,133.7E] E.Schrödinger(1887-1961) オースト
リアの物理学者. (312km)

Schrödinger,Vallis シュレーディンガー谷
[67S,105E] 長さ310km.

Shackleton シャクルトン [89.9S,0.0E]
Sir Ernest Henry Shackleton(1874-1922) イギリス
の南極探検家. (19km)

Sikorsky シコルスキー [66.1S,103.2E]
I.I.Sikorsky(1889-1972) ロシア生まれのアメリカ
の航空工学者. (98km)

Wexler ウェクスラー 月面図75を参照.

Wiechert ヴィーヘルト [84.5S,165.0E]
E.Wiechert(1861-1928) ドイツの地球物理学者.
(41km)

Ⅵ.HAUSEN ハウゼン

Andersson アンダーソン [49.7S,95.3W]
L.Andersson(1943-1979) アメリカの天文学者．
(13km)

Arrhenius アレニウス [55.6S,91.3W]
S.A.Arrhenius(1859-1927) スウェーデンの化学者．(40km)

Ashbrook アシュブルック(ドリガルスキーQ)
[81.4S,112.5W] Joseph Ashbrook(1918-1980) アメリカの天文学者．(156km)

Blanchard ブランシャール [58.5S,94.4W]
J.P.Blanchard(1753-1809) フランスの気球乗り．
(40km)

Boltzmann ボルツマン [74.9S,90.7W]
L.E.Boltzmann(1844-1906) オーストリアの物理学者．(76km)

Chadwick チャドウィック [52.7S,101.3W]
J.Chadwick(1891-1974) イギリスの物理学者．
(30km)

Chappe シャップ [61.2S,91.5W]
d'Auteroche,Jean Baptiste Chappe(1728-1769) フランスの天文学者．(59km)

de Roy ド・ロイ [55.3S,99.1W] Felix de Roy
(1883-1942) ベルギーの天文学者．(43km)

Doerfel デルフェル [69.1S,107.9W] G.S.Doerfel
(1643-1688) ドイツの天文学者．(68km)

Drygalski ドリガルスキー 月面図72を参照．

Fényi フェニー [44.9S,105.1W] G.Fényi
(1845-1927) ハンガリーの天文学者．(38km)

Guthnick グートニック [47.7S,93.9W]
P.Guthnick(1879-1947) ドイツの天文学者．(36km)

Hausen ハウゼン 月面図71を参照．

Mendel メンデル [48.8S,109.9W] J.G.Mendel
(1822-1884) オーストリアの生物学者．(138km)

Petzval ペーツヴァル [62.7S,110.4W]
J.von Petzval(1807-1891) オーストリアの光学機器製作家．(90km)

Pilâtre ピラトル 月面図70を参照．

Rydberg リュードベリ [46.5S,96.3W]
J.R.Rydberg(1854-1919) スウェーデンの物理学者．(49km)

Shackleton シャクルトン 月面図Ⅴを参照．

Zeeman ゼーマン [75.2S,134.8W] P.Zeeman
(1865-1943) オランダの物理学者．(184km)

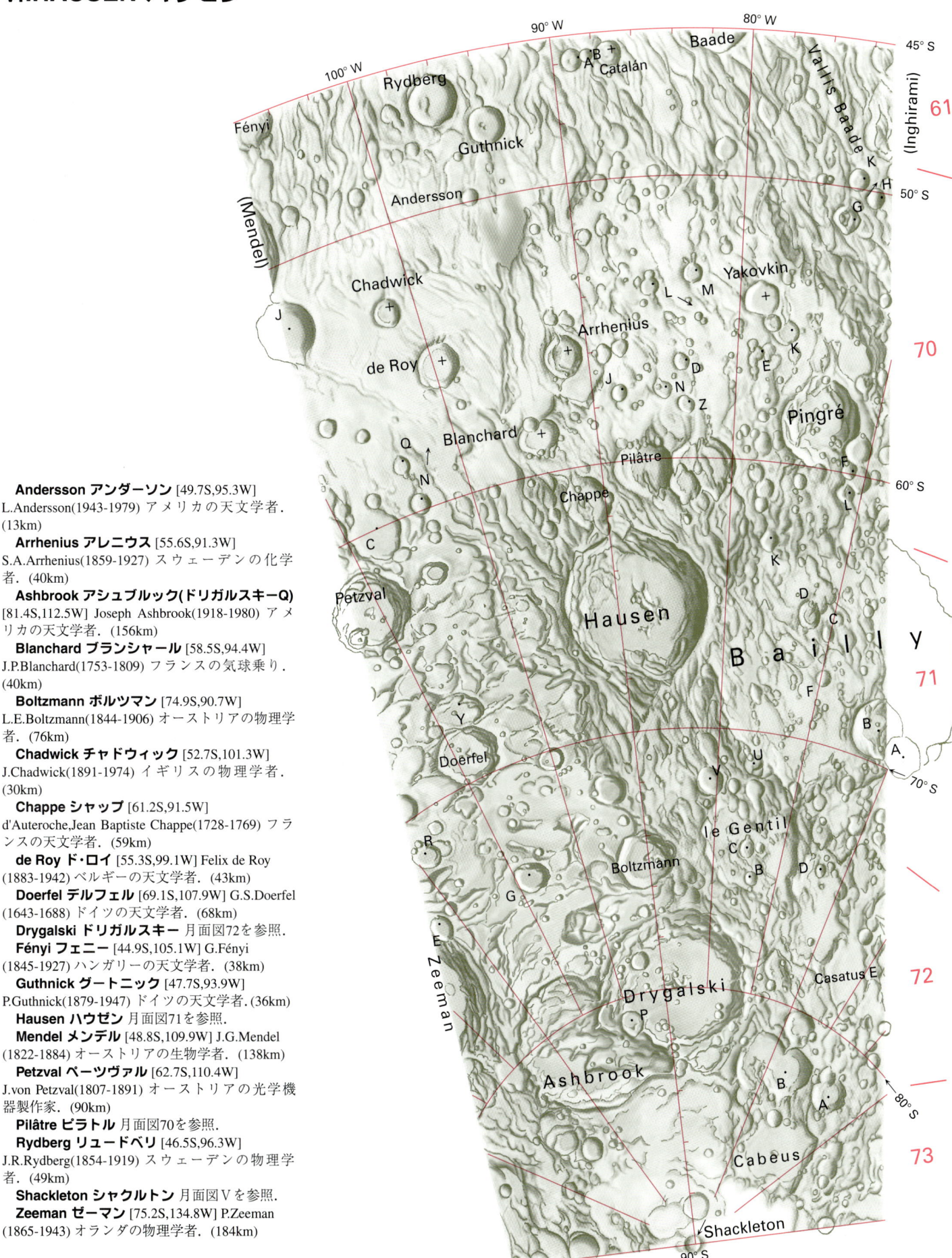

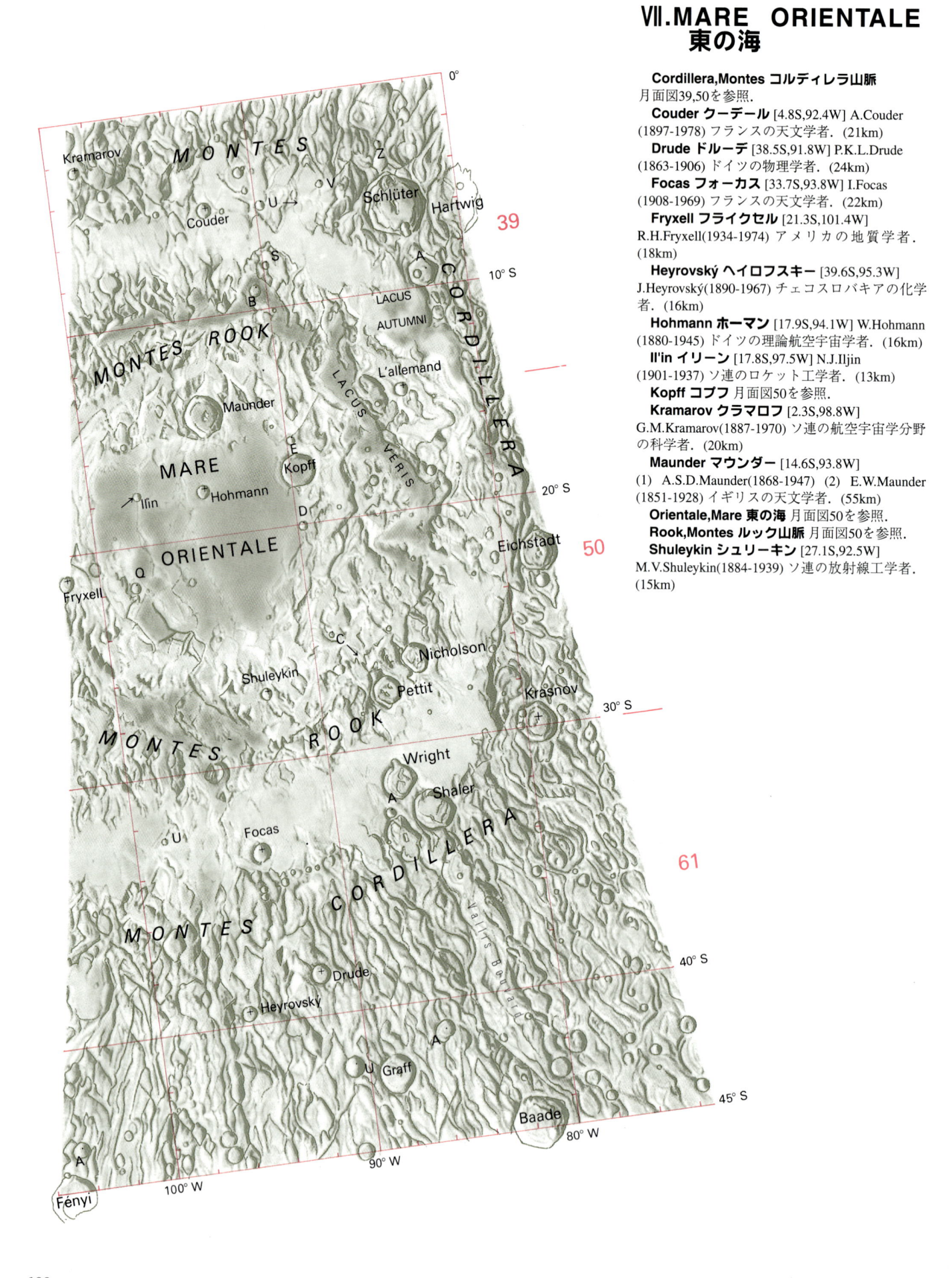

VII. MARE ORIENTALE
東の海

Cordillera, Montes コルディレラ山脈
月面図39, 50を参照．

Couder クーデール [4.8S, 92.4W] A.Couder (1897-1978) フランスの天文学者．(21km)

Drude ドルーデ [38.5S, 91.8W] P.K.L.Drude (1863-1906) ドイツの物理学者．(24km)

Focas フォーカス [33.7S, 93.8W] I.Focas (1908-1969) フランスの天文学者．(22km)

Fryxell フライクセル [21.3S, 101.4W] R.H.Fryxell(1934-1974) アメリカの地質学者．(18km)

Heyrovský ヘイロフスキー [39.6S, 95.3W] J.Heyrovský(1890-1967) チェコスロバキアの化学者．(16km)

Hohmann ホーマン [17.9S, 94.1W] W.Hohmann (1880-1945) ドイツの理論航空宇宙学者．(16km)

Il'in イリーン [17.8S, 97.5W] N.J.Iljin (1901-1937) ソ連のロケット工学者．(13km)

Kopff コプフ 月面図50を参照．

Kramarov クラマロフ [2.3S, 98.8W] G.M.Kramarov(1887-1970) ソ連の航空宇宙学分野の科学者．(20km)

Maunder マウンダー [14.6S, 93.8W]
(1) A.S.D.Maunder(1868-1947) (2) E.W.Maunder (1851-1928) イギリスの天文学者．(55km)

Orientale, Mare 東の海 月面図50を参照．

Rook, Montes ルック山脈 月面図50を参照．

Shuleykin シュリーキン [27.1S, 92.5W] M.V.Shuleykin(1884-1939) ソ連の放射線工学者．(15km)

VIII. RÖNTGEN
レントゲン

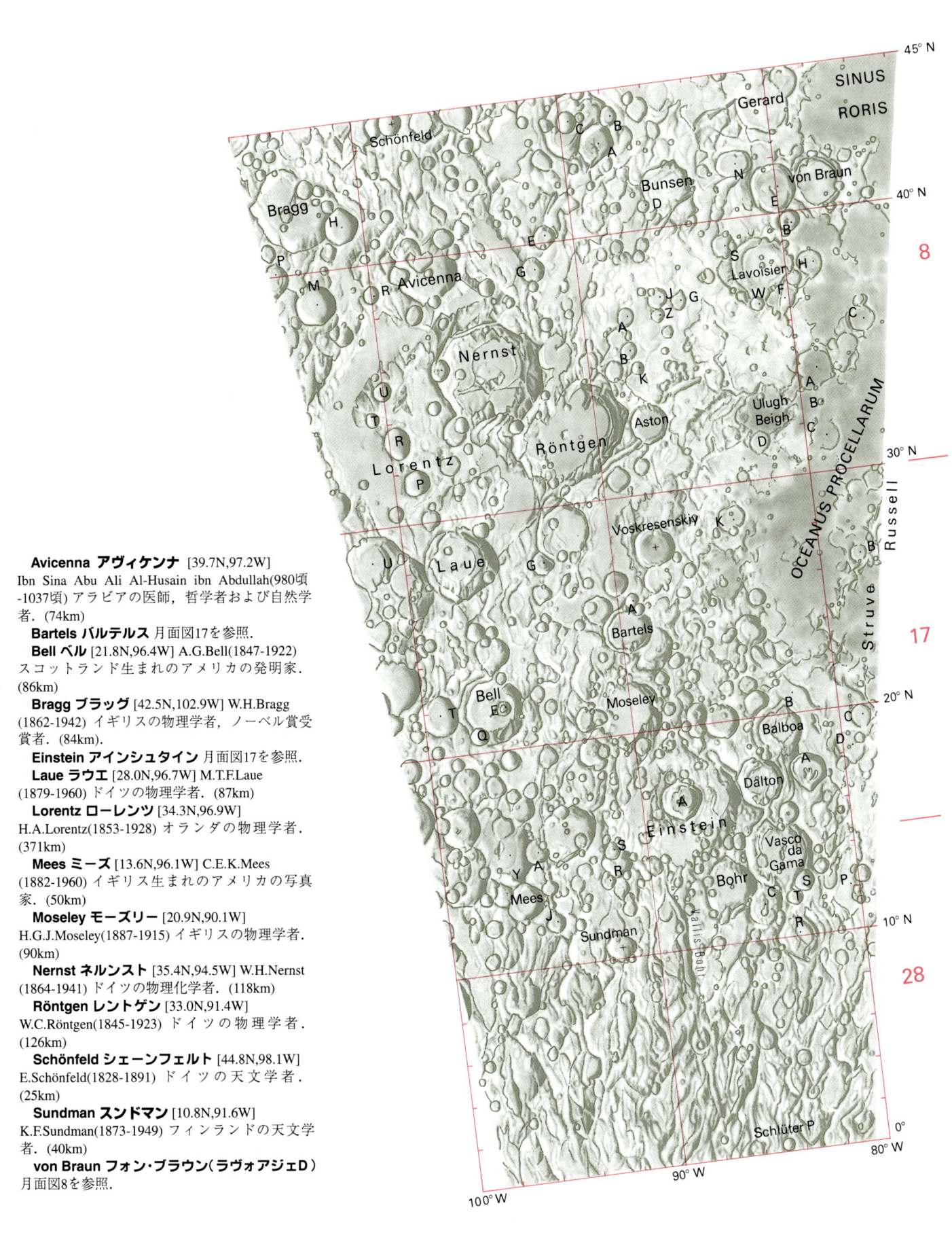

Avicenna アヴィケンナ [39.7N,97.2W]
Ibn Sina Abu Ali Al-Husain ibn Abdullah(980頃-1037頃) アラビアの医師，哲学者および自然学者．(74km)
　Bartels バルテルス 月面図17を参照．
　Bell ベル [21.8N,96.4W] A.G.Bell(1847-1922) スコットランド生まれのアメリカの発明家．(86km)
　Bragg ブラッグ [42.5N,102.9W] W.H.Bragg (1862-1942) イギリスの物理学者，ノーベル賞受賞者．(84km)．
　Einstein アインシュタイン 月面図17を参照．
　Laue ラウエ [28.0N,96.7W] M.T.F.Laue (1879-1960) ドイツの物理学者．(87km)
　Lorentz ローレンツ [34.3N,96.9W]
H.A.Lorentz(1853-1928) オランダの物理学者．(371km)
　Mees ミーズ [13.6N,96.1W] C.E.K.Mees (1882-1960) イギリス生まれのアメリカの写真家．(50km)
　Moseley モーズリー [20.9N,90.1W]
H.G.J.Moseley(1887-1915) イギリスの物理学者．(90km)
　Nernst ネルンスト [35.4N,94.5W] W.H.Nernst (1864-1941) ドイツの物理化学者．(118km)
　Röntgen レントゲン [33.0N,91.4W]
W.C.Röntgen(1845-1923) ドイツの物理学者．(126km)
　Schönfeld シェーンフェルト [44.8N,98.1W]
E.Schönfeld(1828-1891) ドイツの天文学者．(25km)
　Sundman スンドマン [10.8N,91.6W]
K.F.Sundman(1873-1949) フィンランドの天文学者．(40km)
　von Braun フォン・ブラウン（ラヴォアジェD）月面図8を参照．

月の全面マップ

月面の表側と裏側を比べると,「海」と「陸(高地)」の分布がかなり違うことがわかります.表側の月面では,「海」が31.2%を占めているのに対し,裏側の「海」は,なんと2.5%しかありません.

裏側に見られる海は,東の海,英知の海,モスクワ海,そして,南の海,縁の海,スミス海などの一部です.また,ヘルツシュプルング,アポロ,ポアンカレといった衝突盆地の一部も暗い海の物質で満たされていますし,ツォルコフスキーのように底面全体が非常に暗いクレーターもあります.東の海は月の裏側でもっとも目立つ地形の一つです.ときにはその外壁のコルディレラ山脈を西側の縁に見ることができます.

月の地形の高度分布は明らかに不均衡で,表側と裏側の平均高度差が約3kmになります.海の多い表側に比べて,クレーターが多い裏側は一般的に高地が多くなっています.

もっとも特徴のある地形は「南極-エイトケン盆地」です.クレメンタイン衛星の観測で,このもっとも古い衝突盆地は,直径が2500kmで底面までの平均の深さがほぼ13kmあることがわかりました.月面図上ではそのエリアを点線で示していますが,これまで太陽系で発見された中でもっとも大きく,もっとも深いクレーターです.この呼び名は,盆地の相対する周縁近くに南極とエイトケン(17°S,173°E)があることにちなんで名づけられたのです.

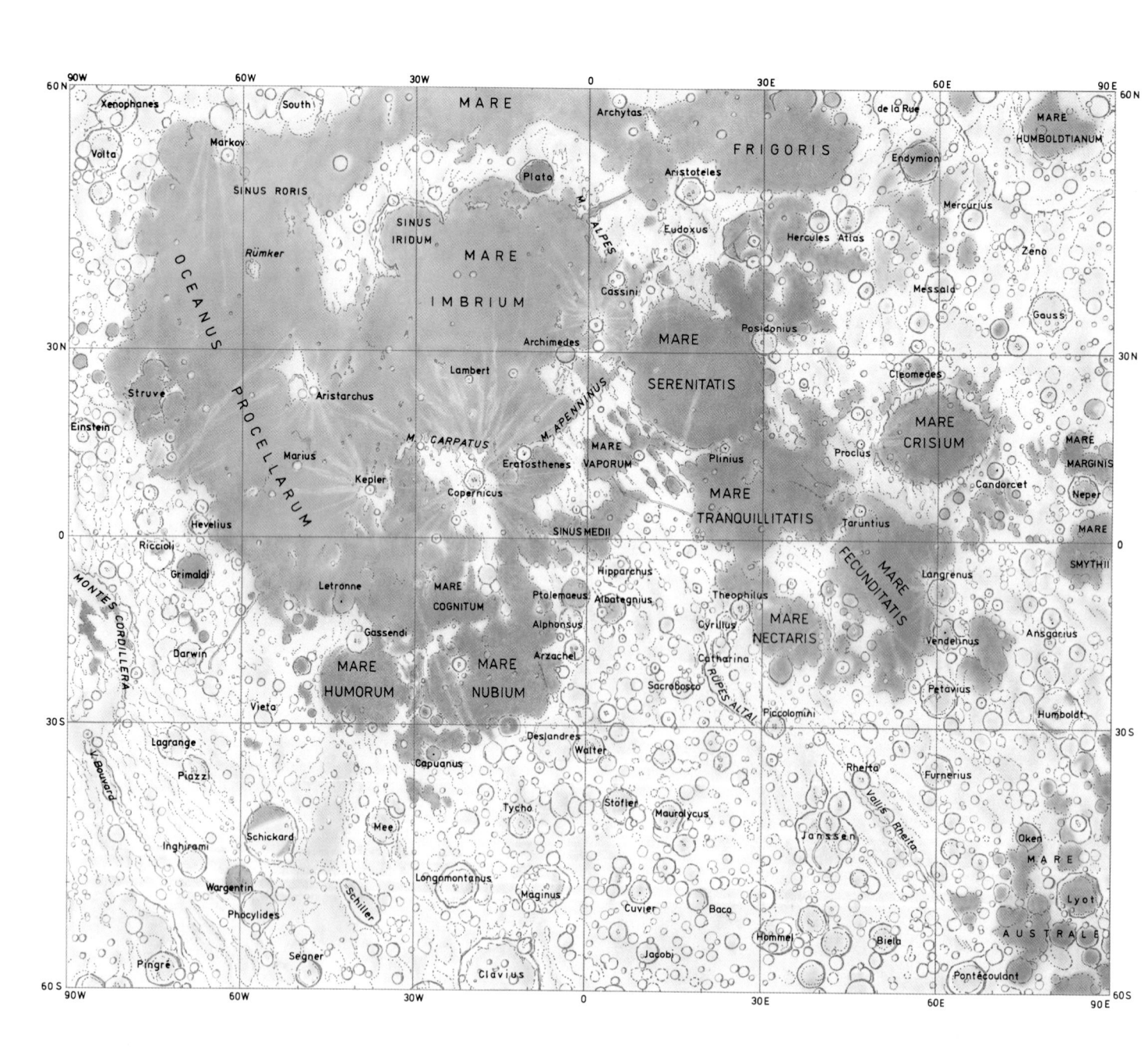

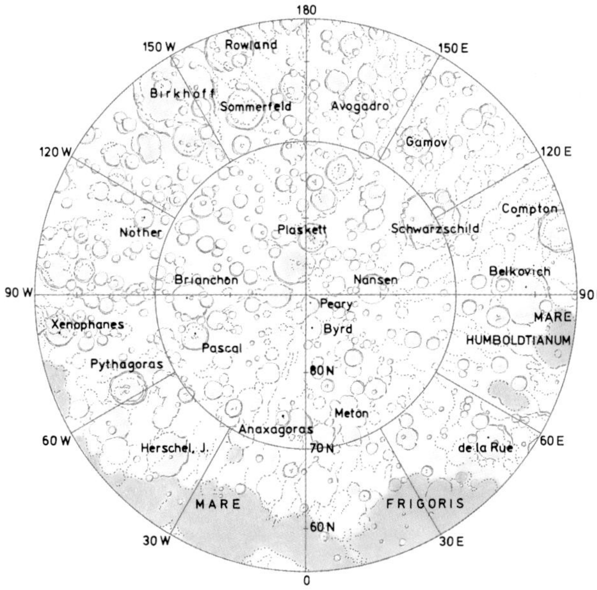
180
150 W
150 E
120 W
120 E
90 W
90 E
60 W
60 E
30 W
30 E
0
Rowland
Birkhoff
Sommerfeld
Avogadro
Gamow
Compton
Nother
Plaskett
Schwarzschild
Belkovich
Brianchon
Nansen
Peary
Byrd
Xenophanes
Pascal
MARE
HUMBOLDTIANUM
Pythagoras
80N
Meton
Anaxagoras
Herschel, J.
70N
de la Rue
MARE
FRIGORIS
60N

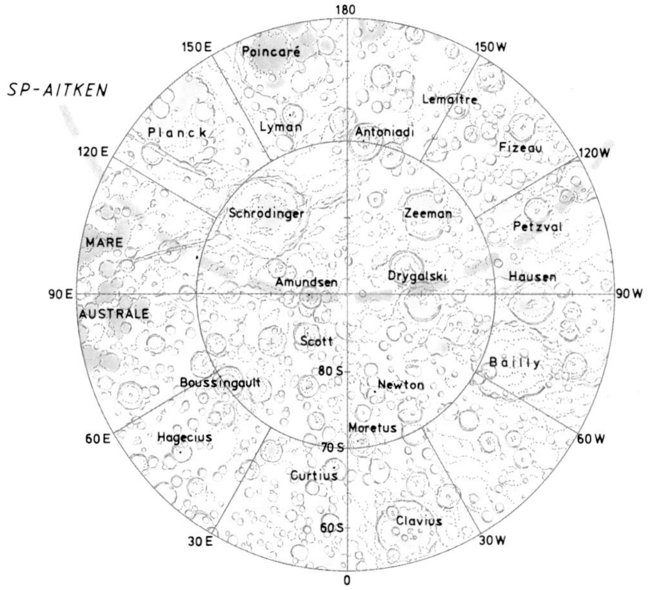
SP-AITKEN
180
150 E
150 W
120 E
120 W
90 E
90 W
60 E
60 W
30 E
30 W
0
Poincaré
Lyman
Lemaître
Planck
Antoniadi
Fizeau
Schrödinger
Zeeman
Petzval
MARE
AUSTRALE
Amundsen
Drygalski
Hausen
Scott
Bailly
Boussingault
80 S
Newton
Hagecius
Moretus
70 S
Curtius
60 S
Clavius

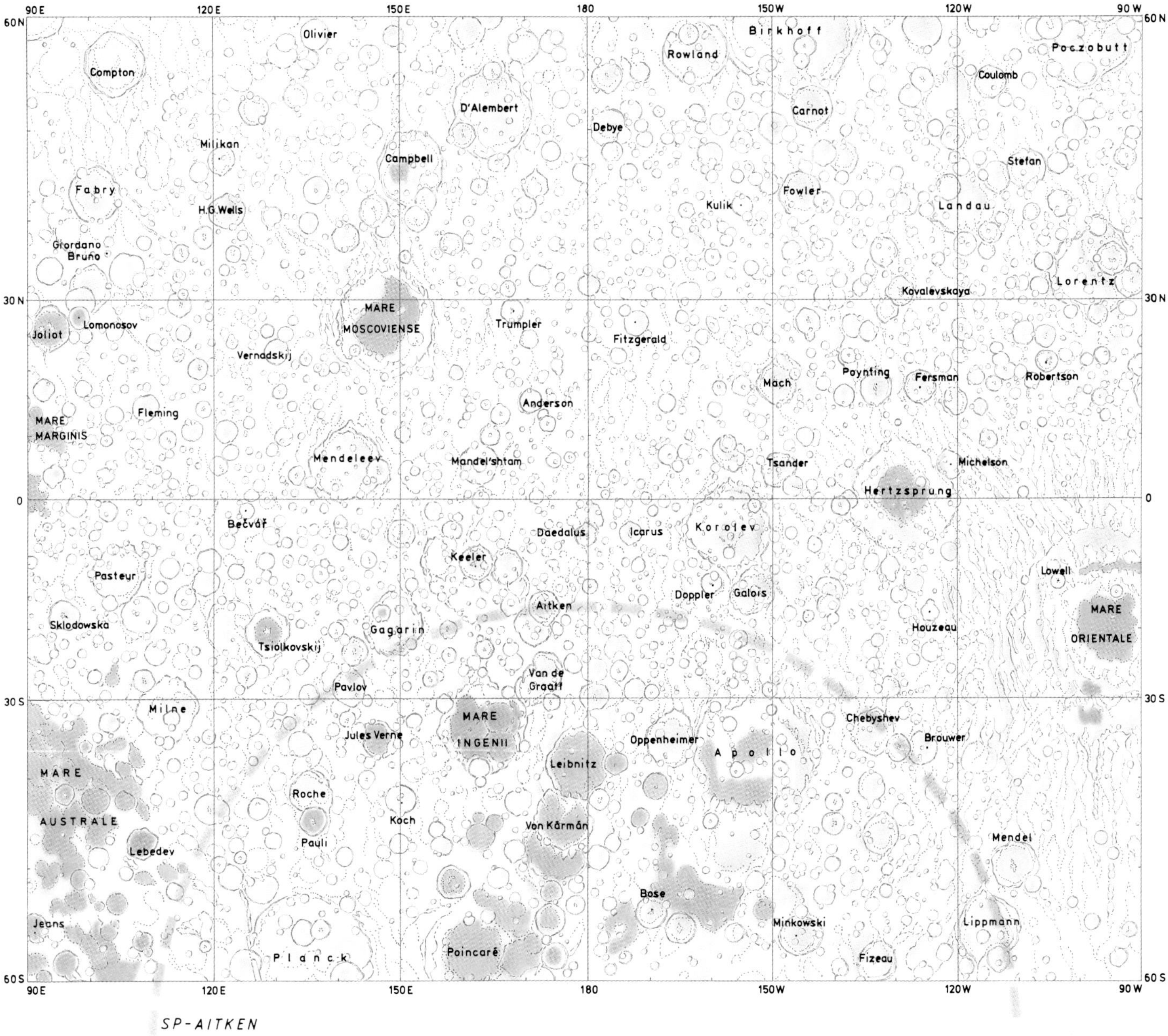
90 E
120 E
150 E
180
150 W
120 W
90 W
60 N
30 N
0
30 S
60 S
Olivier
Birkhoff
Rowland
Poczobutt
Compton
Coulomb
D'Alembert
Carnot
Debye
Milikan
Campbell
Stefan
Fabry
Fowler
Kulik
H.G.Wells
Landau
Giordano
Bruno
Lorentz
Kovalevskaya
MARE
MOSCOVIENSE
Lomonosov
Joliot
Trumpler
Fitzgerald
Vernadskij
Poynting
Mach
Fersman
Robertson
Anderson
Fleming
MARE
MARGINIS
Mendeleev
Mandel'shtam
Tsander
Michelson
Hertzsprung
Bečvář
Daedalus
Icarus
Korolev
Keeler
Pasteur
Lowell
Doppler
Galois
Aitken
Sklodowska
MARE
ORIENTALE
Gagarin
Houzeau
Tsiolkovskij
Van de
Graaff
Pavlov
Milne
MARE
INGENII
Chebyshev
Jules Verne
Brouwer
Oppenheimer
Apollo
Leibnitz
MARE
Roche
AUSTRALE
Koch
Von Kármán
Pauli
Mendel
Lebedev
Bose
Jeans
Minkowski
Lippmann
Planck
Poincaré
Fizeau
SP-AITKEN

月への旅

ロケットを使った初期の月探査は，1959年から1976年にかけて集中的に行われました．月面図上に，無人探査機の衝突，着陸地点と有人宇宙船の軟着陸地点が示してあります．

アメリカとソビエトは，それぞれ宇宙探査の長期計画をたて，独自にそれを進めました．ソビエトは洗練された無人宇宙探査機を送ることを考え，アメリカは初期の段階から人間を月に送ることをめざしたのです．両者の探査結果は，互いに補いあって，新しいデータの収集にたいへん効果をあげました．

ソビエトの計画では三世代の月探査機が活躍しました．第一世代の探査機は，月周回（ルナ1号，1959），月面衝突（ルナ2号，1959）を果たし，さらに月の裏側の撮影（ルナ3号，1959）にも成功しました．

第二世代の探査機（ルナ5号～14号，1965-1968）は，試行錯誤の結果，初めての月面軟着陸（ルナ9号，1966）に成功し，さらに，初めての月衛星の打ち上げにも成功しました．特に重要な役割を果たしたのは，ゾンド・シリーズの探査機でした．ゾンドは月を周回して，月面を撮影したり精密な測量に成功し，その中のいくつか（ゾンド3号，1965，ゾンド5号～7号，1968-1969）は地球に帰ってきました．

第三世代の宇宙探査機は，1969年のルナ15号の実験からスタートしました．ベースになったのは多目的輸送機で，4本足の離着陸装置により月面への軟着陸をめざしたのです．月着陸機は，月の岩石を自動採集し岩石標本を地球へ輸送するロケット（ルナ16号，1970，ルナ20号，1972，ルナ24号，1976），あるいは遠隔操作ができる移動実験室で，ルナ17号は月面車ルノホート1号（1970），ルナ21号はルノホート2号（1973）と共に月へ運ばれました．

アメリカの計画は，月探査機レインジャー・シリーズが1961年にスタートしました．これらの探査機（レインジャー7号，8号，9号，1964-1965）は，予め選ばれたエリアに衝突したのですが，衝突直前まで大量の月面映像を地球に送ってきました．

1966年から1968年にかけて，宇宙飛行士の月着陸の準備のために二つのプログラムが実行されました．月探査機サーベイヤーを軟着陸させて月面を直接調査することと，月衛星ルナー・オービターによる調査で精密な月面図を作成することでした．

1966年に始まったサーベイヤー探査機は，最終的に7回発射され，そのうち2回は失敗に終わりました．これらの探査機は，地球からリモートコントロールできるテレビカメラや，月面試料の採集機（サーベイヤー3号と7号），アルファ粒子拡散を使った分析装置（サーベイヤー5号，6号，7号）などを備えていました．成功した5回のサーベイヤー探査機は，合計87674枚の月面写真を地球に送信してきたのです．

オービター計画は，サーベイヤー計画と並行して1966年にスタートしました．この計画は，月を回る孫衛星をつくることと，孫衛星ルナー・オービターにアポロ宇宙船の着陸候補地に選ばれた10カ所のくわしい写真撮影をさせるという重要な役割がありました．この作業は最初の3回のオービターによって完了したのですが，この計画はさらに全体の月面図を作成するという計画に拡大変更されました．

アメリカの宇宙計画は，アポロ計画として知られる月への有人飛行シリーズで最高に盛り上がりました．アポロ計画は，月の周回飛行（アポロ8号，1968年12月21日～27日と，アポロ10号，1969年5月20日～26日）に続いて，世界初の有人着陸（アポロ11号，1969年7月20日）に成功し，以後，5回（1969年から1972年までのアポロ12号，14号，15号，16号，17号）の有人着陸に成功しています．

アポロ宇宙船には，司令船，機械室そして月着陸船という三つの主要なセクションがあります．3人の宇宙飛行士で構成された宇宙船の乗組員は，ほとんどの時間を司令船の中で過ごしますが，月の周回軌道に突入後，2人の宇宙飛行士が着陸船に移動して司令船から切り離されます．3人目の宇宙飛行士は，機械室とつながった司令船に残って月の周回を続けます．月面に着陸した宇宙飛行士たちの主な仕事は，岩石のサンプル収集や写真撮影，そして観測装置の設置など地学的な調査作業です．

1970年代半ばで，月への飛行計画は中断されました．主な理由は，予算が他に向けられたことと，ここ10年間の探査によって，しばらくは科学者たちが地上の研究室で研究分析するのに十分な資料が得られたことです．

20年間という長い休止期間を経て，1990年代には新しい飛行計画がスタートしました．ガリレオとクレメンタインは，進んだ遠隔装置を装備した新世代の宇宙探査機でした．

21世紀に恒久的な有人基地を建設するという目的達成のために，月探査への新しい飛行計画はこれからも次々と実施されるでしょう．

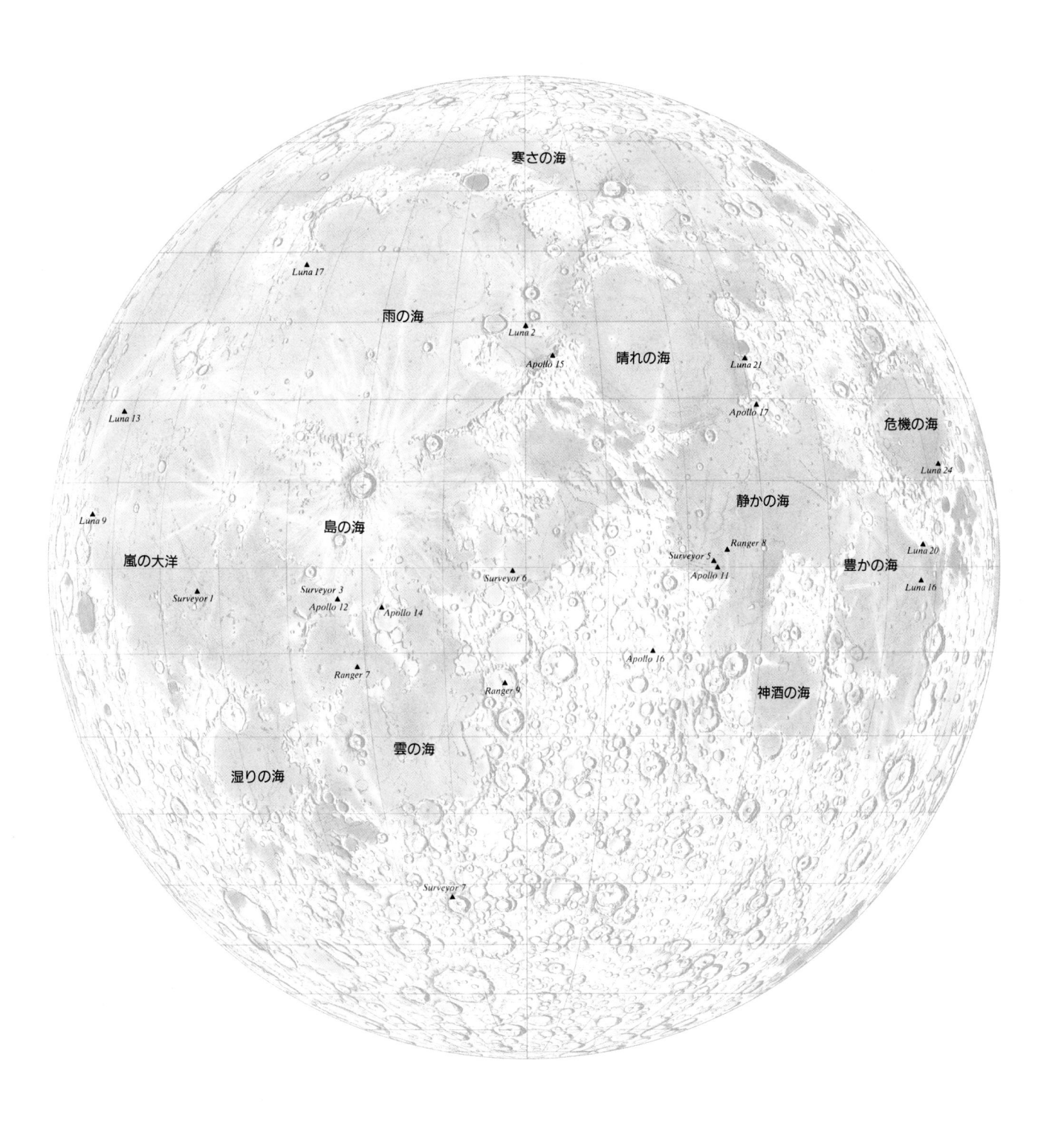

探査機	月到着日	成果，飛行士他
ルナ2号	1959年9月13日	最初の月探査
レインジャー7号	1964年7月31日	写真4308枚，解像力1m（衝突）
レインジャー8号	1965年2月20日	写真7137枚（衝突）
レインジャー9号	1965年3月24日	写真5814枚，解像力25cm（衝突）
ルナ9号	1966年2月3日	最初の軟着陸，パノラマ写真4枚
サーベイヤー1号	1966年6月2日	軟着陸，写真11240枚
ルナ13号	1966年12月24日	パノラマ写真3枚，土壌探査
サーベイヤー3号	1967年4月20日	写真6326枚，後にアポロ12号着陸
サーベイヤー5号	1967年9月11日	写真19118枚，月表面分析
サーベイヤー6号	1967年11月10日	写真29952枚
サーベイヤー7号	1968年1月19日	写真21038枚，土壌の化学分析
アポロ11号	1969年7月20日	最初の人間による探査（アームストロング，オルドリン，コリンズ）
アポロ12号	1969年11月19日	コンラッド，ビーン，ゴードン
ルナ16号	1970年9月21日	自動土壌採取，地球に持ち帰る
ルナ17号	1970年11月17日	自動月面移動車ルノホート1号，月面上を10540m移動
アポロ14号	1971年2月5日	シェパード，ミッチェル，ルーサ
アポロ15号	1971年7月30日	スコット，アーウィン，ウォードン
ルナ20号	1972年2月21日	自動岩石採取，地球に持ち帰る
アポロ16号	1972年4月21日	ヤング，デューク，マティングリー
アポロ17号	1972年12月11日	サーナン，シュミット，エヴァンス
ルナ21号	1973年1月15日	自動月面移動車ルノホート2号，37km移動
ルナ24号	1976年8月18日	自動地殻サンプル採取（深さ2m）

月50景

　月面には，海，クレーター，谷，細溝，リンクルリッジ，ドーム，山脈といった特徴のある地形が数多く見られます．

　ここに選んだ50カ所の地形はいずれも興味深いものです．それぞれの地形についての簡単な解説と，そのスケールを示しました．地形の名称と共に，月面図番号と月面余経度も併記してあります．

　月面図番号は，その地形が描かれている月面図を探すのに便利です．1から76までは表側の月面図番号で，Ⅰ～Ⅷは秤動ゾーンの月面図番号です．

　月面余経度（略号は col.）によって，その地形がどのような角度から太陽に照らされているかを知ることができます．余経度は日の出の明暗境界線の月面経度です．したがって，上弦の月は日の出の明暗境界線が経度0°の中央子午線と重なっているので余経度0°，満月は余経度90°，下弦の月は180°，新月は270°となります．

　余経度が90°から180°の間は，日の出明暗境界線が月の裏側に回って見えなくなり，反対側にある日の入り明暗境界線が見えています．

　記載した余経度は，秤動を考慮に入れないで（秤動が0と仮定して）日の出と日の入りの時刻を設定したので，実際には最大で±18時間程度の誤差があることを知っていてください．

　図のほとんどは北が上です．北が上にこない図は矢印で方角を示しています．

　50の地形の月面上の位置は，後見返しのガイドマップに記載してあります．

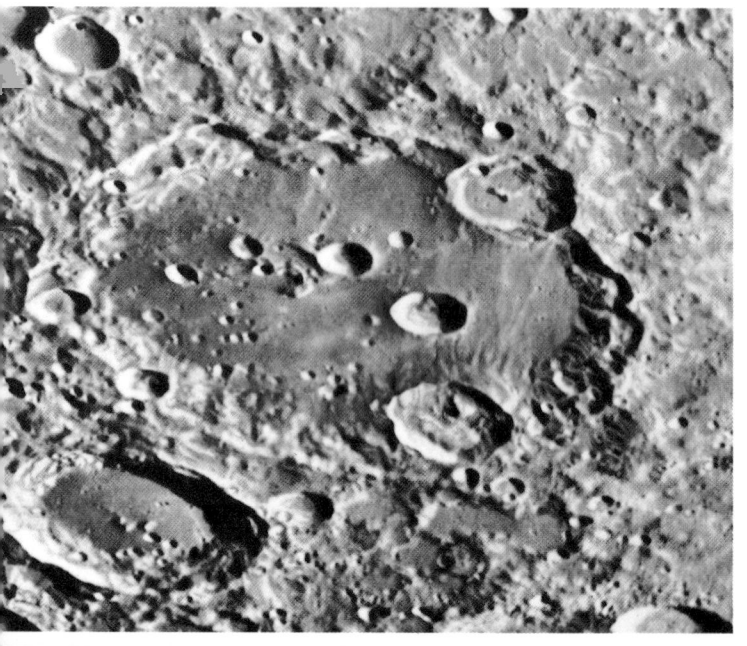

1.クラヴィウス Clavius（月面図72,73）col.44°
もっとも大きな壁平原の一つです．輪郭は直径225kmの多角形になっています．周壁の内側の平原に，大きな山塊と多くのクレーターが見られます．周壁はかなり浸食されていて平原を見おろすほどの高さはありません．いくつかの小さいクレーターが並んできれいな円弧を描いて平原を横切っています．日の出は上弦の1～2日後，日の入りは下弦の1～2日後になります．

2.ジャンサン Janssen（月面図67,68）col.128°
かなり浸食された周壁を持つ直径190kmの大きな壁平原です．内側の底面に大きな山塊と細溝が見られます．最大の細溝は全長110km，幅6kmもあるので小望遠鏡で確認することができるでしょう．日の出は新月から4日後，日の入りは満月から4日後になります．

3.プラトン Plato (月面図3,4) col.24°

たいへんよく目立つ壁平原で，暗い底面を持っています．直径が101kmで深さは平均1kmありますが，東側と西側の壁にはそれぞれ底面からの高さ2km以上の独立した山頂があります．内側の平原には直径約2kmの小クレーターが四つあり，望遠鏡の能力テストにちょうどいいでしょう．日の出は上弦の0.5日後，日の入りは下弦の0.5日後になります．

4.プトレマイオス Ptolemaeus (月面図44) col.7°

かなり浸食された多角形の壁を持つ大きな壁平原です．直径153km，深さは平均 2400m あります．一見平らに見える内側の平原には数多くの小クレーターと微小クレーターがちりばめられ，浅いリング状のくぼみがつくる波紋も見られます．こういった波紋は，太陽光が低くから照らすときだけ見ることができます．日の出は上弦の頃，日の入りは下弦のときです．

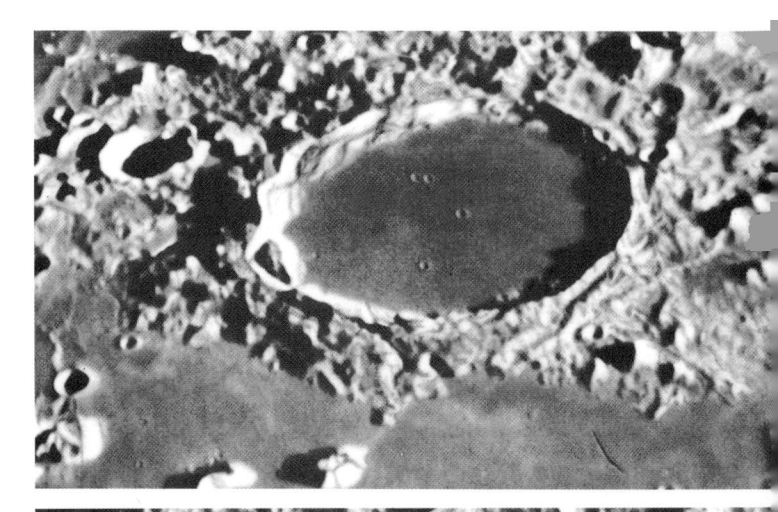

5.虹の入江 Sinus Iridum (月面図10) col.44°

溶岩に埋もれた直径 260km のクレーターの残された部分です．周壁の北側と西側がきれいな半円形に残ってジュラ山脈と呼ばれています．この山脈沿いの中ほどで目立っている大きなクレーターはビアーンキーニです．ジュラ山脈の東端と西端は，ラプラス岬とヘラクレイデス岬と呼ばれる二つの岬によって締めくくられています．虹の入江の内側の平原には，数本の曲がりくねったリンクルリッジといくつかの小クレーターがあります．日の出と日の入りは，それぞれ上弦と下弦の 2～3 日後です．

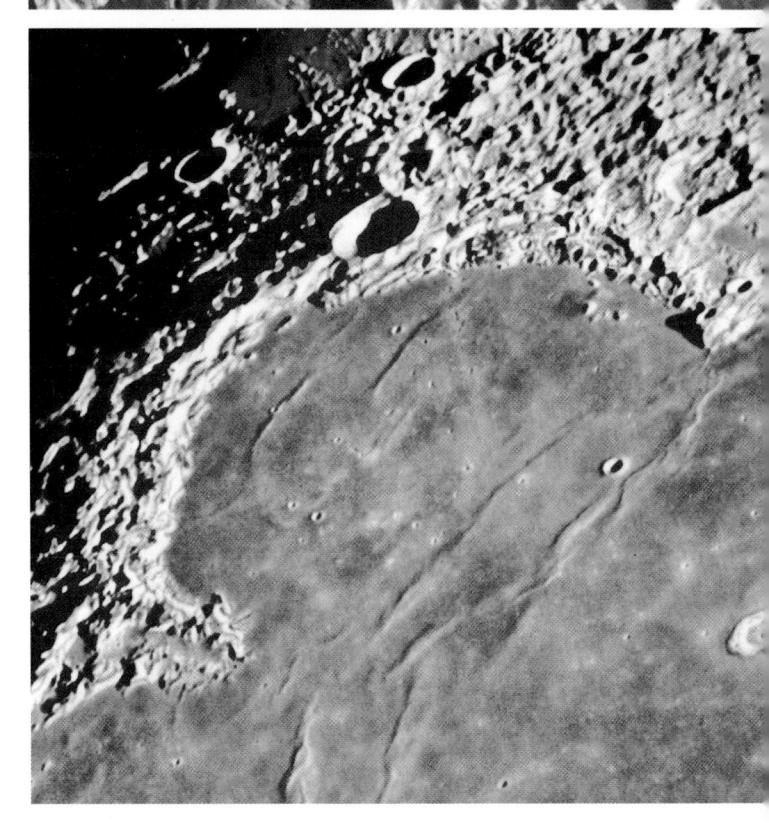

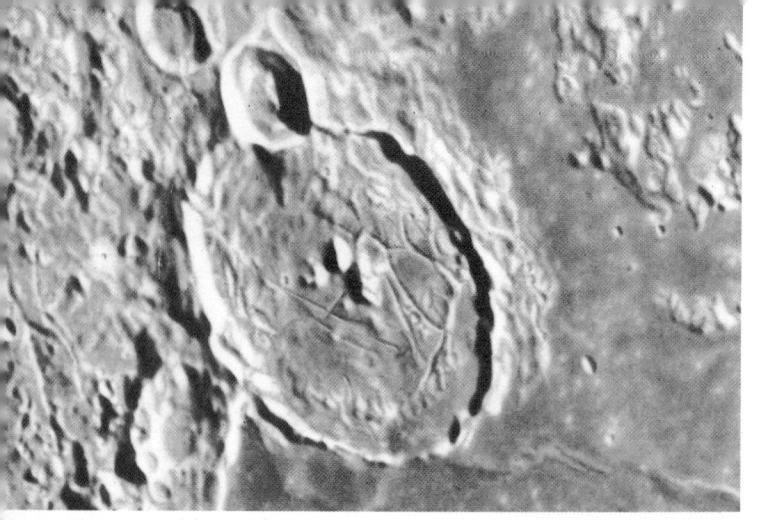

6. ガッサンディ Gassendi (月面図52) col.53°

特徴のある壁平原です．直径110kmの周壁の内側は，中央にいくつかの山が集まり，複雑に走る細溝とドーム状の地形がたくさん見られます．南側の壁は高さが200mに満たないのですが，東西の壁の高さは平原から2500m以上にもなります．北側の壁に一部くい込んだクレーターは，直径33km，壁の高さ3600mのガッサンディAです．日の出は上弦の3日後，日の入りは下弦の3日後です．

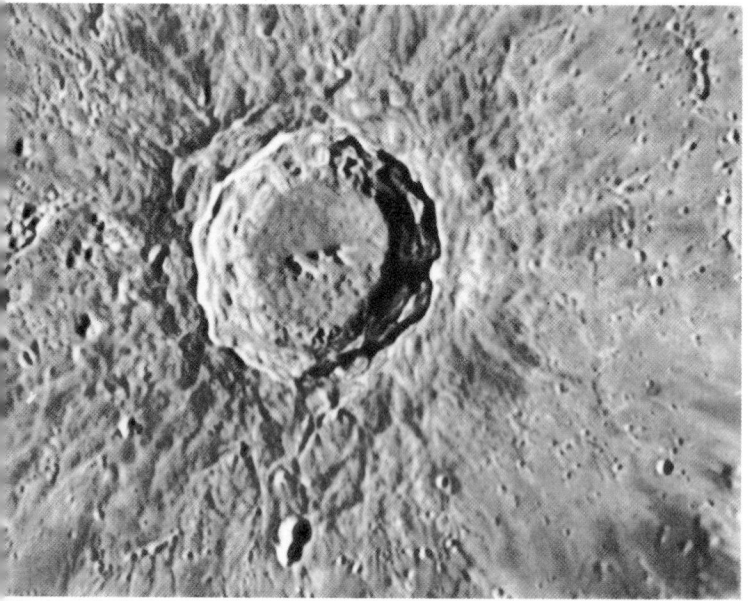

7. コペルニクス Copernicus (月面図31) col.31°

見事な環状山で，明るい光条の中心にあるクレーターです．直径93kmの段々畑のようなテラスのある周壁は，周囲の平面からの高さが900mありますが，クレーターの深さ，つまり内側の平原からの高さは約3760mもあります．周壁の内側では多くの地滑りが見られ，全体の形は，大まかな六角形をしています．中央丘の高さは1200mほどあり，明るい光条の跡はクレーターから800kmも離れたところまでたどることができます．日の出は上弦の1.5日後，日の入りは下弦の1.5日後です．

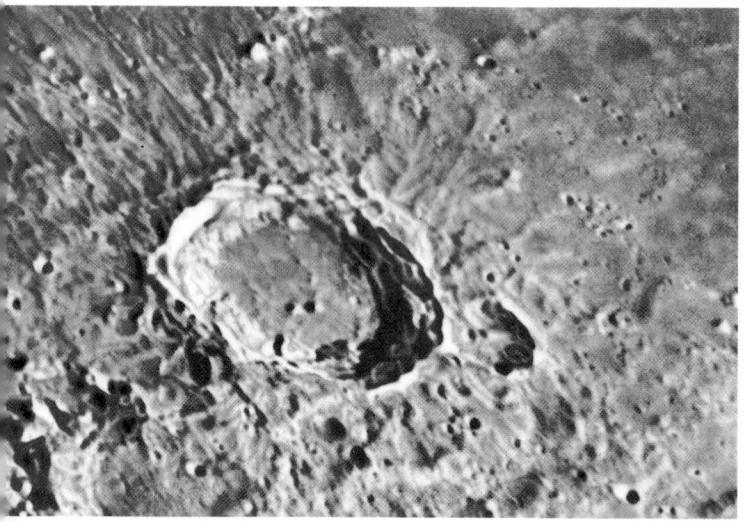

8. アリストテレス Aristoteles (月面図5) col.7°

周壁の内側にテラス状の段丘がある直径87kmの美しい環状山です．環状平原の中央には，小さな山のグループが見られます．周壁の外側には，噴出物でおおわれた斜面に放射状の構造がはっきり見られます．アリストテレスは，エウドクソスとペアを組む双子クレーターとして知られています．日の出は上弦の1.5日前，日の入りは下弦の1.5日前です．

9. テオフィルス Theophilus (月面図46,47) col.351°

直径100km，深さ4400mの見事な環状山です．内壁はかなり浸食されていますが，周壁の尾根は周囲の平原から1200mの高さになります．中央丘の高さは約1400mあります．テオフィルスの周壁が，左下のキリルスというクレーターに割り込んでいることから，前者の方が若い地形であることがわかります．日の出は新月の5日後，日の入りは満月の5日後です．

10. ティコ Tycho (月面図64) col.168°

もっとも有名なクレーターです．およそ1億年前にできたもっとも若いクレーターの一つでもあります．直径85km，深さ4850m，環状平原の中央に高さ1600mの大山塊があります．内壁に段丘が見られる環状山で，床面はかなり不規則です．日の出は上弦の1日後，日の入りは下弦の1日後です．

11. ティコ Tycho (月面図64) col.168°

ティコは，特に満月近くになると月面でもっとも目立つクレーターになります．放射状に伸びた光条は，1500kmもたどることができ，ティコはその中心にあるからです．クレーターの外壁は，直径150km以上のリング状の暗い部分に囲まれています．光条のそれぞれの部分は，ティコが影に入ったときにも認めることができるでしょう．

12. ビュルギウスA Byrgius A
(月面図50, 51) col.134°

直径19kmの標準的な環状クレーターです．その鋭い周壁は，隣のビュルギウスの東壁に入り込んでいます．ビュルギウスAは，明暗境界線付近にあるときにはほとんど姿を見せませんが，強く照らされる満月近くから下弦の月までは，光条の中心にあってもっとも目立つクレーターの一つになります．

13. プロクロス Proclus (月面図26) col.93°

多角形の鋭い周壁を持つ直径28km，深さ2400mのクレーターです．三方向に放射状に伸びる非対称形の光条が見られ，クレーターはその中心にあります．これらの光条によって，暗く見える眠りの沼との境界ができています．日の出は新月の3.5日後，日の入りは満月の3.5日後です．

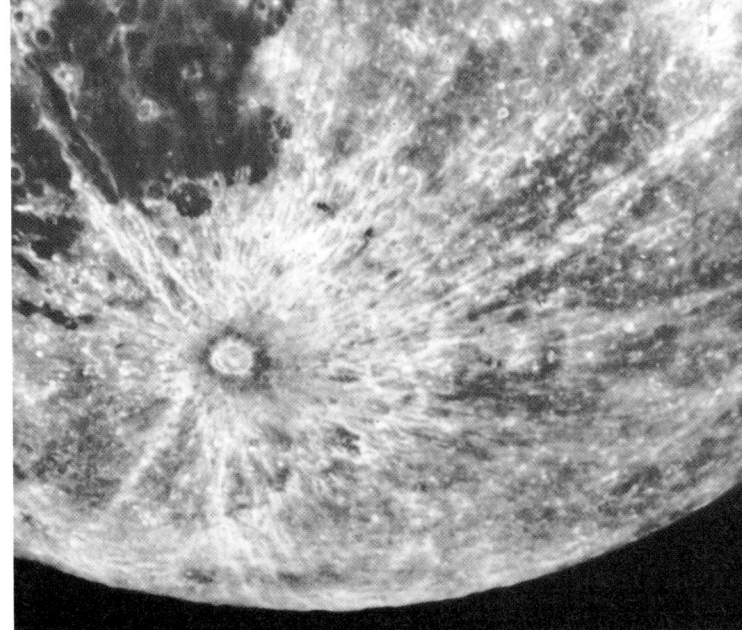

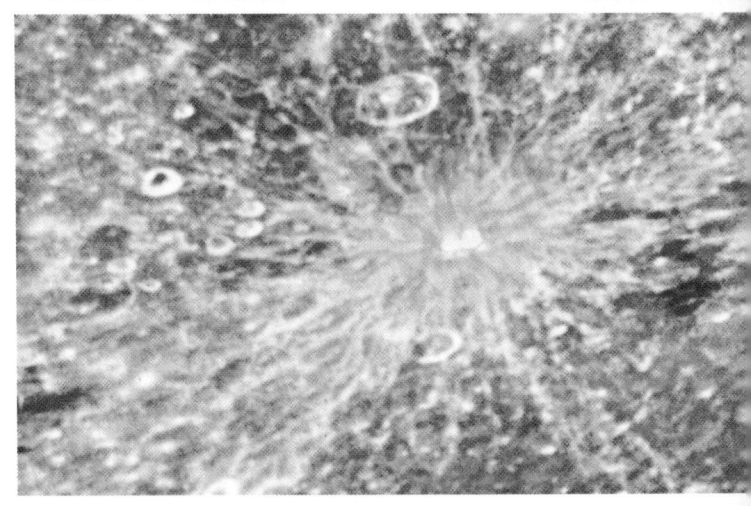

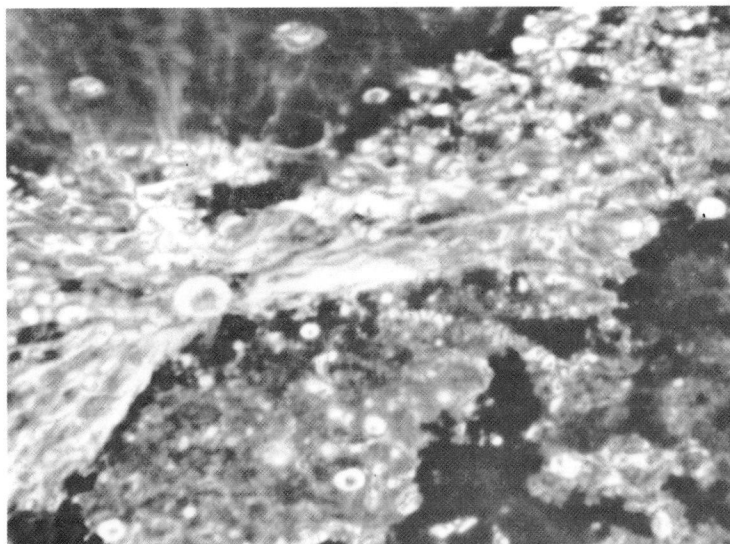

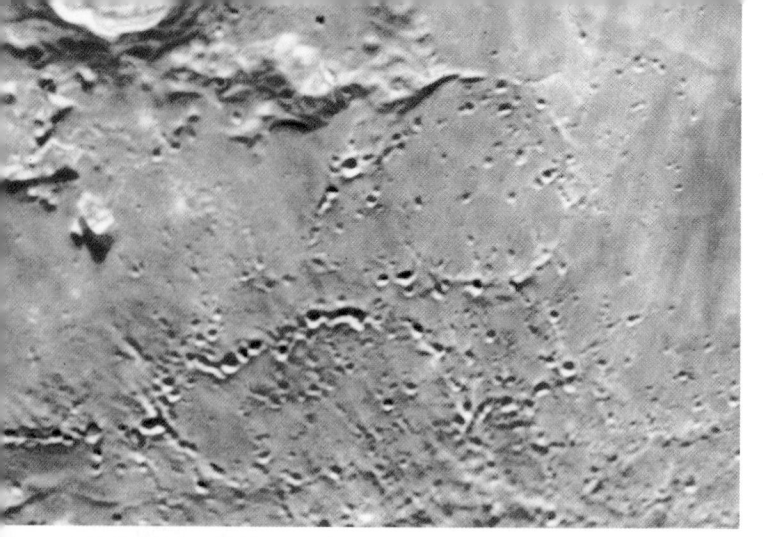

14. スタディウスのクレーターチェーン
Crater chain close to Stadius
(月面図20,32) col.24°

溶岩に埋もれたスタディウスの北北西に，興味深い微小クレーターのグループがあり，それは細流のように続いて雨の海の端にまでつながっています．これらの微小クレーターは，隣接するクレーター，コペルニクスが誕生したとき副次的にできた地形だと考えられます．日の出は上弦の約1日後，日の入りは下弦の1日後です．

15. 静かの基地 Statio Tranquillitatis
(月面図35) col.351°

中央の×マークは，アポロ11号が軟着陸した位置です．その近くの，接近した三つのクレーターには，それぞれアポロ11号の搭乗員オルドリン，アームストロング，コリンズの名前がつけられました．直径 3.4km, 4.6km, 2.4km という小さなクレーターですが，これらは表側の月面で，存命中の人物名がつけられた唯一の地形です．日の出は上弦の2日前，日の入りは下弦の2日前です．

16. メスティングA　Mösting A
(月面図43,44) col.20°

直径13km，深さ2700mの小さなクレーターです．地球から見た月面のほぼ中央にあるので，どのような角度から太陽光があたっても認めることができ，月面座標の基本的な基準点としての役割もあってよく知られています．日の出と日の入りは，それぞれ上弦と下弦の少し後です．

17. ケンソリヌス Censorinus (月面図47) col.134°

明るい物質に囲まれた直径3.8kmの小さな円形クレーターです．その周壁は周辺と比べてあまり高くなく，クレーター自身が観測できるのは，明暗境界線近くに来たときに限ります．満月近くの強く照らされる頃は，月の地形の中でもっとも明るく目立つ光点の一つになります．日の出は新月から5日後より少し前，日の入りは下弦の約3日前になります．

18. アリスタルコス Aristarchus
(月面図18) col.134°

月面上でもっとも明るいクレーターの一つです。直径が40km、深さは3000mのクレーターですが、はっきりした光条の中心にあってたいへんよく目立ちます。明るいので、夜側の影の中に入っても、地球照に照らされてはっきり認めることができます。アリスタルコス付近は、もやがかかったり、増光したり、火山現象らしき一時的な変化が認められたことが多く、観測者に注目されているところでもあります。日の出は上弦のほぼ4日後、日の入りは下弦の約4日後です。

19. シュレーター谷 Vallis Schröteri
(月面図18) col.64°

曲がりくねった谷ですが、乾いた川底に似ています。アリスタルコスの西側にあるヘロドトスから始まった幅10kmの谷は、その方向を数回変えてから細くなり、最終的には源流から約160km離れたところで姿を消しています。谷底は平らで、地球から見ることはできませんが、たいへん狭い曲がりくねった細溝が谷に沿って走っています。日の出は上弦の4日後、日の入りは下弦の4日後になります。

20. アルプス谷 Vallis Alpes (月面図4,12) col.20°

有名な谷の一つで、長さは180kmほどあり、西側は高い山々に囲まれています。底面は平らで、海と同じ物質で満たされています。小望遠鏡では観測できませんが、曲がりくねった細溝が谷の中央を走っています。日の出と日の入りは、それぞれ上弦と下弦のほんの少し前になります。

21. レイタ谷 Vallis Rheita (月面図68) col.340°

場所によっては幅30kmにもなる大きな谷です。レイタと呼ばれるクレーターの西側の壁付近から始まって、幅が10km程度になるまでに約500kmは続きます。この谷はかなり浸食されており、ところどころ大きなクレーターが重なって塞がれているところもあります。そのため、実際にはライマルスまで続いているはずの谷が、ヤングの近くで終わっているようにも見えます。日の出は新月の3～4日後、日の入りは満月の3～4日後になります。

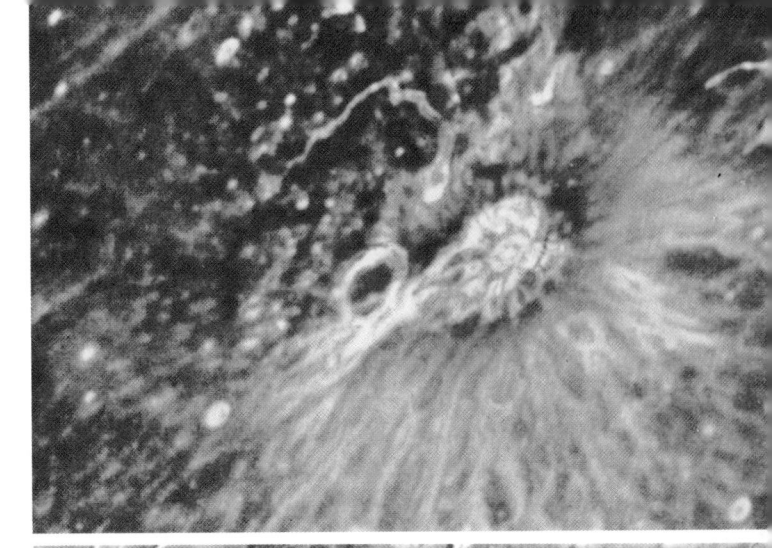

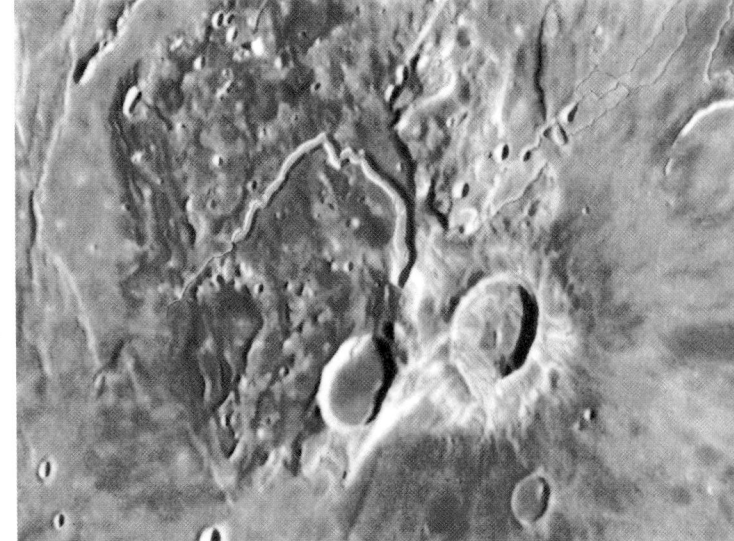

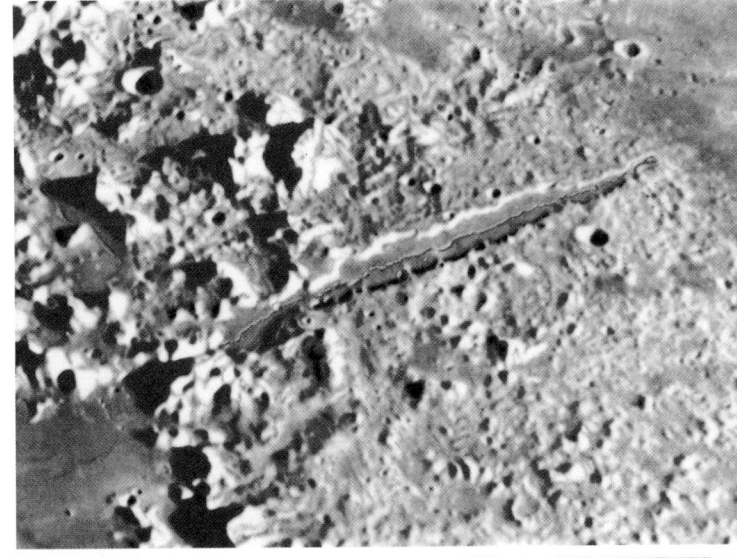

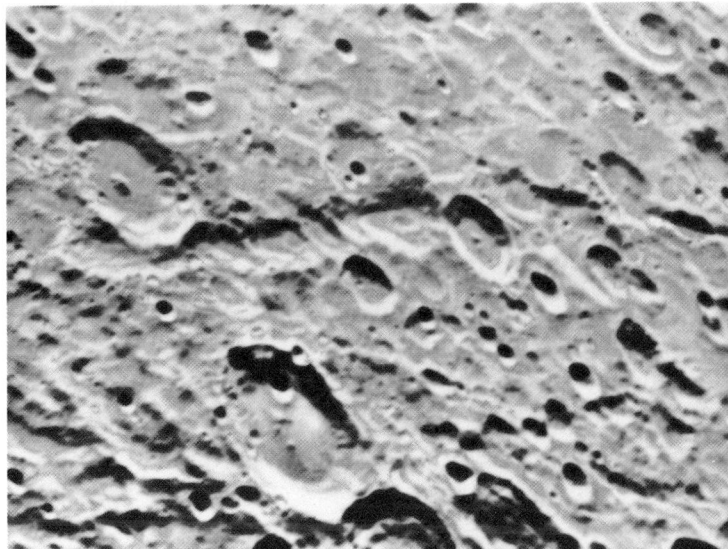

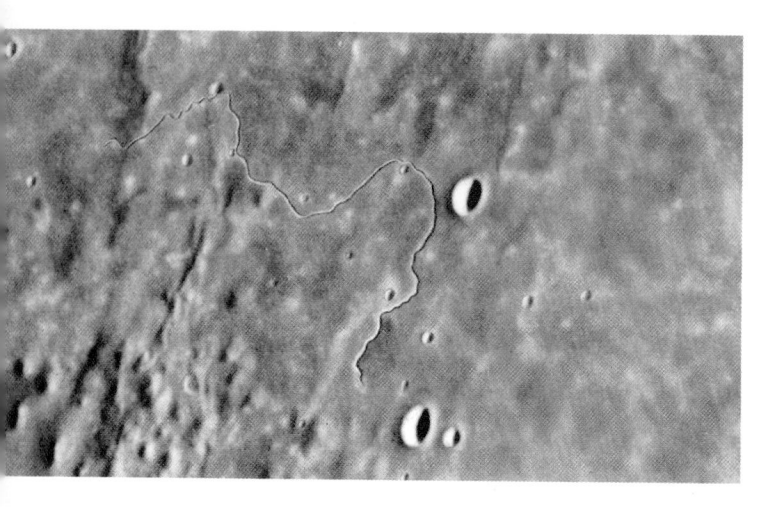

22. マリウス谷 Rima Marius (月面図18) col.61°

典型的な曲がりくねった細溝(蛇行谷)で，干上がった川に似ています．全長約250kmのマリウス谷は，マリウスC(月面図29)の近くで幅が2kmほどありますが，マリウスPの近くでは幅1km程度になります．このような溝は，海を満たした溶岩流の名残りかもしれません．日の出は上弦の4日後，日の入りは下弦の4日後になります．

23.トリスネッカー谷とヒギヌス谷
トリスネッカー谷(左下) Rimae Triesnecker
(月面図33) col.357°

錯覚で深い裂け目のように見える複雑な細溝です．実際は幅が1km～2kmの平らな底面を持つ浅い谷です．もっとも長く伸びたところでは全長200kmにもなりますが，詳しい観察には大望遠鏡が必要です．日の出は上弦のほんの少し前，日の入りは下弦のほんの少し前です．

ヒギヌス谷(左上) Rima Hyginus
(月面図34) col. 357°

ユニークな地形で有名なところです．全長 220km の溝は，ヒギヌスと呼ばれる小さなクレーターに遮られて二つの部分に分かれています．溝の幅は2km～3kmありますが，深さは 200～300m しかありません．途中の数カ所で，微小クレーターが線状につながった溝に変わりますが，小望遠鏡で認めることはむずかしいでしょう．日の出は上弦のほぼ1日前，日の入りは下弦の1日前です．

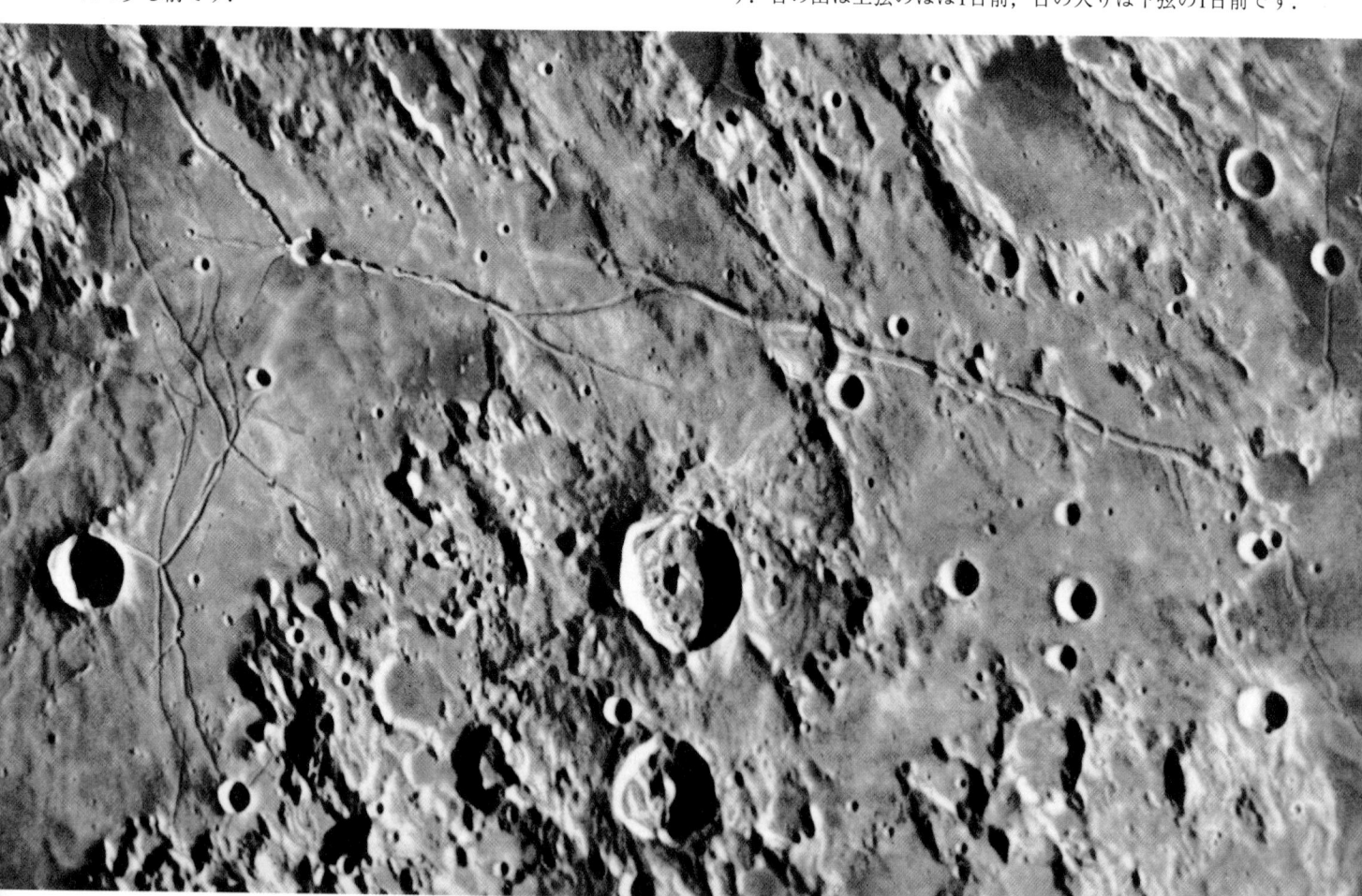

24.アリアデウス谷(右) Rima Ariadaeus
(月面図34) col.351°

全長220km，3km～5km程度の幅広の底面を持つ浅い谷です．谷は何カ所かで，周囲から貫入してくる山脈によって遮られています．西に伸びるアリアデウス谷は，途中，狭い細溝が枝分かれしてヒギヌス谷とつながっています．アリアデウス谷は，明暗境界線近くにあるときには小望遠鏡で簡単に認めることができます．日の出は上弦の1日前，日の入りは下弦の1日前です．

25. ヒッパルス谷 Rimae Hippalus
(月面図52,53) col.40°

湿りの海の東端に沿って円弧状に伸びた幅の広い溝が何本かあり，長いのは南北に約 240km も伸びています．中央にある周壁の 3 分の 1 以上が溶岩に埋もれたクレーターがヒッパルスで，一番西側の細溝が中央を横切っています．一番東側の細溝は，直径 16km のアガタルキデスAと直径 11km のカンパヌスAという二つの標準的な環状クレーターによって遮られています．日の出と日の入りは，それぞれ上弦と下弦の 2.5 日後です．

26. コーシーの近くの「双曲線」
'Hyperbolas' near Cauchy (月面図36) col.134°

とても興味深い地形です．コーシーという標準的な環状クレーターを挟んだ 2 本の溝が一対の双曲線のように見えます．コーシーの北側に伸びる全長 210km の細溝は「コーシー谷」といい，クレーターの南側を通る細溝は，全長 120km の断層による崖で「コーシー壁」と呼ばれています．コーシー壁は，日がのぼるとき(新月から 4 日後)に細い影をつくりますが，日が沈むとき(満月から 4 日後)は明るく照らされた断層の斜面を見ることができます．コーシー壁の南側に大きなドームが二つあります．

27. 直線壁 Rupes Recta (月面図54) col.20°

もっとも有名な断層です．小望遠鏡で簡単に見つかるでしょう．全長 110km の断層の崖は，高さが 240m～300m ですが見かけの幅は 2.5km にもなります．つまり，この断層の崖は急斜面ではなく緩やかな坂なのです．日の出のとき(上弦の1日後よりも前)には，はっきりした影を落としますが，日の入り(下弦の少し後)の前は，斜面に日があたって明るく輝きます．直線壁の近くにある環状クレーターはバートです．そのすぐ西側から，幅 1.5km, 長さ 50km の「バート谷」と呼ばれる細溝が伸びています．バート谷の両端にある小さなクレーターは，バートFとバートEです．

28. グルイテュイゼン・ガンマ山
Mons Gruithuisen Gamma (月面図9) col.52°

直径20km の円形ドームです．頂上には直径 900m の小クレーターがあり，これが認められるかどうかは大型望遠鏡の能力テストになります．日の出は上弦の3日後，日の入りは下弦の3日後です．

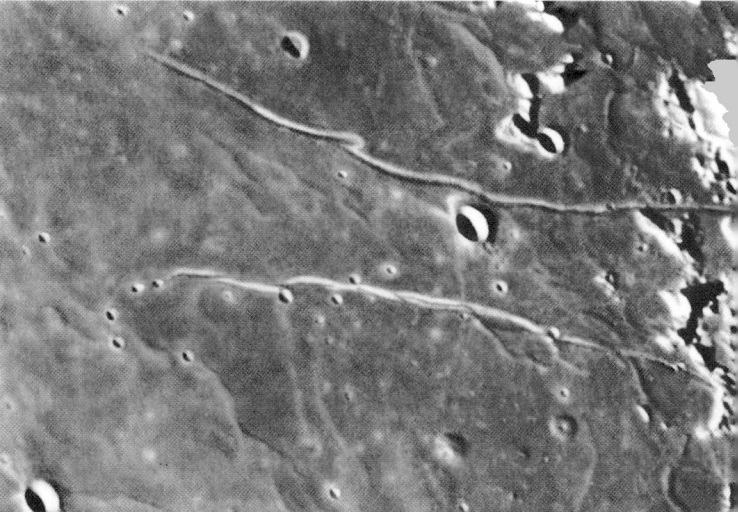

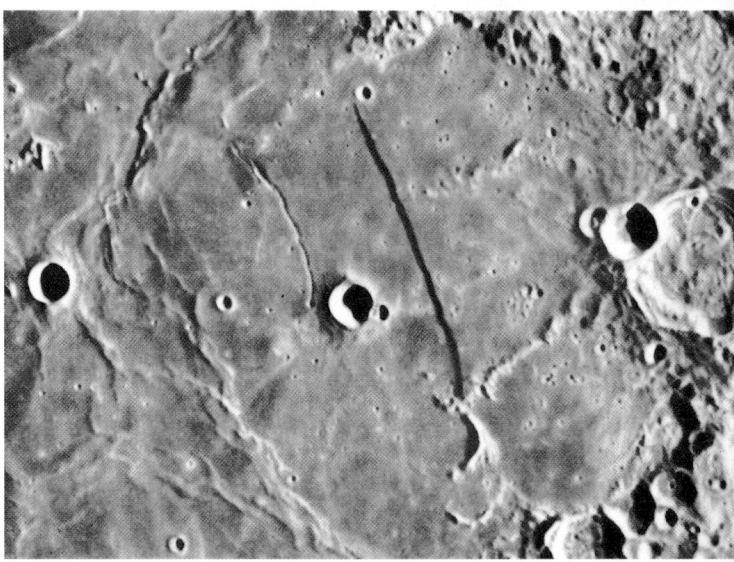

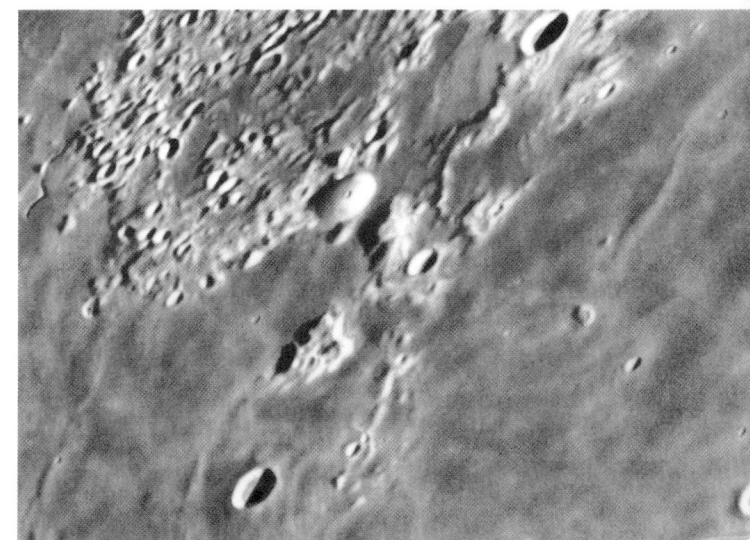

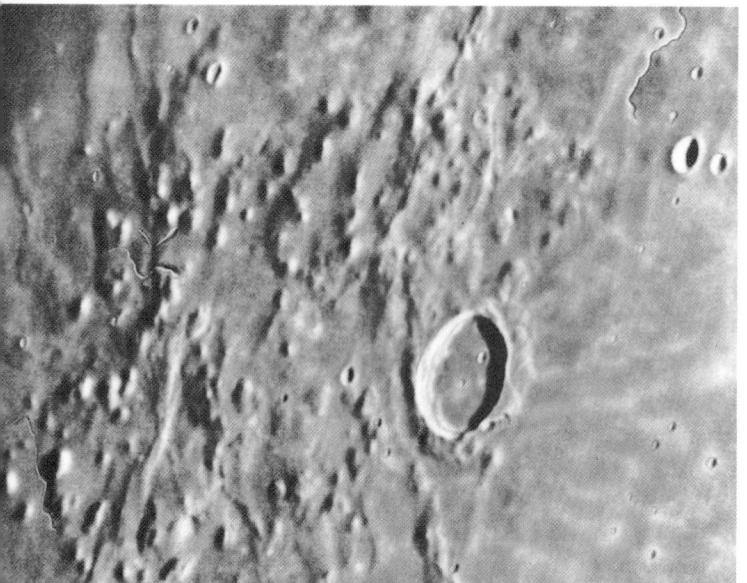

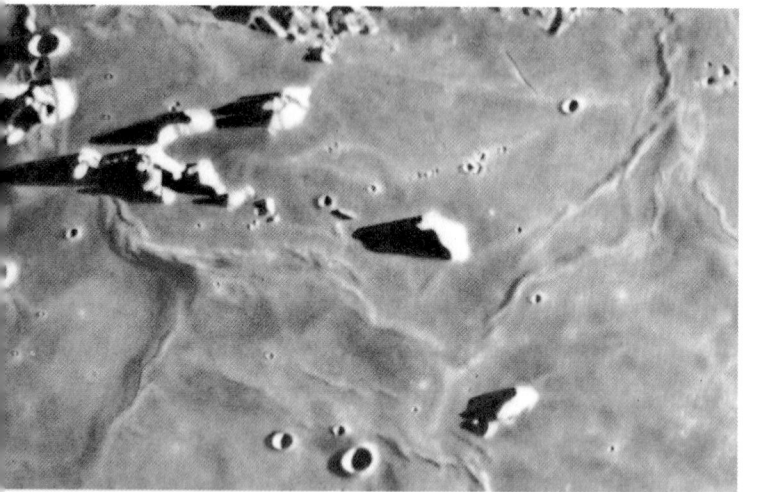

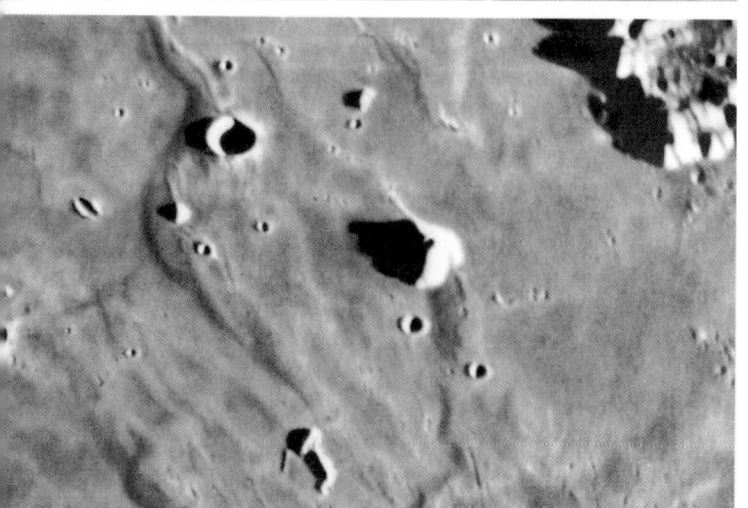

29.ホルテンシウスとミリキウス付近のドーム群
Domes near Hortensius and Milichius
(月面図30) col.34°

月面のドーム群の中でもっとも有名なところです．ドーム群はホルテンシウスのすぐ北にありますが，ミリキウスの西側にも単独ドームが見られます．ドームのほとんどは，直径10～12km，高さ300m～400mの円形の土台を持ち，頂上に直径1km程度の小クレーターがあります．ドームは月の火山活動によるものだと考えられます．ドームは低いので影ができにくく，明暗境界線近くにやってきたときだけ認めることができます．日の出は上弦の2.5日後，日の入りは下弦の2.5日後です．

30.マリウスの近くのドーム群
Domes near Marius(月面図29) col.61°

直径40kmのマリウスの近くにはたくさんの小ドームが広範囲に点在しています．このエリアはアポロ計画の着陸候補地だったのですが着陸はしませんでした．このあたりのドームは，明暗境界線に近いとき，つまり日の出(上弦の4日後)や日の入り(下弦の4日後)の頃に確認できます．

31.ピコ山とテネリッフェ山脈
Mons Pico and Montes Teneriffe
(月面図11)col.20°

ピコ山は山麓の大きさが15km×25km，高さ2400mの単独山です．テネリッフェの山々も，高さはやはり2400mあります．このあたりはリンクルリッジもたくさん見られます．日の出は上弦の1日後，日の入りは下弦の1日後です．

32.ピトン山 Mons Piton (月面図12) col.10°

雨の海にある高さ2250mの特徴のある大山塊です．山麓の直径は25kmもあって，高さの11倍も広がっています．この山は緩やかな斜面を持つ比較的平たい地形なのです．鋭い山頂を持つ急峻な山に感じるのは，斜めから照らされたときにできる長く伸びた影のせいです．日の出と日の入りは，それぞれ上弦と下弦のときです．

33. アルプス山脈 Montes Alpes
(月面図4,12) col.10°

いくつかに分かれた山が並んだ典型的な月の山脈です．それぞれの山頂は，隣接する雨の海に対して1800m～2400mの高さに達しています．中でも，もっとも高いブラン山は高さ3600mもあります．月面のアルプス山脈は，地上のそれと同様に，ギザギザの鋭い峰々といったドラマチックな景観を想像させますが，それは日の出の頃(上弦)の長く延びた影による錯覚なのです．

34. アペニン山脈 Montes Apenninus
(月面図22) col.156°

海からの高さが5000mにも達する最大の山脈で，その北側の一部分が見えています．アポロ15号の着陸地点近くに，ハドリー谷と呼ばれる幅1.5km，深さ300mの溝があります．大望遠鏡なら確認できるでしょう．アペニン山脈は，日の入りの頃(下弦)に西側の斜面が照らされて見事な姿を見せてくれます．

35. アルタイ壁 Rupes Altai (月面図57) col.351°

「アルタイの断崖」とも呼ばれる断層です．この円弧状の断層の全長は480kmもあります．おそらく，神酒の海という巨大盆地の外側を囲んだ周壁の名残りでしょう．海に向かって下降していくアルタイ壁の斜面は，日の出の頃(上弦の2～3日前)には明るく輝きますが，日の入りの頃(下弦の2～3日前)は，なんと自分の影の中に姿を消してしまうのです．

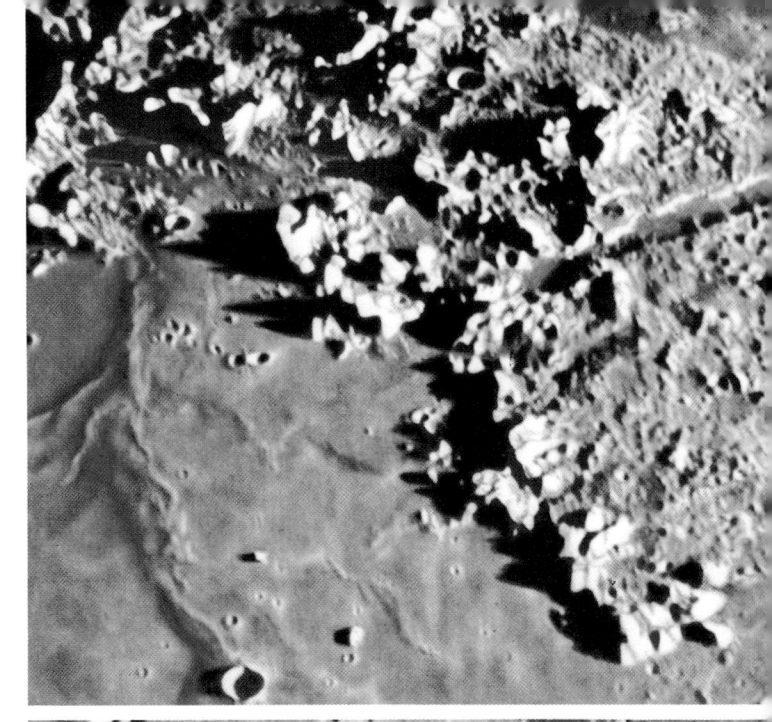

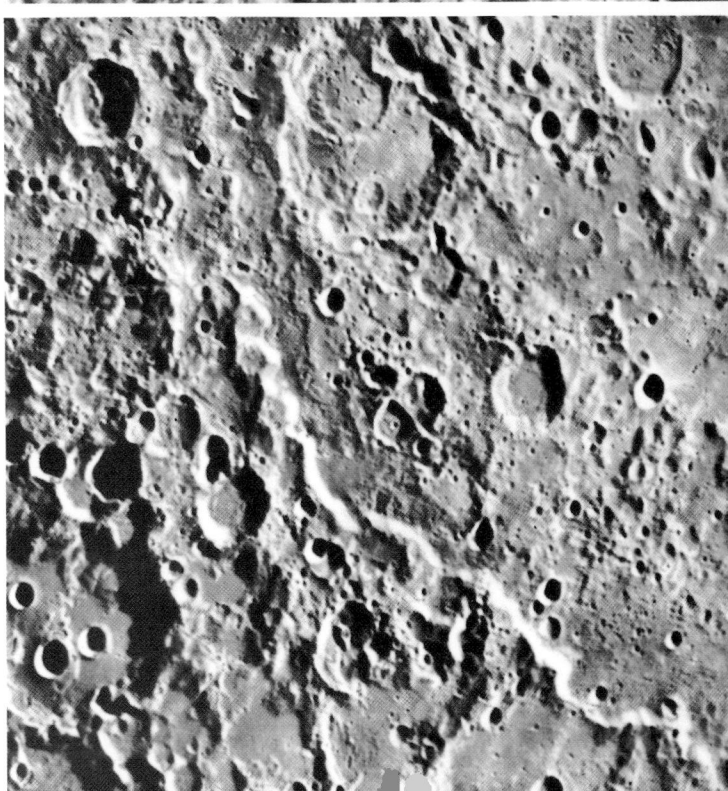

36. 死の湖 Lacus Mortis (月面図14) col.340°

死の湖は、かなり浸食されて埋もれてしまった直径約150kmのクレーターの底面で、残った周壁のほとんどは西側にあります。湖の中心で目立つクレーターは直径40kmのビュルクです。クレーターの近くに「ビュルク谷」と呼ばれる幅の広い溝が2本あります。短い方は、死の湖の南端に向かって伸びた断層で、日の出のとき(上弦の2日前)に幅の広い影を落とし、日の入りのとき(下弦の2日前)は明るく輝きます。

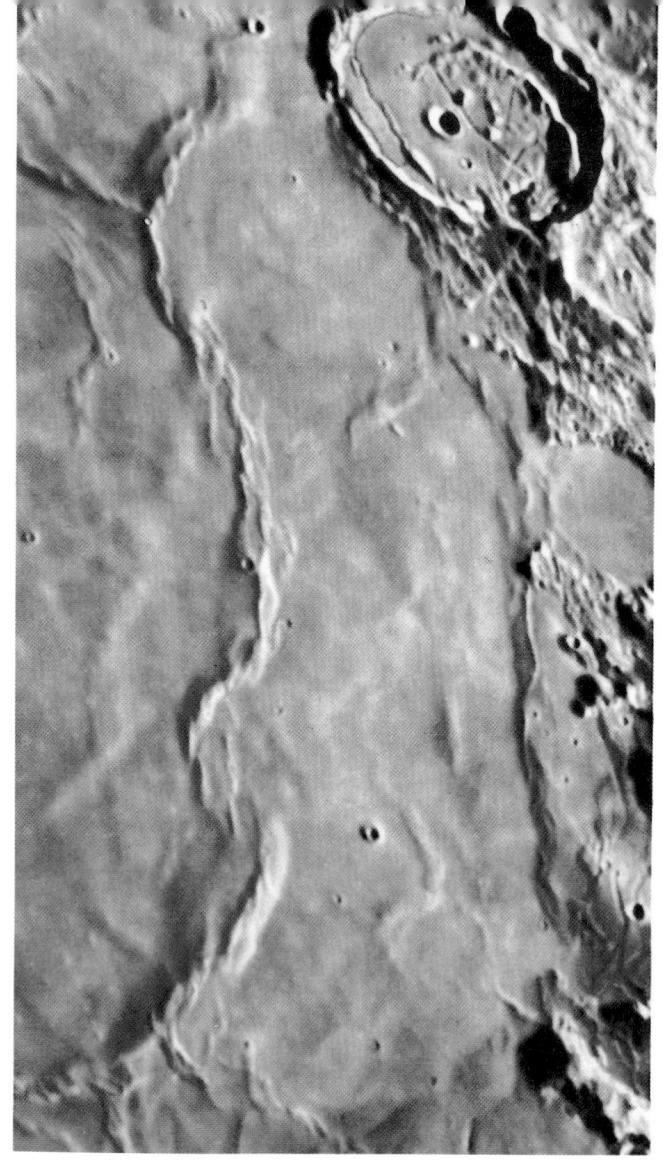

37. スミルノフ尾根とポセイドニオス Dorsa Smirnov and Posidonius (月面図14,24) col.340°

晴れの海の東側の縁に、リンクルリッジ(しわ状尾根)がねじれるように伸びています。かつては、ヘビ状尾根(Serpentine Ridge)と呼ばれたのですが、現在は北の部分をスミルノフ尾根、南の部分をリスター尾根と呼びます。尾根は丸くなっていて、およそ 10m～100m というひかえめな高さのせいで、明暗境界線付近で太陽光が斜めに照らすときだけ認めることができます。北の端にあるポセイドニオスは、直径95km, 深さ2300mの美しい環状クレーターです。内側の平原には複雑な細溝が見られます。日の出は上弦の2日前、日の入りは下弦の2日前になります。

38. ラーモント Lamont (月面図35) col.340°

ゴースト・クレーターと呼ばれるラーモントは、直径約75kmの幻のクレーターです。その円形壁は幅5km～10km, 高さ200m程度で、典型的なリンクルリッジに見えます。静かの海の西側にあたるこの地域には、ラーモントに関連したリンクルリッジが広範囲に広がっています。日の出と日の入りは、それぞれ上弦と下弦の2日前です。

39. ヘシオドスA　Hesiodus A (月面図54) col.40°

同心円の二重の周壁を持つ珍しいクレーターです．外側の壁の直径は15kmあります．これによく似た地形は，病の沼(月面図63)にある直径7kmのマルトです．日の出は上弦の2～3日後，日の入りは下弦の2～3日後です．

40. ワーゲンチン　Wargentin (月面図70) col.66°

非常に珍しい例です．このクレーターは，内側の底面が外側の地面より低いという通常の法則に従っていません．ワーゲンチンは直径が84kmありますが，その周壁の高さまで溶岩で満たされ，表面にリンクルリッジのある高原をつくっています．日の出は満月の2～3日前，日の入りは新月の3日前です．

41. リンネ　Linné (月面図23) col.156°

リンネは，直径2.4km，深さ600mという小さなクレーターです．明るい噴出物に囲まれた比較的若いクレーターで，満月近くには，望遠鏡で明るく輝く白い点として見えます．19世紀の後半以後，リンネのミステリアスな変化や，消失の記録が多くの文献に残されています．しかし，それは月の地形の細部が望遠鏡の解像力の限界近くにあるときに起こる古典的な観測ミスだと考えられます．日の出と日の入りはそれぞれ上弦と下弦の1日前です．

42. メシエとメシエA　Messier and Messier A
(月面図48) col.118°

特徴的なクレーターのペアです．メシエは，9km×11kmと東西方向に長い楕円クレーターです．隕石が斜めから衝突したのでしょう．メシエAは，かつてピッカリングと呼ばれたクレーターで，二つの円形クレーターが重なってできています．東側の若いクレーターが，古い小クレーターにおおいかぶさっているように見えます．この双子クレーターのサイズは 11km×13km ありますが，クレーターの西側に彗星の尾の形に似た 2本の光条がまっすぐ伸びています．そのシッポの先は，豊かの海を横切って120kmも離れたところにまで達しています．日の出は新月の3～4日後，日の入りは満月の3～4日後になります．

43. ライナー・ガンマ　Reiner Gamma
(月面図28) col.64°

嵐の大洋の西側にあります．ライナーは典型的な環状クレーターですが，ライナー・ガンマはそのすぐ西側にあるユニークな地形です．海の表面の一部が明るい物質でつくられているようです．月探査機ルナー・オービターが撮影した詳細な月面写真を調べても，そこに起伏がある証拠がまったく発見できませんでした．日の出は上弦の5日後，日の入りは新月の3日前です．

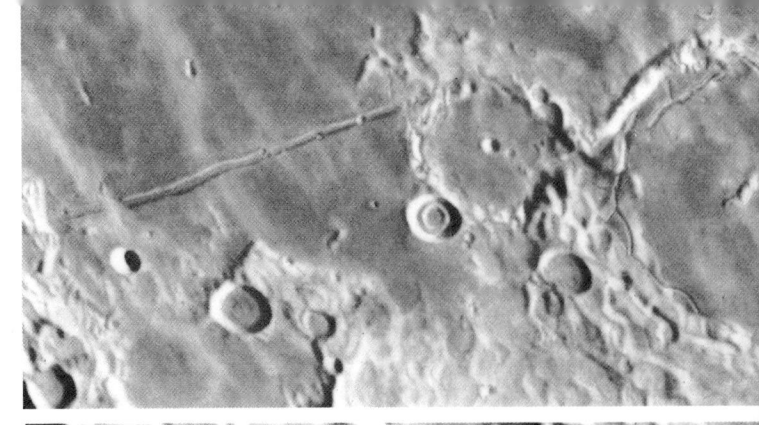

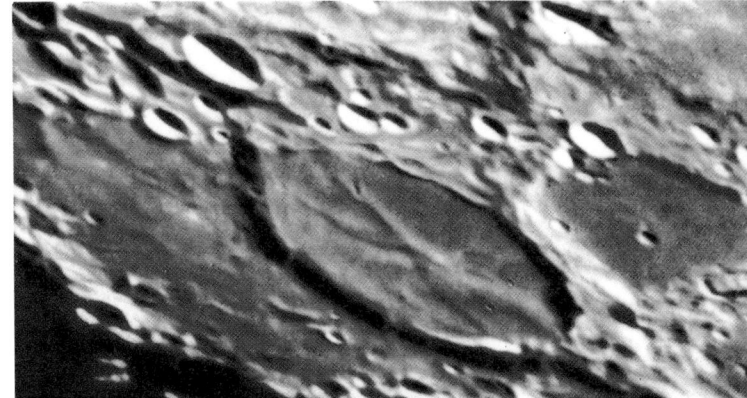

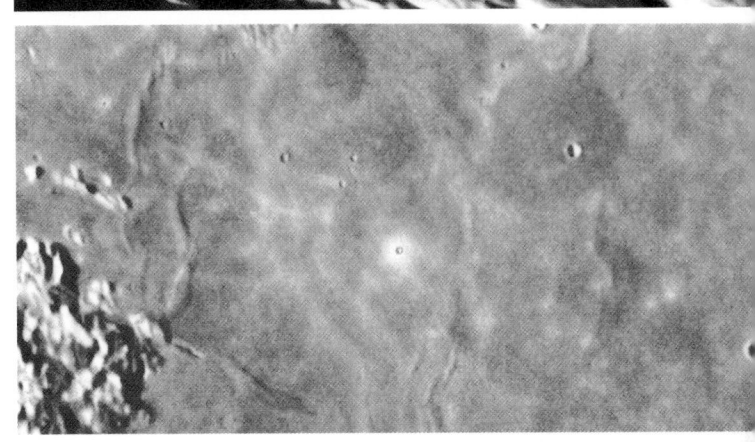

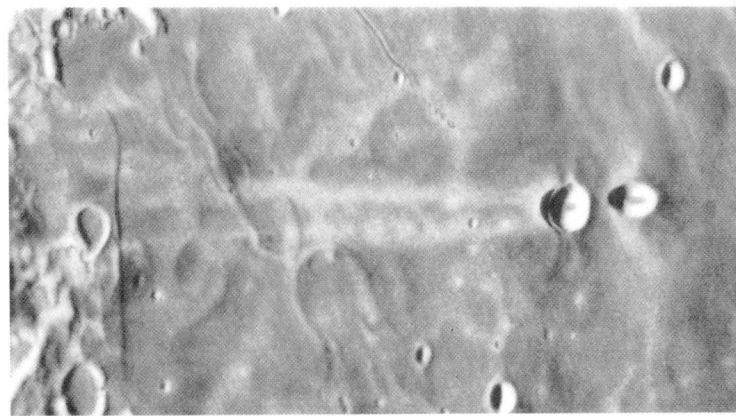

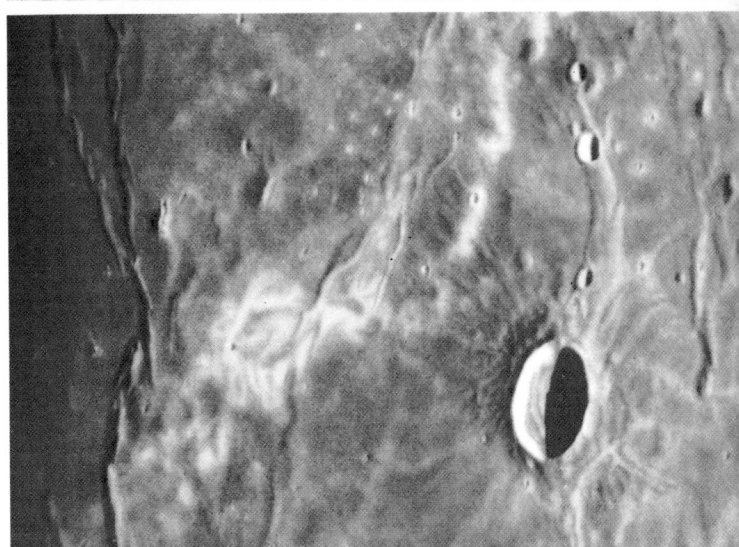

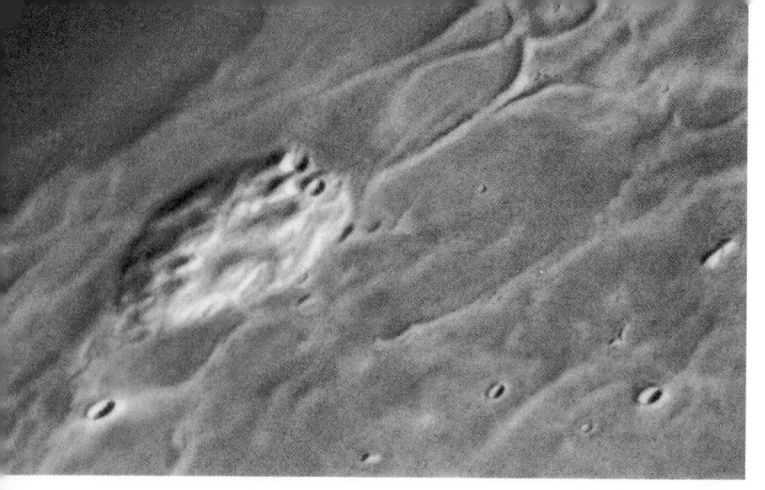

44. リュンカー山 Mons Rümker (月面図8) col.64°

月面でもっとも広いドームの集団です．火山活動によるこの構造地形の直径は約70kmあります．不規則な形をした構造物の上に，数個の低いドームと，地球から識別するには小さすぎる微小クレーターが何十個もあります．日の出は上弦の5日後，日の入りは新月の3日前です．

45. ブリアルドスW谷にかかる「橋」The 'bridge' over the valley Bullialdus W (月面図53) col.198°

珍しい例の一つです．ブリアルドスは直径 61km，深さ3510mの典型的な環状クレーターですが，そこから幅の広い浅い谷が北西(左上)に向かって伸びています．ブリアルドスW谷は，ブリアルドスから約100km離れたところで幅10kmの平らな高地に遮られ，それが「橋」のように見えます．日の出は上弦の2日後，日の入りは下弦の2日後です．

46. ハインツェル（複合クレーター） Hainzel — a composite crater (月面図63) col.198°

三つのクレーターが，互いに重なり合って一つの複合クレーターをつくっています．その中でもっとも古く，もっとも大きいのが直径70kmのハインツェルで，もっとも若いクレーターは直径53kmのハインツェルAです．そして両者の中間がハインツェルCです．日の出は上弦の3日後，日の入りは下弦の3日後です．

47. シラー Schiller (月面図71) col.61°

異常に長く伸びたクレーターです．そのサイズは 179km×71kmで，周壁の形はまるで足跡のように見えます．クレーターの底面は溶岩を注ぎ込まれたようになめらかです．円形ではないこの不思議な地形は，複雑な構造の歴史を思わせる注目すべき地形の一つです．日の出は上弦の3日後，日の入りは下弦の3日後です．

48.バイイ Bailly (月面図71) col.81°

地球から見られる月面でもっとも大きな壁平原です．直径が303km以上もあるこの大きな地形は，月の盆地(basin)として分類されます．底面は平らでなく，たくさんのクレーターがあります．日の出は満月の3日前，日の入りは新月の3日前です．

49.縁の海 Mare Marginis (月面図27,38,Ⅲ)
左：col.329°,右：col.50°

縁の海は，南東から北西方向に長く伸びた形をしています．危機の海のさらに東にあるので，秤動で大きく傾いたときに姿を見せます．地球から常にゆがんで見える縁の海の本当の形は，アポロ16号が撮影した右の写真でよくわかります．縁の海の南岸に腰を据えたネーピアは直径137kmの大クレーターです．日の出は新月の少し後，日の入りは満月の後です．

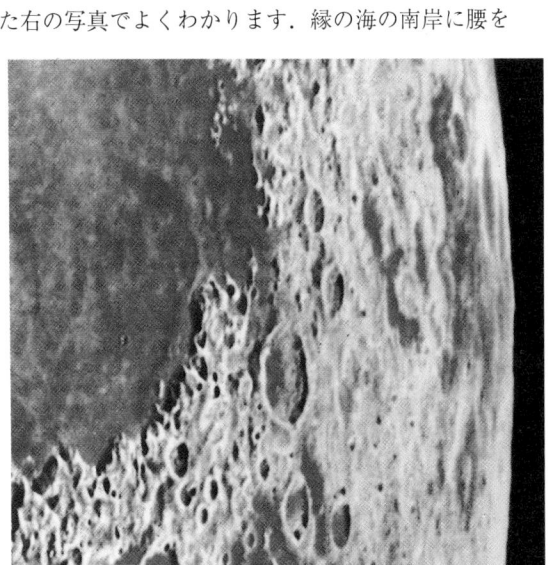

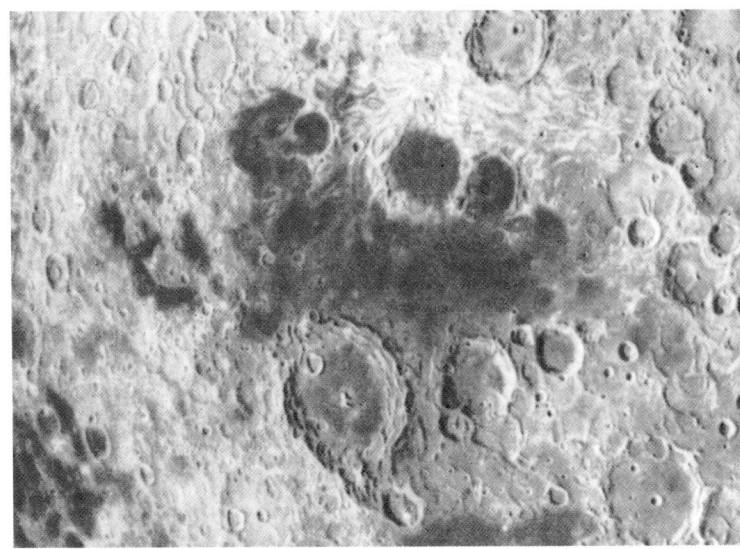

50.危機の海 Mare Crisium (月面図26,27,37,38)
左：col.335°,右：col.329°

巨大なクレーターのように見える直径570kmの円形の地形で，衝突によってできた典型的な月の盆地です．底面は厚い溶岩の層におおわれていますが，さらに密度の高い物質がその下に隠されているようです．そういった高密度物質によって，月面には何カ所か局所的な重力異常が観測されています．それは月を周回する探査機によって検出されました．こういった局部的な質量集中を「マスコン(mascons)」と呼んでいます．危機の海は月面の周辺近くにあるので，南北に伸びた楕円形に見えます．危機の海の形は，経度の秤動が特に大きいときドラマチックに変化します．ゆがみのない実際の形は，右の写真のようにむしろ東西方向に伸びています．なめらかな表面にはたくさんのリンクルリッジが見られます．日の出は新月の2～3日後，日の入りは満月の2～4日後です．

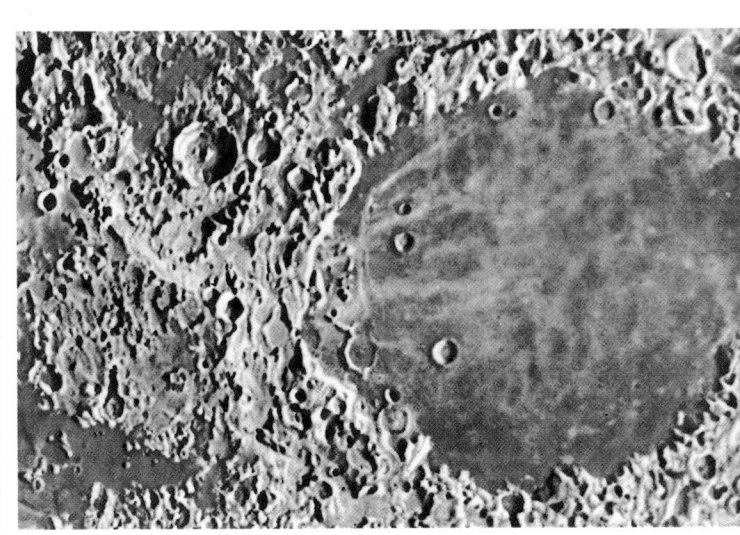

月の観測

月はもっとも観察が容易で楽しい天体です．月ほど豊かなディテールや変化を見せてくれる天体は他にはありません．まず最初に，今夜の月の見え方を予想してみましょう．たとえば，今夜は月が見られるでしょうか？ もし見えるとしたら，太陽のどちら側で，何時頃，どの方向に，地平線からはどれくらいの高さで輝くのでしょう？

まず，天文関係の年表とか年鑑で月の位相を調べましょう．月の位相から太陽と月の位置関係を知ることができ，あなたが観察しようとする時刻に月が空のどのあたりにあって，どのような形で輝くかを推測することができます．外へ出て空を仰げば，その推測が正しかったかどうかは一目でわかります．

月の観察には，まず手始めに月の海の名前や形，そしてその位置を知る必要があります．肉眼では，暗く見えるエリアがぼんやり認められる程度ですが，双眼鏡か小望遠鏡があれば，月面図を参考にはっきり確認をすることができます．双眼鏡は，三脚に固定するとかなりの性能アップがはかれます．

一般的な双眼鏡の倍率はほぼ7倍から10倍程度ですが，これくらいの倍率なら手持ちで使う道具としても十分役立ちます．双眼鏡は，月面の主要な地形の位置を把握したり地形の大まかな形を確かめるのに重宝しますが，さらに詳細な観察をするためには，天体望遠鏡が必要です．

天体望遠鏡は，双眼鏡と違ってアイピース（接眼鏡）を交換して倍率をいろいろ選ぶこともできます．一口に天体望遠鏡といっても，小型のポータブルタイプのものから，半永久的な架台の上に固定されて天文台のドームの中におさまっているものまでいろいろあって，種類は豊富です．

小型天体望遠鏡の多くは，口径5cm〜8cm程度の対物レンズを使う屈折望遠鏡です．もっと口径の大きい望遠鏡を望む人は反射望遠鏡を選びます．その名の通りレンズの代わりに金属メッキをした凹面鏡で集光するタイプの望遠鏡ですが，口径10cm〜20cm程度のものが多く使われています．

もう一つはカタディオプトリックというタイプで，鏡とレンズを組み合わせて両者の欠点を補ったものです．口径が大きい割にコンパクトなので，手軽に持ち運びできる点も重宝されています．

天体望遠鏡の選択は簡単ではありません．望遠鏡をどのような目的に使うかによって決めるべきでしょう．いずれにしても，それを使うあなたが決めることです．参考文献や専門雑誌などを調べて，十分予備知識を持ってから選ぶようにしましょう．

さて，ここでは月を観察するための天体望遠鏡について話を進めます．初めて天体望遠鏡を手に入れた人や，これから望遠鏡を手に入れようという人は，しばしば倍率の魅力にとりつかれます．しかし，それは車の性能をスピードメーターの最高速度で判断しているようなものです．もちろん，望遠鏡の倍率は重要ですが，それ以上に望遠鏡の場合は解像力が重要なのです．

解像力とは，月や惑星の細かな部分がどこまで認識できるかという能力をいいます．望遠鏡の解像力は，二つの点を見分けることができる最小の角距離で判断します．その限界は二つの点像がくっついて一つに見えるところですが，その限界の角距離を分解能といいます．

望遠鏡の分解能は，基本的には口径の大きさに左右されます．分解能は一般的にイギリスのドーズの実験式を使って表します．口径 D mm の望遠鏡の分解能 r'' は，$r'' = 116''/D$ mm を使って簡単に計算できます．たとえば，口径80mmの対物レンズを持つ望遠鏡は，$r'' = 116''/80$ mm となり，分解能 r'' は約 1.4″ ということになります．肉眼の分解能は約 60″(1′) ですから，その40分の1もの細かな部分を観察することができるということです．

地球から月を見たとき，直径がおよそ2kmのクレーターを認めるためには，分解能 1″以下の望遠鏡が必要です．したがって口径80mmの望遠鏡では，直径 3kmのクレーターなら認識できるということになります．これはもちろん，私たちの望遠鏡が高性能の対物レンズを使い，大気が澄み切って，しかもまったく動きがないという理想的な条件の下で観察した場合に限ります．

実際には，大気のコンディションはいつも変動しています．見え方の質，つまりシーイングは，理想とほど遠い場合がほとんどなのです．

本書の月面図には簡単な解説をつけ加えてありますが，リストアップされたいくつかの小クレーターを使って，自分の望遠鏡の分解能をテストしてみてください．

地形の細かい部分の見え方の質は，対物レンズや鏡の口径の大きさだけにあるわけではありません．その他のいくつかの条件との関わりも考慮に入れる必要があります．レンズや鏡の口径と焦点距離の比率で表される口径比もその一つです．たとえば，口径80mmで焦点距離が1200mmの対物レンズは口径比 f が15です．月や惑星の観測には口径比の大きいレンズが適しています．もっとも適した使い勝手がよい望遠鏡は口径比 f が 12 から15程度のものです．

対物レンズのタイプ，その口径比，あるいはアイピースのタイプなどをどのように選ぶかによって，コントラスト，色，鮮明度

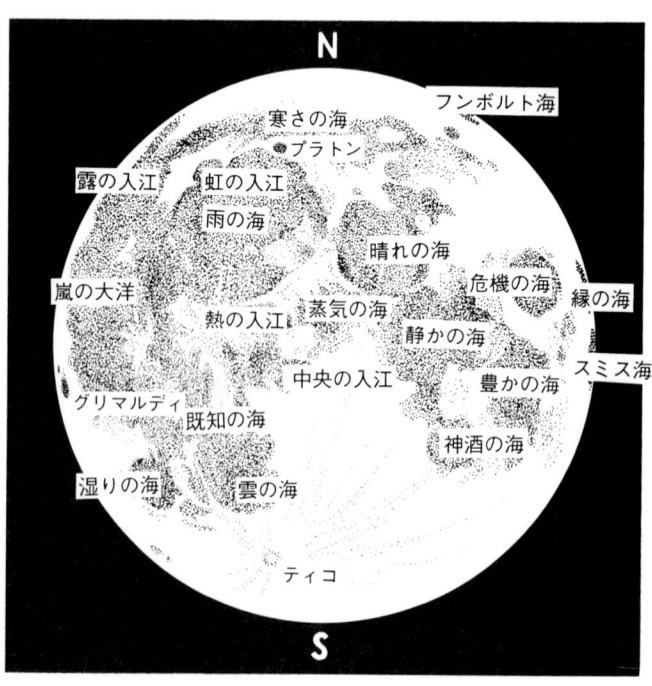

図14 肉眼や双眼鏡で見える月の海やクレーターの地図．

などが違って像の明瞭さに影響します．では望遠鏡の倍率はどういう役割を果たしているのでしょうか．

倍率は理論的な解像度には影響を与えませんが，大気の状態に合った適切な倍率のアイピースを選ぶことは，その望遠鏡の性能を最大限に活用することになります．

望遠鏡の倍率は単純に $F \div F'$ で表されます．F は対物レンズか対物鏡の焦点距離で，F' は使用するアイピースの焦点距離です．たとえば，焦点距離1000mmの対物レンズに，焦点距離10mmのアイピースを組み合わせると，倍率 Z は，$Z = 1000 \div 10 = 100$ で100倍になります．つまり，倍率はレンズの口径に関係なく焦点距離で決まるのです．

一般的に，倍率が同じでも口径が違う二つの望遠鏡でのぞき比べた月の姿は，かなりの違いがあります．口径の大きい方が，より細かな部分が確認できるということです．ところが，同じ口径の望遠鏡でも，倍率が違うと見え方が違ってきます．細かな部分を確認するための性能を最大限に引き出す最適な倍率があるからです．それを有効最高倍率といいます．

小型望遠鏡の場合は，目安として口径をミリメートルで表した数値を有効最高倍率とします．たとえば，口径80mmの対物レンズを持つ望遠鏡の有効最高倍率は約80倍ということです．焦点距離の短いアイピースを選んで倍率を上げることはできますが，有効最高倍率を超えると，かえって地形の細かな部分やそれに付随する詳細な情報が消えてしまうのです．それは画面の小さいテレビと大きいテレビの性能を比較するのと似ています．

倍率には大気の乱れや気流による制約もあります．倍率がその影響を拡大してしまうからです．そういうときは，望遠鏡の持つ性能の限界よりも倍率を低くせざるをえないのです．私の経験では，晴れた夜の約3分の2はこういった理由で地形の詳細な観察には向いていません．

ここまでは望遠鏡の光学的な性能について考えてきましたが，望遠鏡は機械的な性能もけっして無視できません．どんなに光学的に優秀な望遠鏡でも，適切に設置されなければすべてが無意味になってしまうのです．天体望遠鏡には，それを支えるしっかりした三脚か支柱が必要です．そして，互いに垂直な 2 本の軸の周りをスムーズに回転させて，望遠鏡を自由自在に目的の天体に向けられる架台がなければならないのです．そよ風に吹かれただけで揺れてしまうような三脚は論外です．望遠鏡の架台の安定性は，その重量を増すことによって明らかに向上しますが，残念ながらそれは携帯性を悪くするという点では欠点になります．

月や惑星は明るいので，口径 50mm～80mm 程度の経緯台式小望遠鏡で十分楽しめます．しかし，じっくり構えて観察をという人や写真撮影をしたいという人には，口径 100mm～200mm 以上の望遠鏡と赤道儀式の架台が必要です．そしてどんなにいい機材も，透明度の悪い空や，ビルや煙突などの人工の乱流のできる空を避けて設置しなければ，その性能をフルに活用することはできません．

理論的には，高品質な望遠鏡を適切な架台に載せて絶好の観測条件下で使用すれば，その望遠鏡の分解能の限界に近い詳細な観察ができるはずです．しかし，実はそれだけではまだ十分ではありません．それは観測者の経験です．目に入ってくる像をどのように解釈するかが大切なのですが，そういう能力は経験が解決してくれるのです．

出版された見事な天体写真の印象と，同じ天体を望遠鏡を通して見た場合の違いは，初めての観測者をまごつかせ，時にはがっかりさせます．観測や観察は芸術です．ある程度の知識や訓練が必要なのです．経験で鍛えた目があれば，たとえ小望遠鏡でも，かなり詳細な観察が可能です．

まず，月面図に記載された名前のついた地形に注目してみましょう．順々に確認するだけでも面白いのですが，もう少し踏み込んで観察するとさらに面白くなります．いろいろな位相の月面で見え方を比べると，その地形の全容がわかってきます．満月を観察するだけで，月の顔の探索が終わることにはなりません．満月は影ができないので，地形の凹凸の情報がまったく失われているのです．

もし，自分の望遠鏡の性能をテストしてみたかったり，自分の観測の腕前を向上させたいのなら，古典的な月学者たちがやったように，紙と鉛筆を使って忠実に細部のスケッチをとるといいでしょう．まず通常のスケッチの準備をしましょう．スケッチ用紙，鉛筆（HBかもっと柔らかいもの），消しゴム，画板といったものです．それに加えてスケッチ用紙を照らすための小さなランプも必要です．

白紙にいきなりスケッチを始めてもよいのですが，写真や月面図を基に，選ばれた地形の輪郭線をあらかじめスケッチしておくと便利です．この方法は時間を節約しますし，地形の実際の見え方の観察に集中し，影の形や明暗の配置，その他のあらゆるディテールを記録することに専念できます．

もっと経験を積んだ観測者たちは，拡大された月面写真や精密な月面図上に直接地形の詳細を描くこともあります．一般的なルールとして，精密なスケッチをするには適度な時間で描ける小さなエリアを選ぶのがベストです．それはほぼ10分から30分くらいで描ける範囲といったところでしょう．

作業が長すぎると，目が疲れるだけでなく月の地形の見え方も変化します．特に太陽光が低くから斜めに照らしているときはその変化が速いのです．

スケッチの範囲は，どんな倍率を使うかで決まります．有名な月理学者 P.ファウトは，望遠鏡の倍率を150倍にしたときの約 1：2,000,000のスケール，つまり月面上の2kmがスケッチでは1mmになるスケールか，倍率300倍で得られる 1：1,000,000 程度のスケールを勧めています．

スケッチを価値のあるものにするために，観測日時，使用した望遠鏡のデータ，光学系のタイプ，口径，倍率，それから大気のコンディション，シーイングの評価などを忘れずに記録しておきましょう．

本書の「月50景」では，太陽光の照射角度の変化と共にその姿を変える興味深い地形を紹介しました．月の地形は，太陽光の照射角度によって，見かけの姿が消えてしまったり，逆に強調されて目立ちすぎたりすることもあります．一般的に月面の地形が目立つのは，太陽光の照射角度が小さくて影が長くなるときです．つまりその地形が明暗境界線近くにあるときです．

観測するエリアが明暗境界線の近くにくる時期は，太陽の月面余経度表（p.212）を見るか，天文関係の年表や年鑑で事前に知ることができます．月面のすべての部分が，1 年間に25回，朝方あるいは夕方の明暗境界線を横切るのですが，通常，地形の詳細が観測できるのは前後2日程度です．したがって，同じような条件で

観測できる可能性は1年間に50回あります．しかしその内の3分の2は天候が悪くて観測ができず，さらに，残りの約3分の1は激しい大気の乱れで詳細な観測が不可能になります．好条件で観測できる機会は1年間で5回程度しか残されていないのです．これはとても悲観的なデータですが，逆に，だからこそ系統的な観測は非常に価値があるということになります．

月の撮影

月の研究の歴史の中で，月面の正確で客観的な表現のために，写真が重要な役割を果たしたことは疑う余地がありません．また，月は，普通のカメラで簡単に撮影できる被写体でもあります．したがって，月が地上の風景の中に写し込まれた印象的な作品も多く残されています．

35mm判のカメラの場合，標準レンズ（$F=50$mm）で撮影するとフィルム上の月の直径は 0.5mmにしかなりません．それでは月の位相を表現するのにも十分の大きさとはいえません．

フィルム上の月の直径 d は，撮影に使用するレンズの焦点距離 F を 115 で割れば求められます．たとえば焦点距離 F が 135mm の望遠レンズなら，フィルム上の月の直径 d は1.2mmになります．さらに焦点距離の長い300mmレンズなら，月の直径は2.6mmになって月の位相や海の形を確かめるのに十分な大きさとなります．

さらにフィルム上の月の像を大きくして，月面の詳細を撮影するためには，カメラのレンズの代わりに望遠鏡の対物レンズを使います．通常アイピースをつける部分に，レンズを外したカメラ本体を取りつけます．カメラを取りつけるためにはアダプターが必要です．

対物レンズの焦点距離は小望遠鏡でも1000mm程度はあります．焦点距離1200mmの対物レンズでフィルム上の月の大きさは直径10mmになります．直径が10mmあれば明暗境界線付近のギザギザも見ることができるでしょう．

さらに大きな像を得るためには，アイピースを使って拡大撮影をします．対物レンズにできた像をカメラに入る前にアイピースで拡大してやるという方法です．これにはアイピースと共にカメラを取りつけるアダプターが必要です．拡大撮影のピント合わせはとても微妙なので，直接像を見ながらピント合わせができる点で一眼レフ式のカメラがもっとも適しています．

カメラの位置がアイピースから離れれば離れるほど，フィルム上の月のサイズが大きくなります．理論的には，対物レンズ＋アイピース（接眼レンズ）の組み合わせによって得られる合成焦点距離は，いくらでも長くできるので，拡大率の限界はありません．

しかし実際には，必要以上に拡大率を高めると，像が暗くなって長い露光時間が必要になります．おまけに長時間露光は，その間に望遠鏡の振動，大気の乱れ，天球上の月の動きなどの影響を受けやすくなるという欠点があります．結局，拡大率は対物レンズの口径による限度があります．焦点距離を対物レンズの口径で割ったものを口径比といいます．口径比 f が大きくなるほど，フィルム上の月の像は暗くなります．

拡大率を高くすると，シャッターを切ったときの振動の影響も受けやすくなります．この問題は，シャッターをバルブ（B）にセットして，対物レンズの前を黒いカードで遮って，シャッターとして使うという方法で解決します．カードを外している間が露光時間です．カードを元に戻して露出を終わりますが，最後にカメラのシャッターを閉じることも忘れないでください．

もちろん，露光時間はできるだけ短くするに越したことはありません．長時間露光にはなんの長所もありません．特に赤道儀式の架台で，月の日周運動が追えるタイプ以外の架台にカメラを固定した場合，短い露光時間は不可欠です．

露光時間を切り詰める最後の手段は，高感度フィルムを使うことです．ただし，感度を上げるとフィルムの粒状性が悪くなるので，目的によって使い分ける必要があります．また露光時間は，レンズの口径とか拡大率という光学系の条件以外にいくつかの要因によって変わります．月の位相（月齢）とか地平線からの高度の違いも大きな要因になりますし，空気の透明度も影響します．

たとえば，口径比 f が 22 の光学系と感度 ISO100 のフィルムを組み合わせたとき，適切な露光時間は満月のときに1/30秒，上弦と下弦の月は1/8秒，そして細い弓状の月では1/2秒となります．

近頃の一眼レフカメラは，フィルムの感度と口径比に応じて露光時間を自動的に読みとってくれます．こういったタイプのカメラではカメラまかせになります．もし手動に切り替えができるカメラなら，露出計が示した露光以外に，その前後の露光時間でも

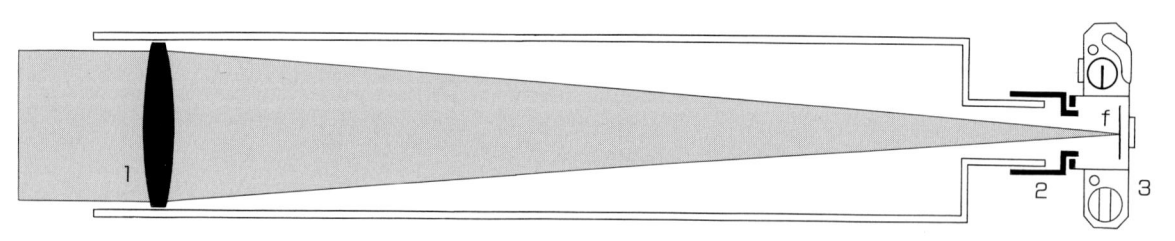

図15a　望遠鏡の対物レンズを使った直接焦点撮影法．1:対物レンズ，2:カメラボディを鏡筒に取りつけるアダプター，3:レンズを外した一眼レフカメラのボディ，f:焦点面の月の像．

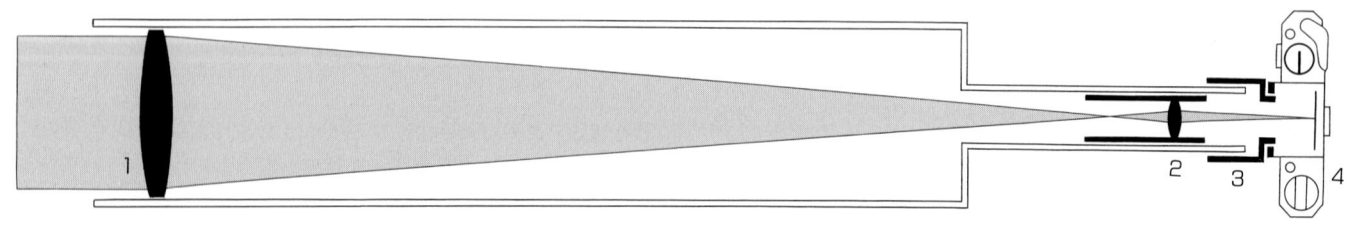

図15b　アイピースを使った拡大撮影法．1:対物レンズ，2:拡大用アイピース，3:アダプター，4:カメラボディ．

撮影しておくことをお勧めします．

月面のどの部分の写真を撮りたいかによっても，露光時間はずいぶん変わります．明暗境界線付近に適した露光時間では，反対側の明るいエリアは露出オーバーになり，またその逆もあります．

月面の撮影でもっとも深刻な問題は，乱気流による像の乱れです．モーター駆動の赤道儀式望遠鏡なら，カメラをつけた主望遠鏡と平行につけられた第二望遠鏡かファインダー（案内望遠鏡）をのぞいて，気流の状態が最良になる瞬間を待つことができます．大気が落ち着いた瞬間にシャッターをきればいいのですが，常に変動する大気の状態と露光の瞬間を一致させることはとても難しく，何枚も撮影してその中からもっともいいものを選ぶことになります．

理想的な露光に成功したもっともシャープな写真でも，同じ望遠鏡を直接のぞいたときに認められるもっとも細かな様子を記録することはできません．大気が落ち着いた瞬間に認められる詳細を人間の目は見逃しません．その点では写真の感光材料よりも目の方が優れているといえます．したがって経験を積んだ観測者は，大望遠鏡でなければ撮影できない地形の細かな部分を，小型望遠鏡で十分認めることができます．口径 20cm〜30cm クラスの望遠鏡なら，世界でもっとも強力な望遠鏡で撮影された月面のディテールでさえも視覚的にとらえることが可能なのです．

感光剤を使った写真に代わってCCDを使ったデジタル映像化のテクニックは，これから注目される観測法です．CCDカメラが望遠鏡に装着され，焦点面にはフィルムの代わりに CCDチップがセットされることになります．CCDに関する技術は，今，たいへんな勢いで進歩しており，コンピューターと映像処理のプログラムを駆使することで，素晴らしい月面映像を楽しむことができます．写真と同等，あるいはそれ以上の映像を得ることも可能な時代になり，これからが楽しみな技法です．

月の観測の楽しみ

月探査機とアポロ宇宙船の探査計画の成功によって，詳細な月面図が作成された今，私たちが地球から月の観察をすることにあまり意味がないように思われるかもしれません．しかしそれは間違いです．解明されるべき問題はまだ多く残されています．

探査機から撮影された写真は，太陽光がある方向から照らしたときの月面しか表現していません．その地形の実際のディテールを明らかにするには，東西あらゆる照射角度による観察が必要なのです．また，明暗境界線での系統的な観測は，探査機によって完全に完成しているわけではありません．リンクルリッジ（しわ状尾根），台地，丸いドームのように低い斜めの照明でしか姿を現さない地形，特に海の表面の構造についてはまだ多くの発見があります．ひょっとすると，それが新発見ということもありうるのです．

1783 年以来，何人かの月の観測者が月面上に神秘的な現象を目撃したという報告をしています．これまでに約 1200 の一時的な月面上の現象 TLP (transient lunar phenomena) が記録されています．報告された現象には，地域的なかすみ現象，一時的な色の変化（時に赤色），部分的な明るさの変化，あるいは逆に一時的に暗くなる現象などが含まれています．

報告の多くは信頼性に疑問があります．極端な条件での観測では，人間の目は微妙な変化に簡単に惑わされるからです．信頼できるTLPの観測は，経験豊富な観測者たちにも確認された場合です．その一つに，1958 年のコジレフの観測があります．アルフォンススの中央丘のてっぺんからガスと塵の噴出があったという観測です．このとき彼はスペクトル撮影でその証拠を手に入れています．

アポロ宇宙船の宇宙飛行士たちによる TLP の報告は 1 件もありません．こういった現象は特定の地域に限られています．たとえばクレーターでは，アリスタルコスの周辺で約300件ものTLPが観測されており，プラトン付近で70件以上，またアルフォンススの周りで25件の観測がありますし，海の周辺でもいくつか見つかっています．

アポロ宇宙船による実験の結果から証拠が得られたものもあります．高感度の感知器によって，アリスタルコスというクレーターの周辺と海の縁に沿った地域で，放射性のラドンガスの噴出が何カ所か検出されたのです．

TLP の原因ははっきりわかっていませんが，月の火山活動が遠い昔に終わって現在の地震活動がとるに足らないものであったとしても，月は完全な死の世界ではないようです．月の内部のどこかがまだ溶けた状態であるなら，時折，ガスや塵とガスの混合物が，表面近くの裂け目などから噴出することがあっても不思議はないでしょう．塵やガスによって表面の詳細がかすんだり一時的に暗くなるのです．

月探査機とアポロ宇宙飛行士たちによる直接の月面探査は，私たちを新しい観測の方法へと導いてくれました．月面試料の科学的組成，構造，その他の解析が，月面と地上の研究室の両方で行われ，試料を採取した位置とその他のエリアを比較観測することもできます．

将来，地球から空に向けられる望遠鏡のほとんどが月に向けられるときがあるでしょう．人類の月への思いがまた蘇るのです．それはおそらく21世紀の初め，科学者を含む探検者たちの有人月基地の建設がそのきっかけをつくるはずです．

おそらく，地球上の望遠鏡でその成果を直接見ることも可能でしょう．それはとてもエキサイティングで，とても楽しみな未来への展望ではないでしょうか．

太陽の月面余経度表

月の観察をするとき，その日の明暗境界線（欠けぎわ）がどこにあるかを知っておく必要があります．それを知るには天文関係の年表や年鑑などで太陽の月面余経度を調べます．

太陽の月面余経度は，日の出の明暗境界線の位置を表しています．明暗境界線は月面を西向きに移動するので，月面の中央子午線（月面経度 0°）から西向き（0°～360°）に測った値を使います．日の入りの明暗境界線の位置は，太陽の月面余経度に 180°加えた値になります．月面経度 λ と太陽の月面余経度 c の関係は次のようになります．

　　　日の出の明暗境界線の月面経度　　$\lambda_E = 360° - c°$
　　　日の入りの明暗境界線の月面経度　$\lambda_W = 180° - c°$

年表がない場合，太陽の月面余経度は下記の表を使って計算することができます．この表は世界時(UT)が使われています．
（訳者注：日本の中央標準時は世界時プラス9時間です．太陽の月面余経度 0°は，日の出の明暗境界線が月面の中央子午線上にやってきたときで，それは上弦の月です．したがって満月の余経度は 90°，下弦の月は180°，新月は270°ということになります．余経度が90°から270°までの間は，日の出の明暗境界線は月の裏側にあるので地球から見えません．その代わり日の入りの明暗境界線を見ることができるのです）

例1

1991年4月19日21時UT の明暗境界線の位置はどこにあるでしょう．

表Ⅰ，Ⅱ，Ⅲ，Ⅳによれば下記の数字が得られます．

時	表	$c°$	$M°$（補正）
1991	Ⅰ	78.57	0.4
4月	Ⅱ	17.17	84.7
19日	Ⅲ	231.62	18.7
21時	Ⅳ	10.67	0.9
		338.03	104.7（合計）

月面余経度の計算表

表Ⅰ 年

年	$c°$	$M°$
1989	179.32	0.9
1990	308.95	0.7
1991	78.57	0.4
1992	220.39	1.1
1993	350.01	0.9
1994	119.63	0.6
1995	249.26	0.4
1996	31.07	1.1
1997	160.69	0.8
1998	290.32	0.6
1999	59.94	0.3
2000	201.76	1.0
2001	331.38	0.7
2002	101.01	0.5
2003	230.63	0.2
2004	12.44	1.0
2005	142.07	0.7
2006	271.69	0.5
2007	41.31	0.2
2008	183.13	0.9
2009	312.75	0.7
2010	82.38	0.4
2011	212.00	0.2
2012	353.81	0.9
2013	123.44	0.6
2014	253.06	0.4
2015	22.68	0.1
2016	164.50	0.8
2017	294.12	0.6
2018	63.75	0.3
2019	193.37	0.1
2020	335.18	0.8

表Ⅱ 月

月	$c°$	$M°$
1月	0.00	356.0
(1月)	347.81	355.0
2月	17.91	26.6
(2月)	5.72	25.6
3月	359.25	54.2
4月	17.17	84.7
5月	22.89	114.3
6月	40.80	144.8
7月	46.53	174.4
8月	64.44	204.9
9月	82.35	235.5
10月	88.07	265.1
11月	105.99	295.6
12月	111.71	325.2

（ ）は閏年の場合

表Ⅲ 日

日	$c°$	$M°$
1	12.19	1.0
2	24.38	2.0
3	36.57	3.0
4	48.76	3.9
5	60.95	4.9
6	73.14	5.9
7	85.34	6.9
8	97.53	7.9
9	109.72	8.9
10	121.91	9.9
11	134.10	10.8
12	146.29	11.8
13	158.48	12.8
14	170.67	13.8
15	182.86	14.8
16	195.05	15.8
17	207.24	16.8
18	219.43	17.7
19	231.62	18.7
20	243.81	19.7
21	256.01	20.7
22	268.20	21.7
23	280.39	22.7
24	292.58	23.7
25	304.77	24.6
26	316.96	25.6
27	329.15	26.6
28	341.34	27.6
29	353.53	28.6
30	5.72	29.6
31	17.91	30.6

表Ⅳ 時

時	$c°$	$M°$
1	0.51	0.0
2	1.02	0.1
3	1.52	0.1
4	2.03	0.2
5	2.54	0.2
6	3.05	0.2
7	3.56	0.3
8	4.06	0.3
9	4.57	0.4
10	5.08	0.4
11	5.59	0.5
12	6.10	0.5
13	6.60	0.5
14	7.11	0.6
15	7.62	0.6
16	8.13	0.7
17	8.64	0.7
18	9.14	0.7
19	9.65	0.8
20	10.16	0.8
21	10.67	0.9
22	11.17	0.9
23	11.68	0.9
24	12.19	1.0

表Ⅴ 補正

$M°$	補正	$M°$
0	0.0	360
10	−0.4+	350
20	−0.7+	340
30	−1.0+	330
40	−1.3+	320
50	−1.5+	310
60	−1.7+	300
70	−1.8+	290
80	−1.9+	280
90	−1.9+	270
100	−1.9+	260
110	−1.8+	250
120	−1.6+	240
130	−1.5+	230
140	−1.2+	220
150	−1.0+	210
160	−0.6+	200
170	−0.3+	190
180	0.0	180

表Vから合計したMにもっとも近い値をさがすと，100°ですから，補正値は$-1.9°$であることが読みとれます．Mの値が180°以上になった場合は，補正値の$\pm$のサインが変わることに注意してください．この補正分をcに加えれば正しい太陽の月面余経度cが得られます（$c = 338.03° + (-1.9°) = 336.1°$）．

月の中央子午線の月面余経度は，0°あるいは360°ですから，このcの値は，中央子午線からあまり遠くないことがわかります．日の出の明暗境界線の月面経度λ_Eは，$360° - 336.1° = +23.9°$（月面経度$\lambda_E = 23.9°$E）となり，一方，日の入りの明暗境界線λ_Wは，$180° - 336.1° = -156.1°$（月面経度$\lambda_W = 156.1°$W）となります．私たちは，月面の中央子午線から23.9°東にある子午線上に，日の出の明暗境界線があることを知ることができるのです．

月面図を見ると，そこには朝の太陽に照らされるプリニウス，ラーモント，そして，テオフィルス，キリルス，カタリナのクレーター・トリオやアルタイ壁の姿があります．日の入りの明暗境界線は裏側にあるので見ることはできません．

例2

1991年4月に，「ブリアルドス」クレーター（月面経度$\lambda = -22°$）で日の出が見られるのはいつでしょう．

日の出の明暗境界線の月面経度λ_Eは，$\lambda_E = 360° - c$となるため，太陽の月面余経度$c = 360° - \lambda_E$となります．日の出が1991年4月中の何日の何時になるのかは，太陽の月面余経度cの数値と，ブリアルドスの月面経度の数値が等しくなるときです．月面余経度cは$c = 360° - (-22°) = 382°$，あるいは$382° - 360° = 22°$となります．表IとIIから次の値が得られます．

時	表	$c°$	$M°$（補正）
1991	I	78.57	0.4
4月	II	17.17	84.7
		95.74	85.1（合計）

必要な余経度$c = 382°$との差は，$382° - 95.74° = 286.26°$ですから，表IIIを見ると，286.26°にもっとも近いのは，23日（4月）の280.39°です．年，月の太陽の月面余経度cの値に，この23日分を加えると，$c = 78.57° + 17.17° + 280.39° = 376.13°$ですから，360°を引いて$c = 16.13°$となります．

時	表	$c°$	$M°$（補正）
23日	III	280.39	22.7

次にMの三つの値を加えることで補正します．$M = 0.4° + 84.7° + 22.7° = 107.8°$ですから，表Vを見ると，もっとも近い補正値は$-1.8°$となり，月面余経度の正しい値は$c = 16.13° - 1.8° = 14.33°$となります．

したがって，1991年4月23日0時UTの太陽の月面余経度は14.33°です．しかし，余経度14.33°の月面経度は$-14.33°$ですから，ブリアルドスの月面経度$-22°$から，まだ7.7°離れています．表IVで7.7°は，15時UTにあたることがわかります．ですから，ブリアルドスに太陽がのぼる時刻は，1991年4月23日15時UTということになります（日本時間は9時間プラスします）．

注1　$360° - c$の差が360°を越えるときは360°を引く．

注2　月面経度λは，中央子午線（月面経度0°）から東回りに0°～$+360°$で測るか，あるいは中央子午線から東回りの$\lambda_E = 0°$～$+180°$か，西回りの$\lambda_W = 0°$～$-180°$によって表す．

注3　計算を簡単にするために，ここでは太陽の月面緯度を無視して，明暗境界線が常に子午線と一致するものとした．

月食

月食はもっとも興味深い天文現象の一つです．地球は太陽の反対側に円錐形の影をつくります．その影の中に月が隠れる現象が月食です．

月の軌道と同じ距離に，地球の影に対して垂直な大スクリーンを置くと，スクリーン上に本影と呼ばれる丸い影ができ，その周りに半影と呼ばれる薄い影のリングが現れます．このような地球の影のエリアを月が通過するとき月食が起こるのです．

月食が起きるために，まず，太陽と地球と月の中心がほぼ一直線上に並ぶことが必要です．したがって，月食が起きるのは必然的に満月のときに限るということになります．ただし，満月なら必ず月食になるというわけではありません．制約がもう一つあるのです．

月の軌道は，地球の軌道に対して約 5° 傾いているので，月は地球の影の北側か南側(上か下)を通過してしまうことが多いのです．見かけの太陽の軌道を黄道といい，見かけの月の軌道を白道といいますが，黄道と白道の一方の交点に太陽がいて，同時に180°離れた反対側の交差点にちょうど月がやってきたときに限り月食になるのです．

月が地球の影を通過するとき，いろいろなパターンがあります．図16b-1 の場合は，地球の半影部分を通過して半影月食となります．半影月食は光度の減少が極端に少ないので，目で見てそれを確認するのは難しいでしょう．それは撮影してやっとわかる程度のコントラストしかありません．図16b-2 の場合は，半影部分から本影の端を通り過ぎるので，私たちは月が本影に触れた瞬間から部分月食を見ることになります．図16b-3 では，月は完全に本影の中に入り皆既月食となります．

皆既月食は，月が本影の中心にもっとも近づいたとき，食が最大になったといいます．月食の食分は，月が本影に接触したときを食分 0，月が完全に本影の中に入った瞬間を食分 1 とします．したがって食分が 0～1 までは部分月食となり，食分が 1 以上のときは皆既月食となります．

食が最大のときの食分はいろいろですが，条件が揃ったときの最大食分は 1.888 になります．食分が大きいほど月食の継続時間が長くなるのですが，皆既の継続時間がもっとも長いときは 1 時間 40 分強になります．もちろん月食全体の継続時間も長くなり，通常，皆既月食では数時間ほどになります．

人間はかなり古くから月食や日食を予測する方法を知っていました．次の食がいつ起こるかを決定する周期を発見したからです．サロスと呼ばれるその周期は約 6585 日（約 18 年と 11 日）です．

月食の正確な時刻や観測に必要なデータは，毎年発行される天文関係の年表や年鑑等に掲載されます．

月食は日食と違って，その時刻が夜であれば地球上のどこからでも見ることができます．皆既月食で見逃せない面白い現象は，地球の本影にすっぽり隠れたはずの月が，かすかに赤く光って見えることです．この矛盾した不思議な現象は，地球の大気のイタズラによるものです．空気がレンズの役割をするので，大気中を通る太陽光が内側に屈折して，本影の中の月面を光らせるのです．赤く見えるのは，大気中で波長の短い青い光が散乱して波長の長い赤い光だけが通り抜けるからです．

皆既中の月面の明るさの差は，地球の大気中の塵の量が変化することによっても起こります．それは下のダンジョンの分類を使って見当をつけることができます．

等級	概　要
0	とても暗い月食で，皆既が最大になる頃はほとんど見えなくなる．
1	暗い月食で，薄いグレイか茶色に見える．細かい部分は見えない．
2	暗い赤色か赤褐色，影の真ん中が暗く，縁が少し明るい．
3	レンガ色，時には明るい黄色っぽい縁が見える．
4	赤銅色かオレンジ色，明るい月食で，青っぽい明るい縁が見える．

小型望遠鏡や双眼鏡は，皆既中の明るさや色を見るのには最適な道具です．

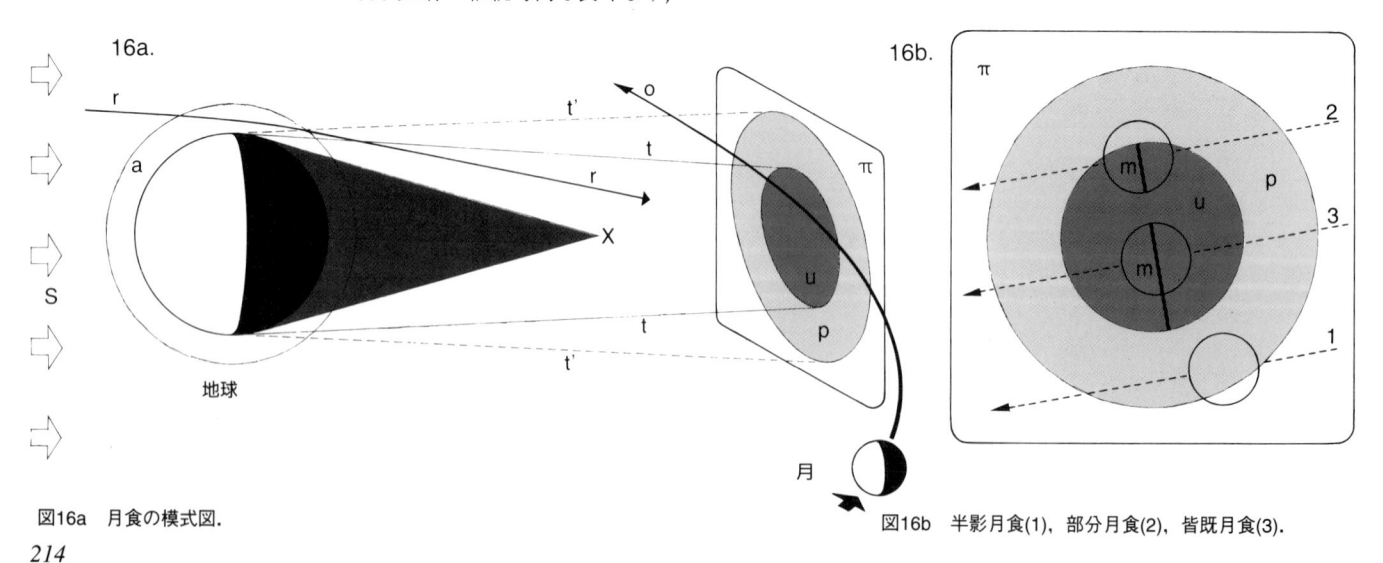

図16a　月食の模式図．

図16b　半影月食(1)，部分月食(2)，皆既月食(3)．

日本で見られる月食（1997〜2033）

現象 年 月 日	欠け始め h m	皆既の始め h m	食の最大 h m	皆既の終わり h m	食の終わり h m	食分
1997 09 17	02 02	03 14	03 47	04 20	05 32	1.20
1999 07 28	19 25		20 36		21 47	0.42
2000 07 16	21 03	22 04	22 55	23 46	24 47	1.78
2001 01 10	03 36	04 48	05 21	05 54	07 06	1.20
2001 07 05	22 41		23 58		25 15	0.52
2004 05 05	03 43	04 50	05 30	06 10	07 17	1.32
2005 10 17	20 29		21 02		21 35	0.08
2006 09 08	03 04		03 53		04 42	0.19
2007 08 28	17 45	18 49	19 35	20 21	21 25	1.48
2008 08 17	04 34		06 07		07 40	0.84
2010 01 01	03 52		04 25		04 58	0.08
2010 06 26	19 18		20 36		21 54	0.53
2010 12 21	15 30	16 39	17 16	17 53	19 02	1.27
2011 06 16	03 19	04 20	05 11	06 02	07 03	1.72
2011 12 10	21 48	23 03	23 31	23 59	25 14	1.14
2012 06 04	18 53		20 03		21 13	0.40
2013 04 26	04 52		05 10		05 28	0.03
2014 10 08	18 08	19 21	19 52	20 23	21 36	1.17
2015 04 04	19 23	20 51	21 03	21 15	22 43	1.03
2017 08 08	02 21		03 18		04 15	0.26
2018 01 31	20 45	21 51	22 32	23 13	24 19	1.34
2018 07 28	03 33	04 34	05 23	06 12	07 13	1.62
2021 05 26	18 40	20 08	20 20	20 32	22 00	1.03
2021 11 19	16 24		18 03		19 42	0.99
2022 11 08	18 11	19 17	19 59	20 41	21 47	1.36
2023 10 29	04 31		05 14		05 57	0.14
2025 09 08	01 23	02 29	03 11	03 53	04 59	1.38
2026 03 03	18 52	20 05	20 36	21 07	22 20	1.18
2028 07 07	02 12		03 20		04 28	0.38
2029 01 01	00 04	01 14	01 50	02 26	03 36	1.24
2030 06 16	02 17		03 35		04 53	0.53
2032 04 25	22 26	23 38	24 11	24 44	25 56	1.19
2032 10 19	02 18	03 36	04 01	04 26	05 44	1.11
2033 04 15	02 30	03 48	04 12	04 36	05 54	1.10
2033 10 08	18 04	19 10	19 52	20 34	21 40	1.37

時刻は日本標準時(JST)．時によって数分の誤差がある．「皆既の始め」「皆既の終わり」の時刻のない場合は部分月食．記した時刻に月が地平線上にない場合もある．本表はオッポルツァー（T.E.von Oppolzer）の *Canon der Finsternissse* の資料を書き直したもの（鈴木敬信『天文学辞典』（改定・増補版，1996）より）．

用語解説

アポロ計画 Apollo programme アメリカの有人宇宙計画で，1968年から1972年にかけて行われた．人類最初の月軟着陸成功は，1969年7月20日のアポロ11号によるものだった．岩石標本の採集（総量で382kgが地球に持ち帰られた）や，地球物理学関連の観測機器の設置なども実施された．

アルベド → 反射能

位相 phase 月のように自分で輝かない天体も，太陽光に照らされた部分は，それを反射することで輝く．したがって，地球と太陽とその天体との位置関係によって，地球から見える光る部分の比（位相）が周期的に変化する．月の主要な位相は，新月，上弦，満月，下弦などである．

位相角 phase angle 太陽光を反射して輝く天体と地球を結んだ線と，その天体と太陽を結んだ線との間の角度を位相角という．位相角の変化と共に，地球の観測者から見られる天体の位相が変わる．

遠地点 apogee 月や人工衛星が，その楕円軌道上で地球からもっとも遠く離れる地点．

角距離 angular measure 角度で表した見かけの距離．1°（度）は60′（分），1′（分）は60″（秒）となる．月や惑星の見かけの円盤の大きさや，月のクレーターの直径などは，角距離で表すことがある．

ガリレオ Galileo 1989年10月に発射されたアメリカの惑星間探査機．38億キロメートルの旅をして，金星，地球と月（2回），そして二つの小惑星の近くを通過して，1995年の12月には木星に到達した．ガリレオの新しいCCD映像システムは，月を飛び去る際にテストされ成功を収めた．それにより月の南極にある南極-エイトケン盆地を発見し，また，月全体の多目的月面図作成のための分光映像の利点を確認することもできた．

カルデラ caldera 火山性の大凹孔．マグマの噴火によってできた火口が，さらに浸食したり，陥没したりして，崩壊の結果大凹孔となったもの．

ギリシャ文字 Greek alphabet ギリシャのアルファベットで字母は24文字．今でも学問上の記号に使われる．1970年代まで，詳細な月面図は孤立した丘や大山塊などにギリシャ文字の小文字をあてて整理をしたが，現在では非公式な場合か制限付きの補足としてしか使われていない．

α	アルファ	ι	イオタ	ρ	ロー
β	ベータ	κ	カッパ	σ	シグマ
γ	ガンマ	λ	ラムダ	τ	タウ
δ	デルタ	μ	ミュー	υ	ウプシロン
ε	エプシロン	ν	ニュー	ϕ	ファイ
ζ	ゼータ	ξ	クシー	χ	カイ
η	エータ	o	オミクロン	ψ	プシー
θ	シータ	π	パイ	ω	オメガ

近地点 perigee 地球を回る月や人工衛星が，その軌道上でもっとも地球と近くなる点．

近点月 anomalistic month 近地点を通過した月が，1周してふたたび近地点に帰ってくるのに27日13時間18分33.1秒（近点月）かかる．近地点は月が公転運動する方向に移動しているので，月が近地点から近地点まで1周するのに360°以上移動することになる．したがって近点月は恒星月よりも少し長くなる．

クレーター crater 円形のくぼみで，通常は高くなった周壁を伴う．こういった地形は，月だけでなく固体表面を持つ天体に多く見られ，水星，火星，金星，いくつかの衛星，そして少ないが地球にもある．

　火山—— volcanic crater 天体の内部から，マグマやガスなどの噴出によって形づくられた火山性のクレーター．

　衝突—— impact crater 隕石などの衝突によって形成されたクレーター，あるいは衝突時の噴出物によってできた二次的クレーターもある．

クレメンタイン Clementine アメリカの最新鋭の月探査機．もともとはミサイルの発射を探知するための軍事衛星だったが，計画の終結によって月や小惑星を観測するための探査機として生まれ変わった．1994年2月19日から5月3日までの71日間，月を周回した探査機は可視光線と赤外線による200万近くのデジタル映像を撮影した．これらのデータにより，月面全体の地殻を構成する岩石のタイプ別分布図作成や，月の極地域や裏側の詳細な地学的調査が可能となった．また，月全体の地形や多くの衝突盆地の古い地形をレーザー観測によって測定した．月探査のあとは，月の周回軌道から脱して小惑星の観測に向かう．

月面測量学 selenodesy 天文学の一分野で，月の形，大きさ，重力などを扱う．月面測量学によって，月面上の任意の点の位置は，基準月球面からの絶対高度から正確な三次元座標で決定することができる．多くのポイントの正しい値を知ることで，本当の月の形を知ることができる．

月理学 selenography 地球上の地理学に対応する月の地理学．月面のディテールの解説や名称，用語など，そして月面図の作成に関わる．

月齢 age of moon 新月から経過した時間を日の単位で表すもの．

玄武岩 basalt 塩基性火山岩の総称．固形化した溶岩やマグマ．粒子が細かく黒っぽい岩石で，月では海をおおっている．地球をはじめ他の惑星（水星，金星，火星など）にも多く存在する．地球の海洋プレートは玄武岩である．

恒星月 sidereal month 地球から見る見かけの月が恒星に対して1周する周期をいう．1恒星月は27日7時間43分11.5秒．

恒星周期 sidereal period 惑星や衛星が，その中心の星から見た場合，背景の恒星に対して1周するのに要する時間をいう．月の場合は，1恒星月で27日7時間43分11.5秒．

交点 nodes 見かけの月の軌道を白道といい，白道は黄道に対

して約 5°傾いて 2 点で交わり，この 2 点を交点という．月が黄道を南から北に横切る点を昇交点，同じように月が黄道を北から南に横切る点は降交点という．この二つの交点を結んだ線は，宇宙空間で常に方向を変え続け，18.61 年（対恒星交点逆行周期）で1 周して同じ位置にもどってくる．

黄道 ecliptic　　天球上を移動する見かけの太陽の軌道．太陽は黄道に沿って1年で天球を1周する．それは太陽の周りを回る地球の軌道面を表している．

サーベイヤー Surveyor　　1966 年〜 1968 年に打ち上げられたアメリカの無人月探査機．サーベイヤー 1 号，3 号，5 号，6 号，7 号が月面軟着陸に成功し，月面の近接撮影と化学分析を行った．

朔望月（太陰月） synodic month　　朔望月（太陰月）は，月の位相の変化の周期，つまり新月から新月までにかかる 29 日 12 時間 44 分 2.8 秒をいう．計算を簡単にするため，朔望月には整理番号がつけられている．第1朔望月は 1923年1月に，そして，第850朔望月は 1991年9月の新月から始まっている．

朔望周期 synodic period　　惑星や月が，地球そして太陽と一直線に並んだときから，ふたたび同じ順序で一直線に並ぶまでの時間をいう．月の場合は，朔（新月）からふたたび朔になるまでの時間をいい，朔望月という．

視直径 apparent diameter　　見かけの角度で表される天体の直径．たとえば月の視直径は約 30′ = 0.5°になる．

集光力 light-gathering power　　レンズや鏡が目的の天体の光をどれだけ集められるかという能力．望遠鏡の焦点に集められた星像の明るさは，対物レンズ（鏡）の口径の 2 乗に比例するが，同じ口径の場合は口径比（ F ナンバー）の 2 乗に反比例する．口径比は，対物レンズ（鏡）の焦点距離 f と口径 d の比率で，焦点距離 f を口径 d で割った値で表す．

焦点距離 focal length　　焦点とは，平行光線がレンズや凹面鏡で1 点に集められる点で，レンズや鏡の中心からその焦点までの距離を焦点距離という．

浸食 erosion　　水，風，霜など自然の力によって，月や惑星表面が崩壊することをいう．月のように大気を持たない天体の場合，浸食は主に隕石や微小隕石の衝突によって起こる．

赤緯 declination　　天球上の赤道座標の緯度．天の赤道を赤緯0°，天の北極を+90°，そして天の南極を−90°として，天球上の位置を天の赤道から南北方向への角距離で表した値．

赤経 right ascension (RA)　　天球上の 1 点の位置を指定する赤道座標の経度．赤道座標は天の赤道を基準にした天球座標だが，赤道を基準にしている点で地球上の緯度・経度とよく似ている．赤道座標の原点を春分点（天の赤道と黄道の交点）としているので，赤経は，春分点から天の赤道に沿って東向きに360°まで測る．天球が1日に1回転することから，慣例として，赤経値を0時から24時までの時間で表現することにしている．

絶対温度 absolute temperature　　すべての分子運動が停止する理論上の絶対0度を起点とする温度表示．絶対0度はセ氏では−273.16℃ となる．絶対温度はケルビン温度ともいい，数値の後にKを付記する．天文学では，ほとんどの場合この絶対温度が用いられる．

絶対高度 absolute altitude　　月面の基準面に対する高度，いわゆる「月球面」を越える高さをいう．月の標準球面は直径3476km の完全な球体と規定されている．

太陰月 → 朔望月

太陽の月面余経度 co-longitude　　360°から日の出の明暗境界線の月面経度（λ）を引いたもの．月面の中央子午線（月面経度0°）から西向き（0°〜360°）に測定した値を使う．日の入りの明暗境界線は180°から太陽の月面余経度に 180°加える．この値は，日の出，日の入りの明暗境界線から月の地形の位置を決定するのに便利．

脱出速度 escape velocity　　物体が惑星や衛星の重力圏から脱出するのに必要な最小の速度．「放物線速度」とか「第二宇宙速度」とも呼ばれる．

地図作成図法 cartographic representation　　球体や楕円体の表面を，平面の地図上に表現する方法．正射投影法は，月を地球から見たように描く月面図の作成に使われる．等角投影法は，どの点でも角度が正しく表現できるので，地形の形をゆがみなく表現するのに適している．等角投影法にはステレオ法やメルカトル法などがある．

潮汐力 tidal forces　　隣接する天体間の相互の引力で，互いの天体の形を変形させたり，極端なケースでは，崩壊を引き起こしたりすることもある．地球では太陽と月の引力によって起こる海洋の潮汐が見られる．

天球座標 celestial coordinates　　天球上の点の位置を表すのに使われる座標で，天体の角位置を定義する．弧の度（°），分（′），秒（″），ときには，時（h），分（m），秒（s）の時間スケールに変換して使う．目的によって，赤道座標，地平座標，黄道座標，銀河座標などが使われる．これらのシステムは地球上の緯度と経度の座標と似ている．月面座標の緯度（β）と経度（λ）は月の自転軸によって定義される．

天の赤道 celestial equator　　天球上の主要な大円．地球の赤道を天球上に投影したもので，天球を南北の半球に分ける分割線．赤道座標の赤緯 0°の線．

反射能（アルベド） albedo　　惑星や衛星の表面の太陽光の反射比率．白い雲におおわれた反射率のいい表面は高いアルベドを持ち1に近く，反射のよくない表面のアルベドは低くて0に近い．たとえば，白い雲のアルベドは 0.7 だが，月面は 0.12, 溶岩は 0.04 である．

比較高度 relative altitude　　あるポイントに対しての高さ．たとえば，クレーターの中央平原に対しての周壁の高さなど．

秤動 libration　　月の秤動は，月が地球の周りを回っていることから，見かけの月が，垂直方向（緯度）と水平方向（経度）に振れることをいう．秤動の効果によって，時間をかければ全月面の59％ を見ることができる．

秤動ゾーン libration zones 　月面の周辺エリアは，月の秤動の結果，交互に地球側に向けられたり裏側に隠れたりする．秤動によって見え隠れするエリアを秤動ゾーンという．秤動ゾーンの中心の子午線は月面経度 90°E と 90°W となる．

マグマ magma 　地下の液化した岩石で，火山の噴火の際に溶岩として噴出する．

マスコン mascon 　質量濃縮（マス・コンセントレーション）が短縮された言葉で，月面の重力が異常に高い地域として発見された．重力異常が発見された海（盆地）の下には，密度の高い物質があると考えられる．40 億年以上前に形成された月の海（盆地）は，かなりの深さまでマグマが固形化しており，それが重力異常を引き起こしているらしい．

明暗境界線 terminator 　惑星や衛星の輝く部分と影の部分との境界．月の場合は，朝方の明暗境界線が日の出を告げ，夕方の明暗境界線は日の入りを告げて半月間の夜が始まる．

離心率 eccentricity 　天体の楕円軌道の要素の一つ．離心率 e は，楕円の二つの焦点間の距離を長径の長さで割ることによって得られる．e は 0 から 1 の間にある．円軌道の離心率 e は 0 となる．

ルナ Luna 　旧ソビエトの月探査機と自動ステーションのシリーズで，1959 年から 1976 年にかけて月を探査した．その中で特に重要なものをあげると，

　　ルナ 2号：初めての月への衝突　　　　　　　　1959年 9月12日
　　ルナ 3号：月の裏側の初めての写真撮影　　　　1959年10月10日
　　ルナ 9号：月への最初の軟着陸　　　　　　　　1966年 2月 3日
　　ルナ10号：最初の月衛星　　　　　　　　　　　1966年 4月 3日
　　ルナ16号，20号，24号：無人で月の石を採集，地球に持ち帰る
　　　　　　　　　　　　　　　　　　　1970年，1972年，1976年
　　ルナ17号，21号：無人移動式研究室ルノホート1号と2号軟着陸
　　　　　　　　　　　　　　　　　　　1970年〜1971年と1973年

ルナー・オービター Lunar orbiter 　アメリカの月探査機シリーズで，月を回る孫衛星となった．1966 年〜1967 年の間に，月面のほぼ全域を写真撮影し，月面図の作成に貢献した．軌道の詳細な分析から月面の重力異常を発見した．

レインジャー Ranger 　1961 年から 1965 年にかけて打ち上げられたアメリカの月探査機シリーズ．成功した 7, 8, 9 号は，1964 年と 1965 年に月に衝突させた．衝突寸前まで写真を撮り続け，直径 1m にも満たない細かな地形をとらえた詳細な写真を大量に送ってきた．

レゴリス regolith 　月や他の保護大気を持たない天体の表面をおおう細かな塵や岩石のかけらによる表層．何百万年にわたる隕石の衝突によって粉砕された岩石の破片が表面をおおう．月のレゴリスの深さは 10m〜100m 程度はありそうだ．

参考資料

Catalogues

1. Andersson,L.E. & Whitaker,E.A.: *NASA Catalogue of Lunar Nomenclature*. NASA, Washington, DC, 1982.

2. Arthur,D.W.G.: Consolidated Catalogue of Selenographic Positions. *Communications of the Lunar and Planetary Laboratory*, Vol.1, No.11. University of Arizona, Tucson, 1962.

3. Arthur,D.W.G. et al.: The System of Lunar Craters. Quadrants Ⅰ; Ⅱ; Ⅲ; Ⅳ. *Communications of the Lunar and Planetary Laboratory*, Vol.2, No.30, 1963; Vol.3, No.40, 1964; Vol.4, No.50, 1965, Part 1, No.70, 1966, University of Arizona, Tucson.

4. Davies,M.E., Colvin,T.R. & Mayer,D.L.: A Unified Lunar Control Network — The Near Side. A RAND Note. RAND Corporation, Santa Monica, 1987.

5. International Astronomical Union: Annual Gazetteer of Planetary Nomenclature. US Geological Survey, Flagstaff, 1986.

6. Meeus,J. & Mucke, H.: *Canon of Lunar Eclipses -2002 to +2526*. Astronomisches Büro, Vienna, 1979.

Atlases

7. Gutschewski,G.L., Kinsler,D.C. & Whitaker,E.A.: *Atlas and Gazetteer of the Near Side of the Moon*. [Lunar Orbiter Ⅳ Photographs.] NASA SP-241, Washington, DC, 1971.

8. Kopal, Z., Klepešta, J. & Rackham,T.W.: *Photographic Atlas of the Moon*. Academic Press, New York and London, 1965.

9. Kopal, Z.: *A New Photographic Atlas of the Moon*. Robert Hale, London, 1971.

10. Kuiper, G.P. et al.: *Photographic Lunar Atlas* [Kuiper Atlas]. University of Chicago Press, 1960.

11. Kuiper, G.P., Arthur,D.W.G. & Whitaker,E.A. : *Orthographic Atlas of the Moon*. University of Arizona, Tucson, 1961.

12. Kuiper, G.P. et al.: *Consolidated Lunar Atlas*. Lunar and Planetary Laboratory, University of Arizona, Tucson, 1967.

13. Rükl,A.: *Moon, Mars and Venus*. Hamlyn/Artia, Prague, 1976.

14. Schwinge,W.: *Fotografischer Mondatlas*. J.A.Barth, Leipzig,1983.

15. Voigt,A. & Giebler, H.: *Berliner Mondatlas*. Wilhelm-Foerster-Sternwarte, West Berlin, 1989.

16. Whitaker,E.A. et al. : *Rectified Lunar Atlas*. University of Arizona, Tucson, 1963.

Maps

17. Arthur,D.W.G. & Agnieray,A.P.: *Lunar Designations and Positions, Quadrants Ⅰ-Ⅳ. Revised Lunar Quadrants Maps*. University of Arizona, Tucson, 1969.

18. *Lunar Astronautical Charts* (LAC series), 1:1,000,000. USAF Aeronautical Chart and Information Center, NASA, Washington, DC, 1960-1967.

19. *Map Showing Relief and Surface Markings of the Lunar Far Side*, 1:5,000,000. US Geological Survey, Flagstaff, 1980.

20. *Map Showing Relief and Surface Markings of the Lunar Polar Regions*, 1:5,000,000. US Geological Survey, Flagstaff, 1980.

21. *NASA Lunar Chart* (LPC-1), 1:10,000,000. Defence Mapping Agency Aerospace Center, St.Louis, 1979.

22. *Polnaja Karta Luny*, 1:5,000,000. Nauka, Moscow, 1979.

23. *Polnaja Karta Luny*, 1:10,000,000. Gosudarstvennyi Astronomitsheskii Institut im. Sternberga, Moscow, 1985.

24. Rükl,A.: *Maps of Lunar Hemispheres*, 1:10,000,000. D.Reidel, Dordrecht, 1972.

25. Rükl,A.: *Skeleton Map of the Moon*, 1:6,000,000. [Appendix to atlas reference no.8.] Central Institute of Geodesy and Cartography, Prague, 1965.

26. *The Earth's Moon*, 1:10,460,000. National Geographic Society, Washington, DC, 1976.

27. Wolf,H.: *Erdmond. Vorderseite — Rückseite*, 1:12,000,000. Kosmos, Stuttgart, 1985.

Monographs

28. Cherrington Jr,E.H. : *Exploring the Moon through Binoculars and Small Telescopes*. McGraw-Hill Inc., 1969; Dover Publications, 1984.

29. Fauth,P.: *Unser Mond — wie man ihn lesen sollte*. Breslau, 1936.

30. French,B.M.: *The Moon Book. Exploring the mysteries of the lunar world*. Penguin Books, Harmondsworth, England, 1977.

31. Goodacre,W.: *The Moon, with a description of its surface formations*. Privately published, Bournemouth, 1931.

32. Kopal,Z.: *An Introduction to the Study of the Moon*. D.Reidel, Dordrecht, 1966.

33. Kopal,Z. & Carder,R.W.: *Mapping of the Moon, past and present*. D.Reidel, Dordrecht, 1974.

34. Lipskij,J.N. & Rodionova,Z.F.: Kartometritsheskie issledovania vidimovo i obratnovo polusharia Luny. In *Atlas obratnoi storony Luny*, Part Ⅲ. Nauka, Moscow, 1975.

35. Rackham,T.W.: *Moon in Focus*. Pergamon Press, Oxford, 1968.

36. Shevchenko,V.V.: *Sovremennaya selenografia*. Nauka, Moscow, 1980.

37. Taylor,S.R.: *Lunar Science : A Post-Apollo View*. Pergamon Press, New York, 1975.

参考資料について

本書の月面図の主要部分は，ほとんどがアリゾナ大学（アメリカ）の月・惑星研究所によって提供された月面図集によって編纂されています．月面の地形の位置については，資料2, 3, 11, 16, 17を参考に，著者によって描かれた月面図は，主に資料12と16を参考にしました．

1967年に出版された資料12の総合月面図集は，現在でももっとも詳細で，もっとも優れた写真月面図です．それぞれのエリアを，数種類の太陽照射角度の下に見せており，地図学者たちの月面図作成になくてはならない重要な資料です．

地球から撮影された写真ではとうてい認められない地形の詳細については，資料7と，ルナー・オービターⅣとⅤによって撮影された写真を参考にしました．

月面図上で，位置を確認するために必要な地形の名称，座標，大きさなどは，資料1と5を採用し，1994年までにIAU総会によって承認された新しい名称や，それに関する解説等のデータは，インターネットによって発表されたものと同様の資料5の最新版によって加えました．

秤動ゾーンの月面図は，資料7, 16, 19, 20, そして，ルナー・オービターⅣとⅤによって撮影された秤動ゾーンの写真を参考にしました．特に秤動ゾーンの月面図Ⅵについては，Dr.Davies（アメリカ）と，Dr.Hiesinger（ドイツ）の好意により，クレメンタインが撮影した連続写真の提供をうけ，日本語版（1997年）のために改訂をしました．

月50景の図版は，主に資料12に基づいています．選ばれた月面の写真は，修正されるか，エアブラシのテクニックを使って完全に描き直されています．クローズアップの図面は，資料7と12の写真シリーズに基づいています．

著者としては，選ばれた地形を観測者が容易に確認できるよう，どのように見えるのかを示すイラストを提供しようとしたのです．したがって，これらの図版は，正確な図面かあるいは地図と見なされるべきで，必ずしも写真である必要はないのです．20〜25ページの月の位相の表現についても同じことがいえます．

謝辞

本書を作成する目的は，地球から観測可能な部分の月面図を，近年の新しい月探査によるカタログや詳細月面図，写真等に基づいて時代に対応した月面図とすることでした．参考にした資料は219ページに列記しました．

快くアドバイスをしてくださったり，必要な資料を使わせていただいた多くの方々の価値ある協力がなかったら，この作業を進めることはできなかったでしょう．その中でも，RAND Corporation の Dr.M.E.Davies（アメリカ），Lunar and Planetary Laboratory / University of Arizona の Mr.E.A.Whitaker（アメリカ），University of Manchester の Professor Z.Kopal（イギリス），Jodrell Bank の Dr.T.W.Rackham（イギリス），Astronomisches Büro の Professor H.Mucke（オーストリア），Gosudarstvennyi Astronomitsheskii Institut im. / Sternberga の Dr.V.V.Shevchenko（ソビエト），そして Jet Propulsion Laboratory の Dr.L.D.Jaffe（アメリカ）の親切な協力に対して，ここに感謝の気持ちを表すことができることは筆者の喜びであります．

原稿の内容に対して有用なコメントをいただいた次の方々にも感謝しています．Dr.T.W.Rackham，そして Dr.Z.Pokorný CSc. と Ing. P.Příhoda，また，Artia の編集者 Mrs E.Skřivanová，Octopus Books の編集者 Mr.Peter Gill といった方々です．

また，グラフィックデザイナーの Mr.S.Seifert と Mr.V.Kopecký，そして Aventinum Publishing House の経験豊かなスタッフ，この本の最終的な形を生み出した TSNP Martin 印刷所にも深い感謝の意を捧げます．

加えて，妻 Sonja には，制作中の辛抱強い精神面での支えに対して，大いなる感謝を捧げたいと思います．

最後に，この Atlas of the Moon の日本版が登場することは，私にとってたいへん名誉なことです．このプロジェクトに対する山田卓氏の貢献には大いに感謝します．

訳者あとがき
月にはロマンがいっぱいある

「月にはロマンがなくなったねー．昔はウサギがいたのに……」

月について語るとき，まるで定番の時候の挨拶のように多くの人がこう言います．

確かに，月はほとんど変化がなく，ウサギはおろか生物の存在がまったく考えられない死の世界です．

人間はかなり昔からそのことを知っていたのですが，それでも人が月に行くまでは，ウサギがいなくてもなにか自分たちの知らない不思議や驚くべき秘密が隠れていそうな気がして，いわゆる未知の宇宙に対するロマンをほのかに感じていたのです．ところが，実際に人が月面に降り立つことになって，やっぱり死の世界かと，心の中にあったささやかなロマンがパチンとはじけて消えたのです．

しかし，夢が現実となってロマンが消えたと思ったのは私たちの勘違いでした．実は，月の不思議や驚くべき秘密はまったく失われていないのです．それはまだ謎の中にあり，いや，それどころかわかっていたつもりの月の生まれと育ちですら，ふたたび神秘のベールに包まれてしまったのです．

天体望遠鏡を夜空に向けたとき，もっとも多くの人々が感嘆の声を上げもっとも感動するのは，今でも視野いっぱいに広がった月面を見るときです．

月は，肉眼で見る姿と望遠鏡で見る姿の違いがもっとも大きく，望遠鏡の威力をもっとも実感させてくれる天体です．その異様な風景に触れたときの興奮は，何度も経験したはずの人でも変わることはありません．

やがて，その異様な月面に基地をつくり人間が生活することになるでしょう．それはそれほど遠い未来ではありません．しかし，たとえそれが現実になったとしても月のロマンが消え失せることはないでしょう．

たとえば，宙に浮かんだ月という丸いボールの上を人間が歩いていて，それを地球から眺めることを考えてみてください．ボールの上下左右，互いに反対側にいる人間が，それぞれ頭を逆の方向に向けて立っているではありませんか．

それは，月の重力に引きつけられているからで，地球だって日本とアルゼンチンの人々の上下が互いに逆さまなんだと，知識として知ってはいますが，それを現実に眺めたときの驚きと興奮を想像してみてください．

私たちは，初めて鏡に映った"宇宙の中の自分"の姿を見ることになるのです．これほどのロマンがあるでしょうか．

*　　　　　　　　　　*

月面図とそこそこの望遠鏡があれば，いつでもだれでも，気軽に月探索の旅に出かけられます．

月に人が行く前に月面の各地を巡って，名所になりそうな場所を探してみませんか．じっくり眺めると，小望遠鏡でも，おや？と首をひねる面白い地形がけっこうたくさん発見できます．どうぞ，しまい込んだ天体望遠鏡がありましたらぜひ引っぱり出して復活させてください．

本書の月面図は，地球から小型あるいは中型の天体望遠鏡で月を眺めるとき，もっとも有用なガイドマップとなるでしょう．

すこしボリュームがあるので，必要な部分をコピーして使用するのがいいでしょう．この月面図は，コピーをしたときのコントラストが実にいいのです．まるでコピーをするために，この色を選んだのかと思うほどです．それを発見したのは私ではなく，地人書館の永山幸男さんです．

惜しむらくは一枚一枚の図面の範囲がやや狭いことです．しかしそれは必要な範囲のコピーを張り合わせることで対応することができます．すべてを張り合わせると直径1メートル44センチの巨大月面図ができあがります．これも永山さんのアイデアです．

*　　　　　　　　　　*

私がこの本 (Atlas of the Moon) に初めて出会ったのは，サンフランシスコの書店でした．

本のボリュームも暖かい手書きの月面図も，私の好みです．使わなくても，持っているだけで楽しい本だというのが最初の印象です．

事実，持っているだけで，あるいは広げて眺めるだけで楽しい本でした．ページを繰って眺めるうちに，こんなところがあったっけ？……と，つい双眼鏡かあるいはしまい込んだマイ望遠鏡をわざわざ引っぱり出す羽目になります．

この月面図に描かれた詳細は，小・中型の天体望遠鏡用として，それ以上でもそれ以下でもなくちょうどいいのです．したがってマイ望遠鏡の限界を試すことは可能ですが，それ以上の見えるはずのない無意味な詳細にはふれていません．

エアブラシを使ってていねいに描き上げられたこの月面図は，とてもまねのできない素晴らしい作品です．これはぜひ日本で紹介したい，そう思ったのです．

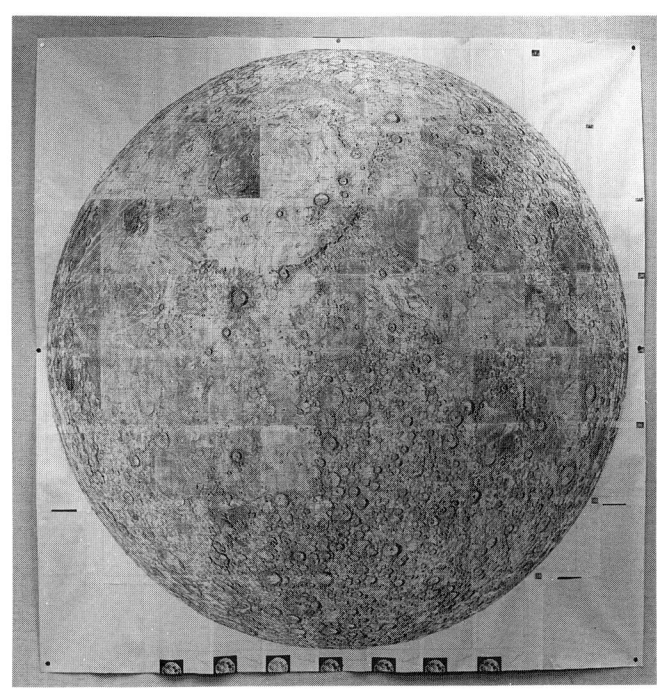

76の月面図をつなぎあわせた巨大月面図．

著者がプラハ（チェコ）のプラネタリウムの館長と同一人物であることに気がついたのはそのあとでした．

私はIPDC (International Planetarium Directors Conference) の名古屋会議（1967）の準備を担当することになって，最初に手がけた仕事が，前回の会議国チェコのルークルさんに，会議費用の内訳や費用の捻出方法，会議運営の方法，問題点などを，ざっくばらんに教えてほしいと手紙で依頼することでした．

当時，共産圏への手紙は途方もなく時間がかかって，半年後にとても几帳面で親切なレポートをいただいたことを覚えています．モスクワ会議やアメリカ会議では，挨拶を交わすこともできました．まさかそのルークルさんの本の日本版づくりをすることになるとは……，不思議な縁を感じます．

        *   *

月面地形の名称のほとんどは人名を採用しています．やっかいなのは日本での読みをどうするかです．登場する人物は，時代も国籍もさまざまで読み方もまたいろいろです．

学名だからすべてラテン語読みでいいと割り切ることもできますが，人名ですから，すでに私たちが慣習で使っている耳慣れた読みを無視したくありませんし，せっかく人名を使ったのですから，その地名を知ったとき，その人物が思い浮かぶことは無意味ではないと思います．

とまあ，そんなわけで，わかるものはできるだけその国の読み方で，ただし今まで使われた耳慣れた読みがある場合はできるだけそれを使うという線で，編集部の永山幸男さんの手をわずらわせました．もっとも，すべてが耳慣れた名前ではなく，むしろ初めて聞く名前が大部分ですし，時代も国もいろいろで読み方もまちまちです．おまけに人名と地名の綴りが同じでなかったり，統一することはけっこう難しい作業でした．

永山さんには，読みの整理という面倒な作業のほか，訳文の表現についていろいろ適切な助言をいただき，大いに感謝しています．

人名の整理には，佐藤明達さんが東亜天文学会の機関誌『天界』で連載された月面地形人名録をはじめ，『月面の地図』（小島修介編著，村山定男監修，地人書館），『月——形態と観察』（パトリック・ムーア著，宮本正太郎・服部昭訳，地人書館），『月の観察法』（中野繁著，地球と月から，恒星社），『西洋人名辞典』（岩波書店），『世界人名辞典西洋編』（東京堂出版），『世界人名辞典東洋編』（東京堂出版），『コンサイス外国人名辞典』（三省堂），『世界科学者辞典』（原書房），*ENGLISH PRONOUNCING DICTIONARY OF PROPER NAMES*（大塚高信，寿岳文章，菊野六夫共編，三省堂）などを参考にしました．

この件に関しては，小森長生さんから親切なアドバイスをいただきましたことをたいへん感謝しています．また，名古屋市科学館の北原政子さん，毛利勝廣さん，鈴木雅夫さん，山田吉孝さん，野田学さんには全体に目を通してもらいました．そのことで原著の不適切部分の修正もできましたことに感謝しています．

なお，この本の翻訳をすすめるにあたって，わが息子，亘（ニューヨーク在）の協力が得られたことも，長年細ズネをかじられてきた私にとってのごくごく私的でささやかな喜びでありました．

1997年3月

山　田　　卓

索引（地形名）

各項目の右側の数字は各月面図の番号で（ローマ数字は秤動ゾーンの月面図），本文のノンブル（頁数）ではない．

【あ 行】

アーノルト 5
アーベル 69
アームストロング
　（サビンE） 35
愛の入江 25
アイヒシュタット 50
アインシュタイン 17,Ⅷ
アインマルト 27
アヴィケンナ Ⅷ
アウヴェルス 24
アウトリュコス 12
アガシ岬 12
アガタルキデス 52
　——谷 53
アガルム岬 38
秋の湖 39,50
アグリコラ山脈 18
アグリッパ 34
アコスタ（ラングレヌスC） 49
麻田（タルンティウスA） 37
アザラ尾根 24
アシュブルック
　（ドリガルスキーQ） Ⅵ
アスクレピ 74
アストン 8
アゾフィ 56
アダムズ 69
アトウッド
　（ラングレヌスK） 49
アトラス 15
　——谷 15
アナクサゴラス 4
アナクシマンドロス 2
アナクシメネス 3
アヌーチン Ⅴ
アピアヌス 56
アブールフィダー 45
　——・クレーターチェーン 56,57
アベッティ 24
アペニン山脈 21,22
アベンエズラ 56
アボット（アポロニオスK） 37
アポロニオス 38
　——C＝アメギノ
　——D＝カータン
　——G＝タウンリー
　——K＝アボット
　——P＝デーリ
　——T＝ボンベリ
　——W＝プティ
アムンゼン 73,Ⅴ
アメギノ（アポロニオスC） 38
雨の海 9-11,19-21
アモントン 48
アラゴー 35

嵐の大洋 8,9,19,28,29,39-41
アラトス 22
アリアセンシス 55,65
アリアデウス 35
　——谷 34
アリスタルコス 18
　——A＝ヴァイサラ
　——C＝トスカネリ
　——谷 18,19
アリスティルス 12
アリストテレス 5
アリヤバーター
　（マスケリンE） 36
アルガン尾根 19
アルキタス 4
　——谷 4
アルキメデス 22
　——A＝バンクロフト
　——F＝マクミラン
　——K＝スパー
　——山脈 22
　——谷 22
アルゲウス山 24,25
アルゲランダー 56
アルケルシア岬 24
アルザケル 55
　——E 55
　——F 55
　——谷 55
アルタイ壁 57
アルツィモヴィチ（ディオファントスA） 19
アルテミス 20
アルドゥイーノ尾根 19
アルドロヴァンディ尾根 24
アル・バクリー（タケA） 24,35
アルハゼン 27
アルバテグニウス 44
アルビトルージー 55
アル・ビールーニー Ⅲ
アルフォンスス 44,55
　——谷 44
アルプス山脈 12
アルプス谷 4
アルフラガヌス 46
アルマノン 56
アル・マラクシ
　（ラングレヌスD） 48
アレキサンダー 13
アレニウス Ⅵ
泡の海 38
アンヴィル
　（タルンティウスG） 37
アンスガリウス 49
アンダーソン Ⅵ
アンディエル 45
アンドルソフ尾根 49

アンベール山 22
アンモニオス
　（プトレマイオスA） 44
アンリ兄弟 51
イーデルソン Ⅴ
イヴァン（プリンツB） 19
イシドルス 47
イデラ 74
イブン・バットゥータ
　（ゴクレニウスA） 48
イブン・ユーヌス Ⅲ
イブン・ルシュド
　（キリルスB） 46
イリーン Ⅶ
インギラミ 62
　——谷 61

ヴァーシャキッズ Ⅲ
ヴァイエルシュトラース
　（ギルバートN） 49
ヴァイゲル 71
ヴァイサラ
　（アリスタルコスA） 18
ヴァイス 63
ヴァイネック 58
ヴァスコ・ダ・ガマ 28
ヴァラッハ（マスケリンH） 36
ヴァルター 65
ヴァン・アルバーダ
　（オーズーA） 38
ヴァン・ヴレック
　（ギルバートM） 49
ヴァン・ビエスブロック
　（クリーガーB） 19
ヴィーヘルト Ⅴ
ヴィエタ 51
ヴィテロ 62
ヴィドマンシュテッテン 49
ヴィトルヴィウス 25
　——A＝ガードナー
　——B＝ヒル
　——山 25
ヴィノグラードフ山
　（オイラー山） 19
ヴィヒマン 41
　——C 41
ウィリアムズ 14
ウィリアム・ボンド 4
ウィルキンズ 57
ウィルソン 72
ヴィルト（コンドルセK） 38
ヴィルヘルム 64
ウィンスロップ
　（ルトロヌP） 40
ヴェーラー 67

ヴェガ 68
ウェクスラー 75,Ⅴ
ヴェスティン Ⅲ
ウェッブ 49
　——R＝コンドン
ヴェラ（プリンツA） 19
ヴェリー（ル・モニエB） 24
ヴェルナー 55
ヴェルヌ 20
ヴェンデリヌス 60
ウォーナー Ⅳ
ウォーレス 21
　——B＝ハックスリー
ヴォスクレセンスキ 17
ヴォルタ 1
ヴォルフ 54
　——B 54
　——山 21
ウケルト 33
ウソフ山 38
ウマル・ハイヤーム Ⅰ
ヴュルツェルバウアー 64
ウラストン 9
ウルグ・ベグ 8

エアリ 56
エアロ Ⅲ
エイヴェリ（ギルバートU） 49
栄光の入江 35
エウクテモン 5
エウクレイデス
　→ユークリッド
エウドクソス 13
　——D 13
エーゲデ 13
エサム山 36
エスクランゴン 25
エッカート 26
エディソン Ⅲ
エディントン 17
エピゲネス 4
エピメニデス 63
エビンガー
　（ユークリッドD） 42
エラトステネス 21,32
エリソン Ⅰ
エルガー 63
エルステッド 15
エルマー 49
エルミート 4,Ⅰ
エンケ 30
　——B 30
　——N 30
エンデュミオン 7

オイノピデス 1
オイラー 20
　——K＝ジェアン

　——P＝ナターシャ
　——山
　　＝ヴィノグラードフ山
オーエン尾根 23
オーケン 69
オーズー 38
　——A
　　＝ヴァン・アルバーダ
　——B＝クローグ
オッペル尾根 26
オッポルツァー 44
　——谷 44
オベルト 53
　——E 53
　——谷 42
オリーブ岬 26
オルドリン（サビンB） 35
オルバース → オルベルス
オルベルス（オルバース） 28
　——A＝グルーシコ
オロンティウス 65
オングストローム 19

【か 行】

カーティス（ピカールZ) 26
ガードナー
　（ヴィトルヴィウスA) 25
カーペンター 2
カーマイケル
　（マクロビウスA) 25
ガーンズバック Ⅳ
カイザー 66
　——A 66
ガイスラー（ギルバートD) 49
カイパー（ボンプランE) 42
カイユー尾根 37
カヴァリエーリ
　（カヴァレリウス) 28
カヴァレリウス
　→カヴァリエーリ
カヴァントゥー
　（ラ・イールD) 20
ガウス 16
ガウリクス 64
下降の平原 28
カサトス 72
カシニ 12
　——A 12
　——C 13
カシュマン尾根 37
ガスト尾根 23
カタラン 61
カタリナ 57
ガッサンディ 52
　——A 52
　——谷 52

223

カトー尾根 37
悲しみの湖 23
カニッツァーロ Ⅰ
カノン 27
カハル（ヤンセンF） 36
カブアヌス 63
カプタイン 49
カペウス 73
カペラ 47
　——谷 47
ガム 69
カメロン
　（タルンティウスC） 37
カリーロ 49
カリッポス 13
　——谷 13
ガリレイ 28
　——谷 28
カリントン 15
ガルヴァーニ 1
カルダーノ（カルダヌス）
　28
カルダヌス → カルダーノ
カルタン（アポロニオウス
　D） 38
カルパチア山脈 20,31
カルリーニ 10
ガレ 5
ガレノス（アラトスA）
　22
カレル（ヤンセンB） 35
ガンスヴィント Ⅴ
カント 46
ガンバール 32
　——A 31
　——B 32
　——C 32
カンパヌス 53

キース 49,53
　——E 53
危機の海 26,27,37,38
キクス 63
　——C 63
キサトス 73
既知の海 42
ギップズ 60
キナウ 74
希望の湖 16
キャヴェンディッシュ 51
　——E 51
キャロライン・ハーシェル
　10
キュヴィエ 74
キュリー Ⅳ
キュリロス → キリロス
恐怖の湖 63
キリロス（キュリロス）
　46
　——B＝イブン・ルシュド
ギル 75
ギルデン 44
ギルバート 49
　——D＝ガイスラー
　——M
　　＝ヴァン・ヴレック
　——N

＝ヴァイエルシュトラ
　ース
　——U＝エイヴェリ
キルヒ 12
キルヒホフ 15
キルヒャー 71
ギンツェル Ⅲ
クーグラー Ⅴ
クーデール Ⅶ
グーテンベルク 48
　——A 48
　——C 48
　——E 48
　——谷 47
グートニック Ⅵ
グールド 53
クサヌス 6
クセノファネス 1
クック 59
グッデーカー 66
クノヴスキー 30
雲の海 53,54
クラーク（リトローB）
　25
クライケン 49
クライル（プロクロスF）
　37
クライン 44
クラヴィウス 72,73
　——B＝ポーター
　——C 72
　——D 72
　——J 72
　——JA 72
　——N 72
クラウジウス 62
クラスノフ 50
クラドニ 33
グラフ 61
クラフト 17
　——・クレーターチェー
　　ン 17,28
クラプロート 72
クラマロフ Ⅶ
グリーヴス（リックD）
　37
クリーガー 19
　——B＝ヴァン・ビエスブ
　　ロック
　——D＝ロッコ
クリシュナ 23
クリスチャン・マイアー 5
グリマルディ 39
　——谷 39
クリューガー 50
グリムベルガー 73
グルイテュイゼン 9
　——・ガンマ山 9
　——・デルタ山 9
グルーシコ（オルベルスA）
　28
クルゼンステルン 55,56
クルティウス 73
グレイシャー 37
グレーボー尾根 11
クレオストラトス 1

クレオメデス 26
　——谷 26
クレモーナ 2,Ⅰ
クレロー 66
　——A 66
　——B 66
クロウジャー 48
グローヴ 14
クローグ（オーズーB）
　38
クント（ゲーリッケC）
　43
ケイ・トク → チン・テ
ゲイ・リュサック 31
　——A 31
　——谷 31
ケェフェウス 15
ケプラー 29,30
　——C 29
　——D 29
　——E 29
ゲミヌス 16
ケルヴィン壁 52
ケルヴィン岬 52
ケルディシュ 6
ゲルトナー 6
　——谷 6
ケンソリヌス 47
　——F＝リーキー
ゲンマ・フリシウス 66

コウ Ⅳ
幸福の湖 22
コーカサス山脈 13
コーシー 36
　——谷 36
　——壁 36
氷の海 → 寒さの海
ゴクレニウス 48
　——A
　　＝イブン・バットゥータ
　——谷 48
ゴダード 27
ゴダン 34
ゴディベール 47
コノン 22
　——谷 22
コブフ 50,Ⅶ
　——A＝ラルマン
コペルニクス 31
　——H 31
コリンズ（サビンD） 35
ゴルジ（スキアパレリD）
　18
コルディレラ山脈 39,50,Ⅶ
ゴルトシュミット 4

コロンブス → コロンボ
コロンボ（コロンブス）
　59
コンドルセ 38
　——K＝ヴィルト
コンドン（ウェップR）
　38
コンプトン Ⅱ

【さ 行】
サウス 2
サゲート 67
　——B 67
サクロボスコ 56
　——A 56
　——B 56
　——C 56
ザシャーコ Ⅲ
サッセリデス 64
サバティエ 38
サビン 35
　——B＝オルドリン
　——D＝コリンズ
　——E
　　＝アームストロング
サマヴィル（ラングレヌスJ）
　49
寒さの海（氷の海） 3,6
サラブハイ（ベッセルA）
　24
サントス・ドゥモント
　（ハドリーB） 22
サントベック 59
サンプソン 21

ジーグモンディ Ⅰ
シー・シェン（石申） Ⅱ
シープシャンクス 5
　——谷 5
ジーベル 56
ジーンズ Ⅴ
ジェアン（オイラーK）
　19
シェイラー 61
シェーレ（ルトロンヌD）
　41
シェーンフェルト Ⅷ
ジェラード 8
ジェンキンス
　（シューベルトZ） 38
ジェンナー Ⅳ
シコルスキー Ⅴ
静かの海 35,36,47
静かの基地 35
シッカルト 62
シナス 36
　——A 36
　——E 36
死の湖 14
島の海 30-32,42
湿りの海 51,52
シャープ 10
シャイナー 72
シャクルトン Ⅴ,Ⅵ
シャコルナク 14,25
　——谷 14,25
シャップ Ⅵ

シャブリー（ピカールH）
　38
ジャンサン 67,68
　——C＝ベケトフ
　——谷 67
ジャンスキー 38
シュヴァーベ 6
シュヴァリエ 15
シュヴァルツシルト Ⅱ
ジュース 29
　——谷 29
柔軟の湖 23,34
シューベルト 38
　——B＝バック
　——Y＝ノビリ
　——Z＝ジェンキンス
シューマッハー 16
シュタインハイル 68,76
シュックバラ 15
シュティレ尾根 20
シュテフラー 65
シュトルーヴェ 17
シュペーラー 44
シュミット 35
ジュラ山脈 10
シュリーキン Ⅶ
シュリューター 39
シュレーター 32
　——A 32
　——W 32
　——谷 18,32
シュレーディンガー Ⅴ
　——谷 Ⅴ
ジョイ（ハドリーA） 23
蒸気の海 33,34
ジョージ・ボンド 15
　——谷 15
ショート 73
ジョーヤ 4
ショール 60
ショーンベルガー 74
ジョリオ Ⅲ
ジョン・ハーシェル 2
シラー 71
シルヴェスター 3
シルサリス 39
　——谷 39,50
シルベルシュラーク 34
シンペリウス（センピル）
　73
信頼の入江 22

スイフト（バースB）
　26
スウェイジー Ⅳ
スキアパレリ 18
　——B＝ツィンナー
　——D＝ゴルジ
スキラ尾根 8
スクロードフスカ Ⅳ
スコールズビー 4
スコット 74
スタディウス 32
ズッキウス 71
スティボリウス 67
ステヴィヌス（ステヴィン）
　69

224

——A 69	——C 42	テオフラトス	=アシュブルック	【は 行】
ステヴィン → ステヴィヌス	タルンティウス 37	（マラルディM） 25	トリスネッカー 33	ハーカー尾根 27,38
ステュアート	——A＝麻田	テオン・シニア 45	——谷 33,34	バークラ（ラングレヌスA）
（ドゥビアゴQ） 38	——C＝カメロン	テオン・ジュニア 45	トリチェリ 47	49
ストークス 1	——D＝ワッツ	デ・ガスパリス 51	トルヴェロ 4	ハーグリーヴズ
ストラボ（ストラボン） 6	——E＝ツェーリンガー	——谷 51	ドルーデ Ⅶ	（マクローリンS） 49
ストリート 64	——G＝アンヴィル	デカルト 45	ドルトン 17	ハーシェル 44
スネリウス（スネル） 59	——M＝ローレンス	デザルグ 2	ドレーパー 20	バース 26
——谷 59,69	——N＝スミソン	デ・シッテル（ド・ジッター）	——C 20	——B＝スウィフト
スネル → スネリウス	ダレ 34	5	ドレッベル 62	ハーゼ 59
スパー（アルキメデスK）	タレス 6	デセリニ 24	ド・ロイ Ⅵ	——谷 69
22	ダンソーン 63	テティアエフ尾根 27	ドローネー 55	バーデ 61
スプランツァーニ 67	タンネルス 74	テネリッフェ山脈 11	ドロンド 45	——谷 61
スピッツベルゲン山脈 12		デヒェン 8	——C＝リンジー	ハーディング 8
スミス海 38,49,Ⅲ,Ⅳ	チェンバリン Ⅴ	テビット 55	ドンナー Ⅳ	バート 54
スミソン（タルンティウス	チャップマン Ⅰ	——A 55		——A 54
N） 37	チャドウィック Ⅵ	——L 55	【な 行】	——E 54
スミルノフ尾根 24	チャリス 4	——A 26	ナウマン 8	——F 54
スモルコフスキー Ⅰ	中央の入江 33,44	デベス 26	直円（なおのぶ）	——谷 54
スルピキウス・ガルス 23	調和の入江 37	デ・モーガン（ド・モルガン）	（ラングレヌスB） 49	バード 4
——谷 23	直線山列（直列山脈） 11	34	ナシル・エ・ディーン	ハートヴィッヒ 39
スローカム Ⅳ	直線壁 54	デモクリトス 5	→ ナシレディーン	バーナード 69
スンドマン Ⅷ	直列山脈 → 直線山列	デモナクス 74	ナシレディーン（ナシル・エ	バーナム 45
	チン・テ（ケイ・トク） 25	デ・ラ・ルー 6	・ディーン） 65	バーネット尾根 18
成功の入江 38		デランドル 64,65	ナスミス 70	バーネト Ⅰ
ゼーマン Ⅵ	ツァッハ 73	デリュック 73	ナターシャ（オイラーP）	ハービンガー山脈 19
ゼーリガー 44	ツィルケル尾根 10,20	デルフェル Ⅵ	19	バーミンガム 4
セグナー 71	ツインナー	テルミエ尾根 38	夏の湖 39,50	バーロー尾根 25,36
セッキ 37	（スキアパレリB） 18	デルモット 26	波の海 38	ハーン 16
——山脈 37	ツーブス 51	テンペル 34	ナン Ⅲ	バイアー（バイエル） 71
——谷 37	——谷 51	デンボウスキー 34	ナンセン 5,Ⅱ	バイイ 71
セネカ 27	ツェーリンガー			バイエル → バイアー
ゼノン 16	（タルンティウスE） 37	ドヴィル岬 12	ニールセン 8	ハイス 10
セルシウス 67	ツェルナー 46	ドゥーガン Ⅱ	ニエプス Ⅰ	——A 10
セレウコス 17	月の入江 → ルーニク湾	ドゥビアゴ 38	憎しみの湖 23	ハイディンガー 63
センピル → シンペリウス	露の入江 1,9	——C＝レスピーギ	ニグリ尾根 18	——B 63
ゼンメリング 32		——P＝ポモルツェフ	ニコライ 67	ハイム尾根 10
善良の湖 25,26	テアエテトス 12	——Q＝ステュアート	ニコル尾根 24	バイヨー 5
	——谷 12	——S＝リウヴィル	ニコルソン 50	ハイン 6
ソーシュール 65	ディオニュシオス 35	——U＝ボエティウス	ニコレ 54	ハインシウス 64
ソーンダー 45	ディオファントス 19	ドーズ 24	虹の入江 10	——A 64
ソシゲネス 35	——A	ドーフェ 67	ニューカム 25	——B 64
——谷 35	＝アルツィモヴィチ	トールボット Ⅳ	ニュートン 73	——C 64
	——谷 19	時の湖 15	忍耐の湖 38	ハインツェル 63
【た 行】	ティコ 64	ド・ジッター → デ・シッテル		——A 63
ダーウィン 50	ディジェヴルスキー Ⅲ	トスカネリ	ネアルク 75	——C 63
——谷 50	ティスラン 26	（アリスタルコスC） 18	ネアンダー 68	ハインド 45
ダ・ヴィンチ 37	ティティウス Ⅳ	——壁 18	ネイソン 5	ハインリヒ
ターナー 43	ティバット（ピカールG）	ドッペルマイアー 52	ネーター Ⅰ	（ティモカリスA） 21
タイラー 38	37	——谷 52	ネーピア 38	ハウゼン 71,Ⅵ
タウルス山脈 25	ティマイオス 4	ドナチ 55	——G＝フィアコウ	——B＝ピラトル
タウンリー	ティモカリス 21	トビアス・マイアー 19	——K＝タッキーニ	ハギンズ 65
（アポロニオスG） 38	——・クレーターチェー	——C 31	ネゲラート 70	ハゲツィウス 75
タエナリウム岬 54	ン 21	——D 31	熱の入江 32,33	パスカル 3
タキトス 57	——A＝ハインリヒ	ドブレ（メネラオスS）	眠りの沼 26,37	バック（シューベルトB）
——N 57	——K＝ブービン	23	ネルンスト Ⅷ	38
卓越の湖 62	デ・ヴィコ 51	ド・モルガン → デ・モーガン		ハックスリー
タケ 24	デーヴィ 43	ドライアー Ⅲ	ノイマイアー 75	（ウォーレスB） 22
——A＝アル・バクリー	——・クレーターチェー	トラレス 26	ノーマン（ユークリッドB）	バックランド尾根 23
ダゲール 47	ン 43	トランスキー（バリA）	41	ハッブル 27
タッカー Ⅳ	——A 43	42,43	ノックス・ショー（バナキエ	ハドリーA＝ジョイ
タッキーニ（ネーピアK）	——C 43	ドランブル 46	ヴィッツF） 38	ハドリー山 22
38	テーラー 46	ドリール 9,19	ノニウス 65	ハドリーB
ダニエル 14	デーリ（アポロニオスP）	——山 19	ノビリ（シューベルトY）	＝サントス・ドゥモント
——谷 14	38	——谷 9	38	ハドリー谷 22
ダモアゾー 39	デール 49	ドリガルスキー 72,Ⅵ	ノビル Ⅴ	ハドリー・デルタ山 22
ダルネー 42,53	テオフィルス 46	ドリガルスキーQ		バナキエヴィッツ 38

——F＝ノックス・ショー
バブコック　Ⅲ
バベジ　2
ハミルトン　69
パラス　33
　——A　33
パリ　43
　——A＝トランスキー
　——D　43
　——谷　42,43
ハリー（ハレー）　45
バリザ　43
バリッチュ　59
　——谷　59
ハルクヘビ　Ⅲ
バルテルス　17,Ⅷ
春の湖　39,50
ハルパルス　2
バルボア　17
バルマー　60
バルミエリ　51
　——谷　51
ハレー → ハリー
晴れの海　13,14,23,24
バロー　4
バロキウス　66
　——B　66
　——C　66
バロット　55
バングレ（バングレA）
　70
　——A＝バングレ
　——H＝ヤコブキン
バンクロフト（アルキメデス
　A）　21,22
ハンスキー　Ⅳ
ハンスティーン　40
　——山　40
　——谷　40
ハンセン　38
バンティング（リンネE）
　23
ハンノ　76

ビアーンキーニ　2
ピアッツィ　61
ピアッツィ・スミス　12
ピアリ　4
ピーク　38
ビーラ　75
ビールズ　16
ビオ　59
ピカール　26
　——G＝ティバット
　——H＝シャブリー
　——X
　　＝ファーレンハイト
　——Z＝カーティス
東の海　50,Ⅶ
ヒガツィ尾根　21
ヒギヌス　34
　——谷　34
ピクテ　64,65
ピコ山　11
ピタゴラス　2
ピタトス　54,64
　——谷　54

ピッカリング　45
ピッコローミニ　58
ヒッパルコス　44,45
　——C　45
　——L　45
ヒッパルス　52,53
　——谷　52,53
ビティスクス　75
ビトン山　12
ヒパティア　46
　——谷　46
ピュイゾー　52
ヒューエル　34
ヒューム　Ⅳ
ヒューメーソン　8
ビュッシング　66
ビュテアス　20
　——A　20
　——D　20
　——G　20
ビュルギウス　50
　——A　50
ビュルク　14
　——谷　14
ビラトル（ハウゼンB）
　70,Ⅵ
ヒラヤマ（平山）　Ⅳ
ビリー　40
　——谷　51
ヒル（ヴィトルヴィウスB）
　25
ビルハルツ
　（ラングレヌスF）　49
ピレネー山脈　48,58

ファーレンハイト
　（ピカールX）　38
ファウスティーニ　Ⅴ
ファウト　31
　——A　31
ファブリ　Ⅱ,Ⅲ
ファブリツィウス　68
ファブローニ　25
ファラデー　66
フィリップス　60
フィルヒョー（ネービアG）
　38
フィルミクス　38
フィロラオス　3
フィンシュ　24
ブヴァール谷　61
フーイエ　21
フーコー　2
ブービン
　（ティモカリスK）　21
ブーフ　66
フーリエ　61
ブール　2
ブールバッハ　55
フェー　55
フェドロフ　19
フェニー　Ⅵ
フェルネリウス　65
フェルマー　57
フォーカス　Ⅶ
フォーゲル　56
フォキリデス　70

フォックス　Ⅲ
フォン・コッタ尾根　23
フォンターナ　51
フォントネル　3
フォン・ブラウン
　（ラヴォアジェD）　8,Ⅷ
フォン・ベーリング
　（マクローリンF）　49
ブゲール　2
ブサンゴー　74,75
　——A　75
縁の海　27,38,Ⅲ
フック　15
ブッチャー尾根　9
ブティ（アポロニオスW）
　38
プトレマイオス　44
　——A＝アンモニオス
腐敗の沼　22
冬の湖　23
ブラーナ　14
ブラウン　64
　——E　64
フラウンホーファー　69
フラカストーロ
　（フラカストリウス）　58
フラカストリウス
　→ フラカストーロ
ブラケット　24
ブラック（ケストナーF）
　49
ブラッグ　33,Ⅷ
ブラッドリー山　22
ブラッドリー谷　22
プラトー → プラトン
プラトン（プラトー）　3
　——谷　4
フラマウロ　42
　——R　43
フラマリオン　44
　——谷　44
フラムスティード　40
　——F　40
　——P　40
ブランカヌス　72
ブランキヌス　55
フランク（レーマーK）
　25
フランクリン　15
ブランシャール　Ⅵ
フランツ　25
ブラン山（モン・ブラン）
　12
ブリアルドス　53
ブリアンション　3,Ⅰ
プリーストリ　Ⅴ
ブリスベーン　76
ブリッグズ　17
プリニウス　24
　——谷　24
プリンツ　19
　——A＝ヴェラ
　——B＝イヴァン
　——谷　19
ブルース　33

ブルースター（レーマーL）
　25
プルキニェ　Ⅳ
ブルクハルト　16
ブルタルコス　27
フルネリウス　69
　——A　69
　——谷　69
ブルンナー　Ⅳ
ブレイスラーク　66
プレイフェア　56
プレーリー　19
　——谷　19
フレドホルム
　（マクロビウスD）　26
フレネル谷　22
フレネル岬　22
ブレンナー　68
フロイト　18
フローリック　Ⅰ
プロクター　65
プロクロス　26
　——F＝クライル
プロタゴラス　4
ブンゼン　8
フンボルト　60
　——海　7
　——・クレーターチェー
　　ン　60

ベイハイム　60
ベイリー　6
ベイレスキウス　68
ヘイロフスキー　Ⅶ
ヘヴェリウス　28
　——谷　28
ベーア　21
ベーコン　74
ペーツヴァル　Ⅵ
ペーテルス　5
ペーテルマン　5
ヘームス山脈　23
ベーラ　22
ベーリング
　→ フォン・ベーリング
ヘール　74,75,Ⅴ
ヘカタイオス　60
ベケトフ（ジャンサンC）
　25
ヘシオドス　54
　——A　54
　——谷　63
ペタヴィウス　59
　——谷　59
ベッサリオン　19
ベッセル　24
　——A＝サラブハイ
　——F　23
　——G　23
ベッティヌス　71
ペティット　50
ヘディン　28
ヘドルヴァリ　Ⅴ
ペトロフ　76
蛇の海　27
ヘラクリトス　73
ヘラクレイデス岬　10

ヘラクレス　14
ヘリゴニウス　41
　——谷　41
ヘリコン　10
　——A　10
ヘル　64
ベル　Ⅷ
ベルコヴィチ　7,Ⅱ
ベルツェリウス　15
ベルヌーイ　16
ヘルマート　Ⅳ
ヘルマン　39
ヘルムホルツ　75
ベロー　48
ベロッソス　16
ヘロドトス　18
　——D＝ラーマン
　——山　18
ペンク山　46
ペントランド　73
ヘンリー　51

ポアソン　66
　——T　66
ホイヘンス山　22
ボエティウス
　（ドゥビアゴU）　38
ボーア　28
ボーエン（マニリウスA）
　23
ポーター（クラヴィウスB）
　72
ホーターマンス　49
ボーデ　33
　——A　33
　——B　33
　——C　33
　——谷　33
ボーネンベルガー　58
ボーモン　58
ホール　15
ボール　64
ホールデン　49,60
ホーンズビー　23
ボグスラフスキー　74
ボス　16
ボスコヴィチ　34
　——谷　34
ポセイドニオス　14
　——谷　14
ポチオブット　Ⅰ
ボビリエ　23
ホフマン　Ⅶ
ポボフ　Ⅲ
ポモルツェフ
　（ドゥビアゴP）　38
ポリュビオス　57
　——A　57
　——B　57
ボルダ　59
ボルツマン　Ⅵ
ホルテンシウス　30
　——A　30
　——B　30
ボルン（マクローリンY）
　49
ホレボー　2

ボレル（ル・モニエC） 24
ホロックス 45
ボンス 57
——B 57
ポンスレ 3
ポンタヌス 56
ポンテクーラン 76
ボンド → ウィリアム・ボンド
ボンド → ジョージ・ボンド
ボンプラン 42
——E＝カイパー
ボンペリ（アポロニオスT） 38
ホンメル 75

【ま 行】

マーチスン 33
マイアー → トビアス・マイアー
マイアー → クリスチャン・マイアー
マウロリクス 66
マウンダー Ⅶ
マカディ Ⅲ
マギヌス 73
マクスウェル Ⅲ
マクドナルド 10
マクミラン（アルキメデスF） 21
マクリュア 59
マクレア 35
——谷 35
マクローリン(Maclaurin) 49
——F＝フォン・ベーリング
——R＝モーリー
——S＝ハーグリーヴズ
——Y＝ボルン
マクローリン(McLaughlin) Ⅰ
マクロビウス 26
——A＝カーマイケル
——D＝フレドホルム
マスケリン 36
——B 36
——E＝アリヤバーター
——H＝ヴァラッハ
マゼラン 48
マナーズ 35
マニリウス 23,34
——A＝ボーエン
——F＝ヤンゲル
マラベール 73
マラルディ 25
——B＝ルキアノス
——M＝テオフラトス
——山 25
マリウス 29
——G 29
——谷 18
マリヌス 69
マルコフ 1
マルコポーロ 22
マルト 63
マレット 68

マンチヌス 74
ミー 63
ミーズ Ⅷ
未開の入江 46,47
神酒の海 47,58
ミッチェル 5
南の海 69,76,Ⅳ,Ⅴ
ミュラー 44
ミラー 65
ミリキウス 30
——谷 30
——・パイ 30
ムーシェ 3
ムートス 74
メイスン 14
メイン 4
メシエ 48
——A 48
——G＝リンドバーグ
——谷 48
メスティング 43
——A 43,43
メストリン 29
——G 29
——H 29
——R 29
——谷 29
メッサラ 16
メティウス 68
メドラー 47
メトン 4
メネラオス 23
——S＝ドブレ
——谷 24
メラン 9
——T 9
——谷 9
メリル Ⅰ
メルカトル 53
——壁 53
メルクリウス 15
メルセニウス 51
——谷 51
メンツェル 36
メンデル Ⅵ
モアニョー 5
モーズリー Ⅷ
モーソン尾根 48
モーベルチュイ 2
——谷 3
モーリー(Maury) 15
モーリー(Morley)（マクローリンR） 49
モールトン Ⅴ
モルトケ 46
モレトゥス 73
モロ山 42
モン・ブラン → ブラン山
モンジュ 59
モンタナリ 64

【や 行】

ヤーキス 26

ヤコービ 74
ヤコブキン（バングレH） 70
病の沼 53,63
ヤング 68
ヤンゲル（マニリウスF） 22
ヤンセン 36
——B＝カレル
——F＝カハル
——Y 36
——谷 25,36

ユーイング尾根 41
ユークリッド（エウクレイデス） 41
——B＝ノーマン
——D＝エビンガー
——F 41
ユーリー（レーリーA） 27
豊かの海 37,48,49,59
夢の湖 14
ユリウス・カエサル 34

喜びの湖 23

【ら 行】

ラーデ 45
——B 45
ラーマン（ヘロドトスD） 18
ラーモント 35
ライエル 36
ライト 61
ライナー 29
——・ガンマ 28
ライヘンバッハ 69
ライマルス 68
ラ・イールD ＝カヴァントゥー
ラ・イール山 20
ラインホルト 31
ラヴィニウム岬 26
ラウエ Ⅷ
——D＝フォン・ブラウン
ラヴォアジェ 8
ラヴレース Ⅰ
ラ・カーユ 55
ラガラ 63
ラグランジュ 61
ラクロア 61
ラ・コンダミン 2
ラザフォード 72
ラッセル(Russel) 17
ラッセル(Lassel) 54
——D 54
ラビ・レヴィ 67
——A 67
——L 67
ラプラス岬 10
ラ・ペルーズ 49
ラボック 48
ラマルク 50
ラム Ⅳ
ラムズデン 63
——谷 63

ラメ 49,60
ラメーク 13
ラランド 43
——A 43
ラルマン（コプフA） 39
ランキン 49
ラングリー 1
ラングレヌス 49
——A＝バークラ
——B＝直円（なおのぶ）
——C＝アコスタ
——D＝アル・マラクシ
——F＝ビルハルツ
——J＝サマヴィル
——K＝アトウッド
ランズベルグ 42
——B 41
——C 41
——G 41
ランドシュタイナー 11
ランバート 20

リアプノフ 27
リー 62
リーキー（ケンソリヌスF） 47
リービヒ 51
——壁 51
リーマン 16
リウヴィル（ドゥビアゴS） 38
リオ → リヨー
リケトス 65
リスター尾根 24
リチャードソン Ⅲ
リック 37
——D＝グリーヴス
リッター 35
——谷 35
リッチー(Ritchey) 45
リッチー(Ricci) → リッチウス
リッチウス（リッチー） 67
——E 67
リッチョーリ 39
——谷 39
リッツ Ⅳ
リッテンハウス Ⅴ
リトロー 25
——・クレーターチェーン 24
——B＝クラーク
リバーシー 54
リヒテンベルク 8
リフェウス山脈 41,42
リュードベリ Ⅵ
リュンカー山 8
リヨー（リオ） 76
リリウス 73
リンジー（ドロンドC） 45
リンデナウ 67
リンドバーグ（メシエG） 48
リンドブラード Ⅰ
リンネ 23

——E＝バンティング
——F 13
——H 13
ル・ヴェリエ 11
——B 11
——D 11
——W 11
ル・ジャンティ 72
ル・モニエ 25
——B＝ヴェリー
——C＝ボレル
ルイーズ 19
ルイニン Ⅰ
ルヴィル 9
ルース 19
ルードヴィヒ Ⅳ
ルーニク湾（月の入江） 12
ルービー尾根 40
ルキアノス（マラルディB） 25,36
ルジャンドル 60
ルター 14
ルック山脈 50,Ⅶ
ルトロヌ 40
——B 40
——D＝シェーレ
——P＝ウィンスロップ
——T 40
ルナ湾 12
ルニョー 1
ルビニエッキー 53
ルベーグ Ⅳ
ルポート 62
ルンゲ Ⅳ
レイタ 68
——E 68
——谷 68
レーマー（レーメル） 25
——K＝フランク
——L＝ブルースター
——谷 25
レーマン 61,62
レーメル → レーマー
レーリー 27
——A＝ユーリー
レオミュール 44
——谷 44
レギオモンタヌス 55
——A 55
レクセル 65
レスピーギ（ドゥビアゴC） 38
レティクス 33
レプソルト 1
——谷 1
レントゲン Ⅷ
ローヴィ 52
ローゼ 49
ローゼンベルガー 75
ロートマン 67
ローリッツスン Ⅳ
ロールマン 39
ローレンス

227

（タルンティウスM） 37
ローレンツ Ⅷ
ロジェストヴェンスキー Ⅰ
ロス 35
ロスト 71
ロッカ 39
ロッキアー 67
ロッコ（クリーガーD） 19
ロッス 58
ロッテスリー 59
ロビンソン 2
ロモノーソフ Ⅲ
ロンゴモンタヌス 72

【わ　行】
ワイルド Ⅳ
ワッツ（タルンティウスD） 37
ワット 76
ワルゲンチン 70

【尾　根】
(Dorsa, Dorsum)
アザラ尾根 24
アルガント尾根 19
アルドゥイーノ尾根 19
アルドロヴァンディ尾根 24
アンドルソフ尾根 49
ウィストン尾根 8
オーエン尾根 23
オッペル尾根 26
カイユー尾根 37
カシュマン尾根 37
ガスト尾根 23
カトー尾根 37
グレーボー尾根 11
ゲーキ尾根 48
ゲタール尾根 42
シュティレ尾根 20
スキラ尾根 8
スミルノフ尾根 24
ツィルケル尾根 10,20
テティアエフ尾根 27
テルミエ尾根 38
ニグリ尾根 18
ニコル尾根 24
ハーカー尾根 27,38
バーネット尾根 18
バーロー尾根 25,36
ハイム尾根 10
バックランド尾根 23
ヒガツィ尾根 21
フォン・コッタ尾根 23
ブッチャー尾根 9
モーソン尾根 48
ユーイング尾根 41
リスター尾根 24
ルービー尾根 40

【入江(湾)】
(Sinus)
愛の入江 25
栄光の入江 35
信頼の入江 22

成功の入江 38
中央の入江 33,44
調和の入江 37
月の入江 → ルーニク湾
露の入江 1,9
虹の入江 10
熱の入江 32,33
未開の入江 46,47
ルーニク（ルナ）湾（月の入江） 12

【海】
(Mare)
雨の海 9-11,19-21
泡の海 38
危機の海 26,27,37,38
既知の海 42
雲の海 53,54
氷の海 → 寒さの海
寒さの海（氷の海） 3,6
静かの海 35,36,47
島の海 30-32,42
湿りの海 51,52
蒸気の海 33,34
スミス海 38,49,Ⅲ,Ⅳ
波の海 38
晴れの海 13,14,23,24
東の海 50,Ⅶ
縁の海 27,38,Ⅲ
フンボルト海 7
蛇の海 27
神酒の海 47,58
南の海 69,76,Ⅳ,Ⅴ
豊かの海 37,48,49,59

【クレーターチェーン】
(Catena)
アブールフィダー・クレーターチェーン 56,57
クラフト・クレーターチェーン 17,28
ティモカリス・クレーターチェーン 21
デーヴィ・クレーターチェーン 43
フンボルト・クレーターチェーン 60
リトロー・クレーターチェーン 24

【山】
(Mons)
アルゲウス山 24,25
アンペール山 22
ヴィトルヴィウス山 25
ヴィノグラードフ山（オイラー山） 19
ヴォルフ山 21
ウソフ山 38
エサム山 36
オイラー山 =ヴィノグラードフ山
オッポルツァー谷 44
グルイテュイゼン・ガンマ山 9
グルイテュイゼン・デルタ山 9

ドリール山 19
ハドリー山 22
ハドリー・デルタ山 22
ハンスティーン山 40
ピコ山 11
ピトン山 12
ブラッドリー山 22
ブラン山（モン・ブラン） 12
ヘロドトス山 18
ペンク山 46
ホイヘンス山 22
マラルディ山 25
モロ山 42
ラ・イール山 20
リュンカー山 8

【山脈(山列)】
(Montes)
アグリコラ山脈 18
アペニン山脈 21,22
アルキメデス山脈 22
アルプス山脈 12
カルパチア山脈 20,31
コーカサス山脈 13
コルディレラ山脈 39,50,Ⅶ
ジュラ山脈 10
スピッツベルゲン山脈 12
セッキ山脈 37
タウルス山脈 25
直線山列（直列山脈） 11
直線山脈 → 直線山列
テネリッフェ山脈 11
ハービンガー山脈 19
ピレネー山脈 48,58
ヘームス山脈 23
リフェウス山脈 41,42
ルック山脈 50,Ⅶ

【大洋】
(Oceanus)
嵐の大洋 8,9,19,28,29,39-41

【谷】
(Rima, Rimae, Vallis)
アガタルキデス谷 53
アトラス谷 15
アリアデウス谷 34
アリスタルコス谷 18,19
アルキタス谷 4
アルキメデス谷 22
アルザケル谷 55
アルフォンスス谷 44
アルプス谷 4
インギラミ谷 61
オッポルツァー谷 44
オベルト谷 42
ガッサンディ谷 52
カペラ谷 47
カリッポス谷 13
ガリレイ谷 28
グーテンベルク谷 47
グリマルディ谷 39
ゲイ・リュサック谷 31
ゲルトナー谷 6

コーシー谷 36
ゴクレニウス谷 48
コノン谷 22
シープシャンクス谷 5
シャコルナク谷 14,25
ジャンサン谷 67
ジュース谷 29
シュレーター谷 18,32
シュレーディンガー谷 Ⅴ
ジョージ・ボンド谷 15
シルサリス谷 39,50
スネリウス谷 59,69
スルピキウス・ガルス谷 23
セッキ谷 37
ソシゲネス谷 35
ダーウィン谷 50
ダニエル谷 14
ツープス谷 51
デ・ガスパリス谷 51
テアエテトス谷 12
ディオファントス谷 19
ドッペルマイアー谷 52
ドリール谷 9
トリスネッカー谷 33,34
ハーゼ谷 69
バーデ谷 61
バート谷 54
ハドリー谷 22
パリ谷 42,43
パリッチュ谷 59
パルミエリ谷 51
ハンスティーン谷 40
ヒギヌス谷 34
ピタトス谷 54
ヒッパルス谷 52,53
ヒパティア谷 46
ビュルク谷 14
ビリー谷 51
ブヴァール谷 61
ブラッドリー谷 22
ブラトン谷 4
フラマリオン谷 44
プリニウス谷 24
プリンツ谷 19
フルネリウス谷 69
ブレーリー谷 19
フレネル谷 22
ヘヴェリウス谷 28
ヘシオドス谷 63
ペタヴィウス谷 59
ヘリゴニウス谷 41
ボーデ谷 33
ボスコヴィチ谷 34
ポセイドニオス谷 14
マクレア谷 35
マリウス谷 18
ミリキウス谷 30
メシエ谷 48
メストリン谷 29
メネラオス谷 24
メラン谷 9
メルセニウス谷 51
モーベルチュイ谷 3
ヤンセン谷 25,36
ラムズデン谷 63
リッター谷 35
リッチョーリ谷 39

レイタ谷 68
レーマー谷 25
レオミュール谷 44
レプソルト谷 1

【沼】
(Palus)
眠りの沼 26,37
腐敗の沼 22
病の沼 53,63

【壁】
(Rupes)
アルタイ壁 57
ケルヴィン壁 52
コーシー壁 36
直線壁 54
トスカネリ壁 18
メルカトル壁 53
リービヒ壁 51

【岬】
(Promontorium)
アガシ岬 12
アガルム岬 38
アルケルシア岬 24
オリーブ岬 26
ケルヴィン岬 52
タエナリウム岬 54
ドヴィル岬 12
フレネル岬 22
ヘラクレイデス岬 10
ラヴィニウム岬 26
ラプラス岬 10

【湖】
(Lacus)
秋の湖 39,50
悲しみの湖 23
希望の湖 16
恐怖の湖 63
幸福の湖 22
死の湖 14
柔軟の湖 23,34
善良の湖 25,26
卓越の湖 62
時の湖 15
夏の湖 39,50
憎しみの湖 23
忍耐の湖 38
春の湖 39,50
冬の湖 23
夢の湖 14
喜びの湖 23

【欧　文】
Abbot 37
Abel 69
Abenezra 56
Abetti 24
Abulfeda 45
Abulfeda,Catena 56,57
Acosta 49
Adams 69
Aestatis,Lacus 39,50
Aestuum,Sinus 32,33
Agarum,Promontorium 38

Agassiz,Promontorium 12
Agatharchides 52
Agatharchides,Rima 53
Agricola,Montes 18
Agrippa 34
Airy 56
Al-Bakri 24,35
Al-Biruni III
Al-Marrakushi 48
Albategnius 44
Aldrin 35
Aldrovandi,Dorsa 24
Alexander 13
Alfraganus 46
Alhazen 27
Aliacensis 55,65
Almanon 56
Alpes,Montes 12
Alpes,Vallis 4
Alpetragius 55
Alphonsus 44,55
Alphonsus,Rimae 44
Altai,Rupes 57
Ameghino 38
Ammonius 44
Amontons 48
Amoris,Sinus 25
Ampère,Mons 22
Amundsen 73, V
Anaxagoras 4
Anaximander 2
AnaХimenes 3
Andel 45
Andersson VI
Andrusov,Dorsa 49
Ångström 19
Anguis,Mare 27
Ansgarius 49
Anuchin V
Anville 37
Apenninus,Montes 21,22
Apianus 56
Apollonius 38
Apollonius C = Ameghino 38
Apollonius D = Cartan 38
Apollonius G = Townley 38
Apollonius K = Abbot 37
Apollonius P = Daly 38
Apollonius T = Bombelli 38
Apollonius W = Petit 38
Arago 35
Aratus 22
Aratus A = Galen 22
Archerusia,Promontorium 24
Archimedes 22
Archimedes A = Bancroft 21,22
Archimedes F = Macmillan 21
Archimedes K = Spurr 22
Archimedes,Montes 22
Archimedes,Rimae 22
Archytas 4
Archytas,Rima 4

Arduino,Dorsum 19
Argaeus,Mons 24,25
Argand,Dorsa 19
Argelander 56
Ariadaeus 35
Ariadaeus,Rima 34
Aristarchus 18
Aristarchus A = Väisälä 18
Aristarchus C =Toscanelli 18
Aristarchus,Rimae 18,19
Aristillus 12
Aristoteles 5
Armstrong 35
Arnold 5
Arrhenius VI
Arrhenius P = Blanchard VI
Artemis 20
Artsimovich 19
Aryabhata 36
Arzachel 55
Arzachel E 55
Arzachel F 55
Arzachel,Rimae 55
Asada 37
Asclepi 74
Ashbrook VI
Asperitatis,Sinus 46,47
Aston 8
Atlas 15
Atlas,Rimae 15
Atwood 49
Australe,Mare 69,76, IV, V
Autolycus 12
Autumni,Lacus 39,50
Auwers 24
Auzout 38
Auzout A = van Albada 38
Auzout B = Krogh 38
Avery 49
Avicenna VIII
Azara,Dorsum 24
Azophi 56

Baade 61
Baade,Vallis 61
Babbage 2
Babcock III
Back 38
Baco 74
Baillaud 5
Bailly 71
Baily 6
Balboa 17
Ball 64
Balmer 60
Banachiewicz 38
Banachiewicz F = Knox-Shaw 38
Bancroft 21,22
Banting 23
Barkla 49
Barlow,Dorsa 25,36
Barnard 69

Barocius 66
Barocius B 66
Barocius C 66
Barrow 4
Bartels 17,VIII
Bayer 71
Beals 16
Beaumont 58
Beer 21
Behaim 60
Bĕketov 25
Bela 22
Belkovich 7, II
Bell VIII
Bellot 48
Bernoulli 16
Berosus 16
Berzelius 15
Bessarion 19
Bessel 24
Bessel A = Sarabhai 24
Bessel E = Bobillier 23
Bessel F 23
Bessel G 23
Bettinus 71
Bianchini 2
Biela 75
Bilharz 49
Billy 40
Billy,Rima 51
Biot 59
Birmingham 4
Birt 54
Birt A 54
Birt E 54
Birt F 54
Birt,Rima 54
Black 49
Blagg 33
Blanc,Mons 12
Blancanus 72
Blanchard VI
Blanchinus 55
Bobillier 23
Bode 33
Bode A 33
Bode B 33
Bode C 33
Bode,Rimae 33
Boethius 38
Boguslawsky 74
Bohnenberger 58
Bohr 28
Boltzmann VI
Bombelli 38
Bonitatis,Lacus 25,26
Bonpland 42
Bonpland E = Kuiper 42
Boole 2
Borda 59
Borel 24
Born 49
Boscovich 34
Boscovich,Rimae 34
Boss 16
Bouguer 2
Boussingault 74,75

Boussingault A 75
Bouvard,Vallis 61
Bowen 23
Brackett 24
Bradley,Mons 22
Bradley,Rima 22
Bragg VIII
Brayley 19
Brayley,Rima 19
Breislak 66
Brenner 68
Brewster 25
Brianchon 3, I
Briggs 17
Brisbane 76
Brown 64
Brown E 64
Bruce 33
Brunner IV
Buch 66
Bucher,Dorsum 9
Buckland,Dorsum 23
Bullialdus 53
Bunsen 8
Burckhardt 16
Bürg 14
Bürg,Rimae 14
Burnet,Dorsa 18
Burnham 45
Büsching 66
Byrd 4
Byrgius 50
Byrgius A 50

C.Herschel 10
C.Mayer 5
Cabeus 73
Cajal 36
Calippus 13
Calippus,Rima 13
Cameron 37
Campanus 53
Cannizzaro I
Cannon 27
Capella 47
Capella,Vallis 47
Capuanus 63
Cardanus 28
Carlini 10
Carlini B = McDonald 10
Carmichael 25
Carpatus,Montes 20,31
Carpenter 2
Carrel 35
Carrillo 49
Carrington 15
Cartan 38
Casatus 72
Cassini 12
Cassini A 12
Cassini C 13
Catalán 61
Catharina 57
Cato,Dorsa 37
Caucasus,Montes 13
Cauchy 36
Cauchy,Rima 36

Cauchy,Rupes 36
Cavalerius 28
Cavendish 51
Cavendish E 51
Caventou 20
Cayeux,Dorsum 37
Cayley 34
Celsius 67
Censorinus 47
Censorinus F = Leakey 47
Cepheus 15
Chacornac 14,25
Chacornac,Rimae 14,25
Chadwick VI
Challis 4
Chamberlin V
Chapman I
Chappe VI
Chevallier 15
Ching-te 25
Chladni 33
Cichus 63
Cichus C 63
Clairaut 66
Clairaut A 66
Clairaut B 66
Clausius 62
Clavius 72,73
Clavius C 72
Clavius D 72
Clavius J 72
Clavius JA 72
Clavius N 72
Cleomedes 26
Cleomedes,Rima 26
Cleostratus 1
Clerke 25
Cognitum,Mare 42
Collins 35
Colombo 59
Compton II
Concordiae,Sinus 37
Condon 38
Condorcet 38
Condorcet K = Wildt 38
Conon 22
Conon,Rima 22
Cook 59
Copernicus 31
Copernicus H 31
Cordillera,Montes 39,50, VII
Couder VII
Crüger 50
Cremona 2, I
Crile 37
Crisium,Mare 26,27,37,38
Crozier 48
Curie IV
Curtis 26
Curtius 73
Cusanus 6
Cushman,Dorsum 37
Cuvier 74
Cyrillus 46
Cyrillus B = Ibn Rushd 46
Cysatus 73

229

da Vinci 37	Dubiago 38	Flamsteed P 40	Gioja 4	Harpalus 2
Daguerre 47	Dubiago C = Respighi 38	Focas VII	Glaisher 37	Hartwig 39
Dale 49	Dubiago P = Pomortsev 38	Fontana 51	Glushko 28	Hase 59
Dalton 17	Dubiago Q = Stewart 38	Fontenelle 3	Goclenius 48	Hase,Rima 69
Daly 38	Dubiago S = Liouville 38	Foucault 2	Goclenius A = Ibn Battuta 48	Hausen 71,VI
Damoiseau 39	Dubiago U = Boethius 38	Fourier 61	Goclenius,Rimae 48	Hausen B = Pilâtre 70,VI
Daniell 14	Dugan II	Fox III	Goddard 27	Hayn 6
Daniell,Rimae 14	Dunthorne 63	Fra Mauro 42	Godin 34	Hecataeus 60
Darney 42,53	Dziewulski III	Fra Mauro R 43	Goldschmidt 4	Hedervári V
Darney C 42		Fracastorius 58	Golgi 18	Hedin 28
d'Arrest 34	Eckert 26	Franck 25	Golitsyn = Fryxell VII	Heim,Dorsum 10
Darwin 50	Eddington 17	Franklin 15	Goodacre 66	Heinrich 21
Darwin,Rimae 50	Edison III	Franz 25	Gould 53	Heinsius 64
Daubrée 23	Egede 13	Fraunhofer 69	Grabau,Dorsum 11	Heinsius A 64
Davy 43	Eichstadt 50	Fredholm 26	Graff 61	Heinsius B 64
Davy A 43	Eimmart 27	Fresnel,Promontorium 22	Greaves 37	Heinsius C 64
Davy C 43	Einstein 17, VIII	Fresnel,Rimae 22	Grimaldi 39	Heis 10
Davy,Catena 43	Elger 63	Freud 18	Grimaldi,Rimae 39	Heis A 10
Dawes 24	Ellison I	Frigoris,Mare 3,6	Grove 14	Helicon 10
de Gasparis 51	Elmer 49	Froelich I	Gruemberger 73	Helicon A 10
de Gasparis,Rimae 51	Encke 30	Fryxell VII	Gruithuisen 9	Hell 64
de la Rue 6	Encke B 30	Furnerius 69	Gruithuisen Delta,Mons 9	Helmert IV
de Morgan 34	Encke N 30	Furnerius A 69	Gruithuisen Gamma,Mons 9	Helmholtz 75
de Roy VI	Endymion 7	Furnerius,Rima 69	Guericke 43	Henry 51
de Roy X = Chadwick VI	Epidemiarum,Palus 53,63		Guericke C = Kundt 43	Henry Frères 51
de Sitter 5	Epigenes 4	G.Bond 15	Guericke D 43	Heraclides,Promontorium 10
de Vico 51	Epimenides 63	G.Bond,Rima 15	Guettard,Dorsum 42	Heraclitus 73
Debes 26	Eppinger 42	Galen 22	Gum 69	Hercules 14
Debes A 26	Eratosthenes 21,32	Galilaei 28	Gutenberg 48	Hercules A = Keldysh 6
Dechen 8	Erro III	Galilaei,Rima 28	Gutenberg A 48	Herigonius 41
Delambre 46	Esam,Mons 36	Galle 5	Gutenberg C 48	Herigonius,Rima 41
Delaunay 55	Esclangon 25	Galvani 1	Gutenberg E 48	Hermann 39
Delisle 9,19	Euclides 41	Gambart 32	Gutenberg,Rimae 47	Hermite 4, I
Delisle,Mons 19	Euclides B = Norman 41	Gambart A 31	Guthnick VI	Herodotus 18
Delisle,Rima 9	Euclides D = Eppinger 42	Gambart B 32	Gyldén 44	Herodotus D = Raman 18
Delmotte 26	Euclides F 41	Gambart C 32		Herodotus,Mons 18
Deluc 73	Euctemon 5	Ganswindt V	Hadley A = Joy 23	Herschel 44
Dembowski 34	Eudoxus 13	Gardner 25	Hadley B = Santos-Dumont 22	Hesiodus 54
Democritus 5	Eudoxus D 13	Gärtner 6	Hadley Delta,Mons 22	Hesiodus A 54
Demonax 74	Euler 20	Gärtner,Rima 6	Hadley,Mons 22	Hesiodus,Rima 63
Desargues 2	Ewing,Dorsa 41	Gassendi 52	Hadley,Rima 22	Hevelius 28
Descartes 45	Excellentiae,Lacus 62	Gassendi A 52	Haemus,Montes 23	Hevelius,Rimae 28
Deseilligny 24		Gassendi,Rimae 52	Hagecius 75	Heyrovský VII
Deslandres 64,65	Fabbroni 25	Gast,Dorsum 23	Hahn 16	Hiemalis,Lacus 23
Deville,Promontorium 12	Fabricius 68	Gaudibert 47	Haidinger 63	Higazy,Dorsum 21
Dionysius 35	Fabry II,III	Gaudii,Lacus 23	Haidinger B 63	Hill 25
Diophantus 19	Fahrenheit 38	Gauricus 64	Hainzel 63	Hind 45
Diophantus A =Artsimovich 19	Faraday 66	Gauss 16	Hainzel A 63	Hippalus 52,53
Diophantus,Rima 19	Faustini V	Gay-Lussac 31	Hainzel C 63	Hippalus,Rimae 52,53
Doerfel VI	Fauth 31	Gay-Lussac A 31	Haldane 49	Hipparchus 44,45
Dollond 45	Fauth A 31	Gay-Lussac,Rima 31	Hale 74,75, V	Hipparchus C 45
Dollond C = Lindsay 45	Faye 55	Geber 56	Hall 15	Hipparchus L 45
Doloris,Lacus 23	Fecunditatis,Mare 37,48, 49,59	Geikie,Dorsa 48	Halley 45	Hirayama IV
Donati 55	Fedorov 19	Geissler 49	Hamilton 69	Hohmann VII
Donner IV	Felicitatis,Lacus 22	Geminus 16	Hanno 76	Hohmann T = Il'in VII
Doppelmayer 52	Fényi VI	Gemma Frisius 66	Hansen 38	Holden 60
Doppelmayer,Rimae 52	Fermat 57	Gerard 8	Hanskiy IV	Hommel 75
Dove 67	Fernelius 65	Gernsback IV	Hansteen 40	Honoris,Sinus 35
Draper 20	Feuillée 21	Gibbs 60	Hansteen,Mons 40	Hooke 15
Draper C 20	Fidei,Sinus 22	Gilbert 49	Hansteen,Rima 40	Hornsby 23
Drebbel 62	Finsch 24	Gilbert D = Geissler 49	Harbinger,Montes 19	Horrebow 2
Dreyer III	Firmicus 38	Gilbert M = Van Vleck 49	Harding 8	Horrocks 45
Drude VII	Flammarion 44	Gilbert N = Weierstrass 49	Hargreaves 49	Hortensius 30
Drude S = Heyrovský VII	Flammarion,Rima 44	Gilbert U = Avery 49	Harker,Dorsa 27,38	Hortensius A 30
Drygalski 72,VI	Flamsteed 40	Gill 75	Harkhebi III	Hortensius B 30
	Flamsteed F 40	Ginzel III		Houtermans 49

Hubble 27	Kies E 53	Lauritsen IV	Lyot 76	McClure 59
Huggins 65	Kiess 49	Lavinium,Promontorium 26		McDonald 10
Humason 8	Kinau 74	Lavoisier 8	Maclaurin 49	McLaughlin I
Humboldt 60	Kirch 12	Lawrence 37	Maclaurin F = von Behring	Medii,Sinus 33,44
Humboldt,Catena 60	Kircher 71	le Gentil 72	49	Mee 63
Humboldtianum,Mare 7	Kirchhoff 15	le Monnier 25	Maclaurin R = Morley 49	Mees VIII
Hume IV	Klaproth 72	le Monnier B = Very 24	Maclaurin S = Hargreaves	Mendel VI
Humorum,Mare 51,52	Klein 44	le Monnier C = Borel 24	49	Menelaus 23
Huxley 22	Knox-Shaw 38	le Verrier 11	Maclaurin Y = Born 49	Menelaus S = Daubrée 23
Huygens,Mons 22	König 53	le Verrier B 11	Maclear 35	Menelaus,Rimae 24
Hyginus 34	Kopff 50,VII	le Verrier D 11	Maclear,Rimae 35	Menzel 36
Hyginus,Rima 34	Kopff A = L'allemand 50	le Verrier W 11	Macmillan 21	Mercator 53
Hypatia 46	Krafft 17	Leakey 47	Macrobius 26	Mercator,Rupes 53
Hypatia,Rimae 46	Krafft,Catena 17,28	Lebesgue IV	Macrobius A = Carmichael	Mercurius 15
	Kramarov VII	Lee 62	25	Merrill I
Ibn Banttuta 48	Krasnov 50	Legendre 60	Macrobius B = Hill 25	Mersenius 51
Ibn Rushd 46	Kreiken 49	Lehmann 61,62	Macrobius D = Fredholm	Mersenius,Rimae 51
Ibn Yunus III	Krieger 19	Lenitatis,Lacus 23,34	26	Messala 16
Ideler 74	Krieger B =Van Biesbroeck	Lenz K = Kramarov VII	Macrobius L = Esclangon	Messier 48
Idelson V	19	Lepaute 62	25	Messier A 48
Il'in VII	Krishna 23	Letronne 40	Mädler 47	Messier G = Lindbergh 48
Imbrium,Mare 9,10,11,19,	Krogh 38	Letronne B 40	Maestlin 29	Messier,Rima 48
20,21	Krusenstern 55,56	Letronne D = Scheele 41	Maestlin G 29	Metius 68
Inghirami 62	Kugler V	Letronne P = Winthrop 40	Maestlin H 29	Meton 4
Inghirami,Vallis 61	Kuiper 42	Letronne T 40	Maestlin R 29	Milichius 30
Insularum,Mare 30,31,32,	Kundt 43	Lexell 65	Maestlin,Rimae 29	Milichius Pi 30
42	Kunowsky 30	Liapunov 27	Magelhaens 48	Milichius,Rima 30
Iridum,Sinus 10		Licetus 65	Maginus 73	Miller 65
Isdorus 47	la Caille 55	Lichtenberg 8	Main 4	Mitchell 5
Ivan 19	la Condamine 2	Lichtenberg G = Humason	Mairan 9	Moigno 5
	La Hire D = Caventou 20	8	Mairan T 9	Moltke 46
J.Herschel 2	La Hire,Mons 20	Lick 37	Mairan,Rima 9	Monge 59
Jacobi 74	la Pérouse 49	Lick D = Greaves 37	Malapet 73	Montanari 64
Jansen 36	Lacroix 61	Liebig 51	Mallet 68	Moretus 73
Jansen B = Carrel 35	Lade 45	Liebig,Rupes 51	Manilius 23,34	Morley 49
Jansen C = Beketov 25	Lade B 45	Lilius 73	Manilius A = Bowen 23	Moro,Mons 42
Jansen F = Cajal 36	Lagalla 63	Lindbergh 48	Manilius F = Yangel' 22	Mortis,Lacus 14
Jansen Y 36	Lagrange 61	Lindblad I	Manners 35	Moseley VIII
Jansen,Rima 25,36	Lalande 43	Lindenau 67	Manzinus 74	Mösting 43
Jansky 38	Lalande A 43	Lindsay 45	Maraldi 25	Mösting A 43,44
Janssen 67,68	Lallemand 39	Linné 23	Maraldi B = Lucian 25,36	Mouchez 3
Janssen,Rimae 67	Lamarck 50	Linné E = Banting 23	Maraldi M = Theophrastus	Moulton V
Jeans V	Lamb IV	Linné F 13	25	Müller 44
Jehan 19	Lambert 20	Linné H 13	Maraldi,Mons 25	Murchison 33
Jenkins 38	Lamé 49,60	Liouville 38	Marco Polo 22	Mutus 74
Jenner IV	Lamèch 13	Lippershey 54	Marginis,Mare 27,38,III	
Joliot III	Lamont 35	Lister,Dorsa 24	Marinus 69	Nansen 5, II
Joy 23	Landsteiner 11	Littrow 25	Marius 29	Naonobu 49
Julius Caesar 34	Langley 1	Littrow B = Clerke 25	Marius G 29	Nasireddin 65
Jura,Montes 10	Langrenus 49	Littrow,Catena 24	Marius,Rima 18	Nasmyth 70
	Langrenus A = Barkla 49	Lockyer 67	Markov 1	Natasha 19
Kaiser 66	Langrenus B = Naonobu 49	Loewy 52	Marth 63	Naumann 8
Kaiser A 66	Langrenus C = Acosta 49	Lohrmann 39	Maskelyne 36	Neander 68
Kane 5	Langrenus D	Lohse 49	Maskelyne B 36	Nearch 75
Kant 46	= Al-Marrakushi 48	Lomonosov III	Maskelyne E = Aryabhata	Nectaris,Mare 47,58
Kao IV	Langrenus F = Bilharz 49	Longomontanus 72	36	Neison 5
Kapteyn 49	Langrenus J	Lorentz VIII	Maskelyne H = Wallach 36	Neper 38
Kästner 49	= Somerville 49	Louise 19	Mason 14	Neper G = Virchow 38
Kästner F = Black 49	Langrenus K = Atwood 49	Louville 9	Maunder VII	Neper K = Tacchini 38
Keldysh 6	Lansberg 42	Lovelace I	Maunder Z = Couder VII	Nernst VIII
Kelvin,Promontorium 52	Lansberg B 41	Lubbock 48	Maupertuis 2	Neumayer 75
Kelvin,Rupes 52	Lansberg C 41	Lubiniezky 53	Maupertuis,Rimae 3	Newcomb 25
Kepler 29,30	Lansberg G 41	Lucian 25,36	Maurolycus 66	Newton 73
Kepler C 29	Laplace,Promontorium 10	Ludwig IV	Maury 15	Nicholson 50
Kepler D 29	Lassell 54	Lunicus,Sinus 12	Mawson,Dorsa 48	Nicol,Dorsum 24
Kepler E 29	Lassell D 54	Luther 14	Maxwell III	Nicolai 67
Kies 53	Laue VIII	Lyell 36	McAdie III	Nicollet 54

231

Nielsen 8	Picard H = Shapley 38	Ramsden 63	Sacrobosco C 56	Smithson 37
Niépce I	Picard X = Fahrenheit 38	Ramsden,Rimae 63	Sampson 21	Smoluchowski I
Niggli,Dorsum 18	Picard Z = Curtis 26	Rankine 49	Santbech 59	Smythii,Mare 38,49,III,IV
Nobile V	Piccolomini 58	Rayleigh 27	Santos-Dumont 22	Snellius 59
Nobili 38	Pickering 45	Rayleigh A = Urey 27	Sarabhai 24	Snellius,Vallis 59,69
Noether I	Pico,Mons 11	Réaumur 44	Sasserides 64	Somerville 49
Nöggerath 70	Pictet 64,65	Réaumur,Rima 44	Saunder 45	Sömmering 32
Nonius 65	Pilâtre 70,VI	Recta,Rupes 54	Saussure 65	Somni,Palus 26,37
Norman 41	Pingré 70	Recti,Montes 11	Scheele 41	Somniorum,Lacus 14
Nubium,Mare 53,54	Pingré H = Yakovkin 70	Regiomontanus 55	Scheiner 72	Sosigenes 35
Nunn III	Pitatus 54,64	Regiomontanus A 55	Schiaparelli 18	Sosigenes,Rimae 35
	Pitatus,Rimae 54	Régnault 1	Schiaparelli B = Zinner 18	South 2
Odii,Lacus 23	Pitiscus 75	Reichenbach 69	Schiaparelli D = Golgi 18	Spallanzani 67
Oenopides 1	Piton,Mons 12	Reimarus 68	Schickard 62	Spei,Lacus 16
Oersted 15	Plana 14	Reiner 29	Schiller 71	Spitzbergen,Montes 12
Oken 69	Planitia Descensus 28	Reiner Gamma 28	Schlüter 39	Spörer 44
Olbers 28	Plaskett II	Reinhold 31	Schmidt 35	Spumans,Mare 38
Olivium,Promontorium 26	Plato 3	Repsold 1	Schomberger 74	Spurr 22
Omar Khayyam I	Plato,Rimae 4	Repsold,Rimae 1	Schönfeld VIII	Stadius 32
Opelt 53	Playfair 56	Respighi 38	Schorr 60	Steinheil 68,76
Opelt E 53	Plinius 24	Rhaeticus 33	Schrödinger V	Stevinus 69
Opelt,Rimae 42	Plinius,Rimae 24	Rheita 68	Schrödinger,Vallis V	Stevinus A 69
Oppel,Dorsum 26	Plutarch 27	Rheita E 68	Schröter 32	Stewart 38
Oppolzer 44	Poczobutt I	Rheita,Vallis 68	Schröter A 32	Stiborius 67
Oppolzer,Rima 44	Poisson 66	Riccioli 39	Schröter W 32	Stille,Dorsa 20
Orientale,Mare 50,VII	Poisson T 66	Riccioli,Rimae 39	Schröter,Rima 32	Stöfler 65
Orontius 65	Polybius 57	Riccius 67	Schröteri,Vallis 18	Stokes 1
Owen,Dorsum 23	Polybius A 57	Riccius E 67	Schubert 38	Strabo 6
	Polybius B 57	Richardson III	Schubert B = Back 38	Street 64
Palisa 43	Pomortsev 38	Riemann 16	Schubert Y = Nobili 38	Struve 17
Palitzsch 59	Poncelet 3	Riemann A = Beals 16	Schubert Z = Jenkins 38	Successus,Sinus 38
Palitzsch,Vallis 59	Pons 57	Riphaeus,Montes 41,42	Schumacher 16	Suess 29
Pallas 33	Pons B 57	Ritchey 45	Schwabe 6	Suess,Rima 29
Pallas A 33	Pontanus 56	Rittenhouse V	Schwarzshild II	Sulpicius Gallus 23
Palmieri 51	Pontécoulant 76	Ritter 35	Scilla,Dorsum 8	Sulpicius Gallus,Rimae 23
Palmieri,Rimae 51	Popov III	Ritter,Rimae 35	Scoresby 4	
Paneth I	Porter 72	Ritz IV	Scott 74	Sundman VIII
Parrot 55	Posidonius 14	Robinson 2	Secchi 37	Swasey IV
Parry 43	Posidonius,Rimae 14	Rocca 39	Secchi,Montes 37	Swift 26
Parry A = Tolansky 42,43	Priestley V	Rocco 19	Secchi,Rimae 37	Sylvester 3
Parry D 43	Prinz 19	Römer 25	Seeliger 44	
Parry,Rimae 42,43	Prinz,Rimae 19	Römer K = Franck 25	Segner 71	T.Mayer 19
Pascal 3	Procellarum,Oceanus	Römer L = Brewster 25	Seleucus 17	T.Mayer C 31
Peary 4	8,9,19,28,29,39,40,41	Römer,Rimae 25	Seneca 27	T.Mayer D 31
Peek 38	Proclus 26	Röntgen VIII	Serenitatis,Mare 13,14,	Tacchini 38
Peirce 26	Proclus F = Crile 37	Rook,Montes 50,VII	23,24	Tacitus 57
Peirce B = Swift 26	Proctor 65	Roris,Sinus 1,9	Shackleton V,VI	Tacitus N 57
Peirescius 68	Protagoras 4	Rosenberger 75	Shaler 61	Tacquet 24
Penck,Mons 46	Ptolemaeus 44	Ross 35	Shapley 38	Tacquet A = Al-Bakri 24,35
Pentland 73	Ptolemaeus A = Ammonius	Rosse 58	Sharp 10	Taenarium,Promontorium 54
Perseverantiae,Lacus 38	44	Rost 71	Sheepshanks 5	
Petavius 59	Puiseux 52	Rothmann 67	Sheepshanks,Rima 5	Talbot IV
Petavius,Rimae 59	Pupin 21	Rozhdestvenskiy I	Shi Shen II	Tannerus 74
Petermann 5	Purbach 55	Rubey,Dorsa 40	Short 73	Taruntius 37
Peters 5	Purkyne IV	Rümker,Mons 8	Shuckburgh 15	Taruntius A = Asada 37
Petit 38	Putredinis,Palus 22	Runge IV	Shuleykin VII	Taruntius C = Cameron 37
Petrov 76	Pyrenaeus,Montes 48,58	Russell 17	Sikorsky V	Taruntius D = Watts 37
Pettit 50	Pythagoras 2	Ruth 19	Silberschlag 34	Taruntius E = Zähringer 37
Pettit T = Shuleykin VII	Pytheas 20	Rutherfurd 72	Simpelius 73	
Petzval VI	Pytheas A 20	Rydberg VI	Sinas 36	Taruntius G = Anville 37
Phillips 60	Pytheas D 20	Rynin I	Sinas A 36	Taruntius M = Lawrence 37
Philolaus 3	Pytheas G 20		Sinas E 36	
Phocylides 70		Sabatier 38	Sirsalis 39	Taruntius N = Smithon 37
Piazzi 61	Rabbi Levi 67	Sabine 35	Sirsalis,Rima 39,50	Taurus,Montes 25
Piazzi Smyth 12	Rabbi Levi A 67	Sacrobosco 56	Sklodowska IV	Taylor 46
Picard 26	Rabbi Levi L 67	Sacrobosco A 56	Slocum IV	Tebbutt 37
Picard G = Tebbutt 37	Raman 18	Sacrobosco B 56	Smirnov,Dorsa 24	Tempel 34

Temporis,Lacus 15	Toscanelli,Rupes 18	Vendelinus 60	Warner IV	Wollaston C = Nielsen 8
Teneriffe,Montes 11	Townley 38	Vera 19	Watt 76	Wright 61
Termier,Dorsum 38	Tralles 26	Veris,Lacus 39,50	Watts 37	Wrottesley 59
Tetyaev,Dorsa 27	Tranquillitatis,Mare 35, 36,47	Verne 20	Webb 49	Wurzelbauer 64
Thales 6		Very 24	Webb R = Condon 38	Wyld IV
Theaetetus 12	Tranquillitatis,Statio 35	Vestine III	Weierstrass 49	
Theaetetus,Rimae 12		Vieta 51	Weigel 71	Xenophanes 1
Thebit 55	Triesnecker 33	Vinogradov,Mons 19	Weinek 58	
Thebit A 55	Triesnecker,Rimae 33,34	Virchow 38	Weiss 63	Yakovkin 70
Thebit L 55	Trouvelot 4	Vitello 62	Werner 55	Yangel' 22
Theiler 38	Tucker IV	Vitruvius 25	Wexler 75,V	Yerkes 26
Theon Junior 45	Turner 43	Vitruvius A = Gardner 25	Whewell 34	Young 68
Theon Senior 45	Tycho 64	Vitruvius E = Fabbroni 25	Whiston,Dorsa 8	
Theophilus 46		Vitruvius,Mons 25	Wichmann 41	Zach 73
Theophrastus 25	Ukert 33	Vlacq 75	Wichmann C 41	Zagut 67
Timaeus 4	Ulugh Beigh 8	Vogel 56	Widmanstätten 49	Zagut B 67
Timocharis 21	Undarum,Mare 38	Volta 1	Wiechert V	Zähringer 37
Timocharis A = Heinrich 21	Urey 27	von Behring 49	Wildt 38	Zasyadko III
	Usov,Mons 38	von Braun 8,VIII	Wilhelm 64	Zeeman VI
Timocharis F = Landsteiner 11		von Cotta,Dorsum 23	Wilkins 57	Zeno 16
Timocharis K = Pupin 21	Väisälä 18	Voskresenskiy 17	Williams 14	Zinner 18
Timocharis,Catena 21	van Albada 38		Wilson 72	Zirkel,Dorsum 10,20
Timoris,Lacus 63	Van Biesbroeck 19	W.Bond 4	Winthrop 40	Zöllner 46
Tisserand 26	Van Vleck 49	Wallace 21	Wöhler 67	Zsigmondy I
Titius IV	Vaporum,Mare 33,34	Wallace B = Huxley 22	Wolf 54	Zucchius 71
Tolansky 42,43	Vasco da Gama 28	Wallach 36	Wolf B 54	Zupus 51
Torricelli 47	Vashakidze III	Walter 65	Wolff,Mons 21	Zupus,Rimae 51
Toscanelli 18	Vega 68	Wargentin 70	Wollaston 9	

索引（項目名）

各項目の右側の数字は本文のノンブル（頁数）を示す．

【あ 行】
IAU → 国際天文学連合
アポロ計画 192,216
位相（月の） 9,10,216
位相角 9,216
緯度秤動 8
入 江 sinus 18
隕石の衝突 15
海 mare 12,18
LAC(Lunar Astronautical Charts) 17
円形壁 13
遠地点 7,216
オービター計画 192
尾根 dorsum 18
尾根群 dorsa 18

【か 行】
皆既月食 214
解像力 208
海嶺 dorsum 18
角距離 216
下弦の月 9,11,22,23
壁 rupes 18
壁平原 walled plain 13
ガリレオ（惑星探査機） 192,216
カルデラ 216
環状山 ring mountain 13
共通重心（月と地球の） 7
巨大盆地 15

近地点 7,216
近点月 216
クレーター 12,13,15,216
火山―― 216
従属―― 18
小―― craterlet, crater pit 13,14
衝突―― 216
――生成の相対的年代 14
――の深さ 14
複合―― 14
クレーターチェーン catena 15,18
クレメンタイン（衛星） 12,192,216
経度秤動 8
月 食 214
月 面
――緯度 17
――経度 17
原始の―― 15
――座標 16,17
――測地学 16
――測量学 216
――地形の命名法 18
――余経度 212
月面図 16,17,18
写真―― 17
――の方位 16
月理学 16,216

月 齢 9,216
玄武岩 15,216
光学秤動 8
黄経 9
黄経差（太陽と月の） 9
口径比 208,210
恒星月 9,216
恒星周期 216
公転速度（月の） 8
黄道 11,214,217
国際天文学連合（IAU） 16,18
コジレフ 211

【さ 行】
サーベイヤー 192,217
細溝 rima, rille 15,18
細溝群 rimae 18
朔 → 新月
朔望月 9,217
――番号 9
朔望周期 217
裂け目 cleft, rima 15,18
サロス 214
山塊群 montes 18
山脈 montes 14,18
視直径（太陽および月の） 7,217
自転速度（月の） 8
ジャイアント・インパクト 仮説 16

写真月面図 17
集光力 217
従属クレーター 18
シュレーター 17,18
シュレーターの法則 13,14
小クレーター craterlet, crater pit 13,14
上弦の月 9,11,20,21
焦点距離 217
食分（月食の） 214
しわ状尾根 → リンクルリッジ
新月 9
浸食 217
正射投影図法 17
世界時（UT） 10
赤緯 217
赤経 217
絶対高度 217
摂動 7
ゾンド 192

【た 行】
太陰月 → 朔望月
大洋 oceanus 18
太陽
――光の照射角度 209
――と月の黄経差 9
――の月面余経度 212,217
――の視直径 7

――の重力的影響 7
蛇行谷 rima → 細溝
谷 rima,rimae,vallis 18
断崖 rupes 18
段丘 13
ダンジョンの分類 214
断層 15
地球照 9
地図作成図法 217
中央平原 13
朝汐力 217
月
下弦の―― 9,11,22,23
上弦の―― 9,11,20,21
――と太陽の位相角 9
――と太陽の黄経差 9
――の位相 9,10,216
――の入り 11
――の裏側 7
――の表側 7
――の化学的組成 15,16
――の欠けぎわ → 明暗境界線
――の軌道面 7
――の極地域 12
――の公転 7
――の高度変化 11
――の撮影 210
――の地震活動 12
――の視直径 7
――の自転 7

233

──の自転軸の傾き 8
──の自転速度 8
──の磁場 12
──の重力的影響 7
──の出 11
──の表土 → レゴリス
──の秤動 7,8
──の満ち欠け 9
──の明暗境界線
　9,13,20,209,212,218
──の歴史 16
TLP(transient lunar phenomena) 211
天球座標 217
天の赤道 217
天の日周運動 11
等角図法 17
ドーム　dome 14,15

【な 行】
南極-エイトケン盆地 16
日周運動（天の）　11
日周弧（月の）　11
日周秤動 8
日本標準時 10
沼　palus 18

【は 行】
白道 11,214
半影月食 214
反射能（アルベド） 217
比較高度 17,217
表土 → レゴリス
秤動 7,8,217
　緯度── 8
　経度── 8
　光学── 8
　──ゾーン 8,218

日周── 8
物理── 8
ファウト,P 209
複合クレーター 14
物理秤動 8
部分月食 214
ブラッグ 18
分解能 208
平原　planita 18
ペーア 17,18
望 → 満月
望遠鏡
　──の解像力 208
　──の機械的性質 209
　──の光学的性質 209
　──の選択 208
　──の倍率 209

【ま 行】
マグマ 15,218
マスコン 218
満月 9,11,24,214
岬　promontorium 18
湖　lacus 18
溝　rima 18
満ち欠け 9
脈　vein 15
ミュラー 18
明暗境界線　9,13,20,209,
　212,218
命名法（月面地形の）
　17,18
メドラー 17,18

【や 行】
山　mons 18
有効最高倍率 209

【ら 行】
ラングレヌス 17
陸地 12
離心率 218
リッチョーリ 17,18
リンクルリッジ（しわ状尾根）　wrinkle ridge
　14,15,18
ルナ 12,192,218
ルナー・オービター
　192,218
ルノホート 192
レインジャー 12,192,218
レゴリス（表土）　regolith
　12,15,218

234

月面ウォッチング〈新装版〉
ATLAS OF THE MOON

2004年11月15日　初版第1刷 ©

著　者　A. ルークル
訳　者　山田　卓
発行者　上條　宰
発行所　株式会社 **地人書館**
　　　　〒162-0835 東京都新宿区中町15
　　　　電話　03-3235-4422　FAX 03-3235-8984
　　　　URL http://www.chijinshokan.co.jp
　　　　e-mail chijinshokan@nifty.com
　　　　郵便振替口座　00160-6-1532
印刷所　平河工業社
製本所　カナメブックス

Printed in Japan.
ISBN4-8052-0562-8 C3044

JCLS〈㈱日本著作出版権管理システム委託出版物〉
本書の無断複写は著作権法上での例外を除き禁じられています。複写される場合は、その都度事前に㈱日本著作出版権管理システム（電話03-3817-5670、FAX03-3815-8199）の許諾を得てください。

地人書館既刊図書案内

天文学通論

鈴木敬信著

ISBN4-8052-0182-7
A5判・512頁・定価4,200円

高い評価を受けている『新天文学通論』の全面改訂版。惑星探査機による最新の情報と分析、電波天文学の最近の成果、X線天体に関する研究、超高密度天体（中性子星やブラックホール）などについては、大幅に書き改められた。他の分野においても記述をわかりやすくし、数値も最新のものを採用した。

天体物理学の基礎

桜井邦朋著

ISBN4-8052-0452-4
A5判・216頁・定価2,940円

20世紀における宇宙の探究は、19世紀までの伝統的な天文学の世界から「天体」物理学の領域へ拡大している。本書では、宇宙の基本的構成要素である星の構造やその進化を中心にして、天体物理学の基礎を最新の研究成果も交えて解説する。大学学部レベルのテキストとして最適。

星・銀河・宇宙
100億光年ズームアップ

高瀬文志郎著

ISBN4-8052-0457-5
A5判・168頁・定価1,890円

地球から幾多の星や銀河を経て、100億光年先の観測限界に至る遙かな視野を順次ズームアップし、宇宙を総合的に展望する。著者の軽快な文章によって、現代天文学が描く最新の宇宙像を楽しみながら学ぶことができる。天文初心者の入門書に、文系大学における「天文学」、「自然科学史」の教科書に最適。

新版 星空のはなし
天文学への招待

河原郁夫著

ISBN4-8052-0450-8
A5判・224頁・定価1,575円

長い間、プラネタリウムで解説の仕事をしてきた筆者が、初めて天文を学ぶ方々のために書き下ろした書。天文の知識をわかりやすく、しかも短期間に一通り身につけられるようにと、数式の使用や余りに専門的なことはさけて系統だてて解説したもので、豊富な図版と相まって楽しい入門書である。

表示された定価は税込み価格です。

天文の基礎教室

土田嘉直著

ISBN4-8052-0490-7
A5判・224頁・定価1,890円

星はなぜ光るの、火星に生物はいるの、宇宙の果てはどうなっているの。宇宙時代に入って子供たちの素朴な疑問に、いいかげんな答えではすまされなくなっている。本書は180項目を選び基礎的な質問にわかりやすい応答を心がけQ＆A式にまとめた。

日の出・日の入りの計算
天体の出没時刻の求め方

長沢　工著

ISBN4-8052-0634-9
A5判・168頁・定価1,575円

日の出・日の入りの計算は、球面上で定義された座標を使わなければならないことと、計算を何度も繰り返しながら真の値に近づいていくという逐次近似法のためにわかりにくい。本書は、天文計算の基本である天体の出没時刻の計算を、その原理から具体的方法までていねいに解説した。

天文の計算教室

斉田　博著

ISBN4-8052-0602-0
A5判・232頁・定価1,890円

明日の日の出は何時だろうか？　地球儀は球でよいのだろうか？　東京タワーから物を落とすと真下に落ちるだろうか？　これらの問題は簡単な計算で答えが出せ、取り組むうちに自然と天文への理解が増してくる。本書には例題として、興味ある天文現象をできるだけ多く集めた。

天体の位置計算
増補版

長沢　工著

ISBN4-8052-0225-4
A5判・264頁・定価2,100円

プログラム電卓、パソコンなどの普及によって、今まで専門家のものとされていた「位置天文学」が、身近なものとなった。本書の構成・指示にしたがって、恒星や、太陽・月・惑星等の位置を自らの手で計算し、その基礎理論を理解することにより、自分のための"観測年表"を作ることも可能になる。

地人書館既刊図書案内

パソコンで見る天体の動き

長沢工・桧山澄子著

ISBN4-8052-0414-1
A5判・208頁・定価2,730円

それがたとえ模式的であれ、天体の運動を自分の目で見ることは、天体力学を理解する上で有用である。本書では天体の運動方程式すなわち微分方程式を数値的に解きながら、パソコンの画面上に天体の動きを実際にシミュレーションさせ、誤差などの具体的な問題点を検討する。

天文小辞典

ジャクリーン・ミットン著
北村正利ほか訳

ISBN4-8052-0464-8
四六判・414頁・定価4,410円

天文学の辞典である以上、学問的な意味での重要度が見出し語選択の前提であるが、日常的天文活動の中で生じる疑問は、科学的重要性とは関係ない場合もある。本書はアマ・プロを問わず多様な性格を持つ天文用語を、現実的な意味での有用性を考慮して選び、統一的な観点から整理し簡潔な解説を試みている。

軌道決定の原理
彗星・小惑星の観測方向から距離を求めるには

長沢　工著

ISBN4-8052-0731-0
A5判・248頁・定価2,625円

彗星や小惑星の軌道決定にはガウスの時代から様々な方法が考えられてきているが、そのアルゴリズムが複雑なため、入門者には理解しにくい場合が多い。本書で著者は、高性能になったパソコンの使用を前提として、多少計算量が増えても軌道決定までの道筋が明確な独自の方法を提案し、具体的に解説する。

銀河の発見

R.ベレンゼン・R.ハート・D.シーリイ著
高瀬文志郎・岡村定矩訳

ISBN4-8052-0134-7
B5判・216頁・定価2,940円

本書の魅力はB5判に著名な天文学者の写真や伝記を豊富に収載し、歴史的な論文や学者間の手紙が随所に挿入されていることである。また一般の天文書では銀河系の大きさや渦巻星雲の本質と距離決定などは確立した方法や数値だけを記述しているが、本書はそれらの論争過程に重点を置き記述した。

表示された定価は税込み価格です。

時間を凍結する星
パルサー・ブラックホール

G.グリーンスタイン著
深田　豊訳

ISBN4-8052-0425-7
四六判・456頁・定価3,150円（在庫僅少）

ヒューイッシュのグループの大学院生ベルによるパルサーの発見は、それまで実在感の乏しかったブラックホールを最も人気のある研究対象に引き上げた。本書は中性子星、ブラックホールをはじめとする高密度天体の研究過程をそこに関わった研究者のインタビューを交えてたどっていく。

魔法の数 10^{40}
偶然から必然への宇宙論

P.C.W.デイヴィス著
田辺健茲訳

ISBN4-8052-0291-2
四六判・200頁・定価2,100円

自然界の基本定数、電子の電荷、陽子の質量といったものは、なぜその値を持つのであろうか。また、それらの基本定数の間には、とてもありそうもない数値的偶然が存在する。宇宙はこれらの基本定数の値に対し敏感に反応し、その値がわずかに違っていても宇宙の姿はまったく違ったものになる。

宇宙の基礎教室

長沢　工著

ISBN4-8052-0684-5
A5版・208頁・定価1,890円

宇宙科学に関する疑問105項目について、図表や写真を多用しつつ、Q&A形式により誰にでも理解できるように簡潔に解説した。好評の『天文の基礎教室』『天文の計算教室』のコンセプトを受け継いで編集され、著者の国立天文台での電話質問に対応するノウハウが随所に生かされている。

新訂
ほしぞらの探訪

山田　卓著

ISBN4-8052-0492-3
A5判・324頁・定価2,100円

星の探し方、二重星や星雲星団の見え方を案内する座右の書。肉眼および双眼鏡、5cm、10cm望遠鏡で見られる対象に焦点をあて、特に星雲星団については、見え方を写真で示し、探しやすくするため、案内図をつけた。本書と望遠鏡を手元におき、庭先や海、山で、星空散歩への手引き。

地人書館既刊図書案内

宇宙のシナリオ
観測による宇宙像の変遷

大澤清輝著

ISBN4-8052-0611-X
四六判・176頁・定価1,680円

ハーシェル以来、200年間の宇宙構造論を、一般読者向けにやさしく語る。遠くの天体を見ることは、すなわち昔の姿を見ることになり、観測手段の進歩が人類の認識する宇宙の大きさを拡大してきた。観測天文学者である著者の回想もまじえて、宇宙論の進化をたどり、今後を推測する。

銀河の育ち方
宇宙の果てに潜む若き銀河の謎

谷口義明著

ISBN4-8052-0703-5
Ａ５判・160頁・定価2,520円

1000億個もの星々を従えた銀河は、美しい渦巻き腕を持つものから楕円のように見えるものまで様々な形をしており、一つとして同じものはない。銀河はいつどのようにして生まれたのだろうか、銀河の年齢は100億年を超えており、その誕生の秘密や育ってきた歴史を知ることは、宇宙の進化を理解することである。

夜空はなぜ暗い？
オルバースのパラドックスと宇宙論の変遷

エドワード・ハリソン著
長沢　工監訳

ISBN4-8052-0750-7
四六判・408頁・定価2,520円

宇宙に果てがなく星が数え切れないほどあるとしたら、空のいたるところ星の光で輝くことにならないのか？　天文学者は夜空の闇の謎について長いこと考え、数多くの興味深い解答を提示してきた。400年以上の歳月がたち、空間や時間、光の性質、宇宙の構造について広大な範囲が探索された。謎は解けたのだろうか？

天文台の電話番
国立天文台広報普及室

長沢　工著

ISBN4-8052-0673-X
四六判・272頁・定価1,890円

国立天文台広報普及室に勤務していた著者が、質問電話を通して現代日本の世相を軽妙なタッチで描き出す。日の出・日の入りに関するものから宇宙の果てまで質問内容は多岐にわたるが、中には宿題の答えを聞こうとする小学生の親もいる。質問電話からは日本の理科教育の危機的状況も垣間見える。

表示された定価は税込み価格です。

オーロラ
THE AURORA WATCHER'S HANDBOOK

ニール・デイビス著
山田　卓訳

ISBN4-8052-0498-2
Ａ５判・256頁・定価3,150円

本書で著者は、オーロラが見られる時期や場所、写真の撮り方など基本的なレベルから始まって、オーロラを見たいと思っている人が最初に感じる疑問に答え、その科学的なしくみや最新の研究について明快な解説を行っている。またオーロラに関わる伝説や科学的に未解決な問題も取り上げた。

エリア別ガイドマップ
星雲星団ウォッチング

浅田英夫著

ISBN4-8052-0501-6
Ｂ５判・160頁・定価2,100円

天体望遠鏡や双眼鏡を使った、楽しみのための星雲星団観望に、何冊もの星図や解説書を持ち歩くのは似合わない。本書は、これ一冊で肉眼星図から、案内星図、詳細星図と各天体の解説書までを兼ね備えた初心者向けのガイドブック。著者の長年の体験による、その星雲星団紹介はポイントを衝く。

新訂
初歩の天体観測

平沢康男編

ISBN4-8052-0472-9
Ｂ５判・216頁・定価2,100円

図・イラストを豊富に使った、望遠鏡による天体観察の入門書。望遠鏡の説明がわかりやすく、また、観測の原理的な事柄をイラストでおもしろく解説している。後半では33枚の星図を用いて星座ごとに見どころをまとめており、入門書では取り上げられることが少ない重星と変光星が特に詳しい。

流星と流星群
流星とは何がどうして光るのか

長沢　工著

ISBN4-8052-0543-1
四六判・232頁・定価2,100円

1972年10月9日未明、大出現があると予想されていた流星雨はその片鱗すら見せることはなかった。流星雨出現を予測する困難さを知った著者は、とりあえずの研究テーマだった流星天文学に深く関わることになる。本書は著者自身の研究遍歴を織り交ぜながら流星に対する科学的なアプローチを紹介する。

地人書館既刊図書案内

標準星図2000 第2版

中野　繁著

ISBN4-8052-0581-4

B4判・128頁・定価6,300円

最新の星表による2000年分点星図／見開きB3判の大型星図／全天を28に分割、7.5等以上の恒星25,000個を収載／・星雲星団、二重星、変光星に名前を併記。同定が容易／各図の重複を大きくとり、1枚で広範囲をカバー／裏面は経緯度と天体だけの白星図。書き込みに至便／位置の読み取り用の赤経赤緯スケール付

プラネタリウムへようこそ
星空を創る人々の知られざる世界

青木　満著

ISBN4-8052-0592-X

四六判・256頁・定価1,890円

現在はバリ島のこども相手に本物の星空で天文教室活動を続ける著者が、プラネタリウム解説員として体験した様々なエピソードを楽しく紹介する。プラネタリウムがどういう装置かわからない人も多く、「今日はお天気が悪いけどプラネタリウムは見えますか」と質問してくる人がたくさんいるという。

新訂
天体写真マニュアル
ビギナーからベテランへ

月刊天文編集部編

ISBN4-8052-0412-5

B5判・172頁・定価2,100円

ベテランが明かした、美しい天体写真を撮るための秘伝。対象別にみた天体写真に向くカメラ・望遠鏡とは、撮影対象に合ったフィルムの特性とは、どんな構図にすべきか、失敗を防ぐ機材、暗室作業の方法など、美しい写真に仕上げるテクニックを自らの作品を示しながらていねいに説明。

天文シミュレーションソフト
つるちゃんのプラネタリウム
プログラム作りからホームページ公開まで

鶴浜義治著

ISBN4-8052-0721-3

A5判・136頁・定価1,575円

天文シミュレーションソフトの人気フリーソフト「つるちゃんのプラネタリウム」は、どのようにして誕生したのか。新しいプログラミング言語習得、膨大な天文データ処理、延々と続くバグ取り作業、……。数々の困難を乗り越え、ついに「つるぷら」が完成するまでの道のりを笑いを交えて描くつるぷら作成奮闘記。

星雲星団フォトアルバム
20cmF1.5シュミットカメラがとらえた魅惑の宇宙

及川聖彦著

ISBN4-8052-0651-9

A4変型判・112頁・定価3,150円

最速F1.5の明るい「目」と画像処理テクニックにより浮かび上がった星間ガスの微細構造、星域を埋め尽くす散光星雲、無数に散らばった暗黒星雲。シュミットカメラの「鬼才」がとらえた魅惑の宇宙をお届けする。望遠鏡・双眼鏡によるスター・ウォッチングや星野写真撮影時のアシストにも最適。

神秘のオーロラ
美と謎を追って

キャンディス・サヴィッジ著

小島和子訳

ISBN4-8052-0596-2

B4変型判・144頁・定価3,990円

言い伝えられてきたオーロラに関する説話が人々を戸惑わせるように、現代の科学による説明もオーロラへの畏怖の念を失わせはしない。本書は貴重な絵画、カラー写真を数多く盛り込み、オーロラの背後にある神話と科学を探求し、科学者が現在の学説に到達するまでの変化に富んだ道をたどる。

ヘベリウス星座図絵

薮内　清訳・解説

ISBN4-8052-0434-6

A3判・150頁・定価8,400円

ポーランドの天文学者ヤン・ヘベリウスが、天球を外側から描いた56枚の星座図絵。17世紀中葉にウルグ・ベグの星表を眼視による観測で校訂し、その位置をもとに星座を区分してギリシア神話に基づく星座像を描いた。この図は後年のフラムスチードなどによって模されており、星座図の原点といえる。

望遠鏡・双眼鏡カタログ

月刊天文編集部編

（隔年7月発行）

ISBN4-8052-0749-3

B5判・200頁・定価1,890円

初めて天体望遠鏡を買う人に、買い換えようとしている人に、どんな機種を選ぶべきかを教える。特に天体に向く双眼鏡や地上望遠鏡も多数紹介し、メーカー自らが語る自社の望遠鏡の特長、それを使いこなすユーザーのリポートなど、通常の宣伝文にない本音が聞ける総合カタログ。

表示された定価は税込み価格です。

地人書館既刊図書案内

いちにの山歩
山を楽しみ自然に学ぶ

小野木三郎著

ISBN4-8052-0455-9

四六判・184頁・定価1,680円

自然を愛するためには、まず自然を知ること、自然を知るためには、自分の足で歩くこと。年齢も職業も様々な仲間が、ふるさとの山を、北アルプスを歩き、互いに啓発し合って成長していく姿をメインに、日本の山の素晴らしさ、本当の学力とは何か、自然観察の意義まで、ユーモアを交えて語った。

ゴリラの森の歩き方
私の出会ったコンゴの人と自然

三谷雅純著

ISBN4-8052-0535-0

四六判・272頁・定価2,310円

アフリカ中央部の国コンゴにはそれまで人類未踏であった「ンドキの森」がある。著者らはここでヒトの姿を見たことないゴリラやチンパンジーに出会う。それは現代の地球上では奇跡に近い出来事だ。本書はンドキの森での生態調査と周辺の人々の日常の暮らしぶりを巧みな筆致で描く。

チンパンジーの森へ
ジェーン・グドール自伝

庄司絵里子訳／松沢哲郎解説

ISBN4-8052-0462-1

四六判・208頁・定価1,575円

人間に最も近い動物と言われるチンパンジーの野外研究は、1960年にジェーン・グドールによってアフリカで始められた。本書は、ただ動物が好きというだけで、研究のための特別な訓練を受けていないグドールが、それまでの動物生態学における常識を覆す様々な発見をするまでの自伝的エッセイ。

帰ってきたカワセミ
都心での子育て——プロポーズから巣立ちまで

矢野　亮著

ISBN4-8052-0512-1

四六判・176頁・定価1,890円

都心に残された貴重な森、自然教育園（東京都港区）には毎年のようにカワセミが繁殖をしている。一目その姿を見たときからカワセミの虜となった著者は、夜明け前から日没後まで、狭い観察小屋の中でカワセミの生態・行動を追い続けた。都会でたくましく生きるカワセミの感動と発見の記録。

表示された定価は税込み価格です。

大都会を生きる野鳥たち
都市鳥が語るヒト・街・緑・水

川内　博著

ISBN4-8052-0554-7

四六判・248頁・定価2,100円

街なかに誕生した「都市鳥」の生態や行動には、その地域の環境要素が具現化されているだけでなく、ヒトの心や社会の動きまでもが反映されているという。本書は、「社会を映す鏡」として彼らを眺めれば、身近な野鳥もまた違った姿に見えることを著者自身の観察体験を中心に紹介する。

ぼくらの自然観察会

植原　彰著

ISBN4-8052-0403-6

四六判・224頁・定価1,575円

"何か一工夫"をモットーに、参加者と自然の素晴らしさを発見していく自然観察会を精力的に実施している著者が、楽しい観察会の実例を多数紹介。自然のことはあまり知らないが観察会を開いてみたい、自然の中で知的に遊びたいという人にすぐに役立つノウハウがいっぱい。

火山に魅せられた男たち
噴火予知に命がけで挑む科学者の物語

ディック・トンプソン著

山越幸江訳

ISBN4-8052-0726-4

四六判・440頁・定価2,520円

1980年のセントヘレンズ山噴火は米国地質調査所の科学者にまたとない研究材料を提供した。彼らは火山に寝泊まりし、火口に接近し、岩石を掘り、地震記録計を見張った。過去の大噴火年代を特定し、噴火の予知技術も開発されていった。この経験は1991年のピナツボ山の噴火の際に役立つこととなった。

火山とクレーターを旅する
地球ウォッチング紀行

白尾元理著

ISBN4-8052-0705-1

四六判・232頁・定価1,575円

写真には表現できない溶岩の熱、地震動、刺激臭、オーロラの激しい動き、全天を覆う流星雨、それらを前にしての不安や期待感、様々な人の出会い……。困難を乗り越えて現地に立ち、五感を研ぎ澄まして地球の鼓動や悠久の営みを肌で感じることは、バーチャルリアリティーよりも何百倍も素晴らしい。